国际电气工程先进技术译丛

光伏发电最大功率点跟踪控制技术

Power Electronics and Control Techniques for Maximum Energy Harvesting in Photovoltaic Systems

[意] 尼古拉·费米亚（Nicola Femia）
乔瓦尼·彼得罗（Giovanni Petrone）
乔瓦尼·斯帕努奥洛（Giovanni Spagnuolo）
马西莫·维特利（Massimo Vitelli） 著

杨　波　吴福保　陶以彬　李官军
胡金杭　周　晨　崔红芬　冯鑫振　译
曲立楠　余豪杰　叶季蕾

机 械 工 业 出 版 社

本书介绍了光伏发电功率最大化所需的控制电路、系统和技术。第1章简单介绍了光伏阵列建模方法，确保光伏阵列无论在匹配还是非匹配的情况下都能正常运作；第2、3章主要阐述了如何实现最佳MPPT性能以及对影响算法结果的参数的设计；第4章从电力系统结构和控制算法方面讨论了如何在非匹配情况下实现发电量最大化；第5章介绍了具备MPPT功能的DC/DC变换器的设计，特别强调了其能源效率。

本书适合从事太阳能光伏发电技术的工程师以及相关专业的大学本科生和研究生阅读。

译者序

随着经济全球化进程的加速和工业经济的迅猛发展，世界范围内的能源短缺和环境污染已成为制约人类社会可持续发展的两大重要因素。因此，发展清洁高效的可再生能源已成为当务之急。光伏发电作为能源转换的一种非常重要的形式，以其发电过程中无污染、维护简单等优点越来越成为国内外高度重视的技术发展方向。而效率是制约光伏发电系统快速发展的重要问题之一。通过最大功率点跟踪（Maximum Power Point Tracking，MPPT）技术，利用电力电子装置对光伏组件的端电压及输出电流进行实时调节，可以使其运行在最大功率点上，从而提高光伏组件的转换效率，因此随着光伏发电的大力发展以及技术的不断革新，将 MPPT 技术摆到了十分重要的位置。意大利学者 Nicola Femia 教授、Giovanni Petrone 教授、Giovanni Spagnuolo 教授、Massimo Vitelli 教授编写的原版英文书《Power Electronics and Control Techniques for Maximum Energy Harvesting in Photovoltaic Systems》，于 2013 年由 CRC 出版社出版，该书系统地介绍了光伏发电的 MPPT 技术。现在，将该书翻译出来，希望能对我国同行有所帮助。这本书凝聚了近十年来光伏发电领域相关技术研究的精华，可作为学习和研究光伏发电 MPPT 技术的教材，也可作为解决光伏发电实际工程中 MPPT 设计问题的参考教材。

本书译校者具体分工为：曲立楠译第 1 章，吴福保、胡金杭译第 2 章，杨波、冯鑫振译第 3 章，陶以彬、周晨译第 4 章和前言及辅文，李官军、余豪杰译第 5 章；崔红芬、叶季蕾统校全书并统稿。本书在翻译过程中，赫卫国、陈宁、桑丙玉、王德顺、刘欢、曹远志、于若英、庄俊和薛金花也做了大量工作，在此深表谢意。

限于译者水平，书中难免存在错误和不妥之处，恳请广大读者批评指正。

译　者

原书前言

光伏系统为全世界提供了大量清洁能源，而光伏技术将成为推动发达国家和发展中国家经济增长的巨大助力。欧洲政府在最初阶段出台的鼓励措施刺激了光伏市场的迅速成长和光伏产品数量及质量的提高。如今，各厂商的光伏组件产品在市场上均有销售。此外，众多电力电子系统产品也已投放市场，用于光伏系统并网发电。

近10年来，有关光伏应用的科学文献在数量和质量上都有明显提高。相关学术讨论铺天盖地，见诸于各学术期刊，并涌现出了许多较具影响力的光伏系统学术专刊。同时，无数科技论文对光伏电源控制进行了专门阐述。路透社汤姆森网站上随便一搜就能看到，截至2012年5月有600篇文章的关键字中提到“最大功率点跟踪”（Maximum Power Point Tracking，MPPT）。虽然有许多作者为电路和系统领域出谋划策，确保光伏发电机的最佳运行，但是相关参考文献仍然有很大缺口。

最近出版了一些评价光伏系统与电网连接重大改进的书籍，简述了电路和系统领域取得的最新成果，以及各种供研究人员参考的基础方案和推动业界新产品开发的解决方案。

本书首次介绍了光伏发电功率最大化所需的控制电路、系统和技术。第一部分简单介绍了一些光伏阵列建模方法，确保光伏阵列无论在匹配还是非匹配的情况下都能正常运作。接下来，讨论了如何实现最佳MPPT性能以及对影响算法结果的参数的设计。然后从电力系统结构和控制算法方面讨论了如何在非匹配情况下实现发电量最大化。最后，介绍了通常用于执行MPPT功能的DC/DC变换器的设计，特别强调了其能源效率。

本书首稿凝聚了10年来光伏系统领域研究的精华。在这段时间，部分经科研和实践结果验证的研究成果已在大量讨论中提出。本书之所以得以成功出版离不开那些积极参与讨论的学术界的研究人员和朋友们以及鼓励我们继续研究的业界设计专家们的巨大支持。

同时感谢我们的导师，名誉教授Luigi Egiziano，正是他毫无保留地帮助我们，支持我们的创新研究，帮助我们取得了学术上的进步。

Nicola Femia，Giovanni Petrone，Giovanni Spagnuolo，Massimo Vitelli

作 者 简 介

Nicola Femia 1963 年出生于意大利萨勒诺。1988 年获得意大利萨勒诺大学工业技术工程专业荣誉学士学位。1990 ~ 1998 年，担任助理教授，1988 ~ 2001 年出任副教授。2001 年起，为萨勒诺大学电工学学科的全职教授，教授电路理论和电力电子学，兼任电力电子和可再生能源实验室的负责人，其研究领域包括电路理论、分析、仿真，高能源效率的开关电源的设计方法、控制技术和设计优化以及光伏系统的电力电子技术。他还负责与许多企业合作的研究教育项目，包括 Magnetek 公司、美国国家半导体（National Semiconductor）公司、意法半导体（STMicroelectronics）公司、宝威电源（PowerOne）公司和德州仪器（Texas Instruments）公司。参与超过 140 篇国际期刊和国际会议的科技论文的撰写，还是 5 项有关光伏系统应用中控制技术和功率转换器专利的发明人之一。2006 ~ 2007 年，教授由国家半导体公司在欧美组织的电力电子设计和优化课程。1995 ~ 2003 年，担任《IEEE 电力电子学学报》（IEEE Transactions on Power Electronics）的副主编，并负责多个期刊杂志的审稿，包括《IEEE 电路与系统会刊》（IEEE Transactions on Circuits and Systems）、《IEEE 工业电子学会刊》（IEEE Transactions on Industrial Electronics）、《IEEE 电力电子学会刊》（IEEE Transactions in Power Electronics）、《IEEE 能量转换会刊》（IEEE Transactions on Energy Conversion）、《电路系统和计算机国际期刊》（International Journal of Circuits Systems and Computers）、《应用电磁学和力学国际期刊》（International Journal of Applied Electromagnetics and Mechanics）、《国际仿真建模理论与实践杂志》（International Journal of Simulation Modelling Practice and Theory）、《IET 电力电子》（IET Power Electronics）。2002 ~ 2005 年，当选萨勒诺大学管理委员会成员。2009 ~ 2010 年，担任萨勒诺大学专利委员会的主席兼成员。

Giovanni Petrone 1975 年生于意大利萨勒诺。2001 年获得意大利萨勒诺大学的电子工程学专业荣誉学士学位，2004 年从意大利那不勒斯费德里克二世大学

获得电气工程博士学位。自2001年3月起，保持与萨勒诺大学电子工程和计算机科学系的合作关系。2005年，加入该系并出任助理教授，教授可再生能源电工技术和电力电子电路课程。作为萨勒诺大学工程学院负责信息工程学博士学位的教授之一，主要研究领域是低耗能应用程序开关变换器的分析和设计、电子电路容差分析和非线性控制技术，研究课题主要集中在可再生能源领域，并特别注重光伏DC/DC开关变换器的发展、燃料电池和风力运用、MPPT控制技术稳定性分析和光伏交流模块逆变器。参与了跨国公司和机构的数项研究项目，同时负责由公共基金资助的一些意大利研究项目。Giovanni Petrone是5项专利的发明人之一，还是若干国际期刊和国际专题研讨会论文的联合作者。当选IEEE有关可再生能源系统的工业电子协会技术委员会的成员，并一直担任若干国际会议特别会议副主席，同时也是IEEE工业电子学学报特刊的客座编辑。在其专业领域内，作为以下国际期刊的审稿人：《IEEE电力电子学会刊》《IEEE工业电子学会刊》《IEEE工业应用学会刊》《IEEE控制系统技术会刊》和《光电压进展国际期刊：研究和应用》。

Giovanni Spagnuolo 1967年9月12日生于意大利萨勒诺。1993年获得意大利萨勒诺大学的电子工程学硕士学位，1998年，获得意大利那不勒斯费德里克二世大学的电气工程博士学位。1998年和1999年，从萨勒诺大学获得博士后奖学金。1999年11月到2003年12月，在萨勒诺大学担任电气工程学院助理教授。自2004年1月1日起，担任副教授一职。从1999年开始，一直供职于萨勒诺大学电子与计算机工程系(DIEII)。Giovanni Spagnuolo是IEEE的高级会员，《IEEE光伏期刊》“光伏系统控制”的编辑，《IEEE工业电子学会刊》的副主编，该刊物4本关于再生能源系统特刊的客座编辑，同时还是Inderscience出版社《工业电子和驱动器国际期刊》的副主编。他还担任由意大利大学和科学研究部资助的欧洲项目里奥纳多·达·芬奇（Leonardo Da Vinci）、欧洲项目

FP7 和 PRIN 2008 工程的项目负责人。此外，他还是国家半导体公司（加利福尼亚圣克拉拉）、孔韦尔萨诺的 Matrix S. r. l. （BA－意大利）和 Bitron Industrie S. p. A（托里诺，意大利）资助的合作研究项目的接口人。所有这些项目都集中于电力电子学和可再生能源系统控制。Giovanni Spagnuolo 是 6 项专利的发明人之一，其中两项由宝威（Power One）和 Bitron 联合申报。他同时还是 2011 年 6 月在巴黎举行的 Electrimacs 会议科学委员会成员，2010 年 7 月在巴里举行的 IEEE 国际工业电子研讨会出版主席，2012 年 5 月在杭州举行的“电力系统、插电式混合动力车和再生能源”专题 IEEE 国际工业电子研讨会总主持人，以及 2013 年 3 月在开普敦举行的“再生能源系统”专题 IEEE 国际工业技术会议（ICIT）总主持人。他在 2009 年欧洲技术预测协会 IEEE 能源日上被邀请做大会报告，在 IEEE 国际工业电子研讨会和 IEEE 国际工业技术会议框架下，组织了很多有关再生能源系统的特别会议。他还是美国－以色列科学基金会和约旦科学研究支持基金两个研究项目的评论员。他担任很多国际期刊、会刊和会议的审稿人，尤其是 IEEE。他是 3 个 IEEE 学会的 3 个技术委员会成员。同时，他还是大约 40 篇发表于国际期刊的论文作者或联合作者以及大约 100 个国际会议上发表的文章的联合作者。

Massimo Vitelli 于 1967 年出生在意大利卡塞塔。1992 年，获得意大利那不勒斯费德里克二世大学电气工程专业的荣誉学士学位。1994 年，以研究员身份加入那不勒斯费德里克二世大学信息工程系。2001 年，被任命为那不勒斯费德里克二世大学工程学院副教授，2006 年提为正教授，教授电工学和电力电子学课程。与萨勒诺大学和那不勒斯费德里克二世大学研究员合作下，致力于由意大利大学和科技研究部门（MURST）以及国家科学基金（CNR）资助的多个国家科学项目。主要研究领域涉及光伏应用中的最大功率点跟踪技术，可再生能源的电力电子电路，开关变换器的分析设计法，稳态方案计算，通过区间运算、仿射运算和遗传算法进行公差分析/设计，开关变换器优化，电磁场问题的公差分析/设计、电磁适应性和新绝缘半导体的电磁特性。他是国际期刊《IEEE 电磁适应性学报》《IEEE 电路和系统 1：基本理论和应用学报》《IEEE 电力电子学报》和《IEEE 工业电子学报》的评论员，同时也为 ISCAS、ISIE、ICIT 和 EPE－PEMC 等 IEEE 国际会议做评论。他曾是意大利 2001～2003 年三年期间递交给科学研究评估的 CIVR 研究产品仲裁人。同时他还参加了各个行业的合作研究项目

(C. R. I. S. 安萨尔多、ELCON s. r. l、MagneTek S. p. A、Power One 公司、Astrid 能源 S. p. A、Matrix s. r. l、国家半导体公司、Elettronica Santerno S. p. A 和 Bitron S. p. A)。从2003年起，出任《IEEE电力电子学报》的副编辑，还是《IEEE工业电子学会刊》——“光伏系统工业电子”专栏2008年的特邀编辑，工业电子协会再生能源系统技术委员会的成员之一，IEEE - ISCAS 电力电子技术委员会成员之一。此外，他还一直是《IEEE工业电子会刊》“有效可靠的光伏系统”专栏2008年和“燃料电池功率处理和控制”专栏2009年的特邀编辑，他还是6项国内和国际专利的发明人之一。

目　录

译者序

原书前言

作者简介

第1章　光伏发电建模 ………………………………………………………… 1

1.1　光伏电池和光伏场 ………………………………………………………… 1

1.2　光伏组件的电气特性 ……………………………………………………… 2

1.3　双二极管和单二极管模型 ………………………………………………… 5

1.4　数据表及模型参数 ………………………………………………………… 8

1.4.1　并联电阻趋于无穷大模型的参数辨识 ………………………………… 9

1.4.2　计及并联电阻模型的参数辨识 ………………………………………… 10

1.4.3　包含并联电阻模型的参数辨识：显式解 ……………………………… 11

1.4.4　其他求解方法 …………………………………………………………… 12

1.5　举例：光伏组件等效电路参数计算 ……………………………………… 14

1.6　光伏场建模的朗博W函数 ………………………………………………… 18

1.6.1　一致工况下的光伏电源建模 …………………………………………… 18

1.6.2　失配光伏电源建模 ……………………………………………………… 19

1.7　举例 ………………………………………………………………………… 22

参考文献 ………………………………………………………………………… 24

第2章　MPPT ……………………………………………………………………… 26

2.1　MPPT动态优化 …………………………………………………………… 26

2.2　开路电压法和短路电流法 ………………………………………………… 30

2.3　软计算方法 ………………………………………………………………… 31

2.4　扰动观察法 ………………………………………………………………… 31

2.4.1　稳态条件和动态条件下的性能优化 …………………………………… 33

2.4.2　快速变化的辐照度 ……………………………………………………… 38

2.4.3　扰动观察法（P&O）设计实例：光伏电池充电器 ……………………… 40

2.5　扰动观察法的改进算法 …………………………………………………… 47

2.5.1　自适应步长法 …………………………………………………………… 47

2.5.2　抛物线逼近法 …………………………………………………………… 48

2.6　微扰动法 …………………………………………………………………… 53

2.6.1 粒子群优化（PSO）算法 …… 53
2.6.2 极值搜索和纹波关联技术 …… 54
2.6.3 电导增量法 …… 56
2.7 基于输出参数的光伏 MPPT 技术 …… 59
2.7.1 TEODI 方法 …… 59
2.8 MPPT 效率 …… 63
参考文献 …… 66

第 3 章 MPPT 效率：降低噪声源的方法 …… 69

3.1 单相应用的低频干扰 …… 69
3.1.1 适用于闭环开关变换器的扰动观察法 …… 73
3.1.2 闭环升压变换器中的扰动观察法设计实例 …… 76
3.2 电流的 MPPT 算法的不稳定性 …… 81
3.3 光伏系统中的滑模控制 …… 83
3.3.1 通过滑动模态抑制噪声：数值算例 …… 88
3.3.2 基于滑模的 MPPT 电流控制 …… 90
3.3.3 滑动模式 MPPT 控制器：数值算例 …… 94
3.4 噪声环境下的 MPPT 性能分析 …… 98
3.4.1 基于低通滤波器的降噪处理方法 …… 100
3.4.2 基于阶跃扰动的误差补偿 …… 101
3.4.3 扰动观察法中的 ADC 量化误差：数值算例 …… 103
参考文献 …… 105

第 4 章 光伏阵列的分布式最大功率点跟踪 …… 108

4.1 标准 MPPT 的局限性 …… 108
4.2 新型分散式 MPPT（DMPPT）技术 …… 109
4.2.1 基于微型逆变器的 DMPPT 技术 …… 109
4.2.2 基于 DC/DC 变换器的 DMPPT 技术 …… 111
4.3 基于 DMPPT 技术的光伏阵列直流分析 …… 113
4.3.1 合适的工作区间 …… 113
4.3.2 合适的工作区间的实例 …… 114
4.3.3 升压型 SCPVM 的 $I-V$ 和 $P-V$ 特性 …… 118
4.3.4 升/降压型 SCPVM 的 $I-V$ 和 $P-V$ 特性 …… 127
4.4 直流变换器输入电压的最佳范围 …… 145
4.5 基于 DMPPT 技术的光伏阵列交流分析 …… 170
4.5.1 单一 SCPVM 的交流模型 …… 172
4.5.2 分散式光伏阵列的小信号模型 …… 177
4.5.3 SCPVM 组的稳定性 …… 180

参考文献 …… 203

第 5 章　适用于 MPPT 的高效光伏变换器设计 …… 208

5.1　简介 …… 208
5.2　功率、能量与效率 …… 208
5.3　DMPPT 功率变换器在光伏电站中的应用 …… 213
5.4　功率变换器的损耗 …… 221
5.5　同步 FET 开关单元的损耗 …… 223
5.6　导通损耗 …… 225
5.7　开关损耗 …… 228
5.7.1　开通 …… 232
5.7.2　关断 …… 233
5.7.3　热分析 …… 235
5.7.4　示例 …… 239
参考文献 …… 254

第1章　光伏发电建模

1.1　光伏电池和光伏场

光伏电源由光伏电池串/并联组成，其端口电压和电流需满足光伏电源工作的设计要求。光伏电源通过开关变换器将所发电能传输至交流电网或向储能电池充电，选择光伏电源工作电压和电流水平的基本原则为使得开关变换器的工作效率更高。然而，在实际应用中，光伏电源不能被认为是单个光伏电池。光伏电池的工作电压为几百毫伏，强太阳辐照时产生的电流为几安培，数十个光伏电池串联组成光伏电池板，因此光伏电池板工作电压可达数十伏，工作电流为几安培。

光伏电站中，光伏电池板串联组成光伏组件串，使得端口电压满足系统的接入需求；包含相同数量光伏电池板的光伏组件串并联组成光伏阵列以提高其输出电流水平。

光伏阵列的伏安特性由单个光伏电池的伏安特性计算得出，其电压为光伏电池电压乘以单个光伏组件串中的串联电池个数，电流为光伏电池电流乘以并联连接的光伏组件串数量。

上述电压、电流的对应关系仅仅针对所有光伏电池完全相同且工作在相同运行工况，尤其指相同的太阳辐照度和温度。然而，实际工作中，由于制造差异和老化程度等因素，光伏电池很难工作在这种理想状态，且光伏电池的物理参数还需要考虑由于树叶、鸟粪等引起的太阳辐照度不同。

光伏电池的运行工况不一致会导致电池失配，从而引起光伏阵列输出功率减少。本章将详细分析其物理机理，这里先举个简单的例子。假设由于意外引起某个光伏电池损坏或者断开，与之串联的其他光伏电池输出电流被中断，则整个光伏电池串输出电流消失。

为减少这种影响，光伏电池板制造厂商通过二极管旁路两个或三个串联的光伏组件，组件串联个数由光伏电池板的功率决定。这样，光伏电池板由两个或三个串联的光伏组件组成，结构如图1.1所示。这样，如果组成光伏电池板的光伏组件运行工况完全一致，则“光伏组件”和“光伏电池板”即为相同概念。

旁路二极管被安装到光伏电池板后侧的接线箱内，一般处于非激活状态。若其中有一块电池发生故障而使得这组光伏电池板输出电流小于其他电池板输出电流，则通过二极管旁路作用避免电池板过电流。本章将详细描述二极管的作用机

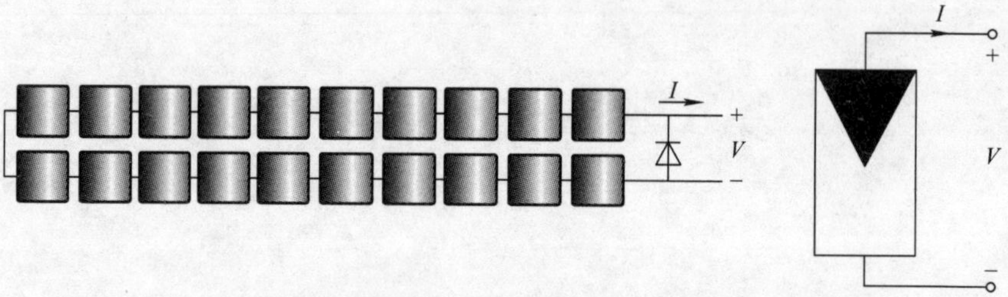

图 1.1　电池和旁路二极管组成的光伏组件

理，包括在光伏电池、光伏组件串和光伏阵列中的作用。上述光伏组件串联组成光伏组件串，许多光伏组件串并联组成光伏阵列，如图 1.2 所示。

为了掌握光伏组件的电压、电流特性，特别是在失配情况下，需要建立光伏电池模型。该模型的实用性与模型和仿真系统的复杂程度相关，仿真环境有 PSIM®、SPICE® 和 MATLAB®/Simulink®㊀。

本章通过非线性模型研究光伏电池的运行特性，包括匹配和失配条件下的运行。该模型及其结论对充分理解本书后续章节中的概念非常有用。

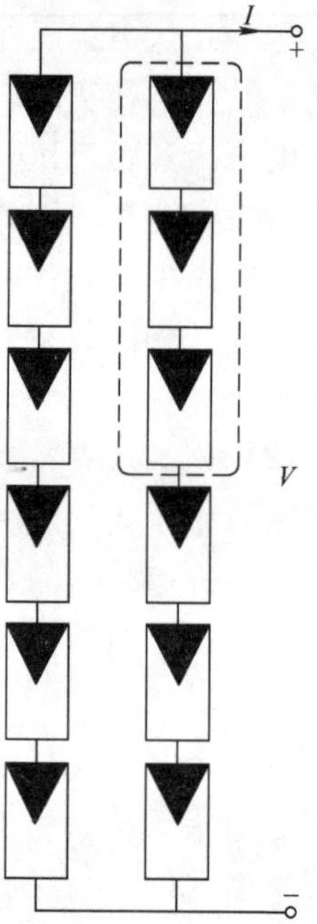

图 1.2　光伏组件组成的光伏阵列

1.2　光伏组件的电气特性

光伏电池板在同样条件下的电气特性如图 1.3～图 1.6 所示，进行标幺化处理。假设 T_{max} 和 G_{max} 为用于在标准条件下测试光伏电池板的值。这些曲线是电池特性连续变化的一些例子，电池的电气特性取决于电池单元的类型、材料以及制作工艺等。

这些图证明了最大功率点（MPP）的存在，图 1.5 和图 1.6 展示了光伏组件 3 个重要的电气特性：

1）短路，即光伏组件端电压为零，短路电流为 I_{SC}。

2）开路，即光伏电池板输出电流为零，开路电压为 V_{OC}。

3）最大功率点，当光伏电池板运行在电压 V_{MPP} 和电流 I_{MPP} 时，其输出的最大功率为 $P_{MPP}=V_{MPP}I_{MPP}$。

㊀ MATLAB® 是 The MathWorks，Inc. 的注册商标。

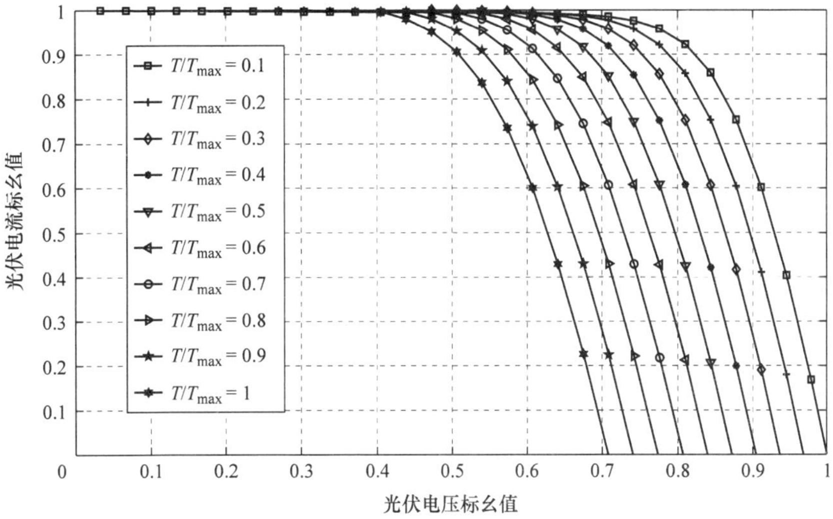

图 1.3　不同温度影响下的光伏电池板 $I-V$ 特性

图 1.3 ~ 图 1.6 表明光伏电池板的特性与温度和辐照度息息相关。由图 1.3 和图 1.5 可见，温度主要对光伏电池板的开路电压有很大影响，但对短路电流的影响极小。应用环境温度 T_a 和标准工况下的电池额定工作温度（Nominal Operating Cell Temperature，NOCT）[⊖]，计算组件电池的工作温度 T：

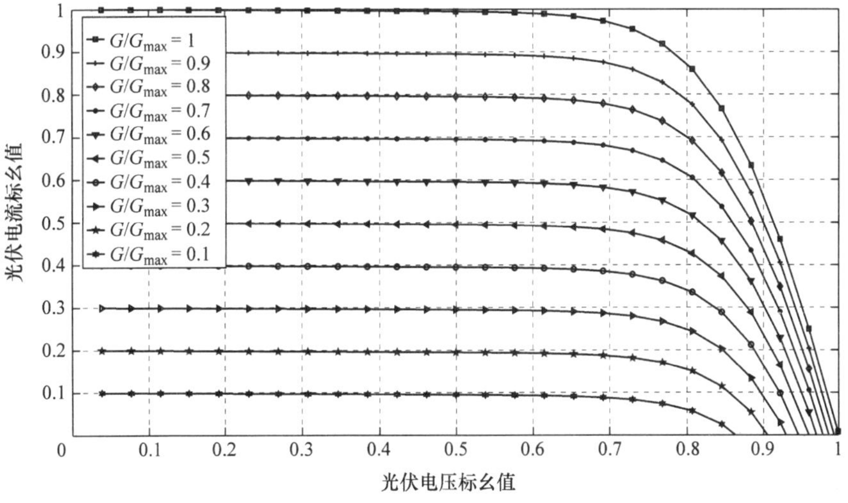

图 1.4　不同辐照度影响下的光伏电池板 $I-V$ 特性

⊖ 电池额定工作温度（NOCT）为光伏组件工作在以下工况时的开路电池温度：电池表面辐照度 $G=800\text{W/m}^2$，环境温度 $T_a=20℃$，风速为 1m/s，安装方式为开放背面。

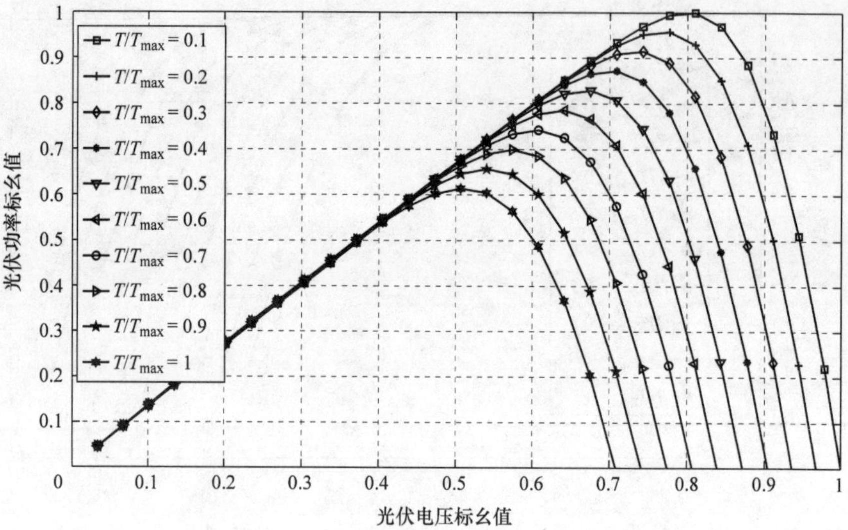

图 1.5 不同温度影响下的光伏电池板 $P-V$ 特性

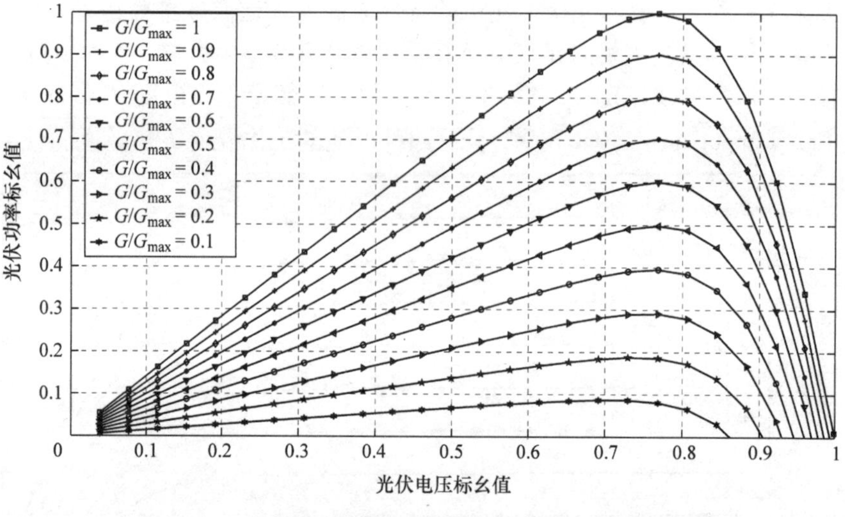

图 1.6 不同辐照度影响下的光伏电池板 $P-V$ 特性

$$T = T_a + \frac{\mathrm{NOCT}-20}{800}G \tag{1.1}$$

值得注意的是，温度变化非常缓慢，因此相对于辐照度而言，一天的温度可认为是恒定不变的。本书中，采用该假设条件。

相对于温度的影响来说，辐照度变化对电气特性的影响可以从两方面考虑。光伏组件的开路电压基本与辐照度无关：有文献指出这种关系为对数关系。另外，短路电流与辐照度基本呈线性关系。

制造商给出了标准测试条件（Standard Test Condition，STC）下的光伏组件的电气特性。标准测试条件指光伏电池单元的温度 $T_{STC}=25℃$，辐照度 $G_{STC}=1000W/m^2$，大气质量 $AM = 1.5$。大气质量表明大气对光谱分布和太阳光强度的影响程度。事实上，太阳辐射经过大气层有一定的偏移和吸附[1,2]。

这里认为辐照度变化为扰动的主要影响，因为它的不可预测性，本书将进行广泛的讨论。辐射率的变化是另外一个需要考虑的不可预测因素，根据本章参考文献［3］，通常辐照度斜率 $G=30W/m^2/s$。经典的固定式光伏发电应用该数值，而较新技术的光伏发电系统则需要更准确的 G 值，如持续跟踪式。因此，本书也会考虑较高数值。

仿真环境中分析光伏发电特性的最优方法是采用等效电路模型及其相关方程式。在后续章节中将介绍这种模型，并着重应用实测数据进行参数辨识。

1.3　双二极管和单二极管模型

前述几节的数据表明光伏电池的 $I-V$ 特性曲线由光感电流值减去二极管电流得到，二极管电流与其电压的关系为非线性的。所以如图 1.7 所示的理想等效电路中电流源并联了一个二极管。

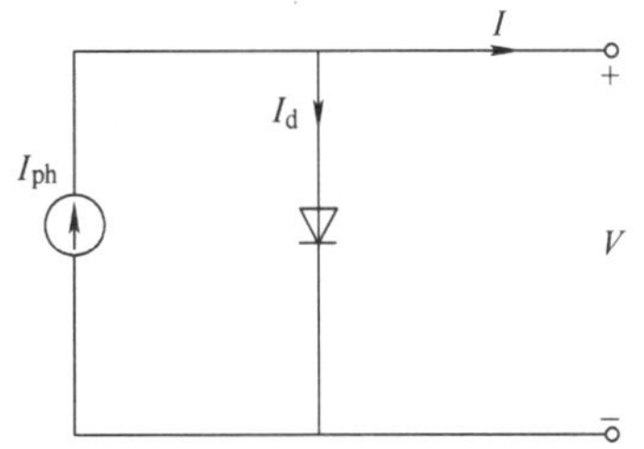

图 1.7　光伏电池的理想等效模型

二极管中考虑了光伏电池中硅 PN 结的物理效应。电流源表示光感电流，光感电流取决于电池的半导体材料特性，特别是与电池面积、辐照度水平和温度线性相关。式（1.2）表达了电流源与两个环境变量的关系，即

$$I_{ph}=I_{ph,STC}\frac{G}{G_{STC}}[1+\alpha_I(T-T_{STC})] \tag{1.2}$$

式中，α_I 为电流的温度系数，标准测试条件（STC）下的计算公式为

$$\alpha_I=\left.\frac{dI}{dT}\right|_{STC} \tag{1.3}$$

因此，光伏电池的 $I-V$ 特性表达式如（1.4）：

$$I=I_{ph}-I_{sat}(e^{\frac{V}{\eta V_t}}-1) \tag{1.4}$$

式（1.4）中，通常情况，V_t为热电压，如式（1.5）：

$$V_t=\frac{kT}{q} \tag{1.5}$$

式中，k 为玻耳兹曼常数，$k=1.3806503\times10^{-23}$ J/K；q 为电子电荷，$q=1.60217646\times10^{-19}$C；$\eta$ 为理想因子。饱和电流表达式如下：

$$I_{sat} = CT^3 e^{\left(\frac{E_{gap}}{kT}\right)} \tag{1.6}$$

式中，E_{gap}为半导体材料带隙⊖；C为温度系数[2]。

无论是电池之间保证电流连续的金属片引起的损耗机理，还是半导体材料中电荷载流子的扩散和复合特性，理想等效模型都未考虑。通过在模型中增加串联电阻R_s和并联电阻R_p来模拟这些损耗，包括电池内电阻、接触电阻和漏电流。因此，模型如图1.8所示。

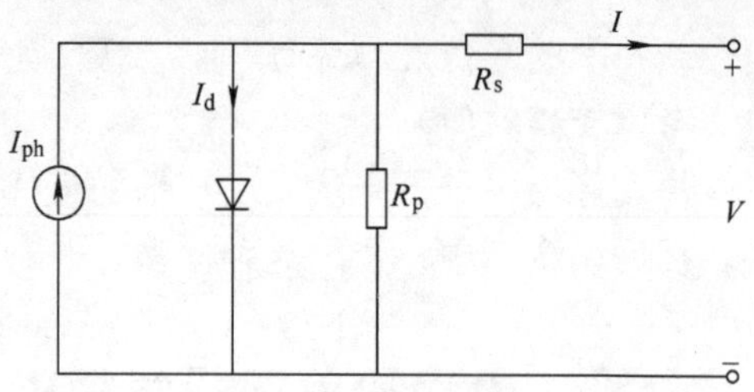

图1.8　考虑电阻损耗的单二极管模型

串联电阻R_s主要影响图1.3和图1.4中$I-V$特性中电压较高区段的斜率，即接近开路电压：电池质量越不好，串联电阻压降越大，曲线斜率越小。因此，采用近似法定义串联电阻：

$$R_s \approx -\frac{dV}{dI}\bigg|_{V=V_{OC}} \tag{1.7}$$

另一方面，R_p影响曲线接近短路电流区段的斜率，R_p阻值越小，通过并联电阻的电流越大，净输出电流需减去并联电阻电流，因此，在曲线低电压段的斜率越小，得出

$$R_p \approx -\frac{dV}{dI}\bigg|_{I=I_{SC}} \tag{1.8}$$

两个电阻的阻值对电池能量效率的影响立竿见影，用填充因子描述能量效率，定义为最大功率点电压与电流乘积与开路电压和短路电流乘积之比：

$$FF = \frac{V_{MPP}I_{MPP}}{V_{OC}I_{SC}} \tag{1.9}$$

考虑电阻损耗，根据基尔霍夫定律，式（1.4）更改为式（1.10）：

$$I = I_{ph} - I_{sat}\left(e^{\frac{V+IR_s}{\eta V_t}} - 1\right) - \frac{V+IR_s}{R_p} \tag{1.10}$$

式（1.4）和式（1.10）都是非线性的，但是后者是隐式的，无论电流还是电压都不能明确表达为其他电气量的函数。正如后面1.6节所指出的，这对于许多理论和数值分析都是难点。

根据肖克莱理论，图1.8所示的等效电路描述了半导体中载流子的扩散和复合特性，但是他忽略了重组的空间电荷区。如果必须考虑此类影响，则需采用双二极管模型。

式（1.11）为$I-V$特性表达式，其所描述的等效电路如图1.9所示。

⊖　对于晶体硅材料，$E_{gap} = 1.124\text{eV} = 1.8 \times 10^{-19}\text{J}$。

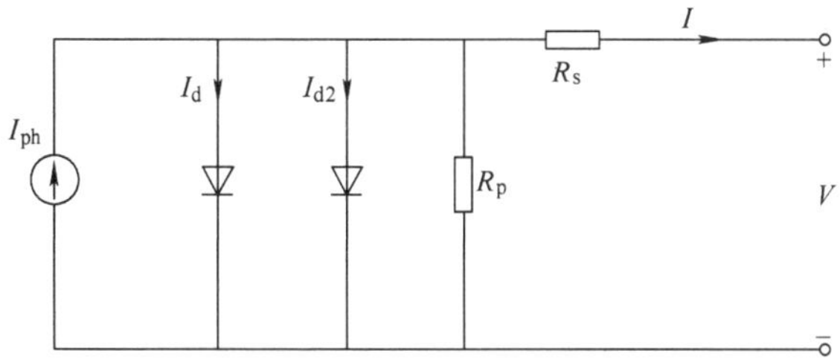

图 1.9　光伏电池的双二极管等效电路

$$I = I_{ph} - I_{sat}\left(e^{\frac{V+IR_s}{\eta V_t}} - 1\right) - I_{sat2}\left(e^{\frac{V+IR_s}{\eta_2 V_t}} - 1\right) - \frac{V+IR_s}{R_p} \tag{1.11}$$

式（1.11）中，第二项饱和电流与温度为非线性关系：

$$I_{sat2} = C_2 T^{\frac{5}{2}} e^{\left(-\frac{E_{gap}}{2kT}\right)} \tag{1.12}$$

本书中，单二极管模型如图 1.8 所示，对应的表达式为式（1.10），该模型适用于单个硅晶电池，按比例扩大后也可用于光伏组件、电池板、组件串或者整个光伏阵列。

假设所有的光伏电池类型相同且工作在相同工况下，所有电压量乘以串联个数 n_s，所有电流量乘以并联个数 n_p。因此，串联电阻 R_s 和并联电阻乘以 n_s，除以 n_p：

$$I_{ph,field} = n_p I_{ph,cell} \tag{1.13}$$

$$I_{sat,field} = n_p I_{sat,cell} \tag{1.14}$$

$$V_{t,field} = n_s V_{t,cell} \tag{1.15}$$

$$R_{s,field} = \frac{n_s}{n_p} R_{s,cell} \tag{1.16}$$

$$R_{p,field} = \frac{n_s}{n_p} R_{p,cell} \tag{1.17}$$

根据非关联参考方向确定图 1.8 的电流和电压是不完全合适的，图 1.3 和图 1.4 的第一象限表示光伏发电的运行工况。但本章 1.6 节研究了某些情况下光伏电池被反向电压极化的现象，反向电压的符号与图 1.8 所示的电压方向相反。在这种情况下，如果光伏系统有光照，电流保持原方向；并且它的正方向与图 1.8 的参考方向一致，这时系统吸收功率，而不是发出功率。这种情况下，运行工作点移动到图 1.3 和图 1.4 的第二象限，则需要一个描述该物理效应的合理模型。

根据本章参考文献［4］，图 1.8 的支路应包含一个压控电流源，如图 1.10 所示。

那么，通过分支的电流可表达为

$$I_p = \frac{V_j}{R_p}\left[1 + \alpha\left(1 - \frac{V+IR_s}{V_{br}}\right)^{-m}\right] \tag{1.18}$$

式中，V_{br}为结击穿电压；α 为欧姆电流参与雪崩击穿的系数；m 为雪崩击穿指数。

1.6 节将讨论光伏电压假设为较大的负值，且高达几十伏的情况。在反向电压条件下，电池单元甚至可以消散一定的功率，随之温度升高形成热斑。这可能导致电池不可修复性损坏，随之而来的是整个组件串的电流通势中断。一般认为，旁路二极管的反向电压限制了极化电压，通常小于 1V，因此，旁路二极管有助于降低光伏电池反向极化、热斑和功率损耗的概率。可以为每个光伏电池设置旁路二极管，但二极管数量较多，所以用一个旁路二极管匹配一组光伏电池组成的光伏组件，最后形成光伏电池板。在这种情况下，只要工作在相同工况下，光伏组件的反向电压被旁路二极管的电压限制，以使光伏电池避免形成热斑。工作在失配情况下的光伏组件内的光伏电池需要进行更复杂的研究。

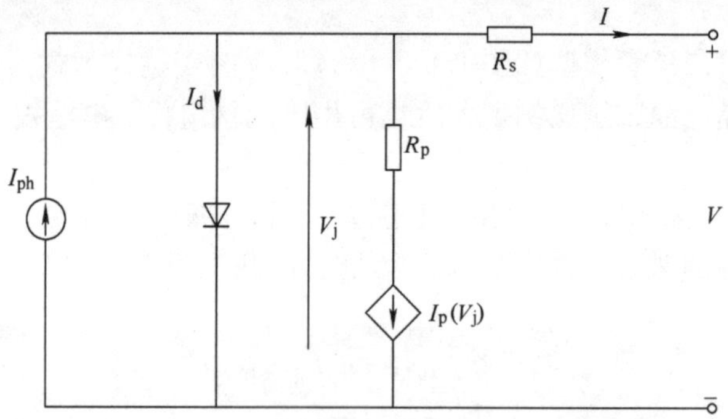

图 1.10　反极化电池单元 Bishop 等效电路

综上所述，在 1.4 节和 1.6 节，将图 1.8 等效电路模型和式（1.10）用于描述光伏电池、光伏组件、光伏组件串、光伏电池板或光伏阵列，对应的电压、电流和电阻值以适当的比例放大。没有旁路二极管，光伏电池板的 $P-V$ 特性与单个光伏组件的 $P-V$ 特性一致，因此光伏组件等同于光伏电池板。

1.4　数据表及模型参数

图 1.8 所示的等效电路和式（1.10）给出了模型在复杂性和准确性方面的折中。下面研究光伏模型参数，文献中提到两种获取参数的方法。第一种方法是基于测试数据拟合光伏组件的 $I-V$ 或者 $P-V$ 特性曲线，测试数据对应不同电压/电流水平和不同辐照度/温度的点。文献中给出了一些参数拟合方法，如方均误差拟合。

仅基于光伏组件数据表中的数据重构 $I-V$ 曲线和 $P-V$ 曲线是最难解的问题，因为只给出标准测试条件工况下的以下参数：

开路电压：$V_{OC,STC}$

开路电压温度系数：$\alpha_v = \left.\dfrac{dV_{OC}}{dT}\right|_{STC}$

短路电流：$I_{SC,STC}$

短路电流温度系数：$\alpha_i = \left.\dfrac{dI_{SC}}{dT}\right|_{STC}$

最大功率点电流和电压：$I_{MPP,STC}$，$V_{MPP,STC}$

应用上述参数确定5个未知参数。如果采用单二极管模型，如式（1.10），待求的未知参数是 $\{I_{ph}, I_{sat}, \eta, R_s, R_p\}$。

1.4.1　并联电阻趋于无穷大模型的参数辨识

文献指出通过以下两种方法解决问题：简单的方法是忽略并联电阻 R_p。这种情况下，需要确定参数的方程式为式（1.19）：

$$I = I_{ph} - I_{sat}\left[e^{\frac{(V+IR_s)}{\eta V_t}} - 1\right] \tag{1.19}$$

本章参考文献［2］中，分步进行参数辨识。根据光伏电池串联个数 n_s 初步地划分电压数据。又因为光感电流远大于二极管电流，假设光感电流等于标准测试条件下的短路电流，则直接计算光感电流：

$$I_{ph,STC} = I_{SC,STC} \tag{1.20}$$

第二步，根据式（1.19）计算开路电压：

$$0 = I_{ph,STC} - I_{sat,STC}\left(e^{\frac{V_{OC,STC}/n_s}{\eta V_{t,STC}}} - 1\right) \approx I_{ph,STC} - I_{sat,STC}e^{\frac{V_{OC,STC}/n_s}{\eta V_{t,STC}}} \tag{1.21}$$

式（1.21）中，忽略括号中的1得到等值第二项，有

$$V_{OC,STC} \approx -\eta n_s V_{t,STC}\ln\left(\frac{I_{sat,STC}}{I_{ph,STC}}\right) \tag{1.22}$$

计算开路电压的温度系数：

$$\alpha_v = \frac{dV_{OC,STC}}{dT} = \frac{d}{dT}\left[n_s\eta V_{t,STC}\ln I_{ph,STC} - n_s\eta V_{t,STC}\ln I_{sat,STC}\right] \tag{1.23}$$

由于温度依赖于热电压［即式（1.5）］，得出

$$\alpha_v = \frac{n_s\cdot\eta\cdot V_{t,STC}}{T_{STC}}\ln\left(\frac{I_{ph,STC}}{I_{sat,STC}}\right) + n_s\eta V_{t,STC}\left[\frac{1}{I_{ph,STC}}\frac{dI_{ph,STC}}{dT} - \frac{1}{I_{sat,STC}}\frac{dI_{sat,STC}}{dT}\right] \tag{1.24}$$

通过式（1.6）计算式（1.24）中括号的第二项。

$$\frac{1}{I_{sat,STC}}\frac{dI_{sat,STC}}{dT_{STC}} = \frac{3}{T_{STC}} + \frac{E_{gap}}{kT_{STC}^2} \tag{1.25}$$

式（1.24）中括号的第一项与电流温度系数 α_i 相关，由此可得

$$\alpha_{\mathrm{v}}=\frac{n_{\mathrm{s}}\eta V_{\mathrm{t,STC}}}{T_{\mathrm{STC}}}\ln\left(\frac{I_{\mathrm{ph,STC}}}{I_{\mathrm{sat,STC}}}\right)+n_{\mathrm{s}}\eta V_{\mathrm{t,STC}}\left(\frac{\alpha_{\mathrm{i}}}{I_{\mathrm{ph,STC}}}-\frac{3}{T_{\mathrm{STC}}}-\frac{E_{\mathrm{gap}}}{kT_{\mathrm{STC}}^{2}}\right)\tag{1.26}$$

由式（1.22）得

$$\alpha_{\mathrm{v}}=\frac{V_{\mathrm{OC,STC}}}{T_{\mathrm{STC}}}+n_{\mathrm{s}}\eta V_{\mathrm{t,STC}}\left(\frac{\alpha_{\mathrm{i}}}{I_{\mathrm{ph,STC}}}-\frac{3}{T_{\mathrm{STC}}}-\frac{E_{\mathrm{gap}}}{kT_{\mathrm{STC}}^{2}}\right)\tag{1.27}$$

根据式（1.28）计算二极管理想因子：

$$\eta=\frac{\alpha_{\mathrm{v}}-\dfrac{V_{\mathrm{OC,STC}}}{T_{\mathrm{STC}}}}{n_{\mathrm{s}}V_{\mathrm{t,STC}}\left(\dfrac{\alpha_{\mathrm{i}}}{I_{\mathrm{ph,STC}}}-\dfrac{3}{T_{\mathrm{STC}}}-\dfrac{E_{\mathrm{gap}}}{kT_{\mathrm{STC}}^{2}}\right)}\tag{1.28}$$

为计算 I_{sat}，根据式（1.21），开路工况下有

$$I_{\mathrm{sat,STC}}\approx I_{\mathrm{ph,STC}}\mathrm{e}^{-\frac{V_{\mathrm{OC,STC}}}{\eta n_{\mathrm{s}}V_{\mathrm{t,STC}}}}\tag{1.29}$$

则可计算式（1.6）中的温度系数 C，进而计算出温度 T 对应的 I_{sat}。

$$C=\frac{I_{\mathrm{sat,STC}}}{T_{\mathrm{STC}}3\mathrm{e}^{-\frac{E_{\mathrm{gap}}}{kT_{\mathrm{STC}}}}}\tag{1.30}$$

通过 MPP 参数计算串联电阻：

$$\begin{aligned}I_{\mathrm{MPP,STC}}&=I_{\mathrm{ph,STC}}-I_{\mathrm{sat,STC}}\left[\mathrm{e}\,\frac{V_{\mathrm{MPP,STC}}+I_{\mathrm{MPP,STC}}R_{\mathrm{s}}}{\eta n_{\mathrm{s}}V_{\mathrm{t,STC}}}-1\right]\\&\approx I_{\mathrm{ph,STC}}-I_{\mathrm{sat,STC}}\mathrm{e}\,\frac{V_{\mathrm{MPP,STC}}+I_{\mathrm{MPP,STC}}R_{\mathrm{s}}}{\eta n_{\mathrm{s}}V_{\mathrm{t,STC}}}\end{aligned}\tag{1.31}$$

式（1.29）代入式（1.31）得出

$$I_{\mathrm{MPP,STC}}=I_{\mathrm{ph,STC}}-I_{\mathrm{ph,STC}}\left[\mathrm{e}^{\frac{(-V_{\mathrm{OC,STC}}+V_{\mathrm{MPP,STC}}+R_{\mathrm{s}}I_{\mathrm{MPP,STC}})}{\eta n_{\mathrm{s}}V_{\mathrm{t,STC}}}}\right]\tag{1.32}$$

根据式（1.33）计算串联电阻：

$$R_{\mathrm{s}}=\frac{n_{\mathrm{s}}\eta V_{\mathrm{t,STC}}\ln\left(1-\dfrac{I_{\mathrm{MPP,STC}}}{I_{\mathrm{ph,STC}}}\right)+V_{\mathrm{OC,STC}}-V_{\mathrm{MPP,STC}}}{I_{\mathrm{MPP,STC}}}\tag{1.33}$$

根据光伏电池厂家提供的 STC 数据参数 $\{V_{\mathrm{OC}},\ I_{\mathrm{SC}},\ \alpha_{\mathrm{i}},\ \alpha_{\mathrm{v}},\ V_{\mathrm{MPP}},\ I_{\mathrm{MPP}}\}$，应用式（1.20）、式（1.30）、式（1.28）和式（1.33）可计算式（1.19）的 4 个未知参数。

1.4.2 节将研究考虑 R_{p} 的复杂模型参数辨识，涉及非线性方程求解。忽略式子中数值较小的项，从而得到近似解，将在 1.4.3 节中讨论。

1.4.2　计及并联电阻模型的参数辨识

上节所提出的方法可延伸至考虑并联电阻的情况。在 MPP 工况下，式

（1.10）可用来表达并联电阻：

$$R_{p}=\frac{V_{MPP,STC}+I_{MPP,STC}R_{s}}{I_{ph}-I_{MPP,STC}-I_{sat,STC}\left(e^{\frac{V_{MPP,STC}+I_{MPP,STC}R_{s}}{\eta V_{t,STC}}}-1\right)} \tag{1.34}$$

式（1.34）中，组件热电压 V_t 与单个电池的热电压 V_T 成正比，$V_t=n_sV_T$。包含 R_s 和 R_p 非线性系统的第二个方程可通过 MPP 描述如下：

$$\left.\frac{\partial(VI)}{\partial V}\right|_{MPP,STC}=0 \rightarrow I_{MPP,STC}+V_{MPP,STC}\left.\frac{\partial I}{\partial V}\right|_{MPP,STC}=0 \tag{1.35}$$

将式（1.10）代入式（1.35）可得

$$\left.\frac{\partial I}{\partial V}\right|_{MPP,STC}=-\frac{\frac{1}{R_{p}}+\frac{I_{sat,STC}}{\eta V_{t,STC}}e^{\frac{V_{MPP,STC}+I_{MPP,STC}R_{s}}{\eta V_{t,STC}}}}{1+\frac{R_{s}}{R_{p}}+\frac{R_{s}I_{sat,STC}}{\eta V_{t,STC}}e^{\frac{V_{MPP,STC}+I_{MPP,STC}R_{s}}{\eta V_{t,STC}}}} \tag{1.36}$$

将以上结果代入式（1.35），得

$$I_{MPP,STC}-V_{MPP,STC}\frac{\frac{1}{R_{p}}+\frac{I_{sat,STC}}{\eta V_{t,STC}}e^{\frac{V_{MPP,STC}+I_{MPP,STC}R_{s}}{\eta V_{t,STC}}}}{1+\frac{R_{s}}{R_{p}}+\frac{R_{s}I_{sat,STC}}{\eta V_{t,STC}}e^{\frac{V_{MPP,STC}+I_{MPP,STC}R_{s}}{\eta V_{t,STC}}}}=0 \tag{1.37}$$

联立式（1.34）和式（1.37），求解并联电阻和串联电阻。

1.4.3　包含并联电阻模型的参数辨识：显式解

基于变量的变化：

$$x=\frac{V_{MPP,STC}+R_{s}I_{MPP,STC}}{\eta V_{t,STC}} \tag{1.38}$$

应用式（1.38）和式（1.34），并联电阻和串联电阻为

$$R_{s}=\frac{x\eta V_{t,STC}-V_{MPP,STC}}{I_{MPP,STC}} \quad R_{p}=\frac{x\eta V_{t,STC}}{I_{ph}-I_{MPP,STC}-I_{sat,STC}(e^{x}-1)} \tag{1.39}$$

代入式（1.37），出现 $\eta V_{t,STC}x^2$ 项。代数变换，忽略式中数值较小的项 ${R_s}^2$，得

$$\eta V_{t,STC}x^{2}\approx-\frac{V_{MPP,STC}^{2}}{\eta V_{t,STC}}+2V_{MPP,STC}x \tag{1.40}$$

则求解式（1.37）可转换为求解式（1.41）的 x：

$$\begin{aligned}&2V_{MPP,STC}(I_{MPP,STC}-I_{ph}-I_{sat,STC})+(I_{ph}+I_{sat,STC})\eta V_{t,STC}x+\\&I_{sat,STC}e^{x}\left[-\eta V_{t,STC}x+V_{MPP,STC}\left(2-\frac{V_{MPP,STC}}{\eta V_{t,STC}}\right)\right]=0\end{aligned} \tag{1.41}$$

式（1.41）的前两项可简化，根据式（1.39）得

$$
\begin{aligned}
&2V_{\mathrm{MPP,STC}}(I_{\mathrm{MPP,STC}}-I_{\mathrm{ph}}-I_{\mathrm{sat,STC}})+(I_{\mathrm{ph}}+I_{\mathrm{sat,STC}})\eta V_{\mathrm{t,STC}}x\\
&=V_{\mathrm{MPP,STC}}(2I_{\mathrm{MPP,STC}}+I_{\mathrm{ph}}+I_{\mathrm{sat,STC}})+(I_{\mathrm{ph}}+I_{\mathrm{sat,STC}})(R_{\mathrm{s}}\cdot I_{\mathrm{MPP,STC}}-2V_{\mathrm{MPP,STC}})\\
&\approx V_{\mathrm{MPP,STC}}(2I_{\mathrm{MPP,STC}}+I_{\mathrm{ph}}+I_{\mathrm{sat,STC}})-2(I_{\mathrm{ph}}+I_{\mathrm{sat,STC}})V_{\mathrm{MPP,STC}}\\
&=V_{\mathrm{MPP,STC}}(2I_{\mathrm{MPP,STC}}-I_{\mathrm{ph}}-I_{\mathrm{sat,STC}})
\end{aligned}
\tag{1.42}
$$

对于光伏电池板，$R_{\mathrm{s}}I_{\mathrm{MPP,STC}}$的数值比$2V_{\mathrm{MPP,STC}}$的数值小两个数量级，则式（1.42）约等号简化成立。

因此，非线性方程式（1.41）可写为

$$
\begin{aligned}
&V_{\mathrm{MPP,STC}}(2I_{\mathrm{MPP,STC}}-I_{\mathrm{ph}}-I_{\mathrm{sat,STC}})+\\
&I_{\mathrm{sat,STC}}\mathrm{e}^{x}\left[-\eta V_{\mathrm{t,STC}}x+V_{\mathrm{MPP,STC}}\left(2-\frac{V_{\mathrm{MPP,STC}}}{\eta V_{\mathrm{t,STC}}}\right)\right]=0
\end{aligned}
\tag{1.43}
$$

应用朗伯 W 函数求解方程解析解：

$$
f(x)=x\mathrm{e}^{x} \tag{1.44}
$$

可得

$$
\begin{aligned}
x=lambertW&\left[\frac{V_{\mathrm{MPP,STC}}(2I_{\mathrm{MPP,STC}}-I_{\mathrm{ph}}-I_{\mathrm{sat,STC}})\mathrm{e}^{\frac{V_{\mathrm{MPP,STC}}(V_{\mathrm{MPP,STC}}-2\eta V_{\mathrm{t,STC}})}{\eta^{2}V_{\mathrm{t,STC}}^{2}}}}{\eta I_{\mathrm{sat,STC}}V_{\mathrm{t,STC}}}\right]+\\
&2\frac{V_{\mathrm{MPP,STC}}}{\eta V_{\mathrm{t,STC}}}-\frac{V_{\mathrm{MPP,STC}}^{2}}{\eta^{2}V_{\mathrm{t,STC}}^{2}}
\end{aligned}
\tag{1.45}
$$

将式（1.45）代入式（1.39）求解并联电阻和串联电阻。

本章参考文献［11］给出了另一种方法，同样利用朗伯 W 函数求解并联电阻和串联电阻，但未给出两个电阻的表达式。

1.4.4 其他求解方法

本章参考文献中也提出了其他一些求解光伏组件等效电路模型参数的方法。

本章参考文献［5］中，由式（1.10）分别列出开路电压、短路电流和最大功率点（MPP）状态，有

$$
0=I_{\mathrm{ph}}-I_{\mathrm{sat,STC}}\left[\mathrm{e}^{\frac{V_{\mathrm{OC,STC}}}{\eta V_{\mathrm{t,STC}}}}-1\right]-\frac{V_{\mathrm{OC,STC}}}{R_{\mathrm{p}}} \tag{1.46}
$$

$$
I_{\mathrm{SC,STC}}=I_{\mathrm{ph}}-I_{\mathrm{sat,STC}}\left[\mathrm{e}^{\frac{I_{\mathrm{SC,STC}}R_{\mathrm{s}}}{\eta V_{\mathrm{t,STC}}}}-1\right]-\frac{I_{\mathrm{SC,STC}}R_{\mathrm{s}}}{R_{\mathrm{p}}} \tag{1.47}
$$

$$
I_{\mathrm{MPP,STC}}=I_{\mathrm{ph}}-I_{\mathrm{sat,STC}}\left[\mathrm{e}^{\frac{V_{\mathrm{MPP,STC}}+I_{\mathrm{MPP,STC}}R_{\mathrm{s}}}{\eta V_{\mathrm{t,STC}}}}-1\right]-\frac{V_{\mathrm{MPP,STC}}+I_{\mathrm{MPP,STC}}R_{\mathrm{s}}}{R_{\mathrm{p}}} \tag{1.48}
$$

为求解 5 个未知参数$\{I_{\mathrm{ph}},\ I_{\mathrm{sat}},\ \eta,\ R_{\mathrm{s}},\ R_{\mathrm{p}}\}$，需增加两个附加方程式。第一个是式（1.49）MPP 的输出功率对电压的导数为 0。

$$\left.\frac{\mathrm{d}P}{\mathrm{d}V}\right|_{V=V_{\mathrm{MPP,STC}},I=I_{\mathrm{MPP,STC}}}=\left.\frac{\mathrm{d}(VI)}{\mathrm{d}V}\right|_{V=V_{\mathrm{MPP,STC}},I=I_{\mathrm{MPP,STC}}}=I_{\mathrm{MPP,STC}}+V_{\mathrm{MPP,STC}}\left.\frac{\mathrm{d}I}{\mathrm{d}V}\right|_{V=V_{\mathrm{MPP,STC}},I=I_{\mathrm{MPP,STC}}}=0 \tag{1.49}$$

因为式（1.10）为非显式方程，因此式（1.49）不能写出电流对电压的导数形式。

由于待求解的未知数和方程式个数需相同，第五个方程式类似式（1.8），有

$$\left.\frac{\mathrm{d}I}{\mathrm{d}V}\right|_{I=I_{\mathrm{SC,STC}}}\approx-\frac{1}{R_{\mathrm{p}}} \tag{1.50}$$

通过简单的计算，式（1.46）和式（1.47）可得到饱和电流和光感电流为短路电流的函数表达式。

$$I_{\mathrm{sat,STC}}=\left(I_{\mathrm{SC,STC}}-\frac{V_{\mathrm{OC,STC}}-R_{\mathrm{s}}I_{\mathrm{SC,STC}}}{R_{\mathrm{p}}}\right)\mathrm{e}^{-\frac{V_{\mathrm{OC,STC}}}{\eta V_{\mathrm{t,STC}}}} \tag{1.51}$$

$$I_{\mathrm{ph}}=I_{\mathrm{SC,STC}}\left(1+\frac{R_{\mathrm{s}}}{R_{\mathrm{p}}}\right) \tag{1.52}$$

将式（1.51）和式（1.52）代入式（1.48），得到

$$I_{\mathrm{MPP,STC}}=I_{\mathrm{SC,STC}}-\frac{V_{\mathrm{MPP,STC}}+R_{\mathrm{s}}(I_{\mathrm{MPP,STC}}-I_{\mathrm{SC,STC}})}{R_{\mathrm{p}}}-\left(I_{\mathrm{SC,STC}}-\frac{V_{\mathrm{OC,STC}}-R_{\mathrm{s}}I_{\mathrm{SC,STC}}}{R_{\mathrm{p}}}\right)\mathrm{e}^{\frac{V_{\mathrm{MPP,STC}}+R_{\mathrm{s}}I_{\mathrm{MPP,STC}}-V_{\mathrm{OC,STC}}}{\eta V_{\mathrm{t,STC}}}} \tag{1.53}$$

式（1.49）需要电流对电压的导数表达式。将式（1.53）等号右侧写成 $f(I,\ V)$，则

$$\frac{\mathrm{d}P}{\mathrm{d}V}=I_{\mathrm{MPP}}+V_{\mathrm{MPP}}\frac{\frac{\partial}{\partial V}f(I,V)}{1-\frac{\partial}{\partial I}f(I,V)} \tag{1.54}$$

结果是

$$I_{\mathrm{MPP,STC}}+V_{\mathrm{MPP,STC}}\frac{-\frac{1}{R_{\mathrm{p}}}-\frac{\left(I_{\mathrm{SC,STC}}-\frac{V_{\mathrm{OC,STC}}-R_{\mathrm{s}}I_{\mathrm{SC,STC}}}{R_{\mathrm{p}}}\right)\mathrm{e}^{\frac{V_{\mathrm{MPP,STC}}+R_{\mathrm{s}}I_{\mathrm{MPP,STC}}-V_{\mathrm{OC,STC}}}{\eta V_{\mathrm{t,STC}}}}}{\eta V_{\mathrm{t,STC}}}}{1+\frac{\left(I_{\mathrm{SC,STC}}-\frac{V_{\mathrm{OC,STC}}-R_{\mathrm{s}}I_{\mathrm{SC,STC}}}{R_{\mathrm{p}}}\right)\mathrm{e}^{\frac{V_{\mathrm{MPP,STC}}+R_{\mathrm{s}}I_{\mathrm{MPP,STC}}-V_{\mathrm{OC,STC}}}{\eta V_{\mathrm{t,STC}}}}}{\eta V_{\mathrm{t,STC}}}+\frac{R_{\mathrm{s}}}{R_{\mathrm{p}}}}=0 \tag{1.55}$$

最后，式（1.50）可写为

$$-\frac{1}{R_p}=\frac{-\frac{1}{R_p}-\frac{\left(I_{SC,STC}-\frac{V_{OC,STC}-R_sI_{SC,STC}}{R_p}\right)e^{\frac{V_{MPP,STC}+R_sI_{MPP,STC}-V_{OC,STC}}{\eta V_{t,STC}}}}{\eta V_{t,STC}}}{1+\frac{\left(I_{SC,STC}-\frac{V_{OC,STC}-R_sI_{SC,STC}}{R_p}\right)e^{\frac{V_{MPP,STC}+R_sI_{MPP,STC}-V_{OC,STC}}{\eta V_{t,STC}}}}{\eta V_{t,STC}}+\frac{R_s}{R_p}} \tag{1.56}$$

由式（1.53）、式（1.55）和式（1.56）组成的非线性系统可求解 R_s、R_h 和 η。

其他学者也提出了其他类似的方法，见本章参考文献［1，6－9］。本章参考文献［1］中通过迭代求 R_s 和 R_p 最优值，并确保 $I-V$ 曲线满足光伏电池板数据表，包括开路电压、短路电流和 MPP。在任何情况下，两个电阻都需要求解非线性方程。这是由于单二极管模型是非线性的，且为非显式的，无论是电压还是电流都无法表示为另一个变量的显函数。这种限制可通过朗伯 W 函数解决，求解式（1.10）。这方面将在本章最后一节讨论。

1.5 举例：光伏组件等效电路参数计算

本节讨论光伏电池串和商用光伏组件的模型参数辨识。第一个组件串的额定运行参数如表 1.1 所示，应用 1.4.2 节描述的方法确定模型的 5 个参数如表 1.2 所示。假设热电压 $V_t=kT/q=0.474\text{V}$（在 T_{STC} 下）。

表 1.1 光伏组件串的额定运行工况

光伏方阵	STC 下的数值
短路电流 I_{STC}	7.7A
开路电压 V_{OC}	10.8V
最大功率点电流 I_{MPP}	7.2A
最大功率点电压 V_{MPP}	8.6V
I_{SC} 温度系数 α_I	0.07%/℃
V_{OC} 温度系数 α_V	－0.35%/℃
NOCT	46℃
串联电池个数	18

表 1.2 光伏电路模型参数

参数	值
I_{ph}	7.7A
R_s	0.1166Ω
R_p	148.9151Ω
C	373.0739A/K^3
η	1.0255

表 1.3 所示为光伏组件在 STC 和其他不同条件下 $I-V$ 特性的主要工作点。图 1.11 所示为对应的 $P-V$ 曲线，显而易见电压和功率随温度的变化而变化。

表 1.3 商用光伏组件的户外运行工况（环境温度 $T_a=35℃$）

参数及符号	值（辐照度 $G=1000\text{W/m}^2$）
短路电流 I_{SC}	7.92A
开路电压 V_{OC}	9.18V
MPP 电流 I_{MPP}	7.24A
MPP 电压 V_{MPP}	6.97V
参数及符号	**值（辐照度 $G=100\ \text{W/m}^2$）**
短路电流 I_{SC}	0.76A
开路电压 V_{OC}	9.12V
MPP 电流 I_{MPP}	0.68A
MPP 电压 V_{MPP}	7.63V

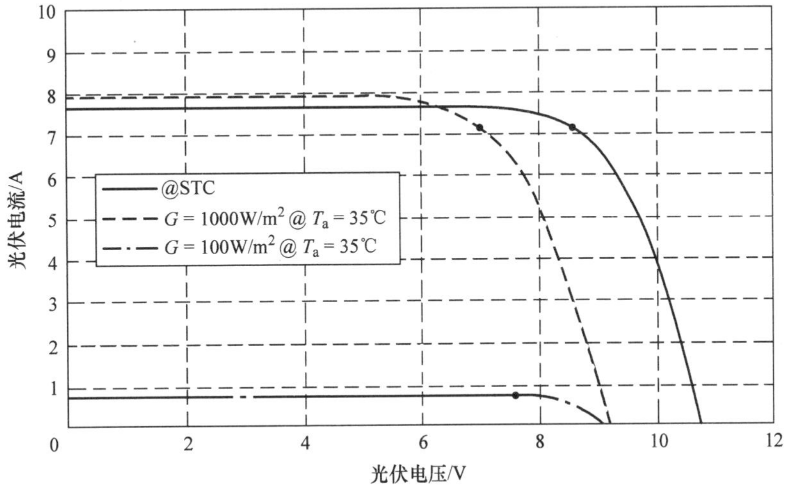

图 1.11 光伏电池串户外条件下和 STC 下的 $I-V$ 曲线和 $P-V$ 曲线

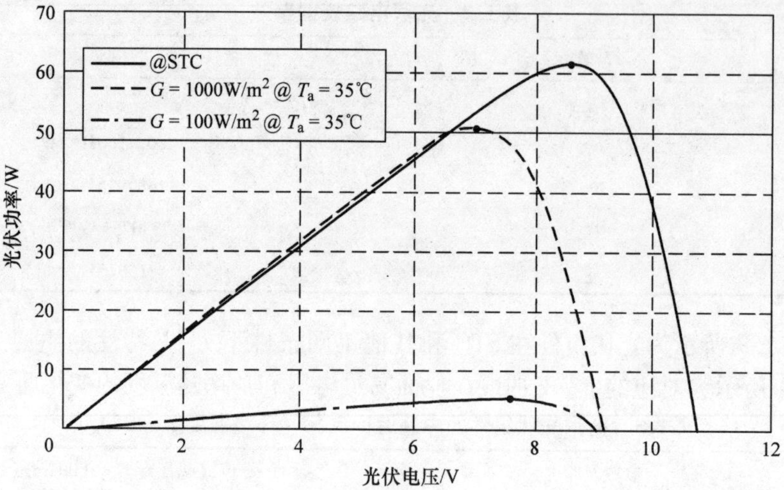

图 1.11　光伏电池串户外条件下和 STC 下的 $I-V$ 曲线和 $P-V$ 曲线（续）

第二个例子是 Suntech STP 245S－20/Wd 光伏组件，参数见表 1.4。根据 1.4.2 节计算模型参数见表 1.5。

表 1.4　Suntech STP245S－20/Wd 参数表数值

光伏组件	STC 下数值
短路电流 I_{STC}	8.52A
开路电压 V_{OC}	37.3V
MPP 电流 I_{MPP}	8.04A
MPP 电压 V_{MPP}	30.5V
I_{SC}温度系数 α_I	0.05%/℃
V_{OC}温度系数 α_V	－0.34%/℃
NOCT	45℃
电池串联个数	60

表 1.5　光伏组件模型参数

参数	值
I_{ph}	8.52A
R_s	0.2584Ω
R_p	1278.1Ω
C_0	286.0364A/K³
η	1.0457

根据上述参数值，建立第 1.3 节讨论的光伏模型，并绘制 $I-V$ 特性曲线和

$P-V$ 特性曲线，与生产商给出的不同辐照度和温度下的试验数据略有差异。光伏电池板在高、中、低辐照强度下光伏电池板特性如图 1.12 所示。

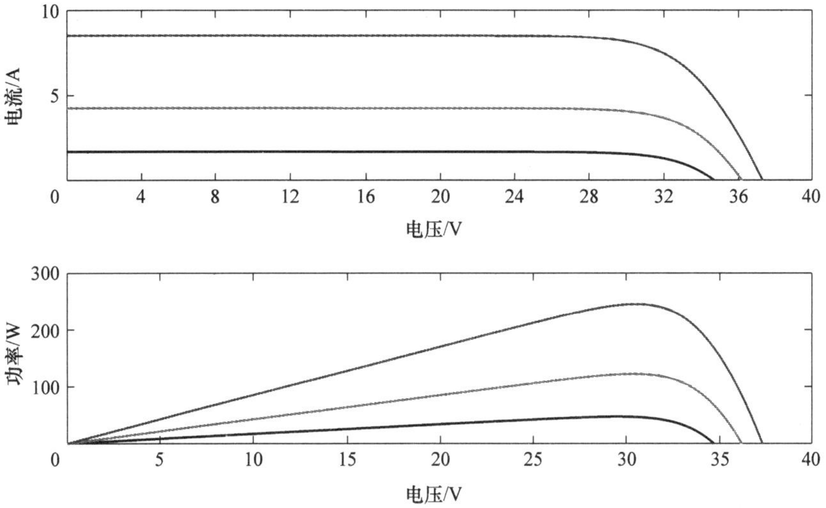

图 1.12 不同辐照度下 Suntech 光伏电池板的 $I-V$ 曲线和 $P-V$ 曲线

应用 1.4.3 节介绍的方法建立 Suntech 光伏组件模型。所得结果与根据 1.4.2 节的隐式方法求解结果完全一致，从而得到不同辐照度下的 $I-V$ 曲线和 $P-V$ 曲线，如图 1.13 和图 1.14 所示。

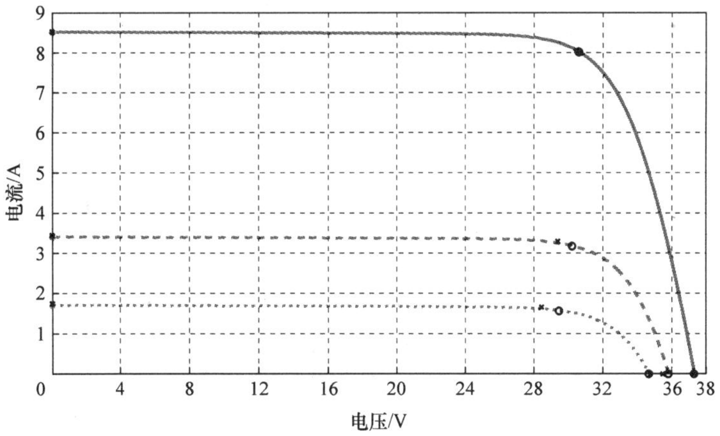

图 1.13 Suntech 光伏电池板的 $I-V$ 曲线

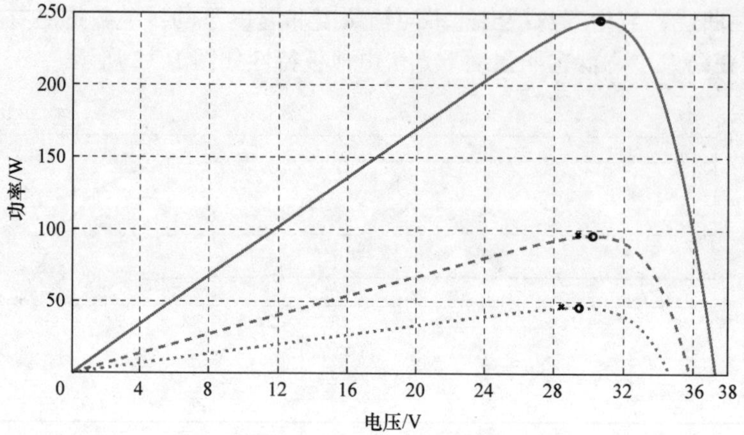

图 1.14 尚德光伏电池板的 $P-V$ 曲线

1.6 光伏场建模的朗博 W 函数

1.6.1 一致工况下的光伏电源建模

图 1.13 中实线 $G=1000\text{W/m}^2$，虚线 $G=400\text{W/m}^2$，点线 $G=200\text{W/m}^2$，其中，叉点为试验测试点，圆圈为估计值。

事实上，因为需要通过求解非线性方程式（1.10）而得到光伏电源的工作点，然而式（1.10）没有明确解成为一个重要的限制因素，不仅仅是在模型参数辨识方面，同时在光伏系统的仿真方面。这种限制可通过朗伯 W 函数解决。本章参考文献［10］中，讨论了应用朗伯 W 函数求解的细节。应用朗伯 W 函数得到

$$I=\frac{R_p(I_{ph}+I_{sat})-V}{R_s+R_p}-\frac{\eta V_t}{R_s}LambertW(\theta) \tag{1.57}$$

图 1.14 中实线 $G=1000\text{W/m}^2$，虚线 $G=400\text{W/m}^2$，点线 $G=200\text{W/m}^2$，其中，交叉点为试验测试点，圆圈为估计值。

这里，

$$\theta=\frac{(R_p//R_s)I_{sat}\mathrm{e}^{\frac{R_pR_s(I_{ph}+I_{sat})+R_pV}{\eta V_t(R_p+R_s)}}}{\eta V_t} \tag{1.58}$$

可以看出表达式为显性的，根据本章参考文献［10］朗伯 W 函数的解释，电压可直接计算出对应的电流。类似地，电压也可表达为电流的显性方程。

当然，若所有的电池单元、组件、组件串以及光伏阵列都运行在相同的工况下，该模型也可用于光伏场，对应的式（1.57）和式（1.58）的参数按比例

扩大。

然而在运行工况不一致的情况下，模型和式（1.57）不是简单的、可扩展的，因此需要研究不同的方法。

1.6.2　失配光伏电源建模

如前面章节讨论的，当光伏电源各部分的工况不同时出现失配运行状态。导致失配运行的原因可能是阴影或者是物理参数不同的光伏电池单元之间的差异等。文献中介绍了一些方法描述光伏电池单元的特征。有些文献已经讨论过此种情况的解决方法，例如本章参考文献［7，12，13］。

本节讨论建模方法的对象是由光伏组件串联组成的光伏组件串。假设每个光伏组件由相同的光伏电池串联组成，且工作在相同温度和辐照度条件下。光伏电池单元具有自身的并联旁路二极管保护功能，如图 1.1 所示。该方法可推广到多组并联的光伏组件串。

每个光伏组件内的电池工作在相同工况下，可应用图 1.8 所示的等效电路和式（1.10）建模。然而，由于辐照度、温度或者制造公差等原因，光伏组件串的各组件的特性和参数不同。为得到一个简洁的模型，整个光伏组件的模型含有旁路二极管，同时每个电池单元模型也含有旁路二极管，如图 1.15 所示。

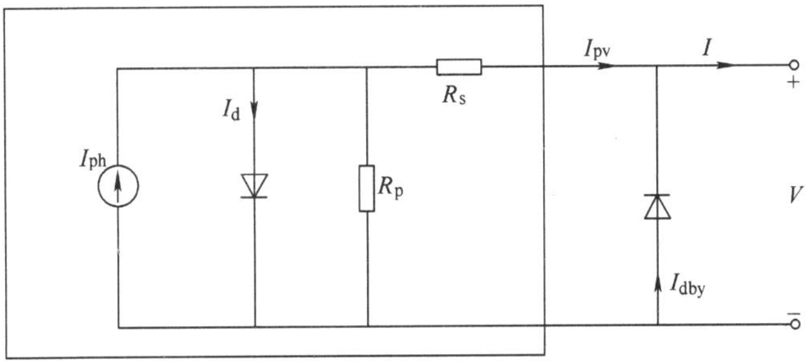

图 1.15　单独配置旁路二极管的光伏组件等效电路

根据肖克莱方程，旁路二极管的非线性方程为

$$I_{dby}=I_{sat,dby}(e^{\frac{V}{\eta_{dby}V_{t,dby}}}-1) \tag{1.59}$$

合并式（1.10）和式（1.59），得到如下非线性隐式方程：

$$I=I_{ph}-I_{sat}[e^{\frac{V+IR_s}{\eta V_t}}-1]-\frac{V+IR_s}{R_p}+I_{sat,dby}(e^{\frac{V}{\eta_{dby}V_{t,dby}}}-1) \tag{1.60}$$

再次利用朗伯 W 函数将式（1.60）转换为显式。包含电池和旁路二极管的组件可通过式（1.61）描述，给出了图 1.15 等效电路的端电压与输出电流的对应关系：

$$I=\frac{[R_p(I_{ph}+I_{sat})-V]}{R_s+R_p}+I_{sat,dby}(e^{\frac{V}{\eta_{dby}V_{t,dby}}}-1)-\frac{\eta V_t}{R_s}lambertW(\theta) \tag{1.61}$$

式（1.61）中的 θ 见式（1.58）。

失配的组件串由多个图 1.15 的光伏组件等效电路构成，每个光伏组件工作在确定的辐照度和温度条件下，物理参数和特性已知，但与串联的其他组件不同。光伏组件串如图 1.16 所示，每个组件的模型为图 1.15 和式（1.61）。光伏组件串末端串联二极管，以避免电流回流，回流可能的原因有与其并联的其他光伏组件串与储能设备联合运行。

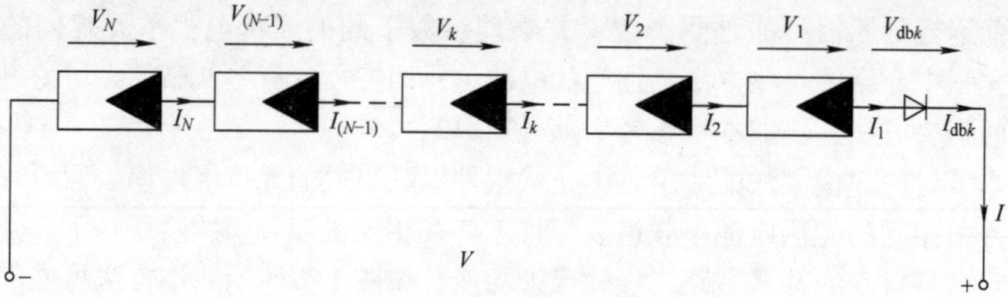

图 1.16　配置封锁二极管的光伏组件串

基于基尔霍夫定律，列写非线性方程组（1.62）：

$$\begin{cases} V_1 + V_2 + \cdots + V_k + \cdots + V_{N-1} + V_N + V_{dbk} - V = 0 \\ I_1(V_1) - I_2(V_2) = 0 \\ I_1(V_1) - I_3(V_3) = 0 \\ \cdots \\ I_1(V_1) - I_k(V_k) = 0 \\ \cdots \\ I_1(V_1) - I_{N-1}(V_{N-1}) = 0 \\ I_1(V_1) - I_N(V_N) = 0 \\ I_1(V_1) - I_{dbk}(V_{dbk}) = 0 \end{cases} \tag{1.62}$$

模型以电压为因变量，根据式（1.62），给出光伏组件串电压 V 即可得到对应的输出电流。组件和二极管有（$N+1$）个未知量 $\{V_1, V_2, \cdots, V_k, \cdots, V_N, V_{dbk}\}$。式（1.61）和式（1.63）确定方程组的 N 个电流变量。

$$I_{dbk} = I_{sat,dbk}\left(e^{\frac{V_{dbk}}{V_{t,dbk}}} - 1\right) \tag{1.63}$$

方程组（1.62）的第 2 ~ 第（$N+1$）个方程式的所有参数都不同于单个光伏电池板。可采用牛顿 - 拉普逊法求解方程组（1.62）这个非线性系统。由此可见，求解系统数值解的方法具有显著的优势。事实上，第 2 ~ 第（$N+1$）个方程式都与第一个方程相关。这样的选择简化了系统方程组（1.62）的雅克比矩阵。

基于朗伯 W 函数的特性，由显式方程（1.61）计算与端电压相关的第一个光伏组件电流的导数。其中，朗伯 W 函数对于参数 θ 的导数见式（1.64）：

$$\frac{\mathrm{d}lambertW(\theta)}{\mathrm{d}\theta}=\frac{1}{[1+lambertW(\theta)]\mathrm{e}^{lambertW(\theta)}}=\frac{lambertW(\theta)}{[1+lambertW(\theta)]\theta} \tag{1.64}$$

式（1.65）为光伏组件串输出电流 I 对端电压 V 的偏导数表达式：

$$\frac{\partial I}{\partial V}=-\frac{1}{R_{\mathrm{s}}+R_{\mathrm{p}}}-\frac{I_{\mathrm{sat,dby}}}{V_{\mathrm{sat,dby}}}\mathrm{e}^{-\frac{V}{V_{\mathrm{t,dby}}}}-\frac{R_{\mathrm{p}}}{R_{\mathrm{s}}(R_{\mathrm{s}}+R_{\mathrm{p}})}lambertW(\theta) \tag{1.65}$$

这样，光伏组件串的电流和电流对电压的导数都可写成组件串端电压的函数形式。

根据式（1.10）得到光伏组件串每个组件的雅克比矩阵 $\boldsymbol{J}$，反推牛顿－拉普逊的每次迭代。雅克比矩阵结构如式（1.66）所示，可见雅克比矩阵为稀疏矩阵，是一组列向量、一组行向量和对角阵的组合：

$$\boldsymbol{J}=\left[\begin{array}{c|c} \multicolumn{2}{c}{ones(1,N+1)} \\ \hline c & d \end{array}\right] \tag{1.66}$$

式（1.66）中，*ones*（1，$N+1$）为（$N+1$）维行向量，且所有元素均为1：$\boldsymbol{c}$为 N 维列向量：

$$\boldsymbol{c}=\frac{\partial I_1}{\partial V_1}ones(N,1) \tag{1.67}$$

ones（N，1）为 N 维列向量，且所有元素为 1。

$$\boldsymbol{d}=\mathrm{diag}\left(\frac{\partial I_1}{\partial V_1},\frac{\partial I_2}{\partial V_2},\cdots,\frac{\partial I_k}{\partial V_k},\cdots,\frac{\partial I_{N-1}}{\partial V_{N-1}},\frac{\partial I_N}{\partial V_N},\frac{\partial I_{\mathrm{db}k}}{\partial V_{\mathrm{db}k}}\right) \tag{1.68}$$

式中，$\boldsymbol{d}$ 为 N 维对角阵。

矩阵第一行为（$N+1$）个常数，而其他行都需要$\partial I_1/\partial V_1$ 和其他导数的估计值。作为整体，系统（1.62）评估需要使用 N 次方程（1.61）和 1 次方程（1.63）；对应地，雅克比矩阵的计算需要 N 个式（1.65）的估计值和 1 个式（1.69）的估计值。

$$\frac{\partial I_{\mathrm{db}k}}{\partial V_{\mathrm{db}k}}=\frac{I_{\mathrm{sat,db}k}}{V_{\mathrm{t,db}k}}\mathrm{e}^{-\frac{V_{\mathrm{db}k}}{V_{\mathrm{t,db}k}}} \tag{1.69}$$

这些特征对于仿真和计算所需的内存空间都是很有帮助的。

最后，必须指出式（1.65）为闭式，对于不忽略任何参数的模型，光伏发电的微分电导表示 $I-V$ 曲线上期望工作点的斜率。对于连接光伏电池和负荷或者电网的变流器而言，使光伏电池的微分电导为负值对于系统的最佳设计是非常基础重要的。微分电导的主要作用是确定整个系统的小信号模型，包括光伏发电系统和跟踪最大功率点的开关变换器。该模型可使我们设计出跟踪控制的最佳动态性能。此外，根据辐照度和温度，式（1.65）的微分电导是时变的。

1.7　举例

举例讨论一个非均匀光照运行下的光伏发电模型。两个相同的组件串联，一个辐照度 $G_1/G_{max}=1$，另一个辐照度 $G_2/G_{max}=0.1$。如果两个组件的辐照度均为 $G=1$，则 $P-V$ 特性曲线如图 1.17 所示，曲线各点电压乘以 2 即可。

当光伏组件的辐照度存在显著差异时，采用 1.6 节的方法建模。相同的分析已重复多次，根据式（1.62）在标幺电压 0 ~ 1 的范围内分配光伏阵列电压。图 1.18 显示了 $P-V$ 曲线的显著变化，出现两个最大功率点，且绝对 MPP 的电压水平较低，相对 MPP 对应的电压值更接近图 1.17 中的单 MPP 的电压值。

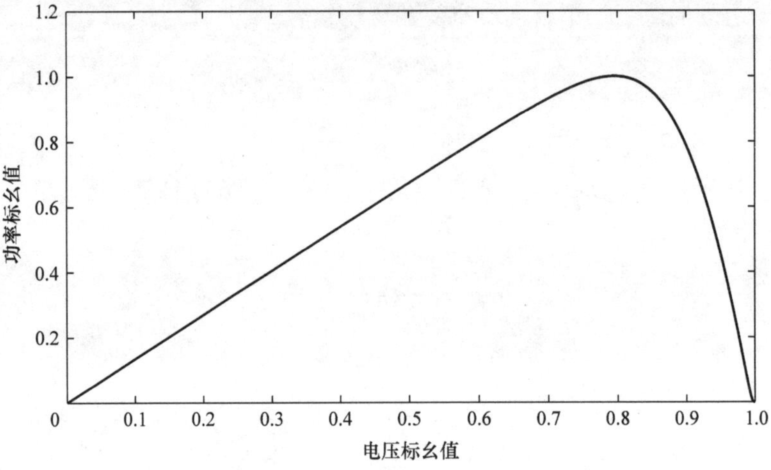

图 1.17　工况一致的光伏特性

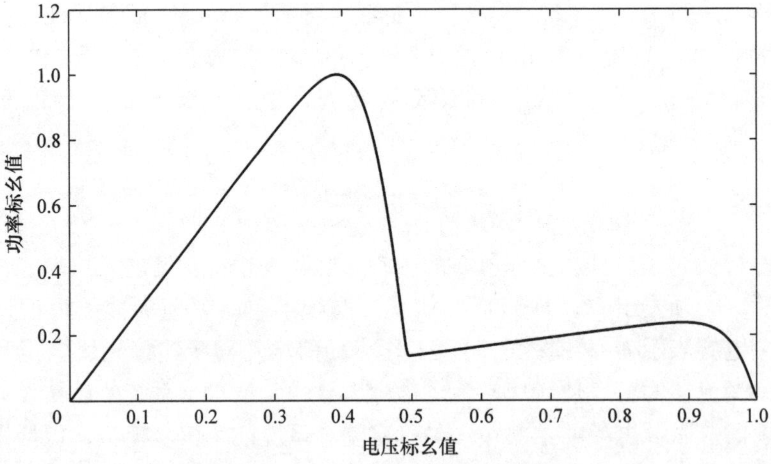

图 1.18　失配工况下的 $P-V$ 特性

由图 1.19 的 $I-V$ 特性曲线可见，$P-V$ 特性曲线会出现两个峰值。在端电压较低的区段由辐照度较大的光伏电池串提供的电流 I_1 大于另一个组件提供的电流 I_2，因此两个电流差 I_1-I_2 流过第二个组件的旁路二极管。由于该二极管的传导电流，其反向电压钳制第二个光伏组件，输出电流很小。结果，第二个组件由于其旁路二极管的存在而吸收功率。由于后者电压仅有几百毫伏，耗散功率较小。在均匀状态下损耗更小，且光伏电池不易产生热斑。在不均匀光照情况下，整个系统输出的功率为第一个组件输出的功率减去第二个组件的旁路二极管消耗的功率。

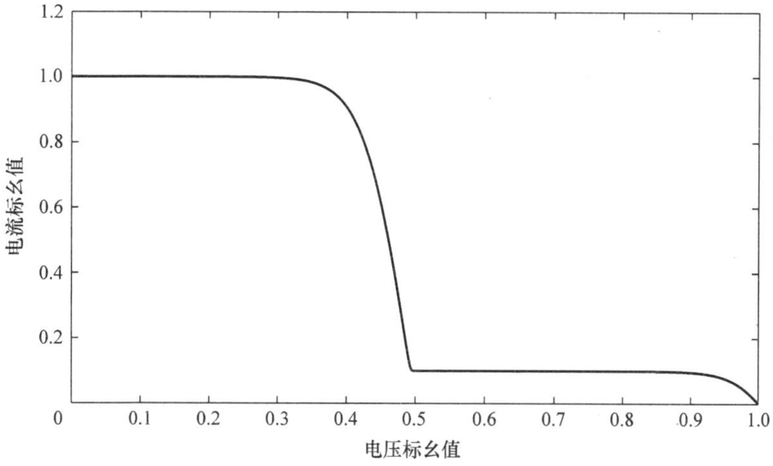

图 1.19　失配工况下的 $I-V$ 特性

事实上，在第二个光伏组件的辐照度为 G_2 情况下旁路二极管有用，但是如果由于阴影导致光伏电池单元串的辐照度很低，可能引起破坏。如本章参考文献 [2] 所研究的，如果组件内的一些电池单元有阴影而其他电池单元辐照度很强，会产生热斑现象。被阴影遮挡的单元的工作电压为反向的，但传导由其他高辐照度的单元输出的正向电流。由于其他单元的正向电压补偿了阴影单元的反向电压，旁路二极管不起作用。在这种情况下，容易造成阴影单元的永久性损坏。

如图 1.19 和图 1.20 所示，假设电压标幺值为 0.5，电流 I_1 降到电流 I_2，所以第二个旁路二极管的电流为零，且两个光伏组件串的电流相同。这种情况下，总的电压为两个组件串的开路电压之和。

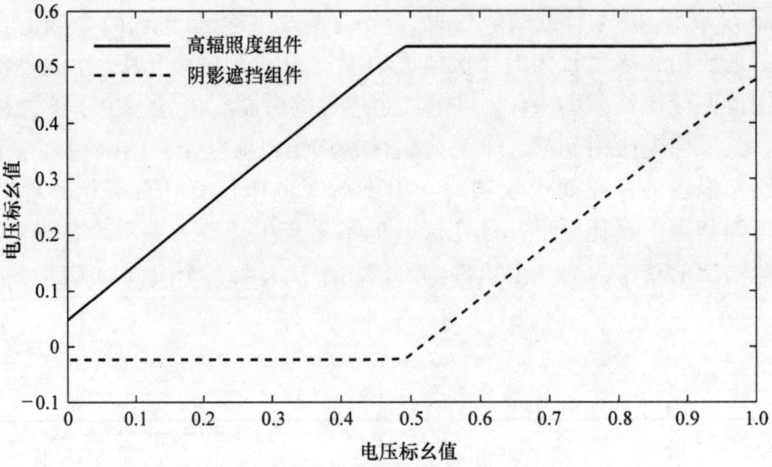

图 1.20 两个组件的电压和总电压的关系

注：横轴为两个光伏组件的串联总电压，纵轴为单个光伏组件的电压。

参考文献

1. M.G. Villalva, J.R. Gazoli, and E.R. Filho. Comprehensive approach to modeling and simulation of photovoltaic arrays. *IEEE Transactions on Power Electronics*, 24(5):1198–1208, 2009.
2. U. Eicker. *Solar technologies for buildings*. Wiley, West Sussex, UK, 2003.
3. B. Bletterie, R. Bruendlinger, and S. Spielauer. Quantifying dynamic MPPT performance under realistic conditions first test results—The way forward. In *Proceedings of 21st European Photovoltaic Solar Energy Conference and Exhibition*, 2006, pp. 2347–2351.
4. J.W. Bishop. Computer simulation of the effects of electrical mismatches in photovoltaic cell interconnection circuits. *Solar Cells*, 25:73–89, 1988.
5. D. Sera, R. Teodorescu, and P. Rodriguez. PV panel model based on datasheet values. In *Proceedings of the IEEE International Symposium on Electronics*, June 2007, pp. 2392–2396.
6. A. Chatterjee, A. Keyhani, and D. Kapoor. Identification of photovoltaic source models. *IEEE Transactions on Energy Conversion*, 26(3):883–889, 2011.
7. Y.-J. Wang and P.-C. Hsu. Analytical modelling of partial shading and different orientation of photovoltaic modules. *IET Renewable Power Generation*, 4(3):272–282, 2010.
8. J.A. Gow and C.D. Manning. Development of a photovoltaic array model for use in power electronics simulation studies. *IEE Proceedings-Electric Power Applications*, 146(2):193–200, 1999.
9. E. Saloux, A. Teyssedou, and M. Sorin. Explicit model of photovoltaic panels to determine voltages and currents at the maximum power point. *Solar Energy*, 85:713–722, 2011.

10. Weisstein, Eric W. Lambert W-Function. From *MathWorld*—A Wolfram Web Resource. http://mathworld.wolfram.com/LambertW-Function.html.
11. F. Ghani and M. Duke. Numerical determination of parasitic resistances of a solar cell using the lambert w-function. *Solar Energy*, 85(9):2386–2394, 2011.
12. G. Petrone and C.A. Ramos-Paja. Modeling of photovoltaic fields in mismatched conditions for energy yield evaluations. In *Electric Power Systems Research*, 2011, pp. 1003–1013.
13. G. Petrone, G. Spagnuolo, and M. Vitelli. Analytical model of mismatched photovoltaic fields by means of lambert w-function. In *Solar Energy Materials and Solar Cells*, 2007, pp. 1652–1657.

第 2 章　MPPT

2.1　MPPT 动态优化

第 1 章广泛讨论了光伏电源伏安特性的主要方面，以及光伏电源对温度和太阳辐照的不可控变化的依赖程度。通过深入分析发现，因温度和辐照度的同时变化以及伴随光伏系统整个生命周期（约为 25 年）的漂移现象，最大功率点的出现范围跨度较大。因此，将光伏电源直接连至施加一个恒定电压的功率传输系统的输入端口的做法虽然简单，但从能量获取的角度来看效果不佳。例如，通过仅将光伏阵列连接至电池使光伏发电工作在一个恒定电压值。如果该电压高于光伏阵列开路电压，那么光伏系统将不会输出功率。因此，电池电压越接近于实际 V_{MPP}值，光伏阵列输出的功率越大。但是，由于工作条件改变引起的 V_{MPP}变化，光伏阵列输出的最大功率可能为 0。

同样的结论适用于光伏阵列连接电阻性负载。由于电阻特性和光伏阵列的 $I-V$ 曲线的交点不可能一直处于最大功率点，因此输送给负载的功率都低于最大值。图 2.1 和图 2.2 显示了光伏阵列与电池或电阻负载直连的工作点在任何辐照和温度条件下都不是最大功率点。

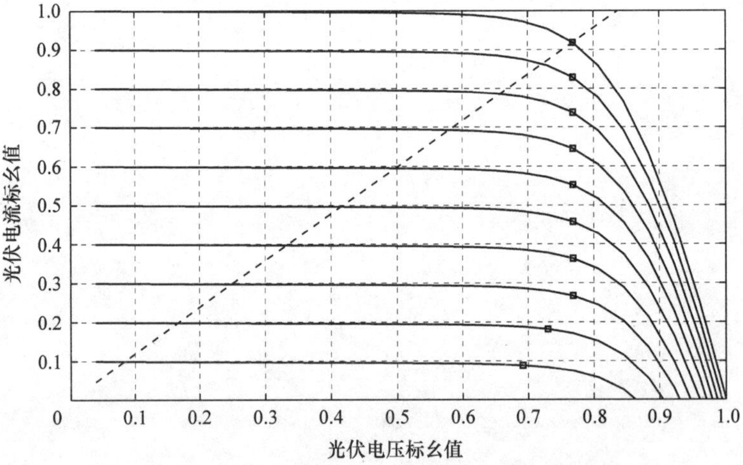

图 2.1　与电阻负载直连时，光伏阵列在不同辐照程度下的工作状况（小方框表示最大功率点）

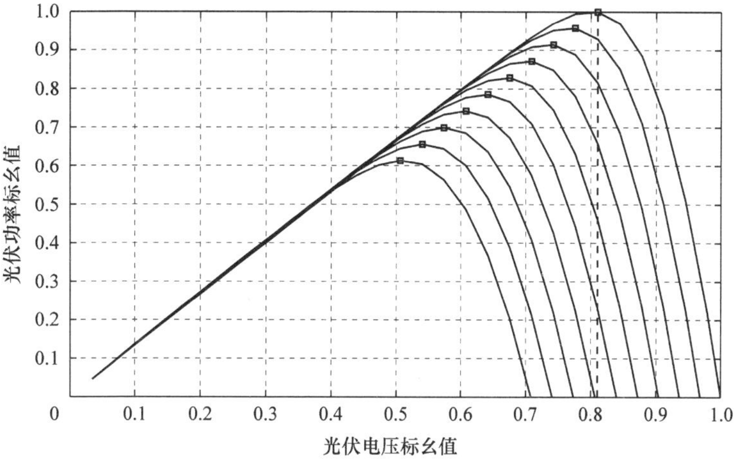

图 2.2　与电池直连时，光伏阵列在任意温度下的工作状况（小方框表示最大功率点）

因此，光伏阵列和电力系统之间必须搭建一个中间能量转换平台，使得输入电压和电流满足瞬时的光伏最大功率点，同时保持输出电压和电流符合负载要求，这个过程称作动态优化，即令光伏阵列能适应时间变化对发电的影响。

从效率上来看，线性调节器无法满足这个要求，而必须使用开关变换器。由于功率器件成本的降低，开关变换器既能在较低功率场合使用，比如能量挖掘，又能在大功率场合中应用，例如在大型太阳能发电厂。然而，增加的电子设备导致了系统成本的上升。因此，必须在功率最大化和系统成本之间找到一个平衡点。事实上，要实现光伏发电厂的能量生产最大化，能效超过 95% 是必要条件，因为这样才能发挥电力电子的最大潜力。出于这个目的，必须对功率转化器结构和电力设备精挑细选，这便是本书第 5 章将要深入讨论的内容。

为了确保从光伏阵列中获取最大功率，相连的功率变换器必须能够自动调节运行参数，从而根据光伏源 MPP 的位置改变其输入电压和电流。除非另有规定，本书认为动态优化是指通过控制 DC/DC 变换器主开关的占空比 d 使光伏阵列工作在最大功率点，如图 2.3 所示。

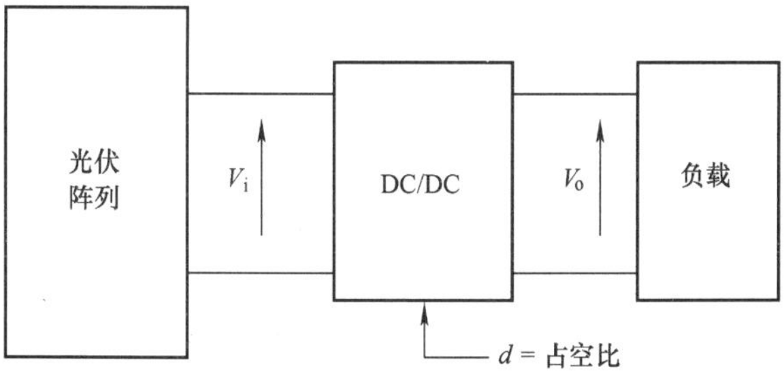

图 2.3　用于光伏阵列动态优化的 DC/DC 变换器连接图

假设变换器的 DC/DC 电压变换比率为 $M(d) = V_o/V_i$，光伏阵列输出侧等效电阻和电压可以表示为

$$R_{\text{in}}(d)=\frac{R_{\text{Load}}}{M(d)^2};\quad V_{\text{i}}(d)=\frac{V_{\text{o}}}{M(d)} \tag{2.1}$$

图2.4显示了当光伏阵列与DC/DC变换器相连并提供电阻负载（见图2.4a）或恒定电压负载（如电池，见图2.4b）时，占空比的改变对光伏运行点的影响。

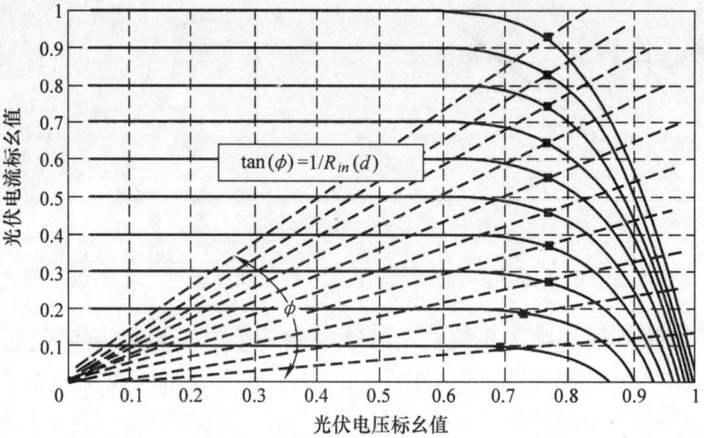

a) 不同辐照程度

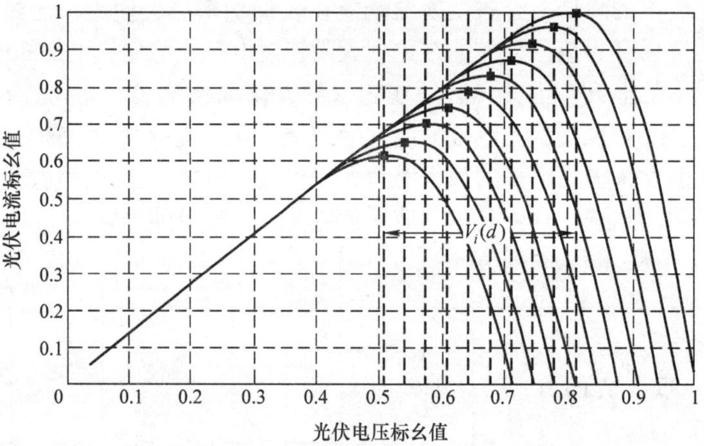

b) 不同温度水平

图2.4　光伏阵列连接DC/DC变换器时的运行情况

不管辐照和温度如何，都必须通过控制器持续改变占空比 d 以确保光伏阵列始终运行在最大功率点，因此将该控制器称为MPPT控制器。通过对光伏阵列输出的瞬时电流和电压值进行采样，MPPT控制器对变换器的占空比进行动态调整以追踪最大功率点，如图2.5所示。

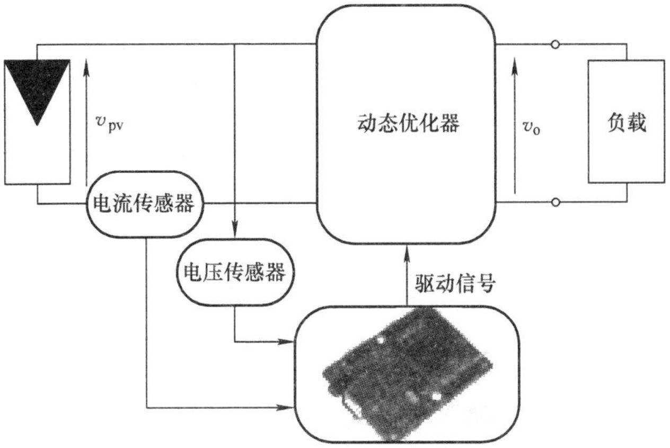

图 2.5　MPPT 操作

在大多数应用中，MPPT 控制器用于实现光伏发电输出功率最大化。然而，更为方便的是，还可以利用 MPPT 控制器来最大化开关变换器输出端的输出功率并输送给最终用户。开关变换器输入功率最大化和输出功率最大化的区别在于变换器效率的内在变化，这会受一天内光伏发电工作点变化的影响。实际上，辐照度的变化会引起功率器件工作电流的明显变化，器件损耗反过来又和物理参数有关，而物理参数很大程度上受环境温度影响。此外，在不均匀辐照条件下，功率器件将被施加额外的电压，详见本书第 4 章和第 5 章。所有这些因素造成了变换器效率偏低。因此，增加光伏功率可能改变变换器工作条件导致其效率降低，最终致使变换器输出功率下降。有文章认为光伏发电输出功率的最大化通常是首要问题，因为变换器的功率和效率曲线设计原则应该是光伏功率越高，则效率越高。虽然如此，为光伏应用设计变换器时，必须仔细考虑这个问题，因为功率器件的选择必须以一定的成本为代价来保证变换器的效率—功率曲线符合功率转换架构以及整个系统控制策略。本书从全球能源生产力的视角讨论了光伏功率最大化的问题。关于功率最大化的详细讨论见本书第 5 章。

根据一些著作中对 MPPT 技术的描述以及广泛用于商用产品的 MPPT 技术的介绍，它们一般只测量光伏发电输出的电流和电压值，而非直接测量温度和辐照度，因为光伏电池板温度和辐照度的测量需要在整个光伏发电厂部署昂贵的测量装置，测量代价相当高，尤其对于大型光伏场而言更是如此。

MPPT 控制器可以通过不同的方法和算法来实现，最常用的方法是扰动观察法（Perturb and Observe，P&O）和增量电导法（Incremental Conductance，INC）。前者已广泛应用于商用产品，构成了文献中大多数复杂算法关键部分的基础。因此，INC 方法可看作是 P&O 方法的改进版。本章主要介绍 P&O 方法。

实际上 MPPT 控制器大多采用数控形式。由于温度和辐照变化相对缓慢，基于数字控制实现 MPPT 的模 - 数转换器的运行速度并非至关重要。对于基本的 P&O 和 INC 方法，可以使用便宜的微控制器进行 MPPT 算法相关计算；而当使用神经网络或模糊逻辑技术时，MPPT 算法相关的计算过程将会变得复杂烦琐，需使用更多的昂贵设备，比如数字信号处理器（DSP）和现场可编程门阵列（FPGA）系统。2.3 节给出了 MPPT 问题软计算方法的简单概述。

在 MPPT 实现中并非必须使用数字控制器。实际上，使用模拟电路也可行[1]。但是，考虑到模拟控制器的偏差和参数偏移设计比较困难，光伏 MPPT 应用较少使用模拟控制。此外，模拟控制相较于数字控制在灵活性和自适应控制方面存在很大的局限性。即便如此，MPPT 模拟控制可使分散式 MPPT 应用的性能更高，还可能使之更加灵活、成本更低。本书中的 2.2 节、2.6.2 节、2.7.1 节简单介绍了少数采用模拟电路实现 MPPT 控制的技术。

本章讨论在统一辐照度和温度工作条件下光伏阵列的 MPPT 问题。第 1 章介绍了当光伏发电受阴影和其他失配条件影响时，所需的特殊的分散式 MPPT 结构和控制算法。第 4 章介绍了 $P-V$ 曲线出现多个最大功率点的情形。

2.2 开路电压法和短路电流法

本节介绍了根据光伏发电组件的信息估算最大功率点的几种常用方法。这些方法很大程度上取决于在特定工作条件下的系统特性，可以很容易测量出系统的一些电气变量。

因为这些方法并不涉及光伏源输出功率的测量，所以通常被称为间接 MPPT 技术，只能跟踪近似的最大功率点。它们的主要缺点在于当实际情况过于偏离模型预期时，比如受参数漂移影响，会出现大量的能量损失。

另外，如果要求高精度的最大功率点跟踪以及对各种工作环境的支持，则更适合采用直接 MPPT 方法来持续测量光伏电流和电压，并利用这些测量值合理调节系统工作条件以获取最大功率点。

间接 MPPT 方法基于对某处电流和电压的估算或临时测量值。本章参考文献［2］指出最大功率点通常出现于电压值接近于光伏电池板开路电压的 76% 时。最新研究本章参考文献［3］表明最大功率点电压和开路电压的比值在 70% ~ 82%。如不使用相关算法，可以通过观察市场上一些光伏电池板的实验估值来推断最大功率点，这种方法既简单又实用。串联在光伏组件中的开关是用来定期断开光伏源以测量开路电压，进而使光伏系统工作在电压值等于所测电压的 76% 时。总之，这个方法需要在光伏源和负载之间加入一个去耦单元（如开关变换器），这样光伏源末端电压才可以稳定在所需的电压值。

事实上，76% 这个数值并不不是对任何工作条件以及任何光伏电池板都适用，这正是该方法的缺点和局限性。此外，不难理解，光伏发电在测量开路电压时不能释放能量。因此，使用这种方法时，辐照程度越高，损失的能量越大。

本章参考文献［4］指出最大功率点电流值是短路电流的 86%，因此可以使用对偶方法定期测量短路电流。上述观点同样适用于该对偶方法。

2.3 软计算方法

模糊方法和神经网络方法对求解困难的非线性系统十分有用，比如 MPPT 问题。

模糊逻辑跟踪器在辐照条件不断变化时具有非常高的性能，并且无需光伏源模型详细信息。不过，通过模糊逻辑跟踪器选择相关的偏差和规则库表需要操作人员深入了解系统运行并具备丰富的相关经验。此外，神经网络策略需要对每个类型的光伏电池板或光伏阵列的数据进行特定修正，如果把长期的参数漂移考虑在内，该策略需要新的修正周期。本章参考文献［5］通过使用遗传算法获取最优的隶属度函数来越过该限制。本章参考文献［6］描述了基于电压控制的典型 MPPT 性能改善方法。此处的 Takagi - Sugeno（T - S）模糊方法并不需要坐标转换，仅采用简单的模糊规则，就能够跟踪快速变化的辐照度。

2.4 扰动观察法

扰动观察（P&O）法是最常用的直接 MPPT 算法，它的特点是在系统内加入一个小的干扰，利用干扰影响追踪最大功率点。P&O 方法派生的其他方法有增量电导（INC）法、自激振荡（SO）法和极值寻找（ES）法。这些方法不管在变量观察还是在扰动类型上都不同于 P&O 方法，优势在于可以在各种辐照度、温度以及光伏电池板老化的程度下跟踪最大功率点，从而保证了系统的鲁棒性和可靠性。

第一次在光伏系统中使用 P&O 技术追踪最大功率点可以追溯到 20 世纪 70 年代，当时主要应用于航空航天领域[7]，当时采用的是模拟方法。如今，随着低成本微控制器性能的改进，一个简单代码[8]就可以实现 MPPT 算法，所以数字实现方法成为首选。

P&O 方法基于以下理念：通过变换器来施加扰动，即通过改变光伏源末端电压定期干扰光伏工作点，每次干扰后，控制算法会比较干扰前后光伏源输出的功率值。如果干扰后的光伏输出功率更高，这意味着工作点已经趋向最大功率点，随后施加的电压扰动方向会与原来的相同。如果电压干扰后光伏阵列功率输出降低，这意味着工作点已经远离最大功率点，随后施加的电压扰动方向会与原来的相反。

两种基本的 P&O 配置可用来控制变换器，实现光伏源电压扰动：①直接给出功率变换器的占空比扰动；②对参考电压施加扰动，通过误差放大器产生信号来控制占空比。这两个方案如图 2.6 所示。第一种配置下，每个占空比扰动后变换器工作在开环状态，而第二种配置下变换器增加了反馈电压回路。

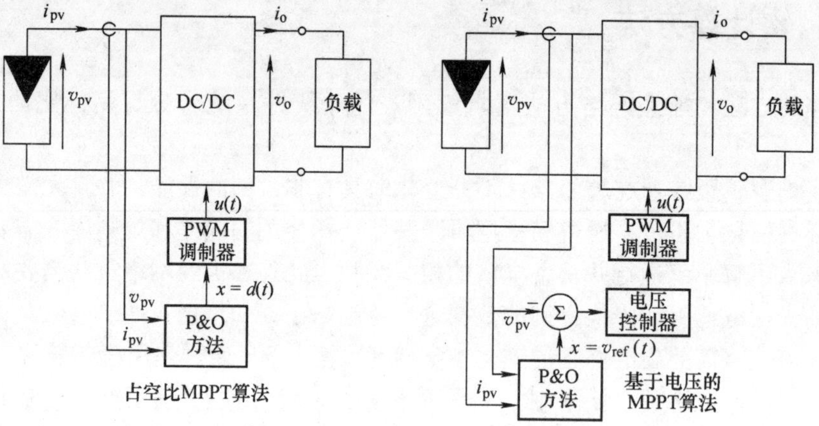

图 2.6 P&O 算法实现的基础原理图

描述 P&O 算法的一般方程是

$$x_{((k+1)T_p)}=x_{(kT_p)}\pm\Delta x=x_{(kT_p)}+[x_{(kT_p)}-x_{((k-1)T_p)}]\operatorname{sign}(P_{(kT_p)}-P_{((k-1)T_p)}) \tag{2.2}$$

式中，x 代表扰动变量（如占空比或图 2.6 所示的反馈电压参考值）；T_p是两次扰动的时间间隔，下面称为扰动周期；Δx 是施加于 x 上的扰动幅度，下面称为扰动振幅；P 是光伏阵列输出的功率。式（2.2）的 P&O 算法流程图如图 2.7 所示。

基本版本的 P&O 算法使用固定步长 $\Delta x=|x_{(kT_p)}-x_{((k-1)T_p)}|$，可通过权衡上升时间和稳态条件之间的性能获得该步长。

使用固定步长 P&O 算法后光伏场工作点的变化情况如图 2.8 所示。当系统靠近最大功率点时，P&O 的扰动性质和其他相似的 MPPT 算法会使功率在最大功率点附近振荡，其特性依赖于式（2.2）中参数 $\{\Delta x, T_p\}$ 的值。本章参考文献［9］表明，对应的峰峰值是 $2\Delta x$，周期是 $4T_p$，在最大功率点附近确定周期稳定的振幅所需的最小步数是 3 步。这样的情况可能是最优的：进一步操作使工作点向左或向右远离最大功率点，使得光伏场输出的平均功率降低。忽略振幅 Δx 大小，如果时间间隔 T_p大小合适，就可以确保系统的稳定性。如果 T_p取值过小，P&O 算法将变得复杂，工作点也将变得不稳定，进入混乱无序的状态[10]。相反，T_p取值过大，将降低最大功率点的追踪速度。下节说明了如何为 Δx 和 T_p选

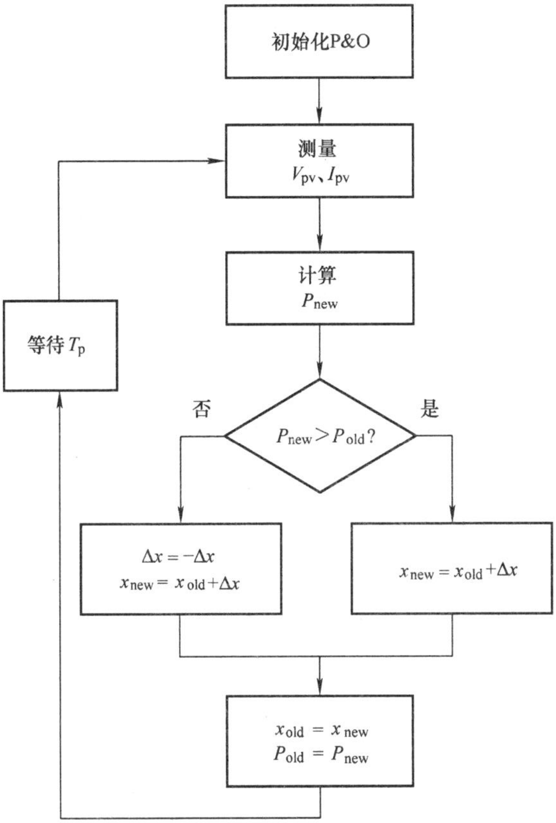

图 2.7　P&O 算法的简易流程图

取最合适的值。

文献中提出了一些 P&O 算法的变体。在稳定辐照度和温度条件下，它们旨在降低最大功率点附近的扰动振幅以及在阴天时增强跟踪性能。尽管下节主要针对基础 P&O 算法，但仍可以轻松延伸至其他扰动方法。

2.4.1　稳态条件和动态条件下的性能优化

除非采集到变换器的输入电流和电压值，否则 MPPT 控制器将作为采样数据反馈系统工作。由于式（2.2）的非线性特性，一些用于线性校准器的传统方法就不适用了，比如通过分析拉普拉斯域传递函数的环路增益的伯德图。但是，可以使用时域分析来分析各扰动间的线性开环工作状态。因此，无论是在稳定的环境条件下还是在辐照变化的条件下，下面讨论的设计过程均基于时域分析。通过时域分析，可以分别求取两个 P&O 参数 $\{\Delta x, T_p\}$ 的最优值。

本章参考文献［10］表明，时域分析结果与描述函数法获得的结果一致。描述函数法经常用于反馈非线性系统分析。

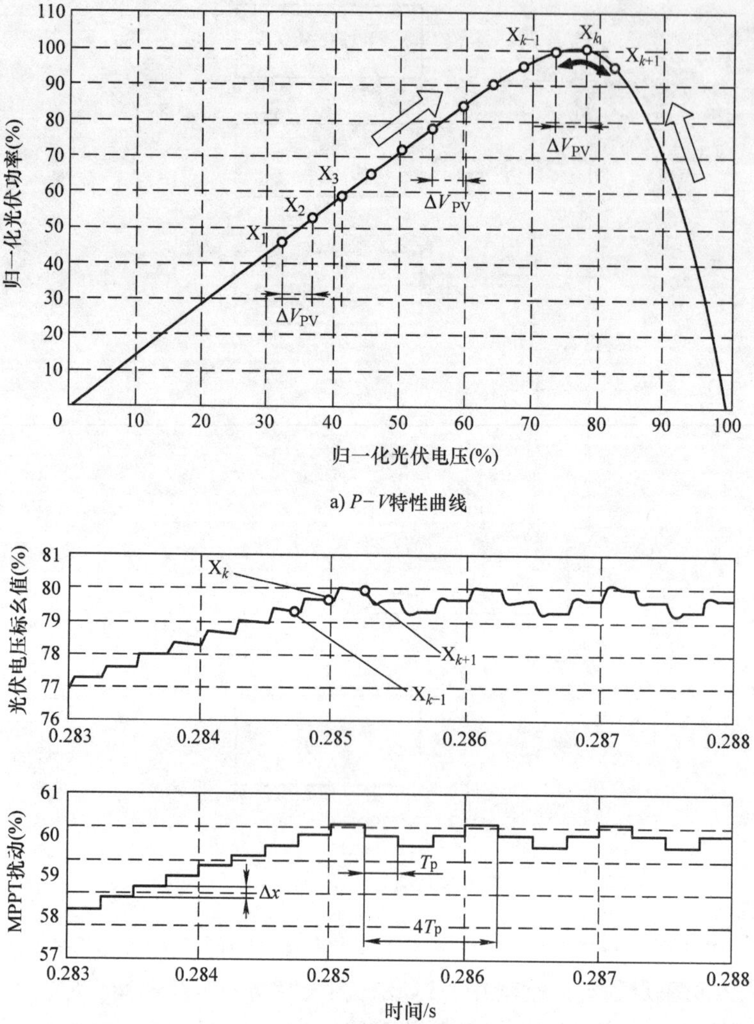

a) $P-V$特性曲线

b) 时间域特性

图 2.8　使用 P&O 算法后的光伏工作点

参考图 2.6 中的原理，变换器的内在动态性质使 Δx 和估算光伏功率所测变量之间存在传播延迟。如果延迟时间大于 T_p，P&O 算法无法确定下一扰动后工作点的运动方向。为了确定 T_p 的最小值，可以通过评估最大功率点附近小信号系统模型来分析整个系统性能。对光伏源而言，如果工作点（v_{PV}，i_{PV}）的振荡要小于（v_{MPP}，i_{MPP}），那么 i_{PV}、v_{PV}、G、T 之间的关系可以线性化表示如下：

$$\hat{i}_{PV} = \left.\frac{\partial i_{PV}}{\partial v_{PV}}\right|_{MPP} \hat{v}_{PV} + \left.\frac{\partial i_{PV}}{\partial G}\right|_{MPP} \hat{G} + \left.\frac{\partial i_{PV}}{\partial T}\right|_{MPP} \hat{T} \tag{2.3}$$

其中上部带有符号“^”的变量表示相应变量稳态值附近的小信号变量。

在恒定的辐照度下，$\hat{G}=0$。另外，在稳态条件下，光伏阵列的热惯性相对较高[11]，光伏阵列温度变量的振幅可以忽略，则 $\hat{T}=0$。所以式（2.3）可以重新定义为

$$\hat{i}_{PV}=\left.\frac{\partial i_{PV}}{\partial v_{PV}}\right|_{MPP}\hat{v}_{PV} \tag{2.4}$$

基于第 1 章介绍的模型，光伏电流对光伏电压的偏导数可通过如下等式表示：

$$\frac{\partial i_{PV}}{\partial v_{PV}}=-\left[R_s+\frac{1}{\frac{I_{sat}}{\eta V_t}e^{\frac{v_{PV}+R_s i_{PV}}{\eta V_t}}+\frac{1}{R_p}}\right]^{-1} \tag{2.5}$$

R_s、R_p、V_t 和 I_{sat} 是整个光伏场模型参数的值。用单个模块相对应的参数值来代替整个光伏场模块参数的值，如式（1.14）~式（1.17）所示。

在最大功率点附近的任意工作点满足：

$$v_{PV}=V_{MPP}+\hat{v}_{PV} \tag{2.6}$$

$$i_{PV}=I_{MPP}+\hat{i}_{PV} \tag{2.7}$$

$$p_{PV}=P_{MPP}+\hat{p}_{PV}=V_{MPP}I_{MPP}+V_{MPP}\hat{i}_{PV}+I_{MPP}\hat{v}_{PV}+\hat{v}_{PV}\hat{i}_{PV} \tag{2.8}$$

当辐照度和温度稳定且功率对光伏电压偏导数为 0 时，该点为最大功率点。

$$\left.\frac{\partial p_{PV}}{\partial v_{PV}}\right|_{MPP}=0 \tag{2.9}$$

将式（2.9）当成光伏电流和电压的函数：

$$\left.\frac{\partial p_{PV}}{\partial v_{PV}}\right|_{MPP}=\left.\frac{\partial(v_{PV}i_{PV})}{\partial v_{PV}}\right|_{MPP}=\left.\left(i_{PV}+v_{PV}\frac{\partial i_{PV}}{\partial v_{PV}}\right)\right|_{MPP}=0 \tag{2.10}$$

定义光伏阵列处于最大功率点时的微分电阻 R_{MPP} 为

$$\frac{1}{R_{MPP}}=-\left.\frac{\partial i_{PV}}{\partial v_{PV}}\right|_{MPP} \tag{2.11}$$

据此，式（2.10）可重新定义为

$$\frac{1}{R_{MPP}}=\left.\frac{i_{PV}}{v_{PV}}\right|_{MPP}=\frac{I_{MPP}}{V_{MPP}} \tag{2.12}$$

由式（2.8）、式（2.4）和式（2.12）可以得出

$$P_{MPP}=V_{MPP}I_{MPP} \tag{2.13}$$

$$\hat{p}_{PV}=\hat{v}_{PV}\left(I_{MPP}-\frac{V_{MPP}}{R_{MPP}}\right)+\hat{v}_{PV}\hat{i}_{PV}=-\frac{\hat{v}_{PV}^2}{R_{MPP}} \tag{2.14}$$

以上结果的前提是不依赖于 MPPT 实现所采用的 DC/DC 变换器拓扑。

式（2.14）的亮点在于了解光伏电压的动态性能是研究任何MPPT算法性能的必要条件。实际上，想要知道MPPT算法中Δx对光伏功率稳态变量p的影响，则必须使扰动时间间隔T_p足够长以使p达到新的稳态值。

假设在静态条件下，如果P&O算法中Δx是施加于光伏电源、变换器和负载的唯一扰动，那么可以估算出Δx扰动下光伏电压的瞬态值。根据式（2.14），可以通过使用控制光伏阵列电压的传递函数分析系统阶跃响应，来获取光伏瞬态功率值。图2.9提供了一个简化的系统进行研究。用于MPPT应用的大多数变换器的开环回路动态性能可以通过式（2.15）的二阶模型来描述。

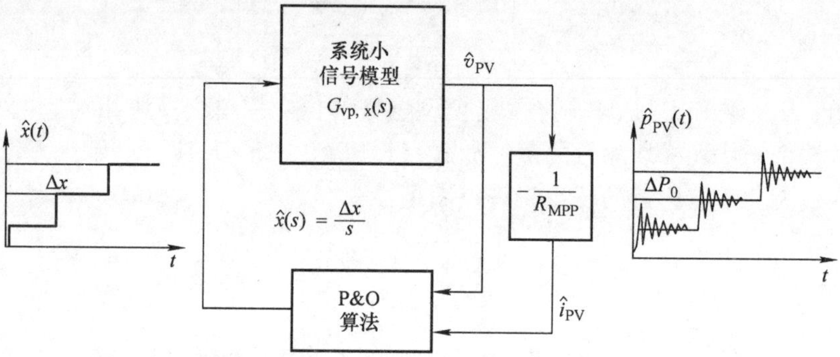

图2.9 光伏动态性能分析模型

通过式（2.4）所述光伏源的小信号线性模型和变换器的小信号模型可以得到传递函数$G_{vp,x}(s)=\hat{v}_{PV}/\hat{x}$。在变换器上应用状态空间建模技术[12]，可以得到

$$G_{vp,x}(s)=\frac{\hat{v}_{PV}(s)}{\hat{x}(s)}=\frac{\mu\omega_n^2}{s^2+2\zeta\omega_n s+\omega_n^2} \tag{2.15}$$

式中，μ是静态增益；ω_n是固有频率；ζ是标准二阶系统的阻尼比。

当DC/DC变换器拓扑选定时，μ、ω_n、ζ值可以以变换器参数的函数形式来表述[12,13]。下节的实例中将给出这些参数的公式。

通过二阶传递函数$G_{vp,x}(s)$可以得到P&O参数Δx和T_p的封闭形式的公式。当传递函数$G_{vp,x}(s)$以更复杂的形式描述时，仍然可以估算出二阶主要动态参数的值，所以下面的讨论仍然有效。根据传递函数表示式（2.15），Δx扰动响应$\hat{v}_{PV}$值为

$$\hat{v}_{PV}(t)=\mu\Delta x\left(1-\frac{1}{\sqrt{1-\zeta^2}}e^{-\zeta\omega_n t}\sin(\omega_n t\sqrt{1-\zeta^2}+\arccos(\zeta))\right) \tag{2.16}$$

由式（2.14）和式（2.16）得到，振幅Δx的小步长扰动响应$\hat{p}_{PV}(t)$可以近似为式（2.17），即

$$\hat{p}_{PV}(t) = -\frac{\hat{v}_{PV}^2(t)}{R_{MPP}} \simeq -\frac{\mu^2 \Delta x^2}{R_{MPP}}\left(1 - \frac{2}{\sqrt{1-\zeta^2}} e^{-\zeta\omega_n t}\sin(\omega_n t\sqrt{1-\zeta^2} + \arccos(\zeta))\right) \tag{2.17}$$

由于衰减时间较短，故忽略快速项。

标准化光伏功率振荡的数字计算曲线（虚线）、通过式（2.17）估算的光伏功率振荡曲线（黑色实线）以及光伏电压振荡曲线（灰色线）如图 2.10 所示。在阶跃响应的最后部分，快速变量的影响消失时，通过式（2.17）估算得到的功率振荡接近于实际的功率瞬态值。

为确保$\hat{p}_{PV}(t)$值在稳态值 ± ε 区间范围内，可通过加入以下条件估算所需的调节时间 T_ε：

$$\hat{p}_{PV}(t) \in [\Delta P_0(1-\varepsilon), \Delta P_0(1+\varepsilon)]\ \forall t > T_\varepsilon \tag{2.18}$$

ΔP_0是 Δx 扰动的最终功率变量，如下所示：

$$P_0 = -\frac{\mu^2 \Delta x^2}{R_{MPP}} \tag{2.19}$$

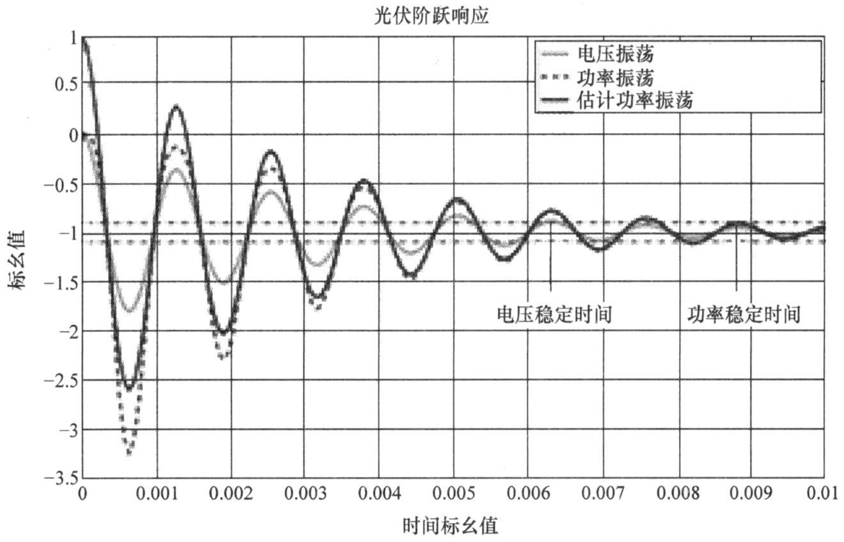

图 2.10 光伏功率的变化

估算当调节时间为 T_ε 时，式（2.17）的最大值为

$$\Delta P_0(1+\varepsilon) \simeq \Delta P_0\left(1 - \frac{2}{\sqrt{1-\zeta^2}} e^{-\zeta\omega_n T_\varepsilon}\right) \tag{2.20}$$

如此可得调节时间 T_ε 的表达式如下：

$$T_{\varepsilon} \simeq -\frac{1}{\zeta\omega_{\mathrm{n}}}\ln(\varepsilon/2) \tag{2.21}$$

值得注意的是，虽然采用同样的边界值 ε，但由于式（2.21）里因子 1/2 的存在，光伏功率振荡的调节时间与光伏电压振荡的调节时间截然不同。如图 2.10 所示，光伏功率调节时间比光伏电压调节时间长 30% 左右。

根据前面建模的结果，如果下列条件满足的话，MPPT 不受光伏系统自身引起的瞬态振荡的影响：

$$T_{\mathrm{p}} \geqslant T_{\int} \simeq -\frac{1}{\zeta\omega_{\mathrm{n}}}\ln(\int/2)\Big|_{\int=0.1} \tag{2.22}$$

其中，根据传统控制系统理论，ε 取值为 0.1。

2.4.2 快速变化的辐照度

正如 2.4.1 节所讨论的，为了避免 MPPT 算法的不稳定性和有界稳态条件下最大功率点的振荡，扰动周期 T_{p} 不应比系统稳定时间大太多。扰动的振幅 Δx 也需谨慎设置：取值较小时，虽然减少了因最大功率点附近光伏工作点振荡引起的稳态损耗，但是在辐照条件快速改变时仍然降低了算法运行速度和效率，从而使 P&O 算法追踪不到最大功率点[14]。事实上，如果算法不能区分出光伏功率变化是由调整占空比引起还是由辐照变化引起的话，在辐照度不断变化的情况下，P&O 算法很可能跟踪不到最大功率点。Δx 取得合适的值可以解决这个问题，本节我们将详细讨论。

假设系统在第 k 次采样时处于最大功率点，如图 2.11 所示，辐照值为 G，扰动后工作点向阵列电压较低的方向移动，也就是说，在辐照度不变的情况下，工作点从最大功率点移动到 A 点。再假设辐照水平在第 k 次取样到第 $k+1$ 次取样之间改变，如图 2.11 所示。那么第 $k+1$ 次采样时工作点将从最大功率点移动到 B 点。

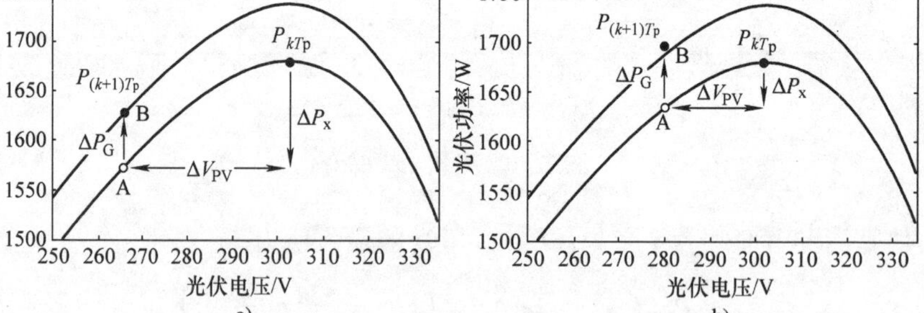

a) b)

图 2.11 辐照值变化时，光伏场的工作点

Δx 取值的不同，可能出现两种情况，如图 2. 11 所示。下面把在一定辐照水平下，因 P&O 算法而产生扰动振幅 Δx 所引起的光伏功率变化称为 ΔP_{x}，把由辐照水平变化 ΔG 所引起的光伏源输出功率变化称为 ΔP_{G}。如果满足下式，P&O 算法能正常工作。

$$|\Delta P_{\mathrm{x}}| \geqslant |\Delta P_{\mathrm{G}}| \tag{2.23}$$

式（2. 23）中使用的是绝对值，是因为两个正负不相关的功率变化是无法预测的。在图 2. 11a 所示的情况下，式（2. 23）成立，且由于检测到 $P_{(k+1)T_{\mathrm{p}}} < P_{kT_{\mathrm{p}}}$，算法并不会出现混乱，因此算法将改变下一扰动工作点的移动方向，使得工作点返回到最大功率点。相反，在图 2. 11b 所示的情况下，因为 $P_{(k+1)T_{\mathrm{p}}} > P_{kT_{\mathrm{p}}}$，算法出现混乱，下一扰动与上一扰动使工作点具有相同的移动方向，因此工作点仍向阵列电压较低的方向移动，远离了最大功率点。

式（2. 23）中的两项取决于光伏系统参数和工作条件，从而得出光伏功率变化与 Δx 值的关系。

如果最大功率点处电流和电压的变化分别定义为 ΔI_{PV} 和 ΔV_{PV}，并且系统从最大功率点移动到点 B 的整个功率变化值为 $\Delta P_{\mathrm{PV}} = P_{(k+1)T_{\mathrm{p}}} - P_{kT_{\mathrm{p}}}$（见图 2. 11），则下列等式成立：

$$V_{\mathrm{B}} = V_{\mathrm{MPP}} + \Delta V_{\mathrm{PV}} \tag{2.24}$$

$$I_{\mathrm{B}} = I_{\mathrm{MPP}} + \Delta I_{\mathrm{PV}} \tag{2.25}$$

$$\Delta P_{\mathrm{PV}} = P_{\mathrm{B}} - P_{\mathrm{MPP}} = V_{\mathrm{MPP}}\Delta I_{\mathrm{PV}} + I_{\mathrm{MPP}}\Delta V_{\mathrm{PV}} + \Delta V_{\mathrm{PV}}\Delta I_{\mathrm{PV}} \tag{2.26}$$

ΔI_{PV} 可以表示成 ΔV_{PV} 的函数，但因为 ΔV_{PV} 值较大，所以不采用线性关系（2. 3）表示。函数关系采用二次表达式更为适合，且可以更准确地判断式（2. 23）成立与否。

$$\Delta I_{\mathrm{PV}} \simeq \left.\frac{\partial i_{\mathrm{PV}}}{\partial v_{\mathrm{PV}}}\right|_{\mathrm{MPP}} \Delta V_{\mathrm{PV}} + \frac{1}{2}\left.\frac{\partial^2 i_{\mathrm{PV}}}{\partial^2 v_{\mathrm{PV}}}\right|_{\mathrm{MPP}} \Delta V_{\mathrm{PV}}^2 + \left.\frac{\partial i_{\mathrm{PV}}}{\partial G}\right|_{\mathrm{MPP}} \Delta G + \left.\frac{\partial i_{\mathrm{PV}}}{\partial T}\right|_{\mathrm{MPP}} \Delta T_{\mathrm{a}} \tag{2.27}$$

因为本章参考文献［11］指明最大功率点的电流变化与 ΔG 近似线性相关，所以在式（2. 27）中光伏电流变化相对辐照变化 ΔG 只考虑了一阶导数。尽管在式（2. 27）中考虑了环境温度变化的影响，但是下文会假设 $\Delta T_{\mathrm{a}} \simeq 0$，因为在两次扰动之间较短的时间间隔（$T_{\mathrm{p}}$）内，光伏工作点温度可以假设为恒定值。

光伏电流的偏导数可以通过下式计算：

$$\frac{1}{2}\left.\frac{\partial^2 i_{\mathrm{PV}}}{\partial^2 v_{\mathrm{PV}}}\right|_{\mathrm{MPP}} = -H \tag{2.28}$$

$$H = \frac{1}{2}\frac{1}{\eta V_{\mathrm{t}}}\left(1 - \frac{R_{\mathrm{s}}}{R_{\mathrm{MPP}}}\right)^3\left(\frac{I_{\mathrm{sat}}}{\eta V_{\mathrm{t}}}\mathrm{e}^{\frac{V_{\mathrm{MPP}}+R_{\mathrm{s}}I_{\mathrm{MPP}}}{\eta V_{\mathrm{t}}}}\right) \tag{2.29}$$

式中，R_s、V_t和I_{sat}是整个光伏发电系统模型的参数值。辐照度变化关联项定义如下：

$$\frac{\partial i_{PV}}{\partial G} \simeq \frac{\partial i_{ph}}{\partial G} = K_{ph} \tag{2.30}$$

式中，K_{ph}是光伏材料常数[11]，可以通过式（1.2）计算获得。

通过式（2.11），光伏电流变化可表示为

$$\Delta I_{PV} \simeq -\frac{\Delta V_{PV}}{R_{MPP}} - H\Delta V_{PV}^2 + K_{ph}\Delta G \tag{2.31}$$

基于式（2.26）、式（2.31）和式（2.12），光伏功率变化还可表示为

$$\Delta P_{PV} \simeq -\left(HV_{MPP} + \frac{1}{R_{MPP}}\right)\Delta V_{PV}^2 + V_{MPP}K_{ph}\Delta G \tag{2.32}$$

其中式（2.32）忽略了高阶项。

由2.4.1节介绍的传递函数$G_{vp,x}(s)$可以计算出阶跃扰动Δx对光伏阵列电压稳态变化ΔV_{PV}的影响：

$$\Delta V_{PV} = G_0\Delta x \tag{2.33}$$

式中，G_0是函数$G_{vp,x}$（s）的直流增益。

假设Δx是影响光伏电压变化的唯一因素，则

$$|\Delta P_x| = \left(HV_{MPP} + \frac{1}{R_{MPP}}\right)G_0^2\Delta x^2 \tag{2.34}$$

$$|\Delta P_G| = V_{MPP}K_{ph}|\Delta G| = V_{MPP}K_{ph}|\dot{G}|T_p \tag{2.35}$$

式中，$\dot{G}$是在MPPT的扰动周期为T_p时，发生在第k次和$k+1$次采样点之间辐照度的平均变化率。

根据上述假设，如果下列关于Δx幅值范围的条件成立，那么不等式（2.23）也成立：

$$\Delta x > \frac{1}{G_0}\sqrt{\frac{V_{MPP}K_{ph}|\dot{G}|T_p}{\left(HV_{MPP} + \frac{1}{R_{MPP}}\right)}} = \Delta x_{min} \tag{2.36}$$

基于式（2.21）和式（2.36）分别设置T_p和Δx的值，确保P&O算法能精确跟踪，并且辐照度在T_p时间段内的平均变化率不高于$\dot{G}$。

值得注意的是，参数H、V_{MPP}、R_{MPP}都取决于辐照度水平。因此，当使用式（2.21）和式（2.36）设计方程时，必须采用使T_p和Δx产生最优解的参数组合（H、V_{MPP}和R_{MPP}）。下节将通过设计实例来具体阐述MPPT设计过程。

2.4.3 扰动观察法（P&O）设计实例：光伏电池充电器

本节主要用于指导基于占空比扰动的P&O算法设计。图2.12展示了基于升

压型 DC/DC 变换器的光伏系统给电池充电的基本方案。在实际应用中必须考虑添加电池过电压和过电流保护控制电路，但该电路对 MPPT 设计过程没有影响。

正如 2.4.1 节所述，第一步是确定光伏电压控制的传递函数。当 MPPT 直接作用于占空比时，可以将传递函数 $G_{vp,x}(s)=\hat{v}_{PV}/\hat{x}$ 等效为 $G_{vp,d}(s)=\hat{v}_{PV}/\hat{d}$。图 2.13 展示了可用来推导传递函数 $G_{vp,d}(s)$ 的光伏系统给电池充电小信号模型。

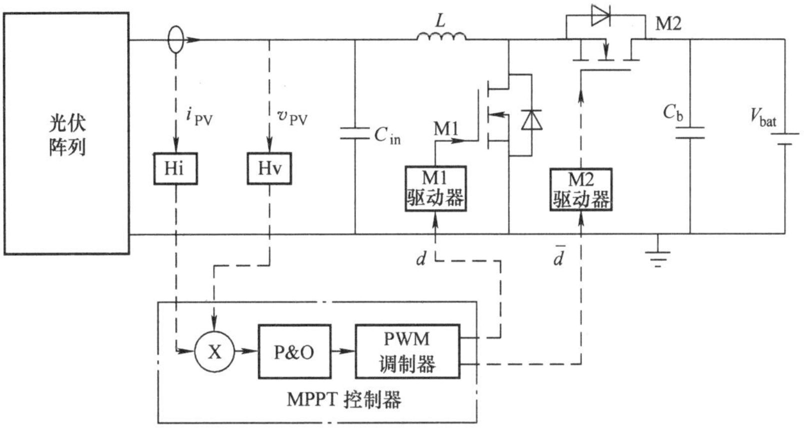

图 2.12　带升压变换器的电池充电系统

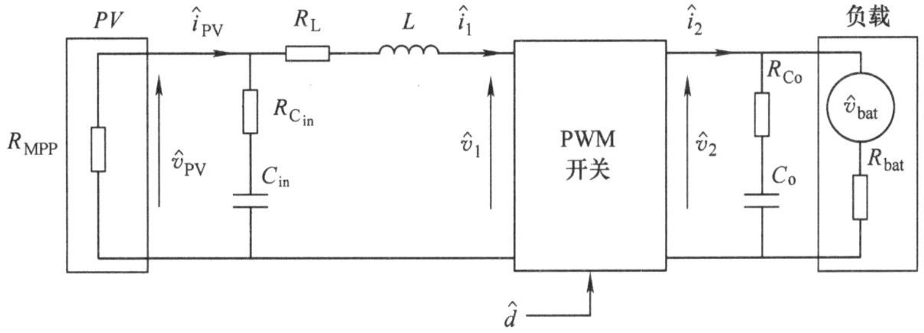

图 2.13　光伏充电小信号模型

假定在稳态条件下，在最大功率点利用式（2.5）计算出微分电阻，可以得出光伏发电系统的小信号模型。DC/DC 变换器的线性部分可实现解耦，并采用式（2.37）进行线性化小信号[12]建模，即

$$\begin{cases}\hat{i}_2=(1-D)\,\hat{i}_1-I_1\,\hat{d}\\ \hat{v}_1=(1-D)\,\hat{v}_2-V_2\,\hat{d}\end{cases}\tag{2.37}$$

式（2.37）详细描述了图 2.13 里显示的 PWM 开关模块，本章参考文献［12］对此进行了深入分析。额外的小信号源 $\hat{v}_{bat}$ 可用对由负载变化引起的变换

器输出侧低频变化进行建模。

$\hat{v}_{bat}$振荡可以向上传递到光伏发电端，由于可能无法区分$\hat{v}_{bat}$引起的光伏发电端振荡以及占空比$\hat{d}$扰动引起的光伏电压振荡，因此可能对 MPPT 算法的运行产生假象。在本例中，电池被认为是一个理想的电压源，因此有$\hat{v}_{bat}=0$，$R_{bat}=0$。第 3 章将深入讨论变换器输出扰动的相关问题。

本例将 DC/DC 变换器的主要寄生参数纳入了考虑范围，但 $G_{vp,d}(s)$的表达式仍采用类似于式（2.15）的下式：

$$G_{vp,d}(s)=\frac{\mu\omega_n^2\left(1+\frac{s}{\omega_z}\right)}{s^2+2\zeta\omega_n s+\omega_n^2} \tag{2.38}$$

其中

$$\mu=-V_{bat}\quad \omega_n=\frac{1}{\sqrt{LC_{in}}}\quad \omega_z=\frac{1}{R_{C_{in}}C_{in}} \tag{2.39}$$

$$\zeta=\frac{1}{2R_{MPP}}\sqrt{\frac{L}{C_{in}}}+\frac{R_{C_{in}}+R_L}{2}\sqrt{\frac{C_{in}}{L}} \tag{2.40}$$

通过电阻 $R_{C_{in}}$推导得出的传递函数 $G_{vp,d}(s)$不含高频项，所以其对瞬态的影响并不明显，可以使用式（2.22）进行 MPPT 分析。如果传递函数形式更为复杂，一般仍可以通过估算光伏电压对一个步长占空比扰动的响应时间以数字或图形的形式大概计算出稳定时间 T_ε 的大小。图 2.14 显示了不同辐照条件下的典型光伏电压振荡波形。

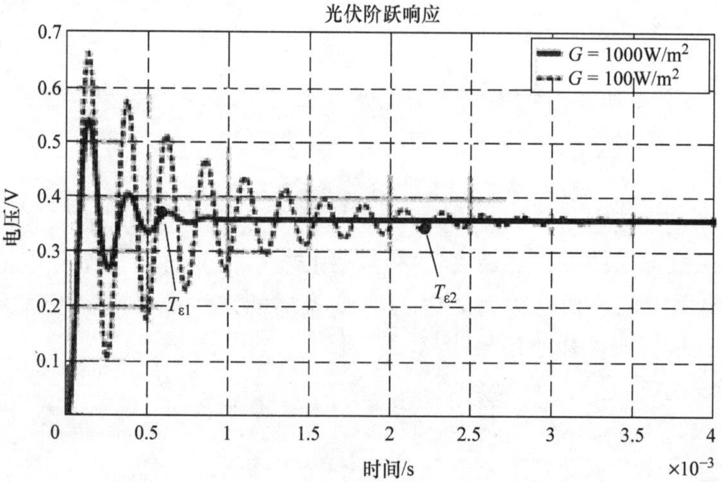

图 2.14　光伏系统对电池充电的阶跃稳定时间计算

表 2.1 和表 1.3 分别列出了升压变换器和光伏组件的参数值，这些数据考虑了实际户外环境影响。阻尼系数 ξ 取决于与辐照度水平相关的光伏系统内阻 R_{MPP}，因此在估算 MPPT 控制参数时，必须考虑极限条件下的输出情况。

图 2.14 中实线对应为辐照度 $G=1000W/m^2$，内阻值为 1Ω 条件下获得的波形。虚线对应为辐照度 $G=100W/m^2$，内阻值为 11Ω 下的光伏瞬时电压波形。在动态系统的分析和描述中，通常认为 $\varepsilon=0.1$ 是考虑瞬时过电压情况下合理取值的临界值，因此通过式（2.21）可求得光伏功率的稳定时间，分别为 $T_\varepsilon|_{G=1000}\approx 0.5ms$ 和 $T_\varepsilon|_{G=100}\approx 2.3ms$，这个数值与图 2.14 中标记的数值十分接近，其中稳态时间是通过分析光伏电压振荡估算求出。

根据式（2.22）可知，为了确保 P&O 算法能正确执行，T_p 的最小值必须大于 2.3ms。

表 2.1 光伏电池充电器参数和额定工作条件

参数	标称值
输入电容 C_{in}	110μF
等效串联电阻 C_{in}	5mΩ
输出电容 C_{out}	2×22μF
电感 L	13.8μH
L 的等效串联电阻	20mΩ
工作条件	**标称值**
开关频率 f_s	200kHz
PWM 增益调节器（V_m）	1V
电池电压 V_{bat}	12V
电压传感器增益 H_v	1
电流传感器增益 H_i	1V/A

图 2.15 显示了不同 P&O 参数值下，光伏阵列电压和占空比的变化。对图 2.12 的电路进行仿真分析，在 MPPT 的扰动周期 $T_p=1ms$ 时可得如图 2.15a 所示波形；当 $T_p=2.5ms$ 时可得如图 2.15b 所示波形。为了测试不同环境条件下的影响，两组仿真起始时间均为 $t=30ms$ 时刻，辐照度从 1000～100W/m² 范围内波动。

对于运行在稳态条件下的理想系统，在占空比周期内相应的 $\Delta x=\Delta d$ 时，P&O 振幅对 MPPT 算法控制效果没有影响。一般而言，开关变换器产生的噪声会影响系统性能，为了抑制这一扰动[⊖]必须选取最小的 Δd，即

$$\Delta V_{PV_{\Delta d}} = G_0\Delta d > \Delta V_{PV_{ripple}} \tag{2.41}$$

⊖ 请参见 3.4 节了解更多关于开关纹波衰减的内容。

式中，$V_{PV_{\Delta d}}$是由振幅 Δd 引起的光伏电压变化；$V_{PV\ ripple}$是开关纹波产生的光伏输出电压幅值。

在采用升压方式的电池充电控制中，如果未采用额外的滤波器滤除开关器件噪声纹波，最小值振幅 Δd 可以通过下式估算：

$$\Delta d > \frac{(V_{bat} - V_{MPP})V_{MPP}}{16LC_{in}f_s^2 V_{bat}^2} \tag{2.42}$$

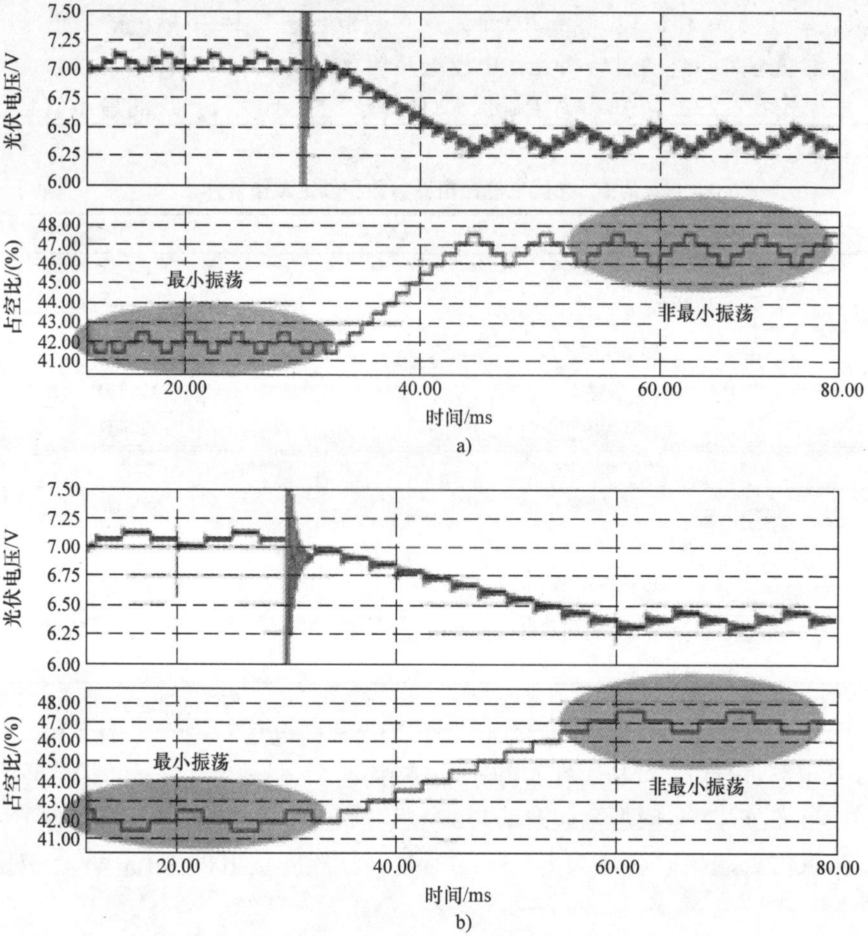

图 2.15　稳态环境条件下 P&O 特性

对于上述运行条件，由式（2.42）可得 $\Delta d > 0.001$。当 P&O 振幅 $\Delta d = 0.005$ 时得到如图 2.15 所示的测试结果。

正如图 2.15 所示，在 $t < 30$ms 时，由于 T_p 高于 $T_{\varepsilon \mid G=1000} = 0.5$ms，则 MPPT

可以正常运行。本例中，P&O 算法并不受系统瞬时特性影响，占空比振幅只有 3 个不同的数值选择，分别为[$d_{MPP}-\Delta d$，d_{MPP}，$d_{MPP}+\Delta d$]。

当 $t>30$ms 时，第一个仿真波形说明 P&O 算法在只有 3 个周波时无法工作。实际上，本例中振幅为 $T_p=1\text{ms}<T_{\varepsilon|G=100}=2.3\text{ms}$，其工作点在 MPPT 范围内有较大的波动，其结果较图 2.15b 中所示的 $T_p=2.5$ms 时的仿真效果效率更低。在第二个实例中，系统在短暂波动后适应了新的运行条件，P&O 仍可正常工作，主要因为 T_p对在该测试案例下的运行条件来说均满足式（2.22）的约束。

正如 2.4.2 节讨论的，给出无差跟踪的最大值 G，可以求解出 Δd 的最优解。因此，调节 MPPT 参数对输出性能的影响较大，尤其是在阴天，当光伏电池板辐照度不断变化时，不当的 MPPT 参数设置会大幅降低系统的发电效率。

算法性能和功率器件特性平衡分析对评估光伏系统能源转换效率和经济性有重要意义。本章参考文献［15］阐述了该方面的一些重要事项，其中提到了关于测量光伏逆变器总体效率的欧洲标准 EN 50530，该标准着重阐述了变换效率和最大功率点跟踪效率综合评估的手段和方法。采用由不同辐射角和辐照度水平组成的辐照度序列，可确定辐照度变化情况下的 MPPT 效率。

具体地，$\dot{G}=0.5\text{W/m}^2\text{/s}$ 到 $\dot{G}=100\text{W/m}^2\text{/s}$ 的斜坡梯度用来测试两种不同辐照程度，从 100～500W/m²/s 为低到中等辐照度变化，从 300～1000W/m²/s 为中到高等辐照度变化。基于 EN 50530 标准，针对该实例采用固定的辐照度变化率 $\dot{G}=100\text{W/m}^2\text{/s}$，在估算式（2.36）中参数时需要考虑极端情况下的值 $G=100\text{W/m}^2$，以此来计算出合适的 Δd 值。

通过式（2.29）和表 1.2、1.3 中的数据，获得参数 $H|_{G=100}=0.0836\text{A/V}^2$。最后，应用式（2.36）得

$$\Delta d > \frac{1}{V_{bat}}\sqrt{\frac{V_{MPP}K_{ph}|\dot{G}|T_p}{\left(HV_{MPP}+\frac{1}{R_{MPP}}\right)}} \approx 0.0118 \tag{2.43}$$

其中假设 K_{ph}的取值为 $K_{ph}=0.008\text{A}\cdot\text{m}^2\text{/W}$。

图 2.16 显示了辐照变化下光伏系统的表现。图 2.16a 显示了仿真时辐照度在 ±100W/m²/s 范围内波动的特性。根据式（2.43）选取 P&O 算法最优值 $T_p=2.5$ms、$\Delta d=0.012$，并与 $\Delta d=0.0012$ 时的效果进行比较，可以看出图 2.16b 中两个案例的占空比波形重叠。仿真结果表明如果占空比振幅取值较优时，在辐照度变化情况下，输出占空比的振荡仅有 3 个不同的值。

图 2.16c 绘制出两组不同参数的 MPPT 控制器输出的瞬时功率值。该仿真表明 MPPT 算法在功率跟踪过程中正常工作，采用最优值 Δd 具有高效率输出。最优值 Δd 比稳定运行时的最小值高出一个数量级。

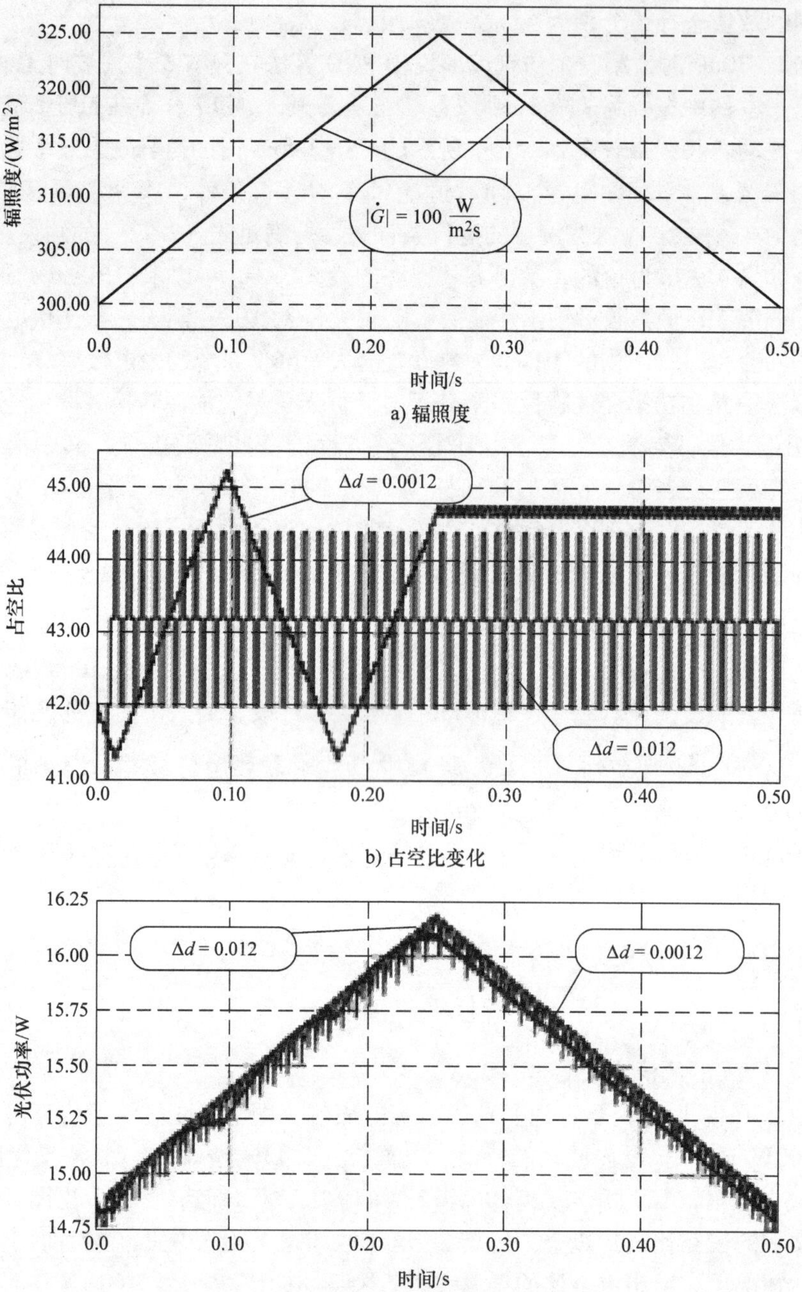

a) 辐照度

b) 占空比变化

c) 瞬时光伏功率

图 2.16 动态环境条件下 P&O 特性

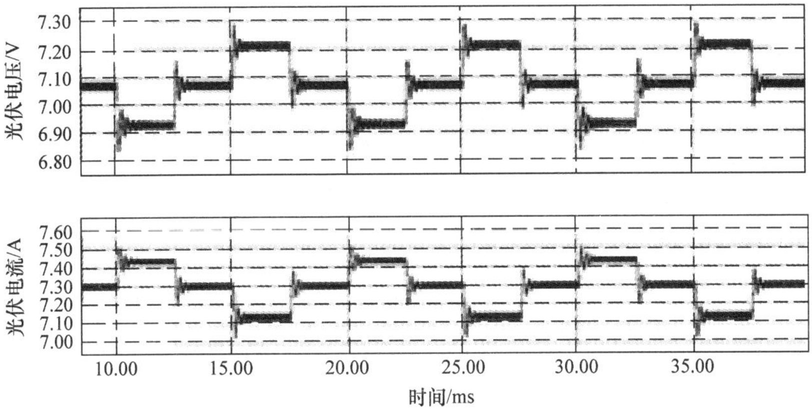

a) 仿真结果

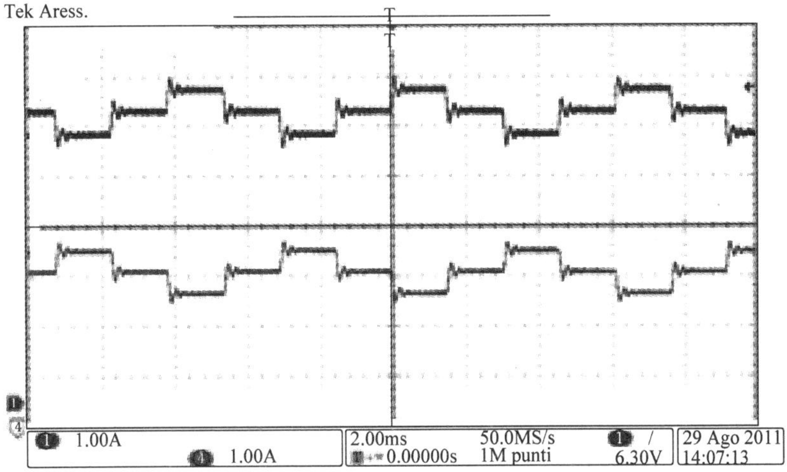

b) 实验结果

图 2.17　电池充电 MPPT 的实验测试

上述实验验证了本节的设计算法。图 2.17a 是光伏电池充电的仿真波形，图 2.17b 是光伏电压和电流的波形。对比结果可以看出 MPPT 的 P&O 算法和预测结果相同，在最大功率点附近 3 个点内移动。

2.5　扰动观察法的改进算法

2.5.1　自适应步长法

P&O 算法广泛应用于光伏系统中，其控制结构简单、易实现。对于 { Δx,

T_p}为固定值的 MPPT 算法来说，必须满足一个权衡条件，以便选择控制器值时可以考虑到最大功率点附近的较大扰动变化引起的稳态功率损耗以及辐照度，及其负载的快速变化条件下的 MPPT 的跟踪速度之间的平衡。

前面章节讲述了扰动振幅 Δx 和取样周期 T_p优化的优点，我们还可以通过修改爬坡率和 P&O 算法的基准值来进一步改善整体 MPPT 性能。

本章参考文献［16］介绍了根据功率与光伏电压的导数（dP/dV）自适应调整占空比大小的方法。由于在最大功率点附近 dP/dV 变得非常小，步长也变得很小，这样可以保证稳态下的较高精度。此时，方程（2.2）可修改为

$$d_{((k+1)T_p)} = d_{(kT_p)} \pm \Delta d = d_{(kT_p)} \pm N \frac{|P_{(kT_p)} - P_{((k-1)T_p)}|}{|V_{PV_{(kT_p)}} - V_{PV_{((k-1)T_p)}}|} \tag{2.44}$$

式中，N 是在采样周期中调整步长的比例因子。在文献［17］中，基于式（2.45）的光伏功率相对输出曲线的斜率变换可实现变步长算法：

$$d_{((k+1)T_p)} = d_{(kT_p)} \pm \Delta d = d_{(kT_p)} \pm N \frac{|P_{(kT_p)} - P_{((k-1)T_p)}|}{|d_{(kT_p)} - d_{((k-1)T_p)}|} \tag{2.45}$$

算法（2.44）和方程（2.45）的效果由比例因子 N 决定。这种对参数值的手动调整多采用试凑法，从中获得的数值仅适用于特定系统和特定运行条件。

为了确保该 MPPT 算法的收敛性，参数 N 必须满足下面的不等式：

$$N \frac{|\Delta P_{max}|}{|\Delta V_{max}|} < \Delta d_{max} \tag{2.46}$$

其中，Δd_{max}是步长变化最大期望值。本章参考文献［17］提出了一种用于确定 N 的最佳值的实验过程。在启动时，为占空比 d_{start} 设置一个较低的初始值，并依此占空比估算出功率 P_{start}和电压的 V_{start}。随后，根据步长变化的最大值 Δd_{max}修改占空比以及相应的 ΔP_{max} 值和 ΔV_{max} 值。根据式（2.46）可确定比例因子 N，与式（2.36）结合使用，在极端运行条件下可计算出 MPPT 算法的最大步长。

扰动周期 T_p 值需由式（2.22）确定。由图 2.18 可看出该算法流程为：X_1 为初始工作点，扰动步长为 Step1。通过施加正比于光伏功率变化的扰动振幅可得到序列点 $X_1 \sim X_7$。

2.5.2 抛物线逼近法

本章参考文献［18］显示的抛物线插值可通过基于最大功率点平衡条件下的 3 个电压和功率值采样点获取。如果使用任意扰动的 MPPT 算法，在最大功率点附近会出现不平衡现象，进而影响 MPPT 的效率，因此必须对该算法进行正确修正。

在固定步长的 P&O 算法中，Δx 的离散值取值范围不足以在靠近最大功率点的中心点以及附近另外两个等距离工作点之间实现三点稳态平衡。如图 2.19 所

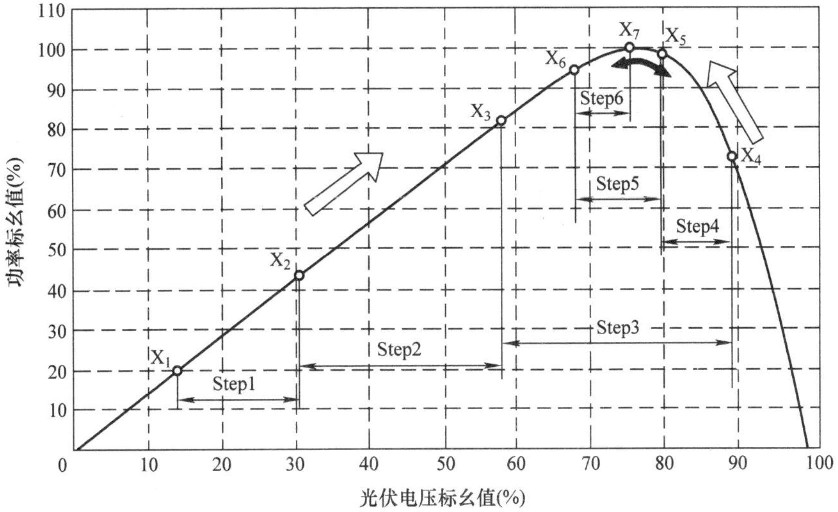

图 2.18 MPPT 可变步长

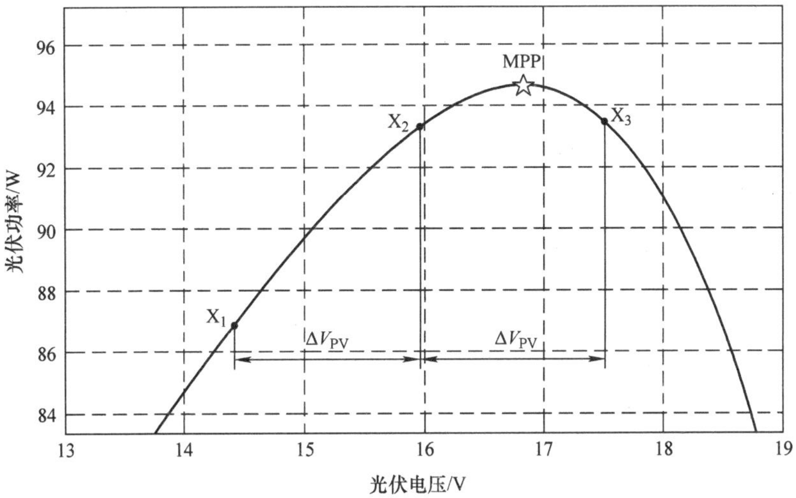

图 2.19 光伏运行工作点位置

示，工作点 X_1、X_2 和 X_3 组成的光伏电压等间距分布，它们无法在 MPPT 工作点附近保持平衡。

Δx 值越小，X_2 距离最大功率点越短。3 个不对称的取值点转换效率低于平衡点的转换效率，平衡状态 X_2 处于最大功率点中心，X_1 和 X_3 在其两侧等间距分布，不对称平衡点也可能引发四点振荡，导致功率损失进一步加大。四点振荡实例如图 2. 20 所示，图中标示出 P&O 算法的最大功率点附近的 7 个连续工作点。如果工作点的位置相对于最大功率点不对称，且在最大功率点的中心点附近（如图 2. 19 中的 X_2 和 X_3）的功率近似，则由于噪声和测量系统的量化误差，MPPT 算法得出的结果可能是错误的。例如，当工作点从位置 5 运行到位置 6，由于噪声或辐照度的轻微变化，光伏功率的测量值可能不同于第 2 点的计算值。因此，ΔP 有可能往错误方向偏移一个步长（1 =7）。通过对比实际控制点顺序（1—2—3—4）和最佳三点振荡顺序（1—2—3）或（2—3—4），功率损失的区别比较明显。对此我们将在 2. 8 节详细解释。

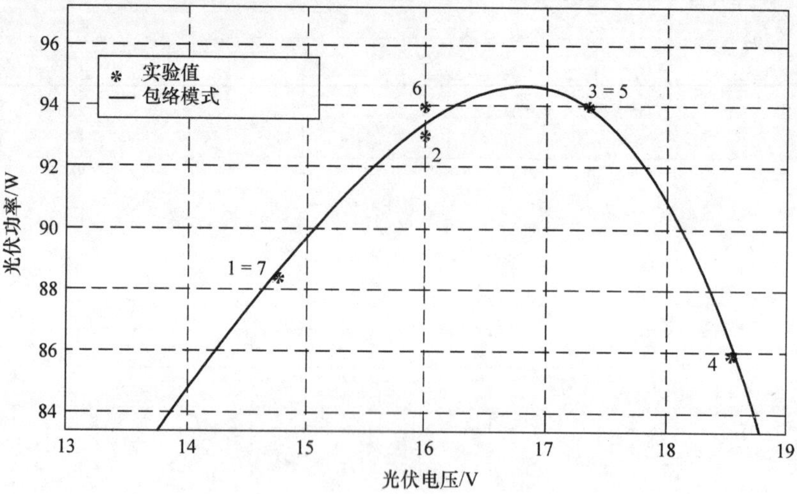

图 2. 20　噪声环境下的稳态振荡

如果点 2 或点 3 中的一个点更接近最大功率点，该误差明显小于其中一个输出点运行到下一个输出点导致的功率变化。参考图 2. 21，我们可以通过观察工作点相对于功率波动的位置变化来解释这一点。

图 2. 21a 显示了最大功率点两侧两个可能工作点间的功率变化（ΔP）。由于测量带来的不确定度 $u_{\Delta P}$，测量结果会受高于标称值的误差值影响，因此 $u_{\Delta P} > \Delta P$。由于无论步长幅值多大，该曲线凹点为最大功率点，因此在 MPPT 算法运算错误时，最终出现 $\Delta P \simeq 0$ 的情况。

图 2. 21b 显示了在不改变 Δx 值的情况下使工作点前移进而获得平衡配置的过程。在工作点前移后，由于何种运行条件下 $\Delta P > u_{\Delta P}$，所以系统能够正常运行。

本章参考文献中已经提出了一些解决上述问题的技巧。本章参考文献［19］表示，可采用包含上一个 3 个光伏电压－功率数据对的内存缓冲器来检测是否达到最大功率点以及辐照度是否产生变化。当已达到最大功率点时，保持变换器占空比不变的重要性体现为：我们可以画出稳态下的最大功率点，而不会丢失任何一处的 MPP 数据，因为最大功率点附近振荡时均可实现功率跟踪。在本章参考文献［20］和一些报告引用的参考文献列表中，将标准 P&O 的 MPPT 技术和一些改进技术进行对比。如果 Δd 的符号变化多次，可使用不改变占空比扰动值的搜索功能。在固定辐照条件下这一方法降低了工作点横跨最大功率点的爬坡率，但是在不断变化的气候条件下降低了系统响应速度。这也反映了在阴天辐照度快速变化时 P&O 的不稳定性。

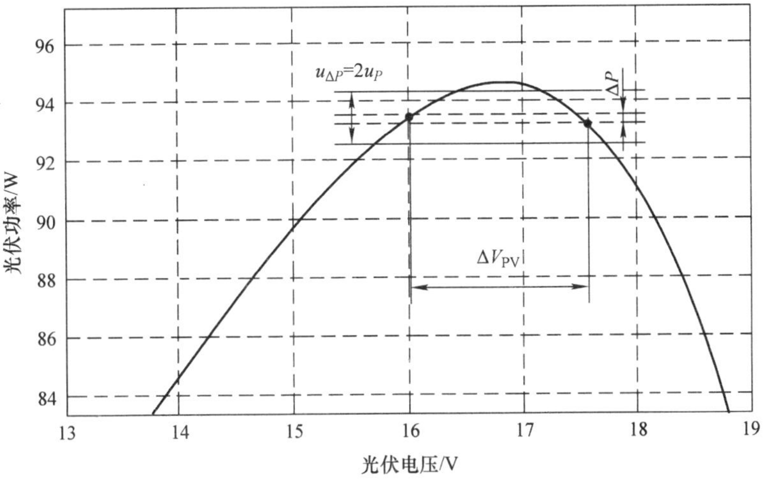

a) 功率接近的两个工作点

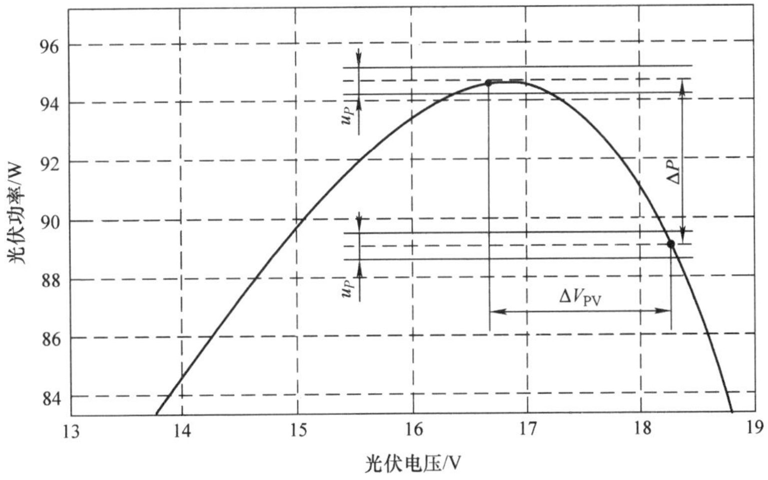

b) 光伏曲线上分布的两个点

图 2.21　平衡稳态振荡的误差补偿

在文献提出的技术中，通过采用抛物线插值来平衡横跨最大功率点的工作点变化非常有效且相对简单。事实上，靠近最大功率点的 $P-V$ 曲线近似于抛物线，因此可以利用最后 3 个工作点的信息，估测出最大功率点的位置[18,21]。

光伏电池板的近似抛物线方程如下：

$$p_{PV} = \alpha v_{PV}^2 + \beta v_{PV} + \gamma \tag{2.47}$$

其中 $\alpha<0$，顶点处 $v_{peak} = -\beta/(2\alpha)$，功率最大值 $p_{peak} = \gamma - \beta^2/(4\alpha)$。

如果 $P-V$ 曲线和内插抛物线至少有 3 个点相同，系数 α、β、γ 可以通过求解下面的方程组来确定：

$$\begin{cases} p_1 = \alpha v_1^2 + \beta v_1 + \gamma \\ p_2 = \alpha v_2^2 + \beta v_2 + \gamma \\ p_3 = \alpha v_3^2 + \beta v_3 + \gamma \end{cases} \tag{2.48}$$

先进先出阵列包含当前工作点和前面的两个工作点，对应于 $[(p_1, v_1)-(p_2, v_2)-(p_3, v_3)]$，用来确定内插抛物线。得到该近似抛物线后，抛物线的顶点作为新的预测工作点，如图 2.22 所示。

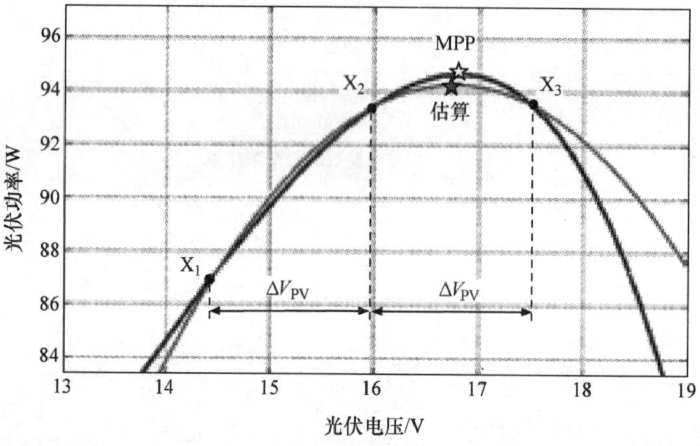

图 2.22　通过抛物线插值估算最大功率点

如果抛物线插值具有一个向上的凹度，或者其顶点处的电压比开路电压高，如图 2.23 所示，则该抛物线被认为是错误的。在这种情况下，如果抛物线不能由三个给定点（例如其中两个重叠）确定，P&O 算法的扰动值可以由式（2.36）来确定。

利用抛物线函数的几何性质加快 MPPT 控制器的响应速度。光伏工作点序列如图 2.24 所示：假设 MPPT 控制器开始运行时，步长固定为 ΔV_{PV}，连续两步控制后，X_1、X_2 和 X_3 值可用于恢复抛物线插值。如果估算的振幅 $\Delta V_{parabolic}$ 比

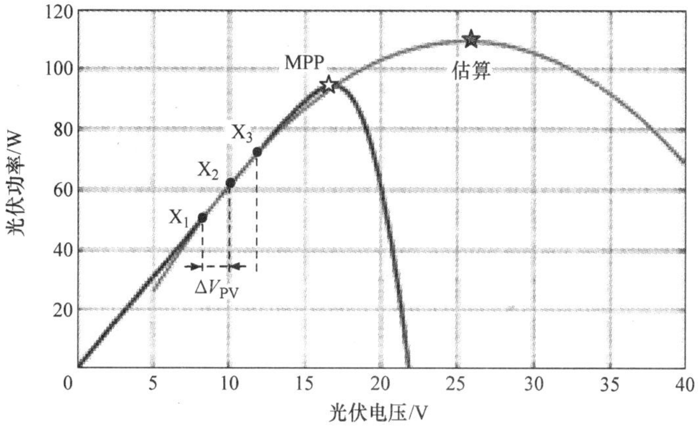

图 2.23 错误的抛物线插值

ΔV_{PV}高，MPPT 算法可以在几个控制周期内达到最大功率点。本章参考文献［18］详细阐述了辐照度变化条件下的控制性能，以及不同抛物线样式的具体实现过程。

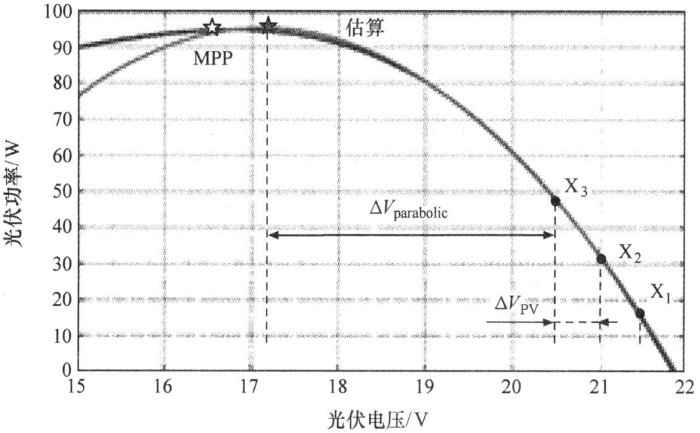

图 2.24 通过抛物线插值改善 MPPT 快速性

2.6 微扰动法

2.6.1 粒子群优化（PSO）算法

作为 MPPT 控制方法之一的粒子群优化（Particle Swarm Optimization，PSO）

算法，其主要优势在于没有复杂的计算要求。PSO 算法可通过低成本的数字控制器实现，其在极端辐照条件下性能良好。本章参考文献［22］提出了一种对传统微扰的改进方法，直接应用于 DC/DC 变换器的 PSO 算法。这项研究的主要目的是减少或消除微扰 MPPT 技术在最大功率点附近的稳态振荡。PSO 被看作是扰动情况下自适应振幅的一个微扰方法。当系统运行接近最大功率点且 DC/DC 变换器的占空比接近常数时，粒子速度值接近于零。该方法在应用中需要调整影响性能的相关参数，且其中一些参数与特定应用有关。本章参考文献［22］阐述了当光伏发电受部分阴影影响时，PSO 有效跟踪最大功率点的过程。

在本章参考文献［23］中，作者提出了一种解决参数不匹配情况下光伏阵列最大功率点跟踪问题的 PSO 算法。参数不匹配的光伏电池板串联时，其 $P-V$ 曲线中包含多个最大功率点，作者提出的方法不适用于该问题。文中采用集中的 MPPT 控制器实现 PSO 算法，可获得与光伏电池板数目相同的 DC/DC 控制器得到的占空比输出效果。本章参考文献［24］也提出了类似方法，作者使用相同的拓扑结构，不同的控制算法。本章参考文献［23］中提出的多变量优化算法调整变换器的占空比，目的在于使得输出总功率达到最大值。采用上述方法，仅需 3 个控制点就可跟踪到最大功率点。如果要提高跟踪性能，需详细分析实际工况，认真设计相关控制参数（例如，收敛标准的定义及用于检测辐照度变化的参数）。

2.6.2 极值搜索和纹波关联技术

极值搜索（Extremum Seeking，ES）控制经常与纹波关联控制（Ripple Correlation Control，RCC）混淆。它们在 MPPT 控制方法中十分相似，主要区别在于使用不同扰动源检测光伏阵列是否工作在最大功率点或者工作于最大功率点的左侧或右侧。本章参考文献［25］对该问题进行了详细的解释，ES 采用低频振荡元件产生的信号，RCC 为电力电子电路产生开关功率的纹波，由此可以加快 RCC 收敛。

光伏 MPPT 控制算法在单相交流系统应用时，ES 可以使用频率在 100 或 120Hz 的振荡元件跟踪最大功率点，具体的频率值取决于交流电压的频率（50Hz 还是 60Hz）。第 3 章将介绍连接 DC/AC 变换器和 DC/DC 变换器的直流母线上的振荡对双级拓扑 MPPT 控制过程的影响。该振荡通过 DC/DC 变换器反向传播，正如将在第 3 章中所述，将会使 MPPT 算法的控制性能变差。然而振荡却可以用来跟踪最大功率点。例如在 DC 控制应用中，通过增加相应电路，可以采用正弦低频率扰动来完成该控制过程，但需要额外增加电路。图 2.25 说明了其工作原理。

正弦扰动也会影响光伏电压和光伏功率。如果工作点电压是最大功率点电

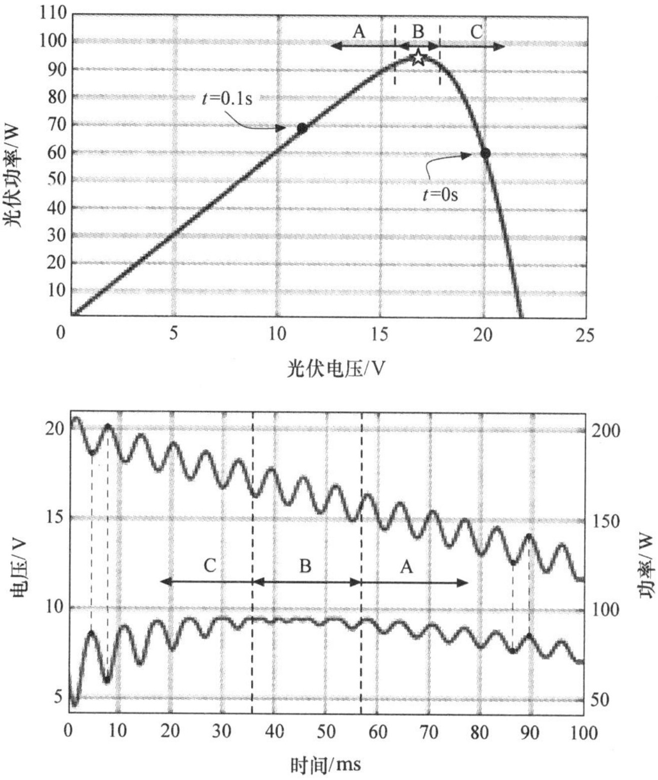

图 2.25 ES 控制算法的工作原理与过程

压，该影响可以忽略不计。如果光伏阵列工作电压低于最大功率点电压，影响光伏功率的振荡将同相作用在光伏电压上。反之，光伏阵列工作电压高于最大功率点电压时，光伏功率的振荡变为半个周期的电压振荡。图 2.26 显示了外部正弦振荡叠加在光伏电压上的情况。与注入正弦信号相同频率上的光伏功率扰动分量与注入信号相乘，其乘积的平均值可以驱动 MPPT 运行达到 $P-V$ 函数的峰值[26]。

图 2.27 说明了由于 DC/AC 的控制作用，光伏系统产生了正弦扰动，通过增加影响光伏功率和电流的振荡获取低通滤波器处理的调制信号[27]。本章参考文献［28］提到单相系统中的瞬时功率固有振荡，作者采用对光伏电流和电压信号的合适滤波方法来估算光伏功率导数。直流母线电压的控制中可加入 MPPT 的控制方法。

另外，在 RCC 情况下，功率对时间的导数与电流或电压对时间的导数相关，但是不需要引入外部振荡。较高开关频率引起的自然纹波，使得功率梯度达到 0

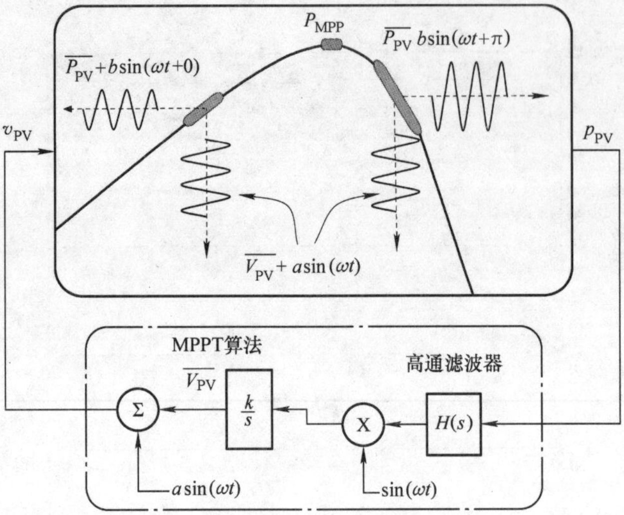

图 2.26　加入外部振荡的 ES MPPT

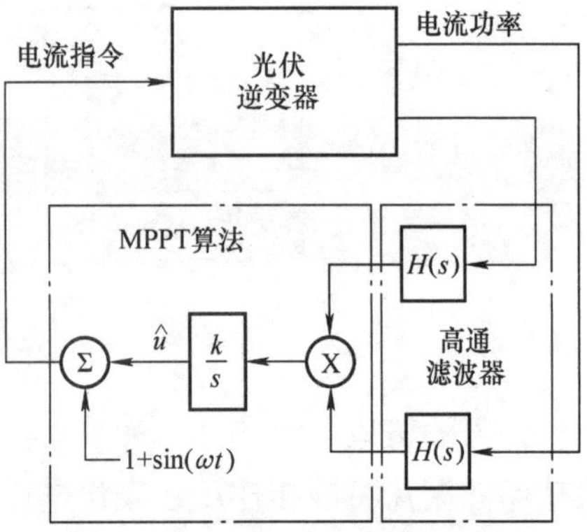

图 2.27　利用由变流器产生低频振荡的 ES MPPT 控制策略

附近[29]。采用这种方式，RCC 方法也可以用在直流负载、电池充电控制以及三相并网光伏系统中。

在本章参考文献［30］中 RCC 技术得到进一步改善，对变换器的电气变量波形改善技术研究降低了对采样的要求。事实上，每个开关周期只有两个采样点，一个取光伏电流的最小值，即最大的光伏电压，另一个为其最大值，即最低的光伏电压。

2.6.3　电导增量法

这个方法首次出现于本章参考文献［31］，基于对最大功率点的观察，会出现下式情况：

$$\frac{dP}{dV}=\frac{d(VI)}{dV}=0 \tag{2.49}$$

对应于光伏电压的电流关系可以用下式表示：

$$I+V\frac{dI}{dV}=0 \tag{2.50}$$

因此式（2.49）的有效性可表示为

$$\frac{I}{V}=-\frac{\mathrm{d}I}{\mathrm{d}V} \tag{2.51}$$

增量电导（INC）MPPT 方法的前提条件为，最大功率点输出电导的绝对值等于增量电导的绝对值，这是 MPPT 增量式电导控制方法的基础。通过在两种不同情况下重复测量验证得到电导式（2.51），近似等于光伏电压的值。该方法需要对电压进行重复扰动，并满足下列条件：

$$\frac{I_k}{V_k}=-\frac{I_k-I_{k-1}}{V_k-V_{k-1}} \tag{2.52}$$

其中，指数 k、$k-1$ 表示光伏电压和光伏电流连续两次的采样值。本章参考文献［31］阐述了光伏系统采用增量式 MPPT 方法相比于采用 P&O 方法发电效率提高了 8.4%，这主要归功于增量式方法可以避免当式（2.52）满足后工作点出现进一步振荡。因此，稳态时增量式方法类似于 P&O 方法，但前者可以避免功率损耗，因为除非外部扰动使式（2.52）不成立，否则它一直处于最大功率点。

然而，式（2.52）仅存在于理想系统，因为由于噪声和量化采样的影响，等式基本不会成立，这与微控制器实现增量式方法的过程有关。在辐照度稳定条件下继续探索式（2.52）的有效性，发现增量式方法相对于 P&O 不具备明显的理论优势。

式（2.52）的估值可以用来判断实际工作点相对 $P-V$ 光伏曲线最大功率点的位置。事实上，由式（2.49）和式（2.50）得

$$\frac{1}{V}\frac{\mathrm{d}P}{\mathrm{d}V}=\frac{1}{V}+\frac{\mathrm{d}I}{\mathrm{d}V}=G+\mathrm{d}G \tag{2.53}$$

式中，G 是电导；$\mathrm{d}G$ 是增量电导。结果表明，当实际工作点位于最大功率点左侧时，$\mathrm{d}P/\mathrm{d}V>0$，这意味着，根据式（2.53）可得 $G+\mathrm{d}G>0$。因此，如果电导高于增量电导的绝对值，那么工作点位于最大功率点的左侧，必须增大电压促使工作点接近最大功率点。相反，如果 $G+\mathrm{d}G<0$，实际工作点电压高于最大功率点，必须降低电压以接近最大功率点。这些对于 P&O 方法并无益处，可视为增量式方法特有的优势。式（2.51）中新控制电压值可通过下面迭代公式测得：

$$V_{\mathrm{PV}}^{k+1}=V_{\mathrm{PV}}^{k}+\mathrm{sign}(G+\mathrm{d}G)\Delta V \tag{2.54}$$

式中，ΔV 是最大功率点跟踪时采用的电压步长。图 2.28 流程图里证实了增量式算法的干扰本质以及对衍生于电导和增量电导之间的对比信息的使用。

由于增量式方法本质上是基于扰动的方法，不管是作用在占空比还是作用在参考电压上，就如 P&O 方法一样，需要对扰动步长的振幅进行优化。本章参考文献［32］提出了步长振幅对功率导数的直接依赖性，并设计出计算变换器占空比所受直接控制的公式。

$$D = \pm N \left| \frac{dP}{dV} \right| \tag{2.55}$$

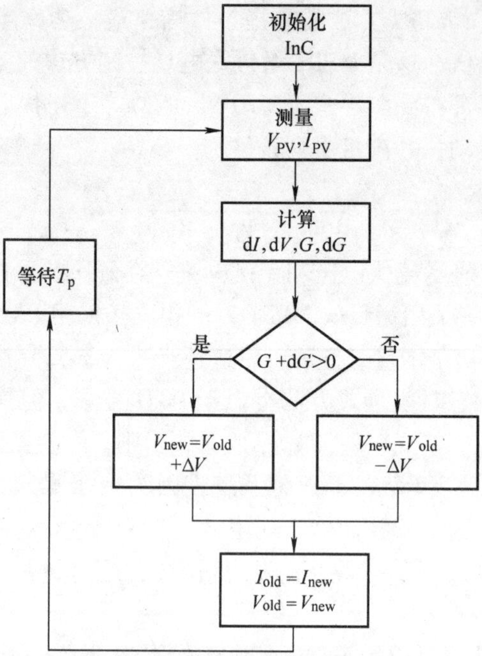

图 2.28　增量电导算法的流程图

功率导数越低，就越接近最大功率点且占空比扰动越小。作者还提出系数 N 的上限值，该值会严重影响跟踪性能。功率导数的不等式可以通过更大的 ΔD 获得，该值的大小和含义与式（2.46）中一样。

$$N < \frac{\Delta D_{max}}{\left| \frac{dP}{dV} \right|_{fixedstep = D_{max}}} \tag{2.56}$$

本章参考文献［33］阐述了在快速变化的辐照条件下该算法的动态性能需要改进，并介绍了一种用于最大功率点限值的最优函数。通过阈值函数极限值切换算法改变步长大小模式，其中阈值函数是 n 个光伏阵列的输出功率的乘积以及功率相对电流的导数：

$$C = P^n \left| \frac{dP}{dI} \right| \tag{2.57}$$

最大功率点边界值与参数 n 有关。函数 C 有两个最大值，对应两个不同的电流值：一个位于最大功率点左侧，另一个位于最大功率点右侧。如果光伏阵列电流介于这两个电流值之间，那 MPPT 算法使用可变步长模式，否则使用固定步长模式。采用该方法可以改善稳态和动态时 MPPT 响应速度。

2.7 基于输出参数的光伏 MPPT 技术

MPPT 控制可以通过使用 DC/DC 变换器输出电压和电流而不是输入电压与电流来实现。采用输出变量简化了 MPPT 算法。此外，不管控制算法实现的方式和功率等级，该方法都需要至少其中一个输出变量。事实上，已经证明使用一个输出控制参数的 MPPT 适用于任何实际负载类型。只要跟踪到负载电流或电压的最大值，则可证明光伏系统工作于最大功率点[34]。设计简单的控制器可减少所需硬件电感器的数量，且不需要通过 MPPT 算法计算光伏功率。需要注意的是，在大多数有电池补偿的实际光伏系统中，为了达到充电控制和电池保护的目的，都需要监测 DC/DC 变换器的输出电压和电流。因此，如果能够对光伏阵列输出电压和电流进行监控将有助于降低系统成本并提高系统效率和可靠性。本章参考文献［35］中，前面所述的设计指南已经用于图 2.29 所示的设计中。

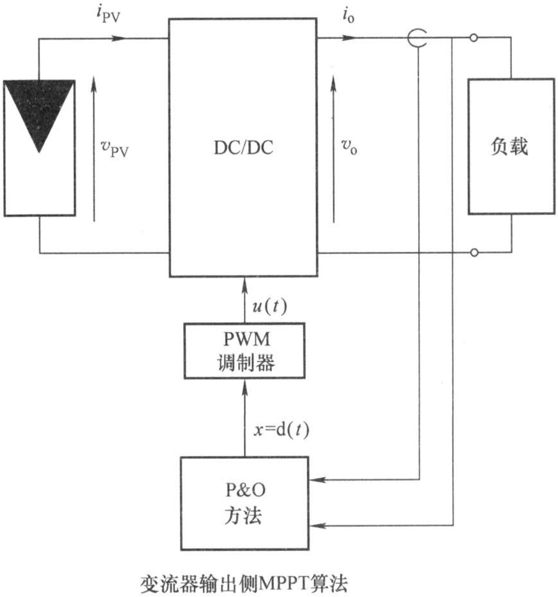

图 2.29 输出参数的 MPPT 设计图

2.7.1 TEODI 方法

相关文献中提出一种基于变换器输出参数的新 MPPT 技术，称为 TEODI[36-38]。TEODI 融合了以下理念：相同光伏系统输出工作点及相应输入工作点移位均衡技术。

该技术主要的优势在于它的简单性，因为它不需要测量光伏功率，这意味着它不需要乘法运算。因此 TEODI 的模拟技术实现非常有效并且成本较低。此外，TEODI 相比扰动 MPPT 方法，其对辐照度变化、变换器输出噪声、光伏源的反向传播干扰的敏感性较低。不过 TEODI 的基础版本同样也存在缺点，即当两个同时工作的光伏组件失配时，无法正常工作。

原则上，上述提出的方法适用于光伏场任意大小相同的分组件，但由于其固有的局限性，TEODI 适用于对同一个光伏组件下的分组件，且该光伏组件下各光伏电池有较大的可能工作于相同条件。在 MPPT 分散式光伏应用中[39]，各光伏组件必须拥有独立的集成 MPPT 控制器，而采用 TEODI 算法可以较低的成本满足这一需求。

在图 2.30 所示的系统中，A、B 两部分代表两个相同的光伏单元，它们工作在相同的辐照度和环境温度下。假设两个 DC/DC 变换器完全相同，图 2.30 所示电路稳态工作点有可能位于最大功率点附近区域。

下面从变换器输出检测来说明 TEODI 的工作原理。图 2.30 所示为 TEODI 的并联运行控制原理图，两个变换器工作在相同的输出电压下，并都需要电流检测。值得注意的是，在上述条件的双重作用下变换器的输出口串联，TEODI 仅仅需要测量输出电压值，因此该方法仅需要简单便宜的检测电路。

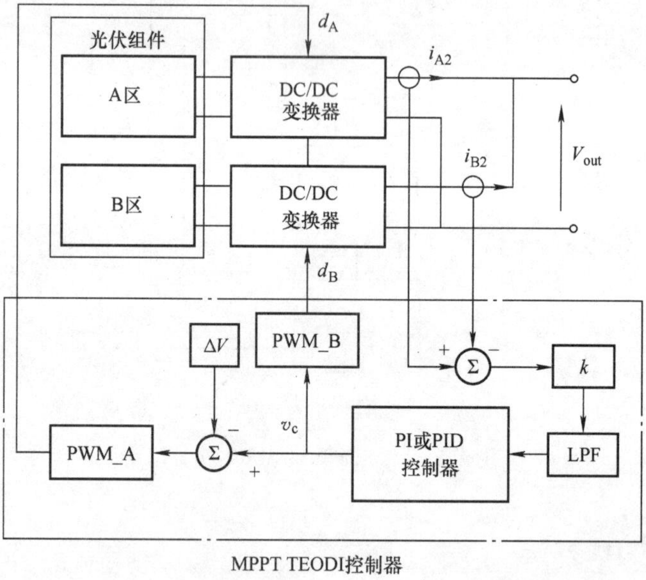

图 2.30　功率回路并行配置的 TEODI 原理图

信号 $k(i_{A2}-i_{B2})$ 通过低通滤波器（LPF）滤波，以消除高频噪声。低通滤波器输出信号经过比例积分控制器处理，v_c 信号传递给两个脉宽调节器（PWM）。

两个 DC/DC 变换器的占空比 d_A 和 d_B 是不一样的：$d_A=d_B-\Delta d$。其中，$\Delta d=\Delta V/V_s$，V_s 是两个 PWM 调节器锯齿载波的振幅峰值，ΔV 是恒定电压偏移量，用于控制 TEODI 性能。在变换器拓扑基础上，该参数用来描述两个相同光伏系统工作点之间的电压偏移。

通过假定电压偏移量的正负值得到 $V_{PV,A}>V_{PV,B}$，两个光伏系统的工作点可能出现 3 种情况。

图 2.31 显示了两个光伏系统的光伏曲线，矩形标记点为光伏系统 A 的工作点，圆形标记为光伏系统 B 的工作点。图 2.31a 所示情况，A 部分发出的光伏功率高于 B 部分，则相应的变换器输出 $i_{A2}>i_{B2}$。在图 2.31b 所示情况下，A 部分发出光伏功率低于 B 部分，则相应输出 $i_{A2}<i_{B2}$。信号 $k\cdot(i_{A2}-i_{B2})$ 为 PI 控制器的输入，积分环节作用于改变占空比 d_A 和 d_B，使得光伏系统工作点向减小输出电流变化的方向移动。必须恰当选取系数 k 的符号以使工作点向最大功率点方向移动。仅在图 2.31c 所示情况下，A 部分的光伏功率等于 B 部分的光伏功率，则相应有 $i_{A2}=i_{B2}$。在这种情况下，PI 控制器输入为 0，变换器占空比保持恒定值。

至于 Δd，在平衡条件下，Δd 值越小，每个光伏组件的工作点与最大功率点距离越小，MPPT 效率越高。在实际应用中，两个系统由于物理特性不尽相同，在温度、湿度等方面的微小差异不可避免地引起子系统差异，过小的 Δd 值会导致 TEODI 搜索的失败。Δd 值影响稳态环境下的 MPPT 效率以及动态条件下的跟踪速度。事实上，Δd 值越高，MPPT 动态性越好。如果 $\Delta d=0$，假设两个部分完全相同，图 2.31 显示了 A、B 光伏系统工作点搜索的 3 种情况。由于 PI 控制器输入误差一直为 0，则跟踪速度也等于 0，系统不能执行跟踪过程。因此 Δd 的设置必须兼顾稳态 MPPT 效率和系统动态性能需求。P&O 算法的相关问题及应用已在前面讨论过。

TEODI 主要优点之一是它具备合适的反馈网络，MPPT 参数设计简单，可以直接通过系统传递函数的拉普拉斯变换求解 MPPT 参数。

在图 2.30 所示的 TEODI 架构中，通过对变换器、负载和光伏源组成的状态方程进行平均和线性化得出小信号模型。

在图 2.32 所示的等效框图中，带^符号的变量为相应变量值的小信号变量。在拉普拉斯域内分析的目的是确定传递函数能够得出 $W(s)=\mathrm{LPF}(s)G_c(s)$，通过设计较高的相位裕量及通带频率使闭环系统稳定。

通过观察原理图 2.32，发现当 $\hat{i}_{A2}=\hat{i}_{B2}$ 时系统达到平衡点，且系统开环增益

$T_c(s)$为

$$T_c(s) = W(s)\left[C_{i_{A2}d_A}(s) - G_{i_{B2}d_B}(s) \right] \tag{2.58}$$

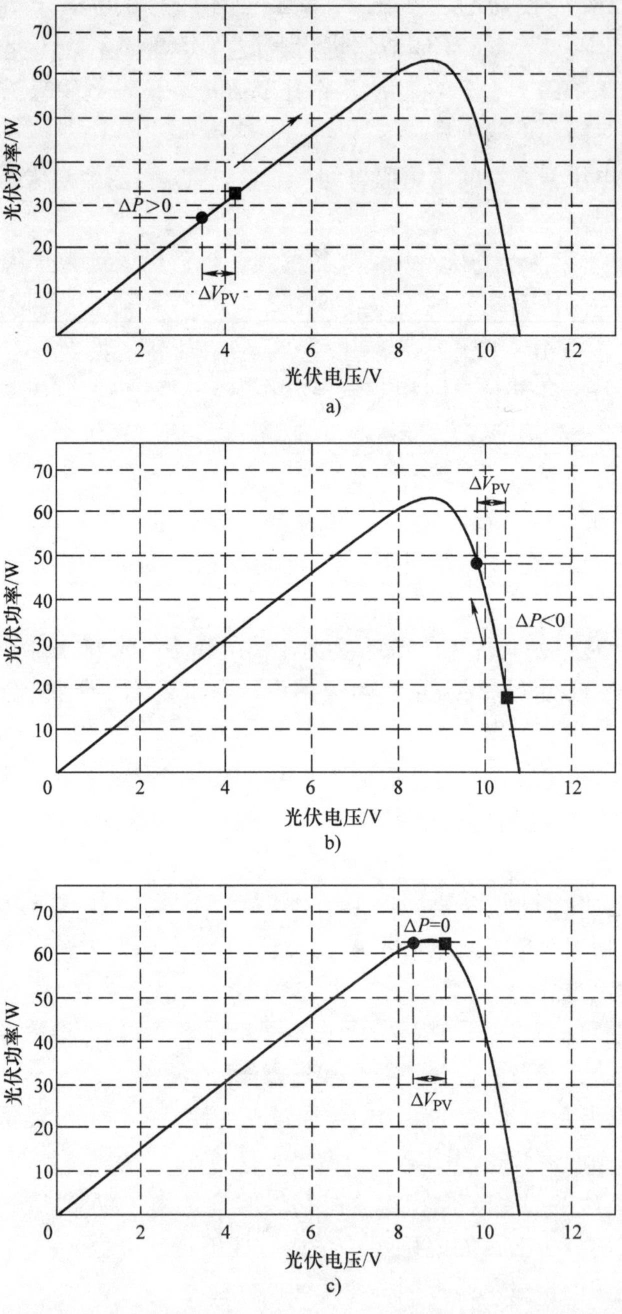

图 2.31　光伏组件 A 和 B 的 $P-V$ 特性及相应工作点

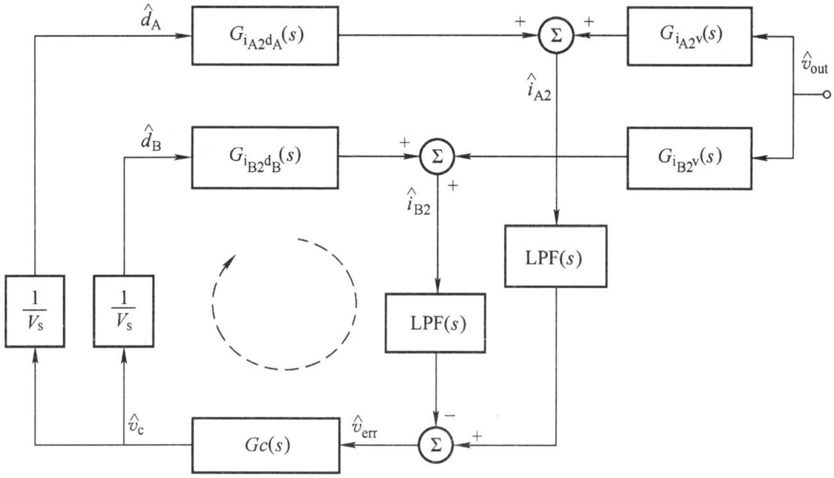

图 2.32　TEODI 架构的等效框图

可以用开环传递函数 $T_c(s)$ 的伯德图来评估使用 TEODI 算法时系统的稳定性和动态性。由该传递函数可以看出 $T_c(s)$ 传递函数为双环控制。通过对 $W_{v_{PV},A,v_o(s)}$ 和 $W_{v_{PV}B,v_o(s)}$ 传递函数的评估可以消除光伏终端输出电压的振荡。

$$W_{v_{PV},A,v_o(s)} = \frac{\hat{v}_{PV,A}}{\hat{v}_{out}} = \frac{G_{v_{PV},Av_o}(s)}{1+T_c(s)} \tag{2.59}$$

$$W_{v_{PV},B,v_o(s)} = \frac{\hat{v}_{PV,B}}{\hat{v}_{out}} = \frac{G_{v_{PV},Bv_o}(s)}{1+T_c(s)} \tag{2.60}$$

其中，$G_{v_{PV},Av_o}(s)$ 和 $G_{v_{PV},Bv_o}(s)$ 是变换器在相应光伏系统中使用的输入－输出开环传递函数。输出电压振荡与 TEODI 控制信号的关系为

$$W_{v_{err},v_{out}(s)} = \frac{\hat{v}_{err}}{\hat{v}_{out}} = \mathrm{LPF}(s)\,\frac{G_{i_{A2}v}(s) - G_{i_{B2}v}(s)}{1+T_c(s)} \tag{2.61}$$

在控制频率范围内，如果 $T_c(s) \gg 1$，对于开环系统来说系统具备更高的抗干扰能力。本章参考文献［36－38］给出了关于 TEODI 方法的更多细节及应用实例。

2.8　MPPT 效率

直到近几年才出现 MPPT 技术相关标准，而且仅限于辐照度变化速度方面。例如，在本章参考文献［40］中，将斜坡率 $30\mathrm{W/m^2/s}$ 作为标准参考值。近期

也制定了 EN 50530—用于测试 DC/AC 逆变器效率的标准，其中部分内容介绍了如何调整 MPPT 算法运行条件以改进测试性能。一些作者公布了辐照度和斜坡率固定和随时间变化时的实验结果用以比较最常用的 MPPT 方法。例如，在本章参考文献［4］中，作者研究得出两个最常用的算法 P&O 和增量式的性能大致是相同的。MPPT 算法的转换效率的作用还未像逆变器的转换效率一样获得公认。事实上，在提高转换效率方面，电力电子设计师的很多努力都投入到能量转换系统方面。除了传统的峰值效率值，通过采用一天不同的辐照程度下的转换系统性能测量，欧洲效率（η_{ev}）可被认为不同功率水平下的效率考量。欧洲效率定义如式（2.62），对从一天的开始到接近日落时的不同功率的转换效率都设定相应的权重，可以得到平滑、高效的功率系统效率 η_{EU} 值：

$$\eta_{EU} = 0.03\eta_{5\%} + 0.06\eta_{10\%} + 0.13\eta_{20\%} + 0.10\eta_{30\%} + 0.48\eta_{50\%} + 0.20\eta_{100\%} \tag{2.62}$$

加州能源委员会也提出了类似的公式。虽然权重不同，但原理是一样的。具体如下：

$$\eta_{CEC} = 0.00\eta_{5\%} + 0.04\eta_{10\%} + 0.05\eta_{20\%} + 0.12\eta_{30\%} + 0.21\eta_{50\%} + 0.53\eta_{75\%} + 0.05\eta_{100\%} \tag{2.63}$$

然而，由于光伏系统的效率是 MPPT 效率和转换效率的乘积这种解释比较难以理解，少有文献对 MPPT 效率和影响因素进行深入研究。

MPPT 效率定义如下：

$$\eta_{MPPT} = \frac{\int_{t_1}^{t2} P(t)\,\mathrm{d}t}{\int_{t_1}^{t2} P_{MPP}(t)\,\mathrm{d}t} \tag{2.64}$$

如果在 t_1 到 t_2 这段时间内工作点一直处于最大功率点，MPPT 效率值是保持不变的。通过假设光伏阵列的 $P-V$ 曲线特性为穿过最大功率点的抛物线（见图 2.33），可以很容易获得 MPPT 效率的近似值。通过采用扰动 MPPT 方法可获得最佳稳定状态。第一步是通过假设工作点中间的一个位于最大功率点，旁边的功率值相等，由于是抛物线近似，所以两边分别为 $P-V$ 曲线的上升沿和下降沿。

若 MPPT 控制器使系统在每个工作点运行 T_ps，那么功率波形将如图 2.34 所示。

这个波形的周期为 $4T_p$，并且由于波形为矩形波，所以容易确定式（2.64）的数值，该 MPPT 效率为

$$\eta_{MPPT} = 1 - \frac{\Delta P}{2P_{MPP}} \tag{2.65}$$

式中，ΔP 与 MPPT 算法应用中的扰动振幅、光伏阵列参数和运行条件相关。

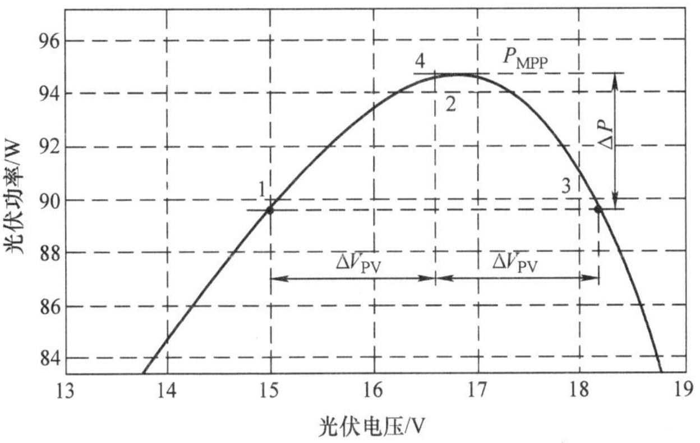

图 2.33　稳态下三点特性

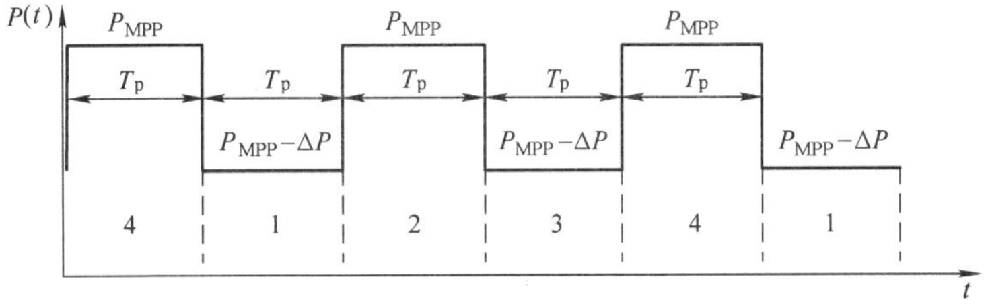

图 2.34　稳态条件下功率曲线

如果稳态运行状态包含 4 个点，两个位于最大功率点一侧，另两个位于最大功率点另一侧，假设抛物线 $P-V$ 曲线顶点为最大功率点，则有

$$\eta_{MPPT} = \frac{\langle P(t) \rangle_{6T_p}}{P_{MPP}} = 1 - \frac{\Delta P_1 + \Delta P_2}{2P_{MPP}} \tag{2.66}$$

该分析示例如图 2.35 和图 2.36 所示。

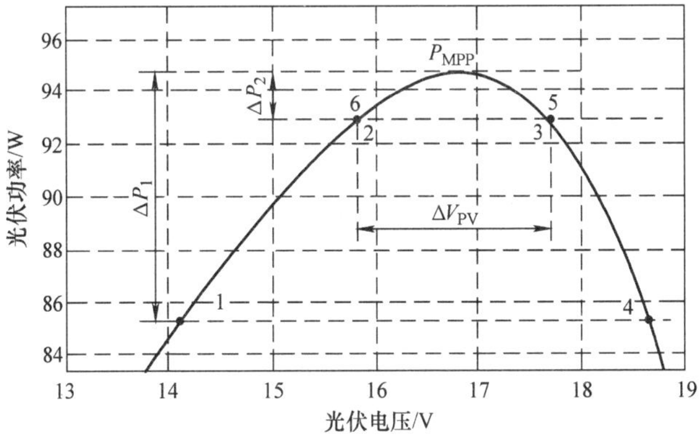

图 2.35　稳态条件下四点特性

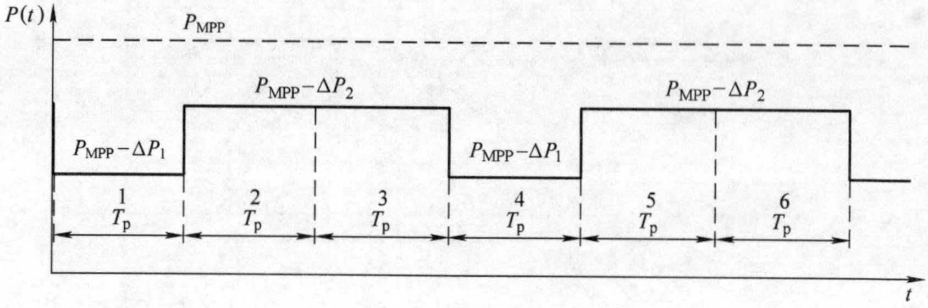

图 2.36　稳态条件下功率波形

式（2.65）和式（2.66）表明，稳态情况包含 3 点时，其中一点位于最大功率点，另外两点分别位于其两侧时，MPPT 效率最高。当有 4 个甚至 4 个以上的工作点时，MPPT 效率将降低，所以应尽可能避免这种情况发生。在 2.4.2 节表达式中使用的功率偏差 ΔP 可作为应用在微扰 MPPT 算法和光伏阵列参数的扰动信号的函数。

参考文献

1. S.-K. Ji, D.-H. Jang, S.-K. Han, C.-W. Roh, and S.-S. Hong. Analog control algorithm for maximum power tracker employed in photovoltaic applications. In *2010 Conference Proceedings of IPEC*, October 2010, pp. 99–103.
2. J.H.R. Enslin, M.S. Wolf, D.B. Snyman, and W. Swiegers. Integrated photovoltaic maximum power point tracking converter. *IEEE Transactions on Industrial Electronics*, 44(6):769–773, 1997.
3. W. Xiao, W.G. Dunford, P.R. Palmer, and A. Capel. Application of centered differentiation and steepest descent to maximum power point tracking. *IEEE Transactions on Industrial Electronics*, 54(5):2539–2549, 2007.
4. M.A.S. Masoum, H. Dehbonei, and E.F. Fuchs. Theoretical and experimental analyses of photovoltaic systems with voltage and current-based maximum power-point tracking. *IEEE Transactions on Energy Conversion*, 17(4):514–522, 2002.
5. C. Larbes, S.M. Aït Cheikh, T. Obeidi, and A. Zerguerras. Genetic algorithms optimized fuzzy logic control for the maximum power point tracking in photovoltaic system. *Renewable Energy*, 34(10):2093–2100, 2009.
6. C.-S. Chiu and Y.-L. Ouyang. Robust maximum power tracking control of uncertain photovoltaic systems: A unified t-s fuzzy model-based approach. *IEEE Transactions on Control Systems Technology*, 19(6):1516–1526, 2011.
7. V. Salas, E. Olìas, A. Barrado, and A. Làzaro. Review of the maximum power point tracking algorithms for stand-alone photovoltaic systems. *Solar Energy Materials and Solar Cells*, 90:1555–1576, 2006.
8. E. Koutroulis, K. Kalaitzakis, and N.C. Voulgaris. Development of a microcontroller-based, photovoltaic maximum power point tracking control system. *IEEE Transactions on Power Electronics*, 16(1):46–54, 2001.

9. N. Femia, G. Petrone, G. Spagnuolo, and M. Vitelli. Optimization of perturb and observe maximum power point tracking method. *IEEE Transactions on Power Electronics*, 20(4):963–973, 2005.
10. R.P. Venturini, V.V.R. Scarpa, G. Spiazzi, and S. Buso. Analysis of limit cycle oscillations in maximum power point tracking algorithms. In *IEEE Power Electronics Specialists Conference 2008 (PESC 2008)*, June 2008, pp. 378–384.
11. S. Liu and R.A. Dougal. Dynamic multiphysics model for solar array. *IEEE Transactions on Energy Conversion*, 17(2):285–294, 2002.
12. R.W. Erikson and D. Maksimovic. *Fundamentals of power electronics*. 2nd ed. Kluwer Academic Publishers, Norwell, MA.
13. F.L. Luo and H. Ye. Small signal analysis of energy factor and mathematical modeling for power dc-dc converters. *IEEE Transactions on Power Electronics*, 22(1):69–79, 2007.
14. K.H. Hussein, I. Muta, T. Hoshino, and M. Osakada. Maximum photovoltaic power tracking: An algorithm for rapidly changing atmospheric conditions. *IEE Proceedings on Generation, Transmission and Distribution*, 142(1):59–64, 1995.
15. R. Bründlinger, N. Henze, H. Häberlin, B. Burger, A. Bergmann, and F. Baumgartner. prEN50530—The new European standard for performance characterisation of pv inverters. In *24th European Photovoltaic Solar Energy Conference*, Hamburg, Germany, September 2009, vol. 1, pp. 3105–3109.
16. W. Xiao and W.G. Dunford. A modified adaptive hill climbing MPPT method for photovoltaic power systems. In *2004 IEEE 35th Annual Power Electronics Specialists Conference (PESC 04)*, June 2004. vol. 3, pp. 1957–1963.
17. A. Pandey, N. Dasgupta, and A.K. Mukerjee. Design issues in implementing MPPT for improved tracking and dynamic performance. In *32nd Annual Conference on IEEE Industrial Electronics, IECON 2006*, November 2006, pp. 4387–4391.
18. N. Fermia, D. Granozio, G. Petrone, and M. Vitelli. Predictive adaptive MPPT perturb and observe method. *IEEE Transactions on Aerospace and Electronic Systems*, 43(3):934–950, 2007.
19. Y.-T. Hsiao and C.-H. Chen. Maximum power tracking for photovoltaic power system. In *37th IAS Annual Meeting of Industry Applications Conference*, 2002, vol. 2, pp. 1035–1040.
20. D.P. Hohm and M.E. Ropp. Comparative study of maximum power point tracking algorithms. *Progress in Photovoltaics: Research and Applications*, 11(1):47–62, 2003.
21. F.-S. Pai, R.-M. Chao, S.H. Ko, and T.-S. Lee. Performance evaluation of parabolic prediction to maximum power point tracking for PV array. *IEEE Transactions on Sustainable Energy*, 2(1):60–68, 2011.
22. K. Ishaque, Z. Salam, M. Amjad, and S. Mekhilef. An improved particle swarm optimization (PSO)-based MPPT for PV with reduced steady state oscillation. *IEEE Transactions on Power Electronics*, PP(99):1, 2012.
23. M. Miyatake, M. Veerachary, F. Toriumi, N. Fujii, and H. Ko. Maximum power point tracking of multiple photovoltaic arrays: A PSO approach. *IEEE Transactions on Aerospace and Electronic Systems*, 47(1):367–380, 2011.
24. G. Petrone, G. Spagnuolo, and M. Vitelli. A multivariable perturb-and-observe maximum power point tracking technique applied to a single-stage photovoltaic inverter. *IEEE Transactions on Industrial Electronics*, 58(1):76–84, 2011.
25. A.M. Bazzi and P.T. Krein. Concerning "Maximum power point tracking for photovoltaic optimization using ripple-based extremum seeking control." *IEEE Transactions on Power Electronics*, 26(6):1611–1612, 2011.

26. A.I. Bratcu, I. Munteanu, S. Bacha, D. Picault, and B. Raison. Cascaded DC-DC converter photovoltaic systems: Power optimization issues. *IEEE Transactions on Industrial Electronics*, 58(2):403–411, 2011.
27. S.L. Brunton, C.W. Rowley, S.R. Kulkarni, and C. Clarkson. Maximum power point tracking for photovoltaic optimization using ripple-based extremum seeking control. *IEEE Transactions on Power Electronics*, 25(10):2531–2540, 2010.
28. D. Casadei, G. Grandi, and C. Rossi. Single-phase single-stage photovoltaic generation system based on a ripple correlation control maximum power point tracking. *IEEE Transactions on Energy Conversion*, 21(2):562–568, 2006.
29. T. Esram, J.W. Kimball, P.T. Krein, P.L. Chapman, and P. Midya. Dynamic maximum power point tracking of photovoltaic arrays using ripple correlation control. *IEEE Transactions on Power Electronics*, 21(5):1282–1291, 2006.
30. J.W. Kimball and P.T. Krein. Discrete-time ripple correlation control for maximum power point tracking. *IEEE Transactions on Power Electronics*, 23(5):2353–2362, 2008.
31. K.H. Hussein, I. Muta, T. Hoshino, and M. Osakada. Maximum photovoltaic power tracking: An algorithm for rapidly changing atmospheric conditions. *IEE Proceedings of Generation, Transmission and Distribution*, 142(1):59–64, 1995.
32. F. Liu, S. Duan, F. Liu, B. Liu, and Y. Kang. A variable step size INC MPPT method for PV systems. *IEEE Transactions on Industrial Electronics*, 55(7):2622–2628, 2008.
33. Q. Mei, M. Shan, L. Liu, and J.M. Guerrero. A novel improved variable step-size incremental-resistance MPPT method for PV systems. *IEEE Transactions on Industrial Electronics*, 58(6):2427–2434, 2011.
34. D. Shmilovitz. On the control of photovoltaic maximum power point tracker via output parameters. *IEE Proceedings of Electric Power Applications*, 152(2):239–248, 2005.
35. L. Egiziano, N. Femia, G. Lisi, G. Petrone, G. Spagnuolo, and M. Vitelli. Design and optimization of a maximum power point tracking controller for a PV battery charger. In *IEEE International Symposium on Industrial Electronics, 2007 (ISIE 2007)*, June 2007, pp. 2426–2431.
36. N. Femia, G. Petrone, G. Spagnuolo, and M. Vitelli. A new analog MPPT technique: TEODI. *Progress in Photovoltaics: Research and Applications*, 18(1):28–41, 2010.
37. G. Petrone, G. Spagnuolo, and M. Vitelli. TEODI: A new technique for distributed maximum power point tracking PV applications. In *2010 IEEE International Conference on Industrial Technology (ICIT)*, March 2010, pp. 982–987.
38. G. Petrone, G. Spagnuolo, and M. Vitelli. TEODI: PV MPPT based on the equalization of the output operating points in correspondence of the forced displacement of the input operating points. In *2010 IEEE International Symposium on Industrial Electronics (ISIE)*, July 2010, pp. 3463–3468.
39. N. Femia, G. Lisi, G. Petrone, G. Spagnuolo, and M. Vitelli. Distributed maximum power point tracking of photovoltaic arrays: Novel approach and system analysis. *IEEE Transactions on Industrial Electronics*, 55(7):2610–2621, 2008.
40. B. Bletterie, R. Bruendlinger, and S. Spielauer. Quantifying dynamic MPPT performance under realistic conditions first test results—The way forward. In *Proceedings of 21st European Photovoltaic Solar Energy Conference and Exhibition*, 2006, pp. 2347–2351.
41. T. Andrejasic, M. Jankovec, and M. Topic. Comparison of direct maximum power point tracking algorithms using en 50530 dynamic test procedure. *IET Renewable Power Generation*, 5(4):281–286, 2011.

第 3 章　MPPT 效率：降低噪声源的方法

3.1　单相应用的低频干扰

光伏系统并网应用时需要能将光伏单元产生的直流功率转换为交流功率的变换装置，为满足交流侧 110/230V 的额定电压需配置 DC/AC 变换器。从可靠性和效率角度来说，单级功率系统是最好的选择。在一些商用解决方案中，尤其是用户逆变器厂家（如福尼斯和 SMA）都是基于图 3.1 的拓扑结构。该结构仅采用一个受控脉宽调制器（PWM）获取光伏组件的最大功率，其产生的标准正弦波电流可注入电网或带有储能的独立交流系统中。

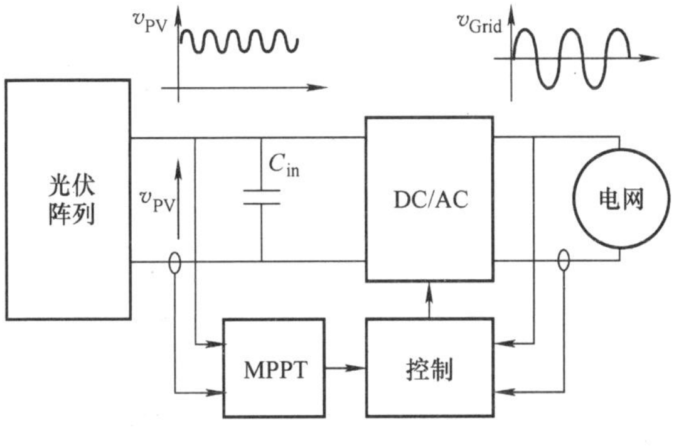

图 3.1　单级、单相光伏逆变器

由于逆变电路固有的降压特性，采用单级逆变器时要求光伏电压高于交流电压的峰值，所以该方案不适合低功率等级的光伏应用系统（如微型逆变器）。

双级或多级解决方案采用 DC/DC 变换器与 DC/AC 变换器级联的方式，并在 DC/DC 变换器中执行 MPPT 操作以实现对光伏电源的控制。其系统结构如图 3.2 所示，其中处于两级变换器之间的母线电容，起着缓冲的作用。

母线电容用来平衡 DC/DC 级发出的光伏功率和 DC/AC 级吸收的交流功率。两级系统中，交流功率包含两倍于交流电网频率的正弦分量，即 100Hz 或 120Hz，这一点与直流功率有所区别，如图 3.2 和图 3.3 所示。假设电容电流用下式表示。

则可计算出由于 AC 功率分量引起的母线电容的电压振荡幅值。

$$i_b(t) = I_b\cos(2\omega_{grid}t) \tag{3.1}$$

其中 ω_{grid} 是电网频率。母线电容电压的交流分量为

$$\hat{v}_b(t) = \frac{I_b}{C_b}\int_{T_{grid}}\cos(2\omega_{grid}t)\,dt = \frac{I_b}{2\omega_{grid}C_b}\sin(2\omega_{grid}t) \tag{3.2}$$

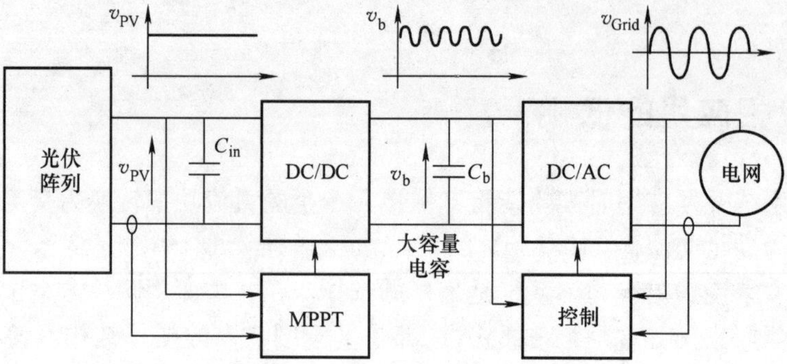

图 3.2 双级、单相光伏逆变器

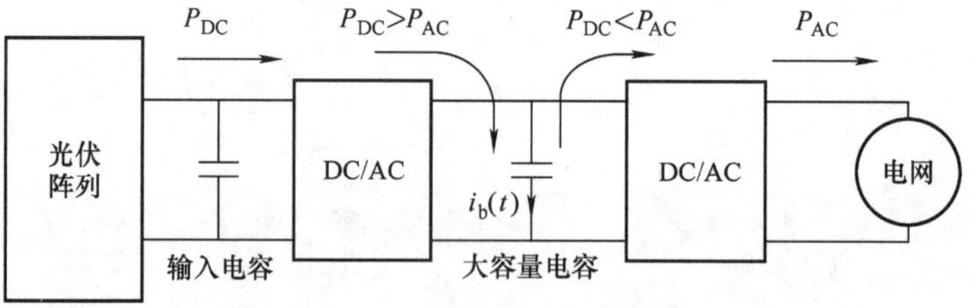

图 3.3 母线电容的作用

频率为 $2\omega_{grid}$ 的电压振荡的峰值为

$$V_b = \frac{P_{PV}}{2\omega_{grid}C_bV_b} \tag{3.3}$$

假设光伏功率为 $P_{PV}=V_bI_b$。式（3.3）表明一天内的电压幅值并不是恒定不变的，因为它取决于由辐照度影响的瞬时光伏功率大小。

母线电容的电压振荡对功率转换系统的直流和交流部分都会产生影响，所以大容量的电解电容通常用于直流环节。事实上，如式（3.3）所示，电容容量越大，电压波动幅值越小。然而，由于电容运行时的温度影响其寿命，大容量电解电容是变换环节的软肋。光伏逆变器制造商应尽可能确保母线电容的工作温度接近电容制造商数千小时的测试温度，从而可增加平均无故障时间。

母线电容值的减小使薄膜电容器取代电解电容器成为可能，但同时也会增大如式（3.2）给出的低频振荡，进而影响变换器输出端的电流质量。为降低上述影响需采用合理的控制算法。

振荡也会经过 DC/DC 变换器传递至光伏组件侧，从而影响到 DC/DC 变换器的 MPPT 控制效果。通过非线性电流与电压特性的简化表达式可求出式（3.3）中振幅和 MPPT 效率之间的关系[1]。忽略光伏阵列模型中串联或并联的电阻，得到下列光伏最大功率点电流和其偏导值：

$$I_{MPP} = I_{ph} - I_0\left(e^{\frac{V_{MPP}}{\eta V_T n_s}} - 1\right) \tag{3.4}$$

$$\frac{\partial I_{MPP}}{\partial V_{MPP}} = -\frac{I_0}{\eta V_T n_s}e^{\frac{V_{MPP}}{\eta V_T n_s}} \tag{3.5}$$

$$\frac{\partial^2 I_{MPP}}{\partial V_{MPP}^2} = -\frac{I_0}{(\eta V_T n_s)^2}e^{\frac{V_{MPP}}{\eta V_T n_s}} \tag{3.6}$$

上述公式可通过二阶泰勒级数获得最大功率点光伏电流－电压曲线。二阶泰勒级数表达式为

$$i_{PV} = I_{MPP} + \frac{\partial I_{MPP}}{\partial V_{MPP}}(v_{PV} - V_{MPP}) + \frac{\partial^2 I_{MPP}}{\partial V_{MPP}^2}(v_{PV} - V_{MPP})^2 \tag{3.7}$$

即

$$i_{PV} = \gamma + \beta v_{PV} + \alpha v_{PV}^2 \tag{3.8}$$

其中

$$\gamma = I_{MPP} - V_{MPP}\frac{\partial I_{MPP}}{\partial V_{MPP}} + \frac{1}{2}\frac{\partial^2 I_{MPP}}{\partial V_{MPP}^2}V_{MPP}^2 \tag{3.9}$$

$$\beta = \frac{\partial I_{MPP}}{\partial V_{MPP}} - V_{MPP}\frac{\partial^2 I_{MPP}}{\partial V_{MPP}^2} \tag{3.10}$$

$$\alpha = \frac{1}{2}\frac{\partial^2 I_{MPP}}{\partial V_{MPP}^2} \tag{3.11}$$

母线电容电压振荡会引起最大功率点处的光伏电压振荡，如果 $M(D) = V_b/V_{PV}$ 是 DC/DC 变换器的电压转换比，那么 $\Delta V_{PV} = \Delta V_b/M(D)$。光伏电压给定为

$$v_{PV}(t) = V_{MPP} + \hat{v}(t) = V_{MPP} + \Delta V_{PV}\sin(2\omega_{grid}t) \tag{3.12}$$

计算出瞬时功率及一个电网电压周期的平均功率值：

$$\begin{aligned} p_{PV}(t) &= v_{PV}(t)i_{PV}(t) \\ &= \gamma[V_{MPP} + \hat{v}(t)] + \beta[V_{MPP} + \hat{v}(t)]^2 + \alpha[V_{MPP} + \hat{v}(t)]^3 \end{aligned}$$

$$\begin{aligned} P &= \frac{1}{T_{grid}}\int_{T_{grid}} p(t)\,dt \\ &= \gamma V_{MPP} + \beta V_{MPP}^2 + \alpha V_{MPP}^3 + \frac{3\alpha V_{MPP} + \beta}{2}\Delta V_{PV}^2 \\ &= P_{MPP} + \frac{3\alpha V_{MPP} + \beta}{2}\Delta V_{PV}^2 \end{aligned} \tag{3.13}$$

式（3.13）可用于计算MPPT效率，该效率表达式是母线电压波动幅值的一个函数：

$$\eta_{\mathrm{MPPT}} = \frac{P}{P_{\mathrm{MPP}}} = 1 + \frac{3\alpha V_{\mathrm{MPP}} + \beta}{2P_{\mathrm{MPP}}M^2(D)}\Delta V_{\mathrm{b}}^2 \tag{3.14}$$

由所需的MPPT效率可计算出电压波动幅值，如下式：

$$\Delta V_{\mathrm{b}} = M(D)\sqrt{\frac{2P_{\mathrm{MPP}}(\eta_{\mathrm{MPPT}} - 1)}{3\alpha V_{\mathrm{MPP}} + \beta}} \tag{3.15}$$

式（3.14）表明MPPT效率和电压波动幅值成反比。必须指出α和β为负值，因此在式（3.13）~式（3.15）出现的$3\alpha V_{\mathrm{MPP}}+\beta$也是负值。

式（3.15）给出了MPPT效率最小时，电压波动幅值需满足的约束条件。式（3.15）给出的ΔV_{b}值可用于式（3.3）计算C_{b}值。式（3.15）表明当$M(D)>1$时，升压型DC/DC变换器可使用较小的电容获得相应的MPPT效率，$M(D)$越大，MPPT效率也越高。

前面的讨论突出了单级光伏变换器拓扑的缺点，尤其是含一个储能元件的单级结构，即光伏输出只有一个电解电容。通过使用更多的滤波元件可减少电容值，但这也将使光伏电压波动幅值增加，进而降低MPPT效率。相反，式（3.14）和式（3.15）中$M(D)$表明使用额外的DC/DC变换器有利于减少DC环节波动的影响，且不仅仅适用于母线电压振荡频率，同样还适用于更高的频率范围。

本章参考文献［2］和下节描述了使用DC/DC变换器作为有源滤波器的控制策略，本章参考文献［3］介绍了一些其他方法。在特定情况下，这些方法也可应用于燃料电池中。燃料电池是电化学系统，能通过催化剂作用和阴极氧化作用将化学能（比如氢或甲烷）转换为电能。和光伏系统类似，燃料电池是低压设备，在几千瓦的功率范围内能够提供数百安培的直流电流。从MPPT效率角度来说，任意扰动对光伏电流的影响都可看作对输出功率的影响，而燃料电池中的电流纹波可严重影响燃料消耗和燃料电池的寿命[4]。换句话说，光伏系统中纹波的存在降低了MPPT效率，在燃料电池系统中为维持电池堆功能，电流纹波必须保持低于平均值的10%。为了进一步区分光伏系统和燃料电池系统，必须指出纹波频率对两种系统的影响。在光伏系统中，任何频率下的振荡对MPPT效率影响都是不利的。在燃料电池应用中，由于开关变换器引起的高频纹波容易被并联在电池堆输出端的小电容滤除，而100/120Hz的低频部分不能有效过滤，其作用在燃料电池膜上产生的压力对电池堆寿命有很大的影响。

本章参考文献［5］指出，通过双反馈环控制DC/DC变换器可补偿由全桥逆变器引起的100/120Hz的谐波分量。与DC/DC变换器级联，从而形成一个传统的双级功率处理系统，使燃料电池产生的功率注入到电网中。因为两个动态环之间的交互对衰减能力有很深的影响，本章参考文献［5］提出的方法需要特殊设计的控制器。如果截止频率接近电网频率，可以通过外部控制环注入低频扰动。

本章参考文献［6］提出了一种零脉动滤波器（ZRF）。ZRF 中较高的 FC 电流大大增加了系统的传导损耗，所以建议实际系统中采用包含 4 个 ZRF 的组合，以降低拓扑结构和控制策略的复杂度。本章参考文献［7］提出一种称为 pulse - link 的 DC/AC 变换器拓扑。在 DC/DC 和 DC/AC 间串联电感和电容，增加了功率处理系统中元件的数目和复杂性。本章参考文献［8］提出一种类似的方法，通过使用中间抽头隔离变压器在 DC/DC 变换器接入有源滤波器。本章参考文献［9］提出一种基于前馈控制的方法，该方法要求在两倍电网频率时，使用锁相环（PLL）电路实现对畸变正弦波形的准确锁相。和其他前馈方法一样，该技术无法有效解决模型不确定及干扰问题。本章参考文献［9］所提方法的另一个缺陷是衰减只能在两倍于电网频率时才能获得。在实际系统中，交流连接处的 100/120Hz 干扰是主要因素，同时其非线性环节也会产生额外的谐波。

本章参考文献［10］也采用前馈技术，详细数字实现细节见本章参考文献［11］。假设 DC/DC 变换器一直运行在电流连续模式下，电压变换比公式可用于实时计算校正占空比的值，以补偿 DC/DC 变换器输出电压的波动和保持输入电压的恒定。这种校正发生在直流侧含两倍电网频率波动时，将补偿值叠加于 MPPT 控制环输出的占空比数值。但该技术的应用前提是电压转换比在系统运行期间保持不变。然而，在日出和日落等低辐照度情况下，基于传统的升压、降压或升/降压拓扑以及使用二极管整流的 DC/DC 变换器，此时会接近甚至处于不连续导电模式。在这种情况下，文献所述方法给出的是一个错误的扰动补偿，当检测到电流处于不连续运行模式时，需使用正确的公式预测占空比幅度并加以补偿。

对变换器采用闭环控制取代开环控制是减少噪声对 MPPT 效率影响的有效方法。下节将介绍适用于 P&O 技术的相关方法。

3.1.1　适用于闭环开关变换器的扰动观察法

2.4.2 节给出了 T_p 和 Δx 参数的设置方法。为了解释该基本概念，假设 Δx 是所采用系统中唯一的影响因素。上述假设是理想情况，除了光伏充电器之外，电池近似为恒定电压源。

本节将介绍在反馈补偿开关器上使用 P&O 算法的优势，结构如图 2.6 所示。该方法特别适合变换器输出端存在噪声的光伏系统。下面将分析 P&O 算法在反馈补偿系统中的优点，并通过实例介绍如何将 P&O 算法设计应用于闭环变换器。

如图 3.4 所示通过输入 - 输出传递函数 $G_{vp,vo}(s)$ 描述噪声对光伏电压的影响。该方案中变换器传递函数取决于所选择的 MPPT 控制器的结构。

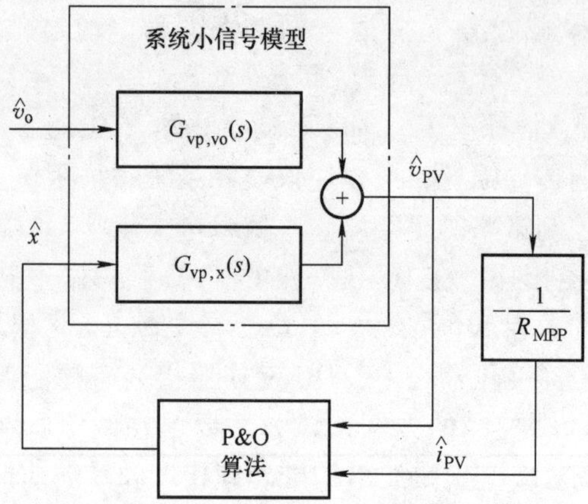

图 3.4　输出电压噪声对光伏电压的影响

P&O 扰动量$\hat{x}$和输出电压噪声$\hat{v}_o$ 都会对光伏电压产生影响。ΔV_{PV} 最大估算值为

$$V_{PV} = |G_o x| + |G_{vp,vo}(\omega)\Delta V_o| \tag{3.16}$$

其中第一个子式在式（2.33）中已有介绍，表示 P&O 影响效果，$G_{vp,vo}(\omega)$ 是输入 - 输出传递函数在噪声频率 ω 时估测的值，ΔV_o 是输出电压噪声（V_o）的幅值。式（3.16）中引入绝对值，是由于两个电压变量的正负不相关导致无法提前预测，使用绝对值数值可确保将 ΔV_{PV} 变量的最差情况考虑在内。因此，代入式（3.16）至式（2.32）可得

$$\Delta P_{PV} \simeq -\left(HV_{MPP} + \frac{1}{R_{MPP}}\right)\cdot(|G_o\Delta x| + |G_{vp,vo}(\omega)\Delta V_o|)^2 + V_{MPP}K_{ph}\Delta G \tag{3.17}$$

其中变量的含义和 2.4.2 节相同。

如 2.4.2 节所述，为了避免 P&O 受附加噪声$\hat{v}_o$ 影响而产生波动，由扰动量 Δx 产生的光伏功率必须高于其他光伏功率变量之和。在这种情况下，P&O 步长幅值必须满足下列不等式：

$$\Delta x > \frac{1}{|G_o|}\sqrt{\frac{V_{MPP}K_{ph}|\dot{G}|T_p}{\left(HV_{MPP} + \frac{1}{R_{MPP}}\right)}} + \frac{|G_{vp,vo}(\omega)|}{|G_o|}\Delta V_o \tag{3.18}$$

可简化为

$$\Delta x > \Delta x_{\dot{G}} + \Delta x_{\Delta v_o} \tag{3.19}$$

式中，$\Delta x_{\dot{G}}$是补偿辐照度变化所需的步长幅值；$\Delta x_{\Delta v_o}$是补偿输出噪声所需的步长幅值。根据式（3.16）的假设，式（3.19）考虑了 Δx 评估的最差情况。值得注

意的是，即使在恒定辐照度（$\Delta x_{\dot{G}}=0$）时，占空比扰动步长足够大时才可以消除变换器输出端振荡的不利影响。

在稳态环境条件下，将 Δx 保持在尽可能小的一个值以限制最大功率点附近光伏阵列的振荡幅值来提高 MPPT 效率。采用具有合适的带宽 B 的网络补偿可减少 $\Delta x_{\Delta v_o}$，并在噪声频率低于 B 值时仍能消除光伏阵列电压振荡。

采样光伏电压 v_{PV}，并与 MPPT 控制器的输出信号进行比较。如图 2.6b 所示，输出信号主要用于影响闭环 DC/DC 变换器的电压参考值。图 3.5 显示了相应的小信号模型，它包含了图 3.4 中的各功率等级和光伏电压补偿的小信号模型。

考虑合适的相位裕量和约束条件，设计传递函数 $G_c(s)$ 使闭环系统稳定。该约束条件为变换器输出电压和光伏阵列电压之间的闭环传递函数 $W_{vp,vo}(s)$，当噪声频率被抑制时其值很小。由图 3.5 中可获得 $W_{vp,vo}(s)$ 的表达式为

$$W_{vp,vo}(s)=\frac{\hat{v}_{PV}(s)}{\hat{v}_o(s)}=\frac{G_{vp,vo}(s)}{1+T_c(s)} \tag{3.20}$$

其中 $T_c(s)=G_{vp,d}(s)G_{PWM}H_vC_c(s)$ 是系统的环路增益，H_v 是光伏电压传感器的增益，G_{PWM} 是 PWM 调制器的增益，如图 3.5 所示。

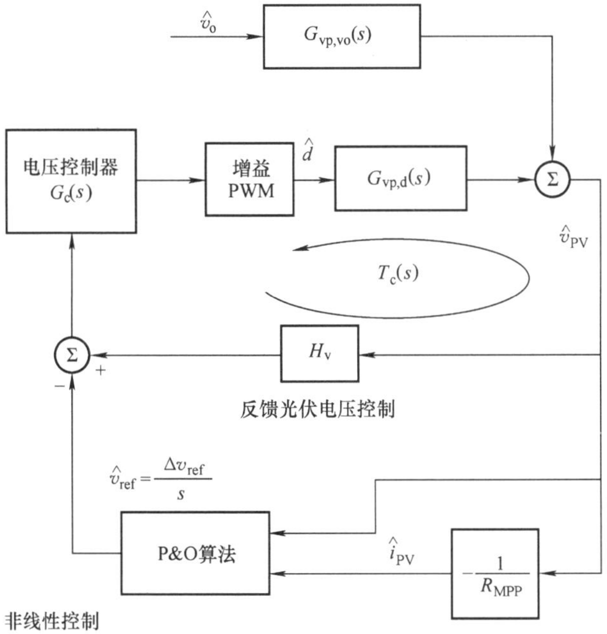

图 3.5 光伏电压补偿网络的小信号模型

$\hat{v}_{PV}(s)$ 和 $\hat{v}_{ref}(s)$ 之间的闭环传递函数 $W_{vp,v_{ref}}(s)$ 为

$$W_{vp,v_{ref}}(s)=\frac{\hat{v}_{PV}(s)}{\hat{v}_{ref}(s)}=\frac{1}{H_v}\frac{T_c(s)}{1+T_c(s)}\simeq\frac{1}{H_v} \tag{3.21}$$

只有当 $T_c(s) >> 1$ 成立时，式（3.21）的近似等效才成立。这个表达式适用于抑制噪声频谱在带宽 B 范围内。

对于 MPPT 算法，闭环传递函数（3.20）和（3.21）与图 3.4 显示的开环系统 $G_{vp,vo}(s)$和 $G_{vp,x}(s)$有相同的作用。则可以利用前面的讨论结果直接设置正确的 P&O 参数值。通过分析$\hat{p}(t)=-\hat{v}_{PV}^2/R_{MPP}$的特性及利用式(3.21)可以确定扰动周期 T_p取值，并计算小步长扰动$\hat{v}_{ref}(t)$的响应值$\hat{v}_{PV}(t)$。Δv_{ref}的幅值表示为

$$\Delta v_{ref} > \Delta v_{ref,\dot{G}} > \Delta v_{ref,\Delta V_o} \tag{3.22}$$

也就是

$$\Delta v_{ref} > H_v\sqrt{\frac{V_{MPP}K_{ph}\,|\dot{G}|\,T_p}{\left(HV_{MPP}+\dfrac{1}{R_{MPP}}\right)}}+H_v\,|W_{vp,vo}(\omega)|\,\Delta V_o \tag{3.23}$$

通过减少$|W_{vp,vo}(\omega)|$的值可以最小化 ΔV_o 的影响。本章参考文献［2］给出了更多光伏应用时电压补偿变换器的优点。

3.1.2　闭环升压变换器中的扰动观察法设计实例

图 3.6 和图 2.12 电路相同，但前者的变换器输出端设计有 100Hz 电压振荡，以及补偿网络 $G_c(s)$。

根据图 2.13 显示的小信号模型可确定传递函数 $G_{vp,vo}(s)$为

$$G_{vp,vo}(s)=\frac{\mu\omega_n^2\left(1+\dfrac{s}{\omega_z}\right)}{s^2+2\zeta\omega_n s+\omega_n^2} \tag{3.24}$$

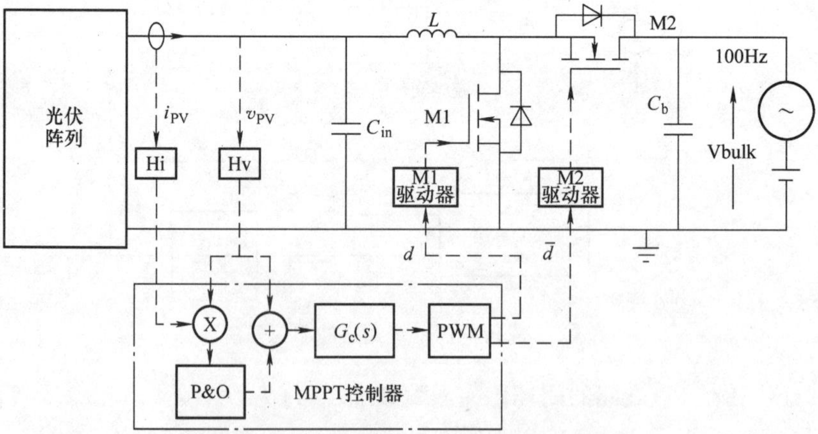

图 3.6　含有升压变换器的光伏电池充电器

其中 $\mu = 1 - D$，其他系数在式（2.39）和式（2.40）给定。

线性补偿网络设计基于动态补偿参数：由给定的穿越频率和系统环路增益的相位裕量，很容易确定 $G_c(s)$ 中的参数值[12]。为了使穿越频率低于 $f_{sw}/10$，相角 $\phi_m > 35°$，需要使用 PID 补偿器：

$$G_c(s) = k\frac{(s+\omega_{z1})(s+\omega_{z2})}{s(s+\omega_{p1})(s+\omega_{p2})} \tag{3.25}$$

表 2.1 中列出的数据使 $G_c(s)$ 中参数为下列值：$G_c(s)$：$k = -6\times10^6$，$\omega_{z1} = 2\times10^4\text{rad/s}\,\omega_{z2} = 2.5\times10^4\text{rad/s}$，$\omega_{p1} = 3\times10^5\text{rad/s}$，$\omega_{p2} = 4.5\times10^5\text{rad/s}$。由这些值可得开环传递函数穿越频率 $f_c \simeq 17\text{kHz}$ 和相位角 $\phi_m \simeq 40°$。

传递函数 $G_{vp,d}(s)$ 取决于式（2.38）分母中的参数 R_{MPP} 值与辐照度 G。特别的，ζ 值和 $T_c(s)$ 的动态参数（f_c，ϕ_m）值设计时必须考虑最差情况。图 3.7 显示了在低辐照度 $G = 100\text{W/m}^2$ 下和高辐照程度 $G = 1000\text{W/m}^2$ 下变换器的环路增益 $T_c(s) = G_c(s)G_{PWM}G_{vp,d}(s)$。假设 $H_v = 1$。

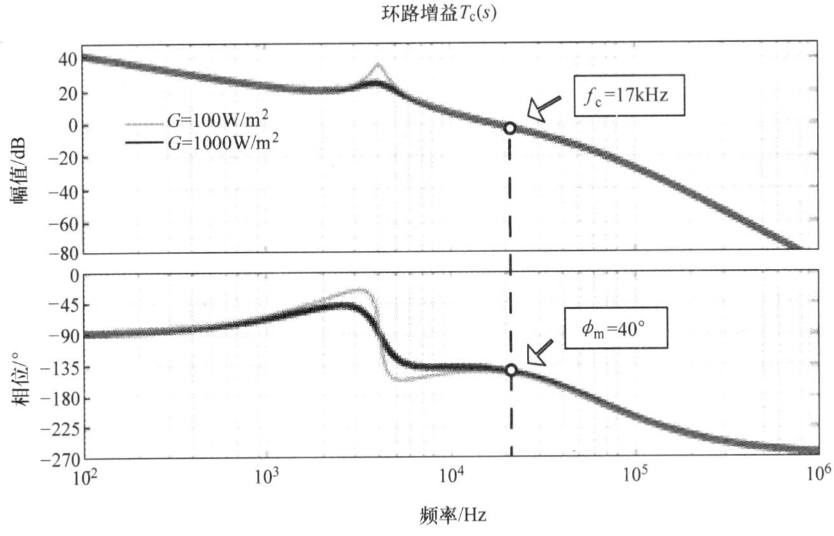

图 3.7　为变换器环路增益的伯德图

伯德图表明在任何工作条件下补偿系统的变化几乎一致。

MPPT 控制器参数 T_p 的最优值和 $\Delta x = \Delta v_{ref}$ 设计如下。如图 3.8 所示考虑式（2.22）和估算补偿闭环传递函数 $W_{vp,vref}(s)$ 的阶跃响应可得到 T_p 的设计方法，该图也显示了开环传递函数 $G_{vp,d}(s)$ 的阶跃响应。两个传递函数都是在 $G = 100\text{W/m}^2$ 的最差情况下进行测量的。反馈回路对速度和闭环系统阻尼非常有利，可取 $T_p = 0.5\text{ms}$，该值为采用同样升压变换器的开环回路的 T_p 取值的 1/5。

由式（3.23）可求得阶跃扰动量 Δv_{ref}。$v_{ref,\dot{G}}$ 与辐照度相关且可以利用上例

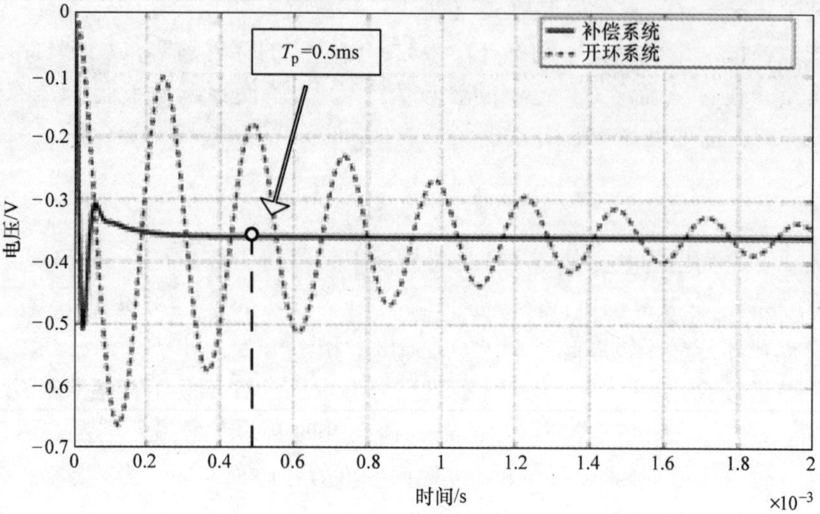

图 3.8 光伏系统在低辐照程度 $G=100\mathrm{W/m^2}$ 时阶跃响应
（实线代表闭环传递函数 $W_{vp,x}(s)$ 阶跃响应，
虚线代表开环传递函数 $G_{vp,x}(s)$ 阶跃响应）

中光伏参数值计算，也就是：$R_{MPP}|_{G=100}\simeq 11\Omega$，$H|_{G=100}=0.0836\mathrm{A/V^2}$，$K_{plt}=8\mathrm{mA\cdot m^2}$。补偿辐照度变量 $\dot{G}=100\mathrm{W/m^2/s}$ 对应的步长幅值为 $v_{ref,\dot{G}}=0.0646\mathrm{V}$。

关于式（3.22）右边的参数 $v_{ref,\Delta V_o}$，在噪声为 100Hz 时假定 $\Delta V_o=3\mathrm{V}$，母线电压直流分量固定为 12V。

噪声频率 $|W_{vp,vo}(\omega)|$ 的值可以从图 3.9 的伯德图中推算出来。$f=100\mathrm{Hz}$ 时，系统衰减为 50dB，对应 $|W_{vp,vo}|=0.0032$，所以补偿噪声所需的步长幅值为 $v_{ref,\Delta v_o}=|W_{vp,vo}|\cdot\Delta V_o=0.0095\mathrm{V}$。

最后，根据式（3.22）可知必须选取 $\Delta v_{ref}>0.0741\mathrm{V}$，在该仿真中选取 $\Delta v_{ref}=100\mathrm{mV}$。

对比 $v_{ref,\dot{G}}$ 和 $v_{ref,\Delta V_o}$ 可得出在反馈补偿系统中第二级作用可以忽略不计。

图 3.9 中传输函数 $G_{vp,vo}(s)$ 伯德图显示了在 2.4.3 节中分析的 100Hz 噪声时的 Δd 修正方案。在 100Hz 时衰减为 8dB，相应会有 $|G_{vp,vo}|=0.4$。

设置最小值 $T_p=2.5\mathrm{ms}$，应用式（2.36）求出新的 Δd。$d_{\dot{G}}=0.012$ 来源于 2.4.3 节的分析结果，噪声相关参数为 $d_{\Delta V_o}=0.1$。后者数值表明 2.4.3 节提出的配置不能用于 100Hz 噪声的系统中，因为它需要的扰动步长太大，而该扰动在实际中不可行。

图 3.6 所示电路在以下两种辐照度下进行了模拟仿真：$t<25\mathrm{ms}$ 时 $G=100\mathrm{W/m^2}$，$t>30\mathrm{ms}$ 时 $G=100\mathrm{W/m^2}$。图 3.10 显示了光伏电压是 P&O 控制器给

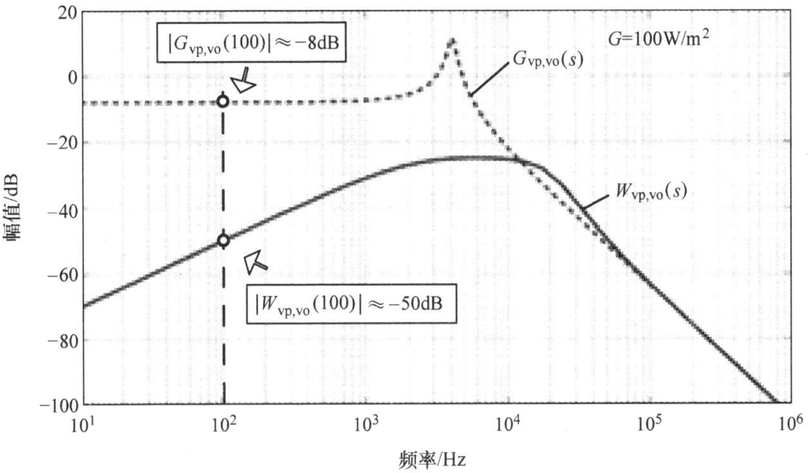

图 3.9　输入 - 输出传递函数的伯德图

定参考电压的函数。如 2.4.3 节描述，MPPT 算法在两种固定辐照度条件下，在最大功率点附近强制引入三级振荡因子。瞬时辐照度变化主要在于 MPPT 算法根据不同光伏特性来调整最大功率点工作电压。

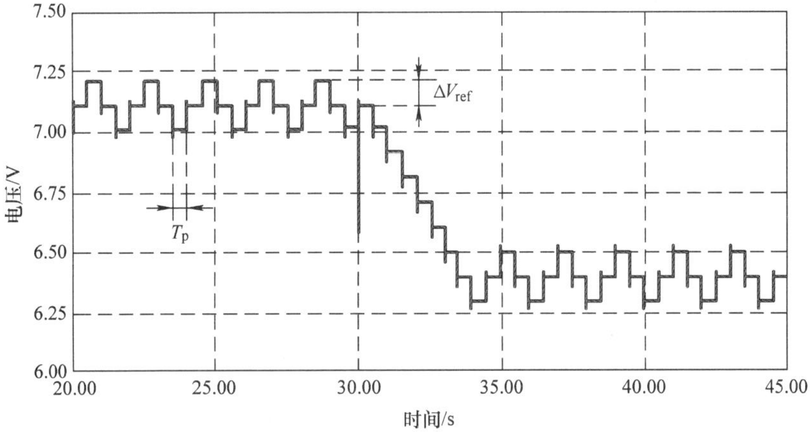

图 3.10　光伏系统稳态运行条件

为了彰显补偿网络的作用，我们将提出的闭环系统与 2.4.3 节设计的开环系统进行比较。两个变换器系统的输出电压都增加了幅值为 $\Delta V_o=3V$，频率为 100Hz 的振荡电压。图 3.11 显示了该振荡值对光伏电压的影响。加入 100Hz 振荡后闭环系统光伏电压变化并不明显，而开环系统将受到两个因素的影响，第一个是变换器抑制能力较差，几乎把整个过程的输出振荡传送到光伏输出端。第二个是 P&O 算法的错误表现：占空比被更新为非三阶序列，如图 3. 11b 所示。最后，如图 3. 12 所示，光伏电源闭环系统产生的功率非常接近于最大值。

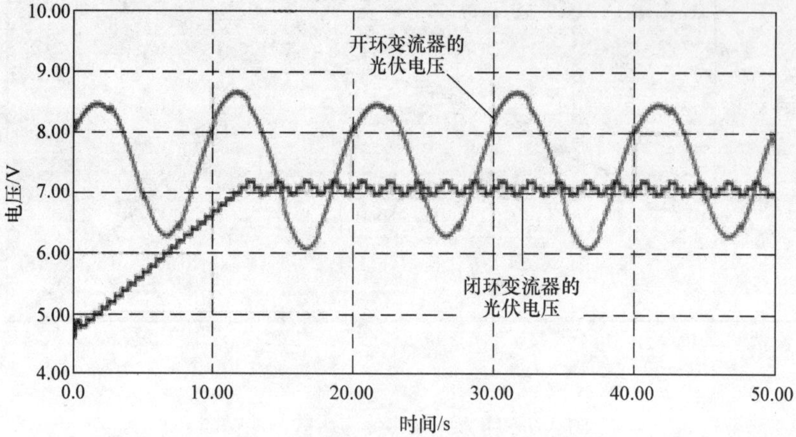

a) 闭环系统和开环系统的光伏电压曲线

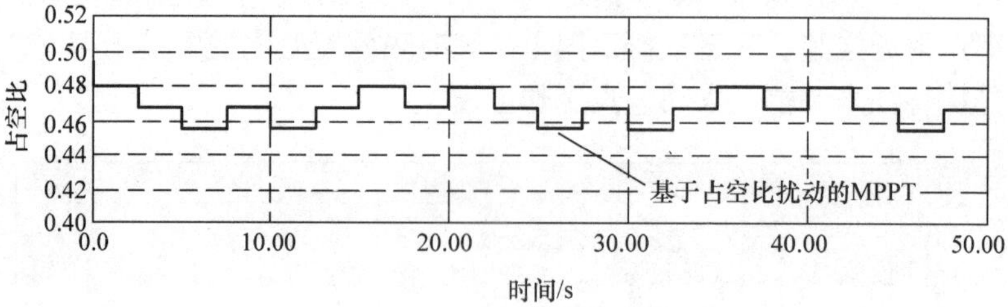

b) 作用于开环系统的P&O算法输出特性

图 3. 11　辐照度 $G=100\mathrm{W/m^2}$ 下稳态工作条件

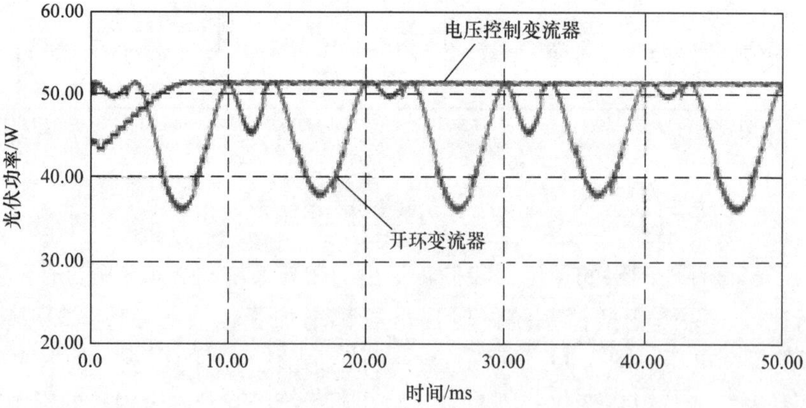

图 3. 12　恒定辐照度 $G=1000\mathrm{W/m^2}$ 下光伏系统瞬时功率

此外，闭环系统的噪声抑制能力并不仅仅限于 100Hz，它在低于穿越频率的整个频率范围内都有效。如图 3.9 所示，$W_{vp,vo}(s)$ 常常远低于 0dB。相反，开环系统 $G_{vp,vo}(s)$ 在某些情况下甚至可能超过 0dB，从而放大变流器输出噪声，对光伏功率输出与 MPPT 运行稳定性产生不利影响。

3.2 电流的 MPPT 算法的不稳定性

文献和商用产品中大部分 MPPT 算法是基于电压型反馈控制，或至少是控制环的组合，其最终目标是实现光伏电压调节。事实上，光伏电压与辐照度之间对数关系的存在使基于光伏电压调节的 MPPT 算法对辐照度变化并不敏感[13]。另一方面，光伏电流与辐照度的线性关系对基于快速电流调节的 MPPT 的作用非常明显，但是辐照度的下降将导致基于光伏电流直接调节控制的失效。光伏电流调节器的基本原理如图 3.13 所示：从 MPPT 控制的角度而言，它是图 2.6b 的双重配置。

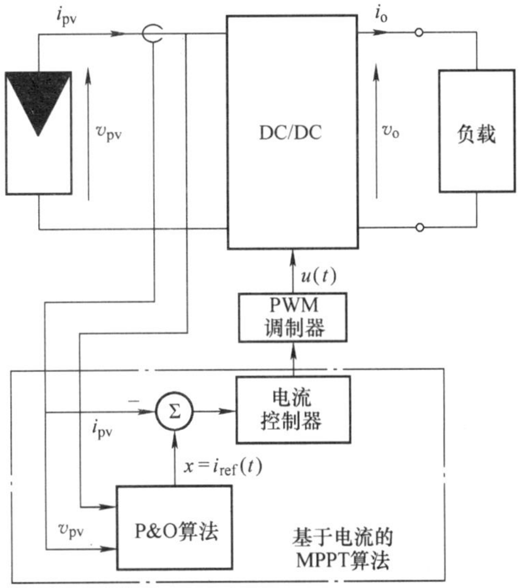

图 3.13 基于电流的 MPPT 控制框图

辐照度下降时，基于电压和基于电流的 MPPT 算法鲁棒性差异如图 3.14 和图 3.15 所示。

前者显示了在 3 种不同辐照度水平下的 $I-V$ 和 $P-V$ 曲线。基于电压的 MPPT 控制器通过 $v_{ref}=V_{MPP(G_2)}$ 确定其在给定辐照度下的最佳工作条件（图 3.14 中带星形标记的点）。参考电压恒定时，辐照度变化为($\Delta G=\pm100W/m^2$)，新的稳态光伏工作点为垂线 $v_{ref}=V_{MPP(G_2)}$ 与新的 $I-V$ 和 $P-V$ 曲线的交点。图 3.14 表明，无论辐照度变大或变小，新的工作点都接近于新的最大功率点。这意味着如果 MPPT 算法不能瞬时改变 v_{ref}，MPPT 效率则会发生改变，但系统仍为可控状态。

坐标反转后，3 个不同辐照度下光伏电压和光伏功率与光伏电流的 $I-V$ 和 $P-V$ 曲线如图 3.15 所示。如图 3.15 所示，参考电流为 $i_{ref}=I_{MPP(G_2)}$ 时，星形标记的最佳工作点与相同辐照度下基于电流控制的最佳工作点一致。其中 $I_{MPP(G_2)}$ 为辐照度为 G_2 时最大功率点的光伏输出电流值。在该参考电流下，辐照度变化

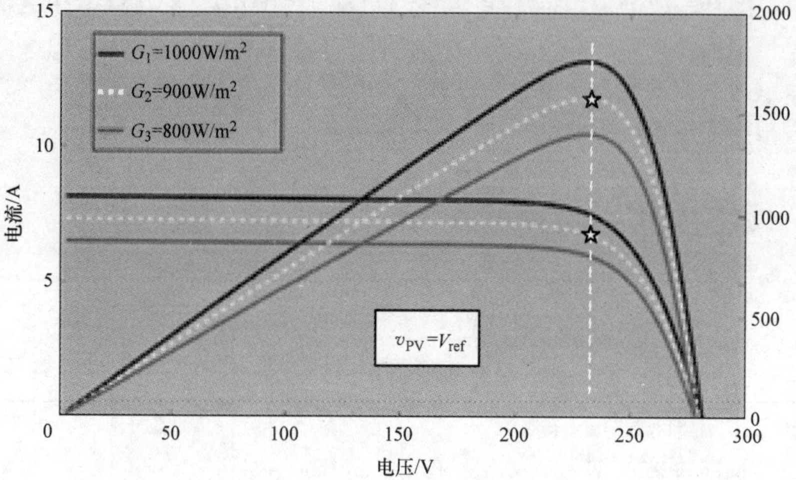

图 3.14　不同辐照度下基于电压的 MPPT $P-V$ 和 $I-V$ 曲线

时，工作点垂直移动。图 3.15 显示辐照度增加时，工作点远离新的最大功率点，不影响系统稳定性。事实上，光伏系统工作电压略微增加，电流恒定为 i_{ref}。辐照度下降会引起的异常情况，在这种情况下基于电流的控制可能引起系统不稳定，因为辐照度为 G_3 的 $P-I$ 曲线处于 $i_{ref}=I_{MPP(G_2)}$ 垂直线的左侧，其唯一可能的工作点为零电压位置。避免电压下降的唯一方法是采用支持 i_{ref} 快速变化的 MPPT 控制器。

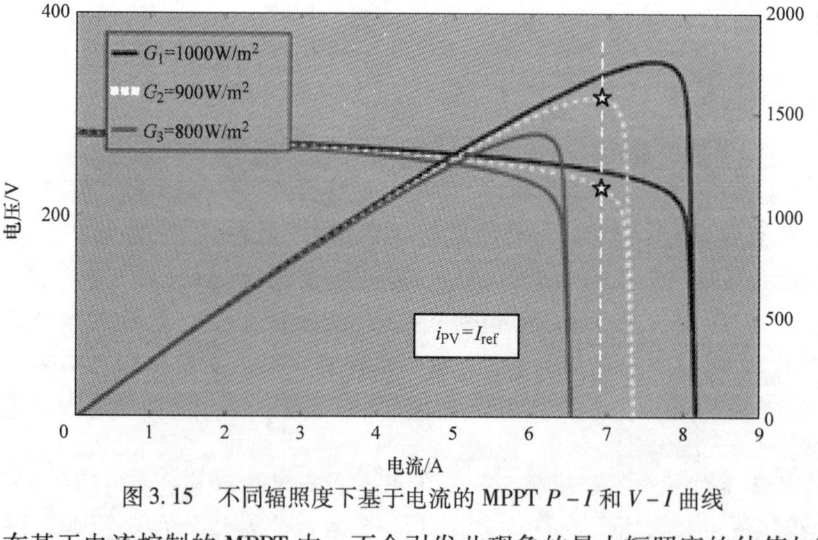

图 3.15　不同辐照度下基于电流的 MPPT $P-I$ 和 $V-I$ 曲线

在基于电流控制的 MPPT 中，不会引发此现象的最大辐照度的估值如下。当辐照度 G_1 时最佳工作条件为 $i_{ref}=I_{MPP(G_1)}$，根据 $i_{ref}=I_{MPP(G_1)}=I_{sc(G_2)}$，给定最小

容许辐照度 G_2，其中 $I_{sc(G_2)}$ 是辐照度为 G_2 时的光伏短路电流。

短路电流 I_{sc} 和光伏电池辐照度关系为 $I_{sc(G)}=K_{ph}G$。在不同辐照度下，最大功率点光伏电流和短路电流比值几乎不变。本章参考文献［13，14］表明

$$\frac{I_{MPP(G)}}{I_{sc(G)}} \simeq \alpha \qquad \forall G \in [0, 1000] \tag{3.26}$$

其中 α 值位于区间［0.85～0.95］。假设

$$I_{MPP(G_1)} = i_{ref} = I_{sc(G_2)} \tag{3.27}$$

$$\alpha K_{ph} G_1 = i_{ref} = K_{pk} G_2 \tag{3.28}$$

从辐照度变量角度重新定义式（3.28）得到

$$\frac{G_1 - G_2}{G_1} = \frac{\Delta G}{G} = 1 - \alpha \tag{3.29}$$

考虑 α 的典型值，由式（3.29）可知当辐照度降低 5%～15% 时，能够保证调节电流参考值 i_{ref} 的 MPPT 算法的稳定性。这也是文献中较少有基于电流 MPPT 方法实例的原因。

为了改善基于电流控制 MPPT 方法的性能，尝试适当修改控制环的基本结构，以使辐照度快速变化时 i_{ref} 信号相应迅速改变。本章参考文献［15］研究了电流环与电压环双环方式调整 MPPT 算法，进而实现对光伏并网逆变器的控制。本章参考文献［16，17］研究了在能量采集系统中采用含 MPPT 功能的滞后电容器电压控制的主要目是减少控制电路的功率损耗。3.3 节将会详细介绍采用滑模控制算法的基于电流控制的 MPPT 架构。

3.3　光伏系统中的滑模控制

由上文可知，如图 3.16 所示，在光伏并网系统中，逆变器运行时会使母线电容 C_b 处产生频率两倍于电网频率的脉动，这种脉动通过带 MPPT 功能的 DC/DC 变换器传播，进而影响光伏系统电压，降低 MPPT 效率。

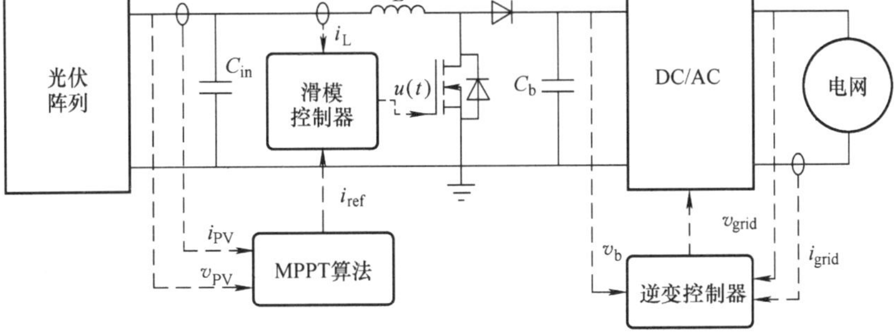

图 3.16　直接扰动给定电流的 MPPT P&O 方法

文献中提出了减小直流侧电容 C_b 的方法，但大多数拓扑结构复杂，效率和可靠性较低[18]。在本章参考文献［2］和 3.1.1 节中，采用了基于电压型线性控制器的方法，通过分析电网的扰动，考虑极端条件和有限鲁棒性补偿网络。该控制器适用于辐照度从高到低变化过程下的连续导电模式（Continuous Conduction Mode，CCM）及不连续导电模式（Discontinuous Conduction Mode，DCM）。

本节主要介绍如何通过滑模控制（Sliding Mode Control，SMC）来减小低频纹波。该非线性控制技术可以有效确保系统具备超强鲁棒性和快速响应特性，不仅适用于涉及变换器的应用[19-21]，还适用于更复杂的电力电子系统[22,23]。SMC 基于控制方程的实现，使系统参数保持在选定的曲面内，即滑动面。

SMC 在许多已出版文献中已有相关讨论，这些文献大多集中讨论如何通过控制 DC/AC 级来规范注入电网的电流，而很少深入探讨光伏系统应用[24,25]。

本节将探讨如何使用 SMC 策略规范光伏发电系统，以消除源于逆变器的 100Hz 扰动。

我们将根据图 3.16 所示方案进行上述分析，而不失一般性。假设光伏并网系统第一级是升压变换器，用来将输出电压升至 DC/AC 要求的电压范围。升压型拓扑结构很常用，它能帮助减少输入侧直流电流，从而最大化输入电容。

对于所示的拓扑结构，如果利用下列滑模方程控制升压变换器的平均输入电流，能轻松实现光伏场控制目的。

$$\Psi = i_L - i_{ref} = 0 \tag{3.30}$$

其中给定电流参考值 i_{ref} 可以由传统扰动 MPPT 控制器提供。图 3.17 显示了带两个比较器和一个触发器的 SMC 的可能实现过程。该方案可直接用于生成驱动 MOSFET 门极的信号：

$$\begin{cases} i_L < i_{ref} - \dfrac{H(t)}{2} & \text{开启 MOSFET} \\ i_L > i_{ref} + \dfrac{H(t)}{2} & \text{关闭 MOSFET} \end{cases} \tag{3.31}$$

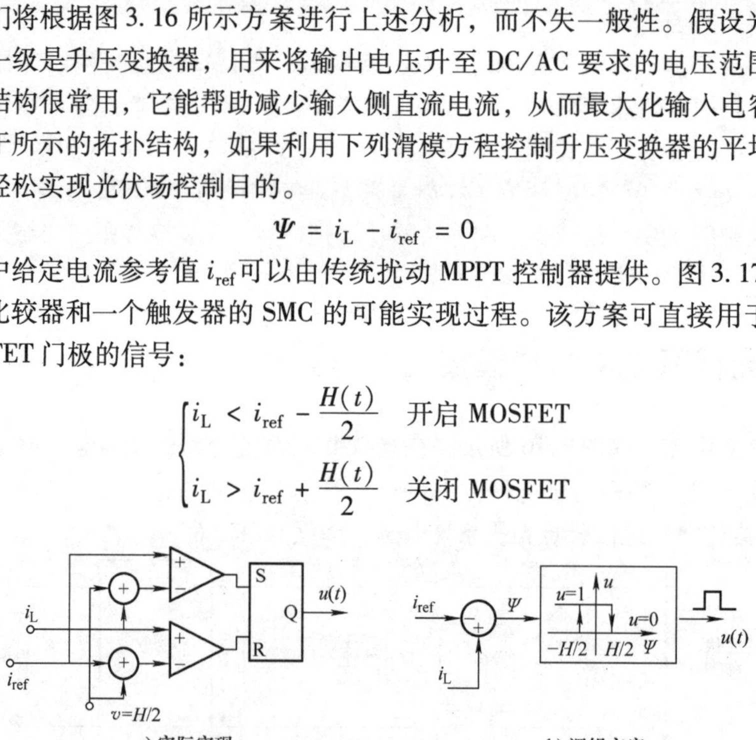

图 3.17 滑模控制器

在稳态条件下，$H(t)$ 为电感电流纹波的峰峰值，体现了 SMC 滞环性能，而

i_{ref}为其平均值，因此称为滑模电流控制（Sliding Mode Current Control，SMCC）。

由升压变换器可推导出以下微分方程：

$$\begin{cases} L\dfrac{\mathrm{d}i_{L}}{\mathrm{d}t} = v_{PV} - v_{b}(1-u) \\ C\dfrac{\mathrm{d}v_{PV}}{\mathrm{d}t} = i_{PV} - i_{L} \end{cases} \tag{3.32}$$

其中 $u=1$ 表示 MOSFET 导通；$u=0$ 表示 MOSFET 关断。

该微分方程实现的充分必要条件是[19-21]

$$\begin{cases} \lim_{\Psi\to 0^-}\dfrac{\mathrm{d}\Psi}{\mathrm{d}t} > 0 \quad u=1 \\ \lim_{\Psi\to 0^+}\dfrac{\mathrm{d}\Psi}{\mathrm{d}t} < 0 \quad u=0 \end{cases} \tag{3.33}$$

根据式（3.30），稳态条件下（i_{ref}为恒定值）滑模方程的时间导数为

$$\frac{\mathrm{d}\Psi}{\mathrm{d}t} = \frac{\mathrm{d}i_{L}}{\mathrm{d}t} \tag{3.34}$$

合并方程（3.33）和式（3.34），并加入式（3.32）第一行，得

$$\begin{cases} \lim_{\Psi\to 0^-}\dfrac{\mathrm{d}\Psi}{\mathrm{d}t} = \dfrac{v_{PV}}{L} > 0 \\ \lim_{\Psi\to 0^+}\dfrac{\mathrm{d}\Psi}{\mathrm{d}t} = \dfrac{v_{PV}-v_{b}}{L} > 0 \end{cases} \tag{3.35}$$

在升压变换器中，$v_{b} > v_{PV} > 0$，上面两个不等式均能满足。可以通过下式验证局部稳定性[19]：

$$\frac{\mathrm{d}\Psi}{\mathrm{d}t} = 0 \rightarrow 0 < u_{eq} < 1 \tag{3.36}$$

式中，u_{eq}为等价的连续控制输入，以保持系统在滑动面的稳定性。

在式（3.30）和式（3.32）中用 u_{eq}代替控制输入 u，则式（3.36）简化为

$$0 < u_{eq} = \frac{v_{b}-v_{PV}}{v_{b}} + \frac{L}{v_{b}}\frac{\mathrm{d}i_{ref}}{\mathrm{d}t} < 1 \tag{3.37}$$

即

$$-\frac{v_{b}-v_{PV}}{L} < \frac{\mathrm{d}i_{ref}}{\mathrm{d}t} < \frac{v_{PV}}{L} \tag{3.38}$$

式中，$-(v_{b}-v_{PV})/L$ 为 MOSFET 关断时的电感电流斜率；v_{PV}/L 为 MOSFET 导通时的电感电流斜率。将电流参考斜率限制在电感电流斜率范围内，则可以确保 SMCC 的正确运行。

运用变换器的低频等式分析 SMCC 的固有抗噪声能力。因为已经计算出一个开关周期内每个信号的平均值，所以这些等式同样适用于分析采用 PWM 时变换

器的运行情况，进而分析低频变化所带来的影响。值得注意的是，虽然是对输出电压 100Hz 振荡进行分析，但结果可以用于任意低于开关频率 1/10 的频率值，这是上述模型的有效频率范围[12]。

接下来，将分析以下几个变量：开关频率 $f_{sw}(t)$（SMCC 中为时变），升压变换器输出电压平均值 v_{b0}，由于母线电容或其他储能元件释放能量所造成的升压变换器输出电压平均值的瞬时偏差 $\Delta v_b(t)$，其初始值为 v_{b0}。

上述变量之间的关系为

$$L = \frac{v_{PV}D(t)}{H(t)f_{sw}(t)} \tag{3.39}$$

接下来，定义 D_0为

$$D_0 = 1 - \frac{v_{PV}}{v_{b0}} \tag{3.40}$$

由式（3.31）描述的 SMC 方法引入了占空比 $D(t)$的自然校正，它取决于变换器的瞬时变比。为了避免 $\Delta v_b(t)$的振荡在 v_{PV}上传播，可以根据下式调整占空比大小：

$$D(t) = 1 - \frac{v_{PV}}{v_{b0} + \Delta v_b(t)} \tag{3.41}$$

在没有任何反馈回路的 PWM 控制系统中，占空比是固定的，根据式（3.41）可知，由于变量 v_b的存在，光伏电压无法保持恒定。

补偿母线电容电压振荡所需的占空比变化值 $\Delta D(t)$可以通过下式获得：

$$D(t) = D_0 + \Delta D(t) = 1 - \frac{v_{PV}}{v_{b0} + \Delta v_b(t)} \tag{3.42}$$

$$1 - \frac{v_{PV}}{v_{b0}} + \Delta D(t) = 1 - \frac{v_{PV}}{v_{b0} + \Delta v_b(t)} \tag{3.43}$$

$$\Delta D(t) = \frac{v_{PV}}{v_{b0}}\frac{\Delta v_b(t)}{v_{b0} + \Delta v_b(t)} \tag{3.44}$$

如果 $\Delta v_b(t)$波形等于

$$\Delta v_b(t) = \Delta v_b \sin(4\pi f_{grid} t) \tag{3.45}$$

其中振幅 Δv_b 由式（3.3）求得，那么根据式（3.44）和式（3.45）可以得到

$$\Delta D(t) = \frac{v_{PV}}{v_{b0}} \cdot \frac{\Delta v_b \cdot \sin(4\pi \cdot f_{grid} \cdot t)}{v_{b0} + \Delta v_b \cdot \sin(4\pi \cdot f_{grid} \cdot t)} \tag{3.46}$$

如果电感电流纹波是恒定值 H_0，开关频率可定义为

$$f_{sw}(t) = \frac{v_{PV}D(t)}{L \cdot H_0} \tag{3.47}$$

接下来，f_{sw0}为f_{sw}的标称值：

$$f_{sw0}=\frac{v_{PV}D_0}{L\cdot H_0} \tag{3.48}$$

通过下式可以得到开关频率振荡 $\Delta f_{sw}(t)$：

$$f_{sw0}+f_{sw}(t)=\frac{v_{PV}(D_0+\Delta D(t))}{LH_0} \tag{3.49}$$

$$\Delta f_{sw}(t)=\frac{v_{PV}}{LH_0}\Delta D(t) \tag{3.50}$$

上述等式表明占空比的相对振荡 $\Delta D(t)/D_0$ 与开关频率的相对振荡 $\Delta f_{sw}(t)/f_{sw0}$ 成正比。根据式（3.46）可知，占空比振荡与变换器参数无关，如式（3.50）可知母线电容振荡引起的开关频率振荡则与电感值、滞环相关。

$D(t)$ 和 $f_{sw}(t)$ 的波形图如图 3.18 所示，其数值可以根据式（3.46）和表 3.1 所列数据计算得出。

SMCC 的主要缺点在于由直流环电压振荡引起的开关频率的易变，而对于 DMC 来说可以通过式（3.50）估算变化程度或选择合适的变换器参数以限制其易变性。事实上，当参考电流值为饱和边界 $0\sim H/2$ 之间时，开关频率非持续性增加。为解决此问题，当 $i_{ref}<H/2$ 时，可以采用突发模式（Burst Mode，BM）运行[26,27]。这样，可以通过降低开关频率获得所需的平均输入电流。

当然，我们可以通过使用一个同步升压变换器来克服 DCM 的缺点。此时，升压变换器不会处于 DCM 状态。该方案的另一优势在于效率较高，但同时成本也较高，还需要复杂的门极驱动电路[12]。

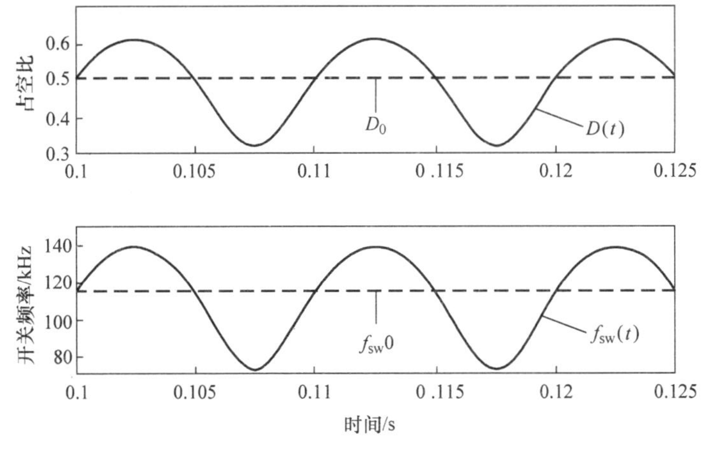

图 3.18　补偿电压振荡所需的占空比和开关频率的低频变化

3.3.1 通过滑动模态抑制噪声：数值算例

在 PISM® 电路仿真系统中测试了图 3.16 所示电路的 SMCC 情况。假设辐照度为 $G=1000\text{W/m}^2$，环境温度为 25℃，DC/DC 变换器的参数如表 3.1 所示。

表 3.1 仿真中使用的参数列表

参 数	数 值
v_{PV}	225V
v_{b0}	460V
f_{grid}	50Hz
f_{sw0}	120kHz
H_0（滞环）	2A
$P_{PV} \simeq P_{MPP}$	≃1800W
Δv_b（直流母线电压振荡）	≃127V
L	500μH
C_{in}	50μF
C_b	30μF

图 3.19 显示了 SMCC 抑制 v_b 振荡的能力。尽管 SMCC 仅由简单电路（见图 3.17a）实现，但母线电容电压的大幅振荡几乎完全被抑制，光伏电压中仅包含直流电压。

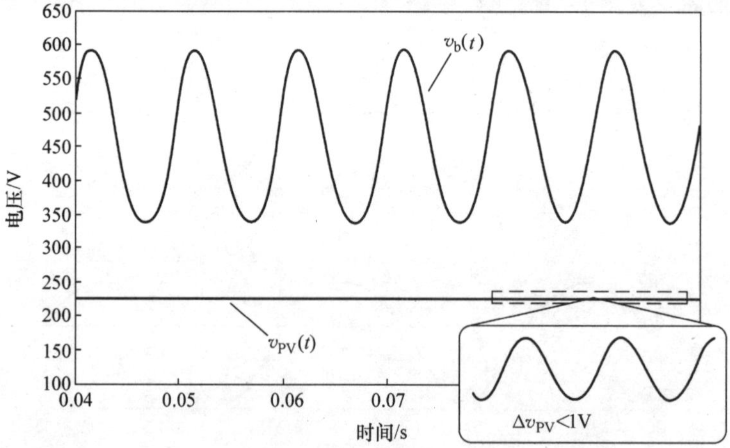

图 3.19 光伏电压和母线电容电压的波形图

图 3.20 中所示占空比振荡（见图 3.20 上）和开关频率振荡（见图 3.20 下）符合图 3.18 中分析预测结果。因此，母线电容电压振荡可以等价为开关频率振荡和占空比变化，从而保证光伏电压几乎不变。

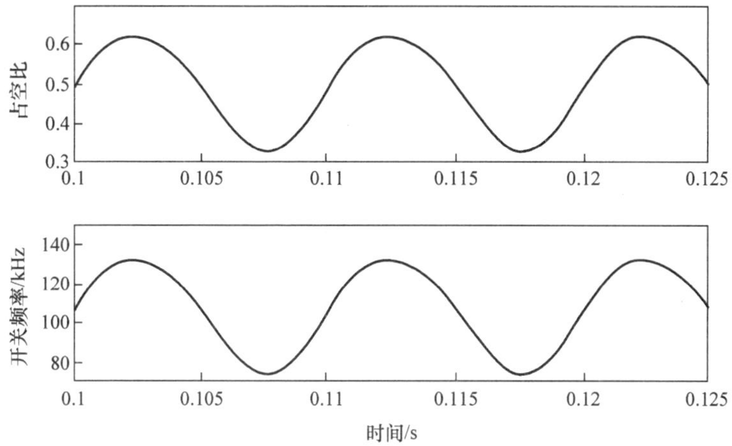

图 3.20 在 PSM 仿真中的占空比和开关频率波形图

然而，由于辐照度变化迅速且幅度大，纯 SMCC 方法存在稳定性问题。不同情况下图 3.16 所示系统的仿真结果如图 3.21 和图 3.22 所示，该仿真使用 P&O 算法对给定电流 i_{ref} 施加扰动，其中 P&O 算法参数的值为：$T_p = 15ms$，$\Delta i_{ref} = 0.1A$。

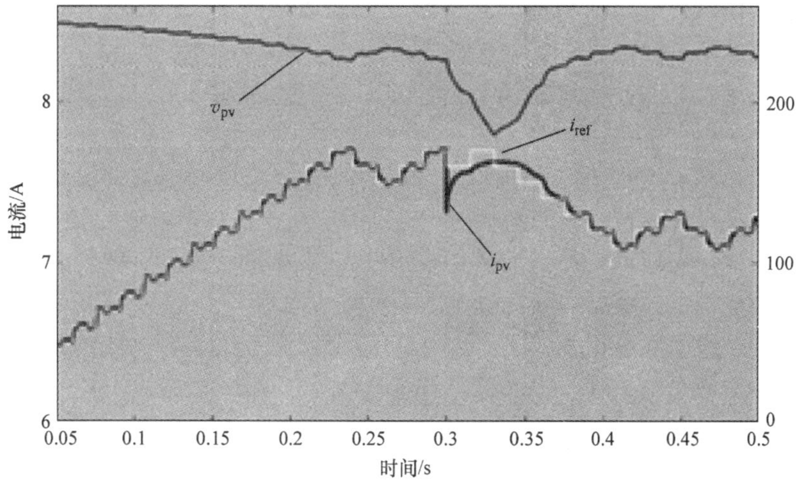

图 3.21 辐照度小幅下降时，光伏电压和光伏电流的变化波形

两组不同的辐照度差值分别为：$\Delta G = 50W/m^2$ 和 $\Delta G = 100W/m^2$。如图 3.21 所示，第一组条件下，在 $t = 0.3s$ 时辐照度从 $1000W/m^2$ 变成 $950W/m^2$，系统瞬时达到新的稳态条件。如图 3.22 所示，第二组条件下，在 $t = 0.3s$ 时辐照度从 $1000W/m^2$ 变成 $900W/m^2$，因为辐照变化后，MPPT 控制器提供的给定电流高于

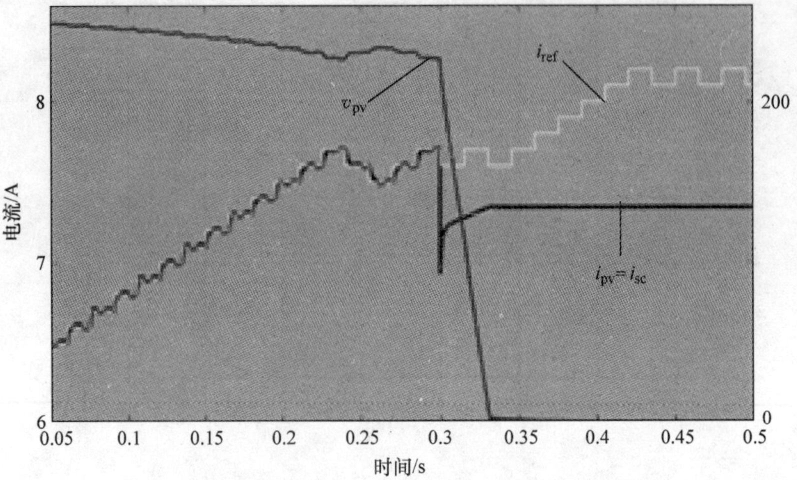

图 3.22　辐照度大幅下降时，光伏电压和光伏电流变化波形

新辐照条件下的短路电流，造成系统崩溃。在第二组条件下，高临界值 $i_{ref}+H/2$ 始终无法达到，导致无法实现 SMCC，即不满足 SMC 的基本约束条件之一[20]。

光伏电流与辐照度呈线性关系，所以辐照度降低不仅会影响 SMCC 的实现，还会影响其他没有电压控制环的直接电流控制策略的实现。因此，如 3.2 节所述，当光伏发电系统运行近似于电流发生器时，系统不稳定。

3.3.2　基于滑模的 MPPT 电流控制

本节介绍基于 SMC 的 P&OMPPT 策略，它能够迅速跟踪辐照度的变化，并抑制由并网逆变器运行引起的光伏阵列的低频电压振荡。该策略的特别之处在于它是基于电流控制技术，并在 SMC 内环中加入电压外环控制。内环是基于并联于光伏发电系统的电容器的输入电流。虽然输入电容 C_{in} 的主要作用是过滤电感电流的开关纹波，但是在 SMC 应用中，可以通过调节电容器电流的瞬时值控制光伏电流。本章参考文献［29－31］详细地介绍了该结构。

3.3.2.1　带电压控制器的滑模控制方法

为调节光伏电流，DC/DC 变换器电感电流的一组控制策略如图 3.23 所示。电感电流控制器的电流参考值 i_{Lref} 为

$$i_{Lref}=i_{PV}+i_{vr} \tag{3.51}$$

式中，i_{PV} 是实际光伏电流；i_{vr} 是电压控制器输出电流。i_{PV} 的前馈控制有助于及时检测辐照度变化，并避免前文提到的系统崩溃问题。在稳态条件下，$i_{PV}=i_{Lref}$，$i_{vr}=0$。

根据 DC/DC 变换器的标准滑模电流控制策略，驱动 MOSFET 的信号 $u(t)$ 是

滑动方程 $\Psi = i_{\mathrm{Lref}}(t) - i_{\mathrm{L}}(t) = 0$ 的函数，所以可以根据电流参考信号 i_{Lref} 来调节电感电流 i_{L}。

在光伏阵列、升压型变换器输入电感 L 和电容 C_{in} 交汇的电路节点（见图 3.23），下式成立：

$$i_{\mathrm{PV}} = i_{\mathrm{C_{in}}} + i_{\mathrm{L}} \tag{3.52}$$

根据式（3.52）和式（3.51），参考电流 i_{Lref} 的表达式为

$$i_{\mathrm{Lref}} = i_{\mathrm{C_{in}}} + i_{\mathrm{L}} + i_{\mathrm{vr}} \tag{3.53}$$

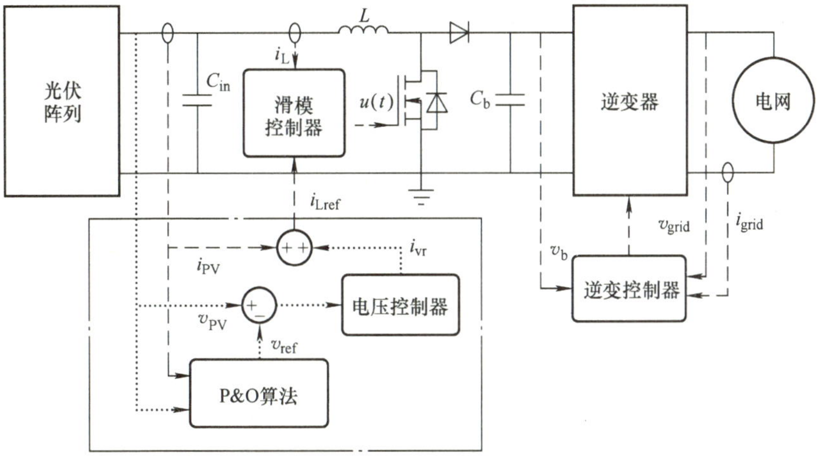

图 3.23 补偿快速变化光伏电流的滑模结构

利用前述滑动控制方程 $\Psi = i_{\mathrm{Lref}}(t) - i_{\mathrm{L}}(t) = 0$，简化后得到下式：

$$\Psi = i_{\mathrm{C_{in}}} + i_{\mathrm{L}} + i_{\mathrm{vr}} - i_{\mathrm{L}} = 0 \tag{3.54}$$

$$\Psi = i_{\mathrm{C_{in}}} + i_{\mathrm{vr}} = 0 \tag{3.55}$$

式（3.55）的简化控制目标表明图 3.23 所示控制原理图可以通过内部控制环简化为图 3.24，而内部控制环目前用于调节输入电容电流 $i_{\mathrm{C_{in}}}$。这样的简化非常重要，因为 i_{PV} 和 i_{L} 都会影响 MOSFET 控制信号 $u(t)$ 的取值范围，而图 3.23 所示结构需要的电流传感器为 i_{PV} 和 i_{L} 预留了太大的带宽。相反，在图 3.24 所示结构中，$u(t)$ 仅仅取决于 $i_{\mathrm{C_{in}}}$ 的瞬时值。因此，仅需要一个大带宽的传感器，而 i_{PV} 传感器带宽可以较窄。此外，由于电容不含直流分量，所以电容电流测量比电感电流测量更简单方便。最后，图 3.24 所示系统更便于分析。

式（3.55）所示滑动面 Ψ 的定义表明，在滑动运行模式下，改变电容电流 $i_{\mathrm{C_{in}}}$ 来抑制母线电容电压 v_{b} 的振荡以及跟踪辐照度的变化。因此，保障 MPPT 运行和抑制 DC/DC 变换器输出低频振荡的变量并不能决定 Ψ 的大小。

为确保滑动模式运行，必须满足两个条件[21]：

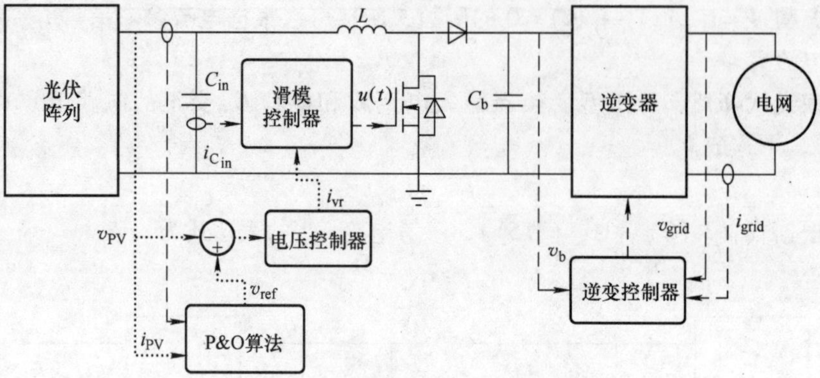

图 3.24 基于输入电容电流控制的系统框图

$$\Psi = 0 \tag{3.56}$$

$$\frac{\mathrm{d}\Psi}{\mathrm{d}t} = 0 \tag{3.57}$$

根据第一个条件（3.56），可以得出输入电容的特征方程：

$$i_{C_{in}} = C_{in}\frac{\mathrm{d}v_{PV}}{\mathrm{d}t} \tag{3.58}$$

即：

$$\frac{\mathrm{d}v_{PV}}{\mathrm{d}t} = -\frac{i_{vr}}{C_{in}} \tag{3.59}$$

根据第二个条件（3.57），假定 $i_{C_{in}} = i_{PV} - i_L$，则

$$\frac{\mathrm{d}\Psi}{\mathrm{d}t} = \frac{\mathrm{d}i_L}{\mathrm{d}t} - \frac{\mathrm{d}i_{PV}}{\mathrm{d}t} - \frac{\mathrm{d}i_{vr}}{\mathrm{d}t} = 0 \tag{3.60}$$

利用图 3.25 所示线性化模型对式（3.60）进行分析，其中变换器用受控电流源代替，受控电流源的值由 SM 方程给定，光伏发电系统为含有光诱导特性的电流源和微分电阻 R_{MPP} 的诺顿模型，计算测量发电系统的工作点。由图 3.25 可得

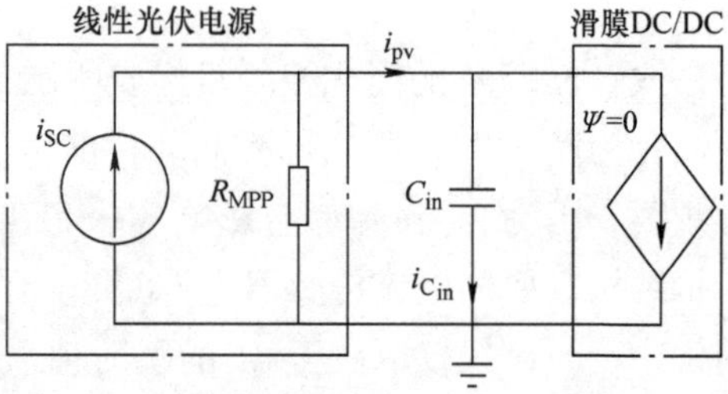

图 3.25 开环系统的小信号模型

$$\frac{\mathrm{d}i_{PV}}{\mathrm{d}t} = -\frac{1}{R_{MPP}}\frac{\mathrm{d}v_{PV}}{\mathrm{d}t} + \frac{\mathrm{d}i_{sc}}{\mathrm{d}t} \tag{3.61}$$

因此，式（3.60）的滑模运行条件可以修改为

$$\frac{\mathrm{d}i_L}{\mathrm{d}t} + \frac{1}{R_{MPP}}\frac{\mathrm{d}v_{PV}}{\mathrm{d}t} - \frac{\mathrm{d}i_{sc}}{\mathrm{d}t} - \frac{\mathrm{d}i_{vr}}{\mathrm{d}t} = 0 \tag{3.62}$$

此外，根据升压变换器模型可推出下式：

$$\frac{\mathrm{d}i_{\mathrm{L}}}{\mathrm{d}t}=\frac{v_{\mathrm{PV}}}{L}-\frac{v_{\mathrm{b}}(1-u)}{L} \tag{3.63}$$

其中 v_{b} 是 DC/DC 变换器的输出电压，$u=1$ 时 MOSFET 导通，$u=0$ 时MOSFET 关断。对应的驱动条件为

$$u=1 \text{ 若 } \Psi<0 \tag{3.64}$$

$$u=0 \text{ 若 } \Psi>0 \tag{3.65}$$

参照等价控制技术[19]可获得确保 SM 运行必须满足的约束条件。通过控制平均控制信号 u_{eq} 满足不等式 $0<u_{\mathrm{eq}}<1$，以定义输入和状态变量的约束条件。根据式（3.59）~式（3.63）可得下列等价控制方程：

$$\frac{v_{\mathrm{PV}}}{L}-\frac{v_{\mathrm{b}}(1-u_{\mathrm{eq}})}{L}+\frac{1}{R_{\mathrm{MPP}}}\frac{\mathrm{d}v_{\mathrm{PV}}}{\mathrm{d}t}-\frac{\mathrm{d}i_{\mathrm{sc}}}{\mathrm{d}t}-\frac{\mathrm{d}i_{\mathrm{vr}}}{\mathrm{d}t}=0 \tag{3.66}$$

根据式（3.55）和式（3.60）可以推断滑模控制平衡点为 $\{i_{\mathrm{PV}}=i_{\mathrm{L}},\ i_{\mathrm{vr}}=0\}$。式（3.66）中 $\frac{\mathrm{d}v_{\mathrm{PV}}}{\mathrm{d}t}=0$，因此最大斜率值 $\frac{\mathrm{d}i_{\mathrm{vr}}}{\mathrm{d}t}$ 和 $\frac{\mathrm{d}i_{\mathrm{sc}}}{\mathrm{d}t}$ 的约束条件为：

$$\frac{v_{\mathrm{PV}}-v_{\mathrm{b}}}{L}<\frac{\mathrm{d}i_{\mathrm{vr}}}{\mathrm{d}t}+\frac{\mathrm{d}i_{\mathrm{sc}}}{\mathrm{d}t}<\frac{v_{\mathrm{PV}}}{L} \tag{3.67}$$

根据叠加原理 $\left(\frac{\mathrm{d}i_{\mathrm{vr}}}{\mathrm{d}t}=0\right)$ 和短路电流与辐照度的线性关系 $i_{\mathrm{sc}}=K_{\mathrm{ph}}\cdot G$，由式（3.67）给出确保滑模运行的辐照变化率约束条件：

$$\frac{v_{\mathrm{PV}}-v_{\mathrm{b}}}{L\cdot K_{\mathrm{ph}}}<\frac{\mathrm{d}G}{\mathrm{d}t}<\frac{v_{\mathrm{PV}}}{L\cdot K_{\mathrm{ph}}} \tag{3.68}$$

值得注意的是，由于升压变换器的使用，造成式（3.68）中下限值是负值，即变换器电压升压比例越大，在不丢失滑模性能的条件下跟踪辐照度变化越快。这有点类似于光伏微逆变器应用中的升压 DC/DC 变换器：低光伏组件电压必须进行大幅度升压，以使 $\frac{v_{\mathrm{PV}}-v_{\mathrm{b}}}{L}$ 的绝对值较大。不等式（3.68）表明在滑模控制下的最大辐照度变化取决于电感值，所以应选择合适的 L 值以实现对辐照度变化的跟踪。例如，固定光伏发电站的辐照度变化缓慢，而对于不断移动的光伏系统来说需要跟踪到辐照度的快速变化。

此外，令式（3.67）中 $\frac{\mathrm{d}i_{\mathrm{sc}}}{\mathrm{d}t}=0$，考虑 i_{vr} 变化的影响，可以得到关于 $\frac{\mathrm{d}i_{\mathrm{vr}}}{\mathrm{d}t}$ 的约束条件：

$$\frac{v_{\mathrm{PV}}-v_{\mathrm{b}}}{L}<\frac{\mathrm{d}i_{\mathrm{vr}}}{\mathrm{d}t}<\frac{v_{\mathrm{PV}}}{L} \tag{3.69}$$

该约束条件再次表明在滑模控制模式下，i_{vr} 的最大斜率值取决于在 MOSFET 关断和导通时电感电流的导数值。此时，可以通过设计电压控制器来满足该动态

约束。

3.3.2.2 电压控制器设计

式（3.55）和式（3.59）给出了滑动模式下光伏电压和给定电流的时域关系，因此设计电压补偿器时，相应的输入电容电压（即光伏电压）和电流参考值的传递函数为

$$G_{vp,i_{vr}}(s)=\frac{v_{PV}(s)}{i_{vr}(s)}=-\frac{1}{C_{in}\cdot s} \tag{3.70}$$

该表达式体现了该控制技术的主要特征之一。值得注意的是式（3.70）所示的传递函数与光伏发电系统的参数无关，因此无论环境条件和与DC/DC变换器连接的光伏阵列类型和容量如何变化，控制方法的性能始终不变，而传统的反馈控制并没有这一特征。事实上，如3.1.2节示例和文献［2］所述，闭环系统设计必须考虑最差条件。此外，在滑动模式条件的有效范围内，无需假设小信号的近似值，式（3.70）仍然有效。改变输入电容的等效串联电阻（Equivalent Series Resistance，ESR），会在回路中引入一个额外的零增益传递函数，式（3.70）也随之改变。在实际应用中，为了避免影响控制器设计，应使用等效串联电阻较小的电容，例如陶瓷电容器。不管如何，ESR都不影响上述讨论的特征。

PI补偿器可用于图3.24的电压控制回路。式（3.71）为PI控制器传递函数，式（3.72）为电压误差$e_v(s)$，式（3.73）为系统闭环传递函数$T_{vp}(s)$：

$$G_v(s)=k_p+\frac{k_i}{s} \tag{3.71}$$

$$e_v(s)=-[v_{ref}(s)-H_v v_{PV}(s)] \tag{3.72}$$

$$T_{vp}(s)=\frac{v_{PV}(s)}{v_{ref}(s)}=\frac{k_p s+k_i}{C_{in}s^2+H_v(K_p s+k_i)} \tag{3.73}$$

图3.26为目标系统的动态模型原理图。式（3.73）传递函数$T_{vp}(s)$可用来分析光伏电压参考值扰动时，整个光伏系统的特性。因此，如前面章节所述，它可根据所需的MPPT跟踪速度进行设计。

3.3.3 滑动模式MPPT控制器：数值算例

如图3.24所示的拓扑结构，可通过PSIM仿真测试出输入电容电流的SMC特性。DC/DC变换器的参数与前面实例一样，如表3.1所示。电压控制器PI参数$G_v(s)$可以根据式（2.22）和式（3.73）中设计传递函数$T_{vp}(s)$的调节时间来选择。考虑到电压环调节时间t_ε，阻尼ζ和光伏系统的自然频率ω_n之间的关系，可以得出

$$T_{vp}(s)=\frac{as+b}{s^2+2\zeta\omega_n s+\omega_n^2} \tag{3.74}$$

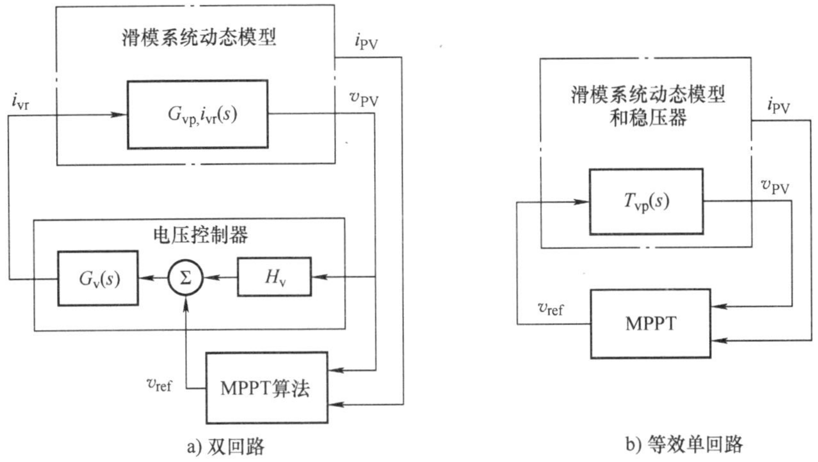

图 3.26　为基于输入电容电流 SM 控制的光伏系统动态模型

将式（3.74）和式（3.73）进行对比，可以给出传递函数 $G_v(s)$ 中参数间的关系：

$$k_p = \frac{2C_{in}\zeta\omega_n}{H_v} \tag{3.75}$$

$$k_i = \frac{2C_{in}\omega_n^2}{H_v} \tag{3.76}$$

由表 3.1 可知，标称开关周期为 $T_{sw} \simeq 1/f_{sw0} = 8.3\mu s$。$t_\varepsilon / T_{sw} = 20$ 意味着系统调节时间为开关周期的 20 倍，即 $t_\varepsilon = 166\mu s$。设计时考虑的第二个因素为系统的阻尼，此处设置为 $\zeta = 0.7$。

根据等效时间常数的定义，也就是 $\tau = \dfrac{1}{\zeta\omega_n}$，当假定阶跃响应误差小于 2% 时，闭环系统的调节时间可以近似为 $t_\varepsilon = 4\tau$。最后，如果电压传感器增益 $H_v = 0.1$，那么根据所需的 t_ε 和 ζ 值可确定 PI 控制器传递函数为

$$G_v(s) = 24\,\frac{s + 24625}{s} \tag{3.77}$$

为了验证输入电容电流 SM 运行的稳定性，对图 3.24 所示电路进行测试，测试辐照度和 MPPT 参数值与图 3.17 相同，虽然此时图 3.24 中扰动观察法是作用于电压参考值，而不是直接作用在电流参考值上。

图 3.27 给出了光伏电压和电流曲线以及在 $t = 0.3s$ 时刻辐照度由 $1000W/m^2$ 变成 $900W/m^2$ 的情况。辐照度突变对光伏短路电流的瞬时影响能够被准确跟踪，甚至在辐照度变化率较大时系统也能持续跟踪最大功率点。事实上，比较图 3.22 所示的仿真电路电压特性，光伏系统电压没有明显的变化，系统也不会崩

溃。此外，值得注意的是，图3.24所示电路原理图考虑了母线电压127V振荡的情况，仿真结果表明影响电容电压的较大低频振荡能够在光伏端得到抑制。此外，通过式（3.68）计算本节实例中辐照度变化$\frac{dG}{dt}$的上下限值。假设$K_{ph}=0.008A\cdot m^2/W$，那么

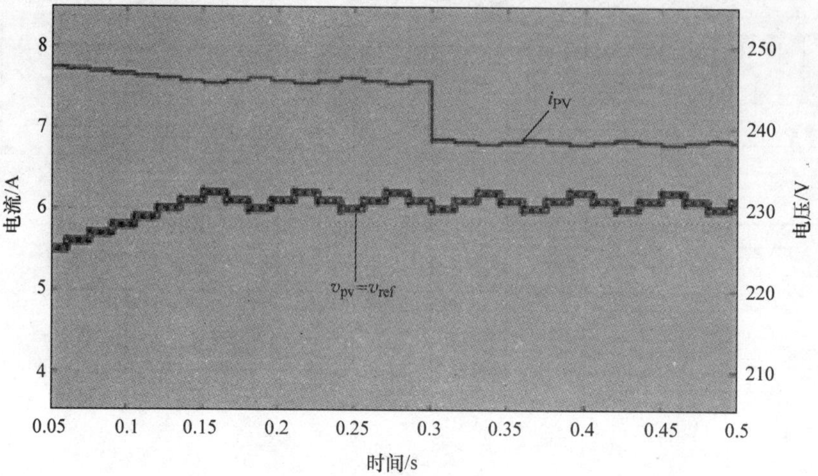

图3.27 采用滑模和G_v控制器时图3.24所示系统的仿真波形

MPPT参数：$\Delta v_{ref}=1V$，$T_p=15ms$。

$$-58.75\frac{W}{m^2ms}<\frac{dG}{dt}<56.26\frac{W}{m^2ms} \tag{3.78}$$

图3.28中，在$t=0.3s$时刻辐照度从$1000W/m^2$变成$500W/m^2$其变化速率为$-50W/m^2\mu s$；显然系统能够保持最优稳定性。

图3.29是母线电压和光伏侧直流电压在时间段（0.255s，0.325s）内的对比图。仿真结果表明光伏侧直流电压没有产生由逆变器运行造成的100Hz振荡，从而证明滑模控制对输入电容电流控制能有效抑制幅值为Δv_b电压振荡的反向传播，该反向传播会影响逆变器的输出电压。

最后，值得注意的是图3.27和图3.28的所示仿真中使用了非最佳的MPPT参数T_p，因为本仿真目的是为了验证SMC的稳定性而不是测试MPPT的变化。根据t_ε还可定义扰动观察法的最优MPPT扰动周期T_p，约为$1.5t_\varepsilon$。这样的T_p取值确保当MPPT控制器运行时，光伏功率可以达到稳态值，因此避免了MPPT的失效，如2.4.1节和本章参考文献［2，32］所述。因此我们使用$T_p=250\mu s$对图3.28的所示案例再次进行了仿真。

图3.30所示仿真波形表明合理的P&O参数设计，会使得光伏电压三点特性及MPPT速度比图3.28所示波形高一个数量级。图3.30仿真波形显示了闭环电

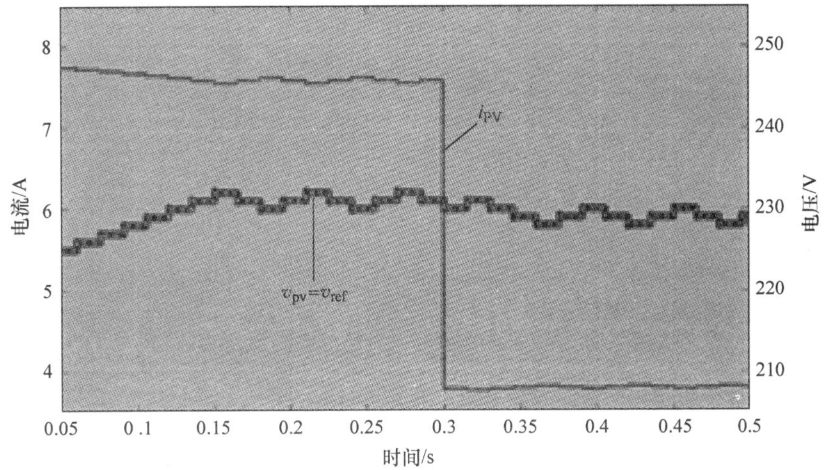

图 3.28　滑模控制时图 3.24 所示系统的仿真波形（MPPT 参数：$\Delta v_{ref}=1V$，$T_p=15ms$）

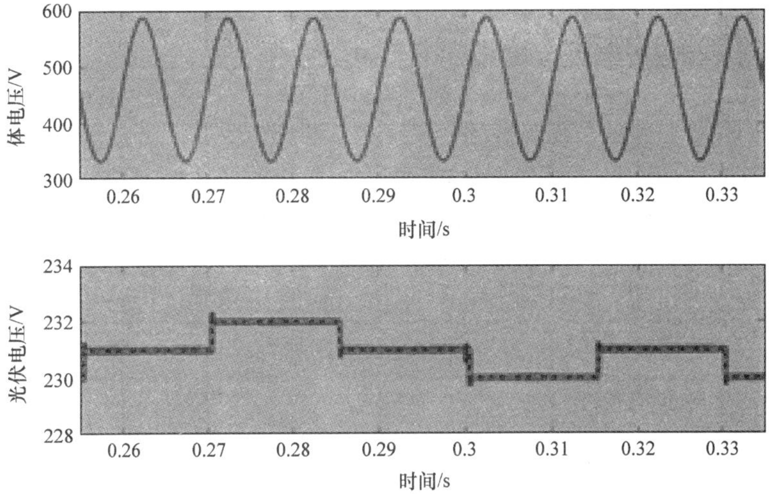

图 3.29　母线电压和光伏侧电压

压参考值 v_{ref}的波形，以及 $G_v(s)$和滑模控制器下的准确跟踪。

上述的特性使得图 3.24 所示的控制策略适用于所有直流母线不采用电解电容器的光伏系统，或能够取得最佳 MPPT 性能的场景。

此外，快速 MPPT 能力使该拓扑能够适应辐照度的频繁突变，例如在汽车、卡车、巴士和轮船上的光伏集成应用。

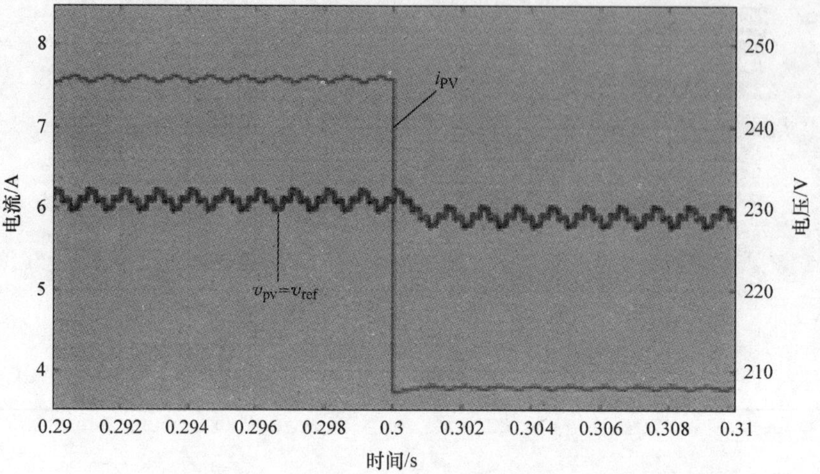

图 3.30 滑模控制时图 3.24 所示系统的仿真波形（MPPT 参数：$\Delta v_{ref}=1V$，$T_p=250\mu s$）

3.4 噪声环境下的 MPPT 性能分析

众所周知，测量结果仅为被测对象真实值的近似值或估计值，因此完整的测量还应包括对影响测量结果的不确定性因素进行量化的过程。

不确定性用于发现测量值和真实值之间的最大偏差，包括稳定性、精度、分辨率以及测量和精化过程所涉及的其他因素。

对于需要测量电气或环境参数的 MPPT 算法而言，噪声和误差都会增加与 MPPT 相关联变量的不确定性，从而影响到最终的判断过程。

传感器和放大器的非理想特性、模－数转换器（ADC）的分辨率以及所采用微处理器的内部运算量化（数据表示）都可能导致测量的不确定性和偏差，使 MPPT 算法偏离最大功率点，进而影响光伏系统的跟踪能力和稳定性。此外，用于控制光伏阵列工作的开关器件的高频开关纹波还会增加系统噪声。

很明显，最大功率点跟踪性能的评估必须将所有上述噪声和不确定性因素考虑进去，从而减弱它们对跟踪性能的影响。

目前为止，有关噪声对 MPPT 算法的影响的文献并不是很多。本章参考文献［33］详细比较了在噪声条件下不同搜索策略的收敛特性。本章参考文献［34］分析了在噪声环境下基于噪声信号统计特征的概率模型的 MPPT 特性，结果表明电压测量中的噪声会使设定的 MPPT 功率点移动到特性曲线的右侧，而电流测量中的噪声会降低 MPPT 跟踪速度。我们还发现增强信号滤波和增加扰动可有效抑制噪声干扰。

本节将通过类似的方法分析噪声环境下 MPPT 算法的特性。该方法利用测量的不确定性概念来定义不同类型的误差。事实上，不确定性具有累积性，可用于评估测量和精化过程中误差和噪声源对 MPPT 性能的全局影响。

分布于光伏发电系统不同区域的噪声源可以用一个对应于变量真实值的不确定值 u 表示，而对于不直接进行测量的变量的全局不确定性，我们可以通过不确定性传播定律来估算[35]。

如果对象 y 不是通过直接测量获得（例如，MPPT 算法中的功率），而是由 N 个其他量 x_1，x_2，…，x_N间的函数关系 f 来确定。

$$y = f(x_1, x_2, x_3, \cdots, x_N) \tag{3.79}$$

对象 y 的综合标准不确定度记为 u_y，表示为式（3.80）：

$$u_y^2 = \sum_{i=1}^{N} \left(\frac{\partial f}{\partial x_i} \right)^2 u_{x_i}^2 \tag{3.80}$$

其中，假设所有的输入量 x_i是独立的。

典型的 MPPT 变换器如图 3.31 所示，其中几个不确定干扰源用灰色来标识。

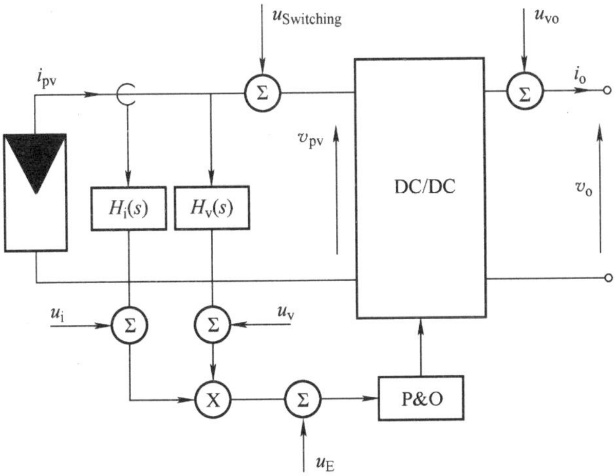

图 3.31　采用 P&O 算法的 MPPT 变换器的不确定性分布

注意，文献中只讨论了几个最重要的噪声来源，由以下几个不确定因素表示：开关纹波噪声（$u_{Switching}$），测量误差（u_v，u_i），数值精化误差（u_E）、输出电压噪声（u_{vo}）。根据不确定因素的类型（测量误差还是来自变换器开关的噪声），系统须执行不同的操作来降低它们的影响。

该方法可以轻松普及，用于估计其他不确定干扰的影响以及应用于其他的 MPPT 算法中。

3.4.1 基于低通滤波器的降噪处理方法

采用低通滤波器（Low Pass Filter，LPF）来处理被测信号是降低噪声影响的首选方法。但是这个方法应谨慎使用，避免抑制有用信号、降低 MPPT 控制环的稳定性或快速响应能力。

事实上，虽然低通滤波器可以降低变换器开关器件噪声的幅值，但其固有相位延迟会削弱该 MPPT 算法的跟踪能力。

图 3.32 所示方法是图 3.4 中所示方法的扩展，突出了输出电压噪声 u_{vo} 和开关噪声 $u_{Switching}$ 的作用，而且 LPF 也包含在原理图里。该新方法有利于分析 MPPT 的变化特性，也可用于评估实际光伏系统使用微扰方法时两个连续扰动之间合适的时间间隔 T_p。假设 LPF 处理的光伏电压和电流信号具有相同的变化，则可以仅考虑 LPF 之于光伏电压信号的作用来说明其对 P&O 动态的影响。式 (2.22) 用来计算理想情况下的 T_p 值，必须适当考虑传递函数 $G_{vp,x}(s) \cdot H_v(s)$ 的影响加以校准，包括低通滤波器传递函数 $H_v(s)$。需要注意的是，传递函数 $G_{vp,x}(s)$ 包含了扰动变量 x 和光伏电压之间的动态影响。

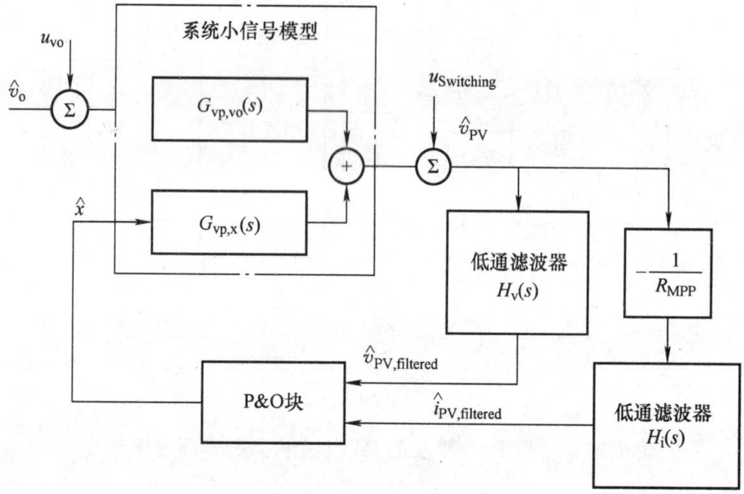

图 3.32 低通滤波器对最大功率点跟踪变化的影响

最小 T_p 值取决于系统的动态性和所采用的低通滤波器。如果要求快速 MPPT 跟踪，截止频率 $H_v(s)$ 不能取得过低。此外，将 LPF 进行数字化时，T_p 估算时需考虑采样时间和精化时间（调理时间）所带来的额外时间延迟。

LPF 能有效滤除高频噪声，因为其变化快于变换器的变化而不会影响 T_p 的取值。

光伏电压的不确定性（$u_{v_{PV}}$），代表了所有可能影响该变量的噪声，其与

$u_{Switching}$的关系如下：

$$u_{v_{PV}} = |H_v(\omega_s)| u_{Switching} \simeq 0 \tag{3.81}$$

式中，$H_v(\omega_s)$是在开关频率为ω_s时取得的光伏电压传感器增益。

当$|H_v(\omega_s)| \simeq 0$时，LPF 效果甚佳。在之前假设的基础上，光伏电流也不会受到开关噪声的影响。

噪声u_{v_o}位于低频范围内，所以 LPF 无法对其实施衰减，因此必须考虑其对 MPPT 算法判断过程的影响。它可以进一步影响光伏电压不确定性$u_{v_{PV}}$；因此

$$u_{v_{PV}} = |G_{vp,vo}(\omega)| |H_v(\omega)| u_{v_o} \simeq |G_{vp,vo}(\omega)| u_{v_o} \tag{3.82}$$

式中，$|G_{vp,vo}(\omega)|$是在噪声频率下输出 - 输入传递函数的幅值；$H_v(\omega)$是光伏电压传感器在相同频率下取得的增益。该值将出现在任何涉及光伏电压变量的表达式中。例如，两个连续 P&O 扰动之间的光伏电压变化量，可表示为

$$v_{PV}^{k} = v_{PV,1} \pm u_{v_{PV}} \quad v_{PV}^{k+1} = v_{PV,2} \pm u_{v_{PV}} \tag{3.83}$$

根据不确定性的传播特性，可得

$$V_{PV,u_{v_{PV}}} = v_{PV}^{k+1} - v_{PV}^{k} = V_{PV} \pm u_{v_{PV}} = V_{PV} \pm 2|G_{vp,vo}(\omega)| u_{v_o} \tag{3.84}$$

式中，ΔV_{PV}是在无环境差别条件下光伏电压的变化量，而$\Delta V_{PV,u_{v_{PV}}}$是由电压噪声u_{v_o}不确定性引起的光伏电压变量。式（3.84）和式（3.16）之间的差异是峰峰值ΔV_o输出振荡，由双倍于不确定性变量U_{vo}的值表示。新公式更适合将该影响归入包含了其他噪声源的累积不确定性ΔP_{PV}。

测量值v_{PV}和i_{PV}的综合不确定性有助于估算最优 P&O 阶跃扰动步长。

3.4.2　基于阶跃扰动的误差补偿

如上节所述，并不是所有的不确定源对于 MPPT 策略相关的电气变量的影响都可以被消除和减弱，因此不能消除或减弱的不确定源将对 MPPT 的运行产生影响。为了避免在跟踪最大功率点时出现偏差，或为了降低偏差发生的概率，可通过增加 P&O 扰动的阶跃幅值来补偿不确定性。这种方法与在电信系统中采用的方法类似，相当于信号噪声比（SNR）的增加。如果系统已经使用了任何其他方法改善结果，采用这种方法时必须谨慎，如上文所述，阶跃幅值增大减小了 MPPT 效率，所以会造成以能量损失为代价来补偿误差。本节讨论了不确定信号源和 MPPT 参数间的关系，以便确定选择其他光伏系统参数的设计规则，保证无论何时系统 P&O 阶跃幅值都是相同的。

参照图 3.31，假设所测光伏电流和光伏电压的不确定值u_i和u_v已包含测量误差，那么：

$$\begin{cases} i_m = H_i i_{PV} \pm u_i \\ v_m = H_v v_{PV} \pm u_v \end{cases} \tag{3.85}$$

式中，i_m和v_m是电流和电压的测量值；i_{PV}和v_{PV}是光伏系统电流和电压的真实值。电流和电压传感器的比例因子H_i和H_v也考虑在内。注意，该比例因子是LPF传递函数$H_i(s)$和$H_v(s)$的静态增益。

将以前公式与i_{PV}、v_{PV}比较并假定无测量误差，则上述方程可转换为

$$i_{PV}=\frac{i_m}{H_i},v_{PV}=\frac{v_m}{H_v}\quad p_{PV}=\frac{v_m i_m}{H_v H_i} \tag{3.86}$$

将不确定性传播规律（3.80）应用到P_{PV}表达式中，得到

$$u_{P_{PV,m}}=\frac{1}{H_i H_v}\cdot\sqrt{v_m^2 u_i^2+i_m^2 u_v^2} \tag{3.87}$$

由于细化处理过程中会出现额外不确定变量u_E，光伏电压和电流相关表达式为

$$u_{P_{PV}}=u_{P_{PV,m}}+u_E=\sqrt{v_{PV}^2\left(\frac{u_i}{H_i}\right)^2+i_{PV}^2\left(\frac{u_v}{H_v}\right)^2}+u_E \tag{3.88}$$

光伏系统发电功率可以表示为

$$P_{PV,u_p}=P_{PV}\pm u_{P_{PV}} \tag{3.89}$$

式（3.88）用于在被测信号的不确定变量u_i、u_v最大值，电压和电流增益H_v、H_i，以及可减少光伏功率变化的不确定变量$u_{P_{PV}}$的精化过程中的数字分辨率u_E之间找到最佳平衡点。

P&O算法基于由两个连续扰动引起的测量功率变化，所以根据不确定性传播法则可得

$$P_{PVu_{\Delta P}}=(p_{PV}^{k+1}\pm u_{P_{PV}})-(P_{PV}^k\pm u_{P_{PV}})=P_{PV}\pm 2u_{P_{PV}} \tag{3.90}$$

式中，$\Delta P_{PV,u\Delta P}$是不确定度引起的功率变化量；P_{PV}^{k+1}和P_{PV}^k是不确定度引起的两个连续阶跃MPPT扰动下的功率，ΔP_{PV}是理想无噪声情况下的功率变化。作用于ΔP_{PV}的不确定性结果为$u_{\Delta P}=u_{P_{PV}}$。在P&O的判断过程中，$\Delta P_{PV,u_{\Delta P}}$可确定下一扰动的正负；因此，为了避免因不确定性造成的错误操作，$P_{PV,u_{\Delta P}}$的正负必须和ΔP_{PV}正负一致，ΔP_{PV}为光伏系统的实际功率变量。在式（3.91）成立时满足此条件。

$$|\Delta P_{PV}|\geqslant|u_{\Delta P}| \tag{3.91}$$

另一方面，ΔP_{PV}本身是由P&O阶跃扰动、辐照度变化以及其他不确定性源（比如输出电压振荡）引起的光伏功率变化，将不确定性应用于式（2.32）可获得

$$P_{PV}\simeq-\left(HV_{MPP}+\frac{1}{R_{MPP}}\right)(\Delta V_{PV,u_{v_{PV}}})^2+V_{MPP}K_{ph}\Delta G \tag{3.92}$$

其中$\Delta V_{PV,u_{v_{PV}}}$是在不确定性下的电压变化，与其他参数的关系如式（3.84）所示。

因此，为了估计出合适的扰动幅值 Δx，式（2.23）必须做如下修改：

$$|\Delta P_x| \geqslant |\Delta P_G| + |u_{\Delta p}| \tag{3.93}$$

其中 ΔP_x 和 ΔP_G 与式（2.23）中含义相同。

最后，结合式(2.32)~式(2.35)以及式（3.84）、式（3.88）和式（3.93），求取最大功率点值，得出

$$x > \frac{1}{|G_0|}\sqrt{\frac{V_{MPP}K_{ph}|\dot{G}|T_p + 2\sqrt{v_{PV}^2\left(\frac{u_i}{H_i}\right)^2 + i_{PV}^2\left(\frac{u_v}{H_v}\right)^2} + 2u_E}{\left(HV_{MPP} + \frac{1}{R_{MPP}}\right)}} + 2\frac{|G_{vp,vo}(\omega)|}{|G_0|}\cdot u_{v_o} \tag{3.94}$$

u_{v_o}、u_i、u_v、u_E值越低，功率的不确定性越低，所以正确选择传感器、LPF 参数、CPU 和变换器开关器件传递函数可最小化光伏功率估算的误差，最终减小了 P&O 算法的最优值 Δx。

实际上，式（3.88）和从 $H_v(s)$ 中得出的动态信息以及传递函数 $H_i(s)$ 给出了基于 P&O 的 MPPT 控制器测量系统的最优设计标准。u_E 给出了一个 CPU 性能的构思，奠定了 P&O MPPT 优良设计的基础。

3.4.3　扰动观察法中的 ADC 量化误差：数值算例

为了说明式（3.94）中采用的方法，我们描述了测量误差 u_v 和 u_i 在阶跃幅值增加 P&OMPPT 算法数字化实现中的作用。表 3.2 给出了光伏系统和用于估算 P&O 阶跃扰动的升压变换器的参数值。

表 3.2　光伏场和升压转换器参数

光伏阵列	数值（300W/m^2，T = 35℃）
MPP 电压 V_{MPP}	356V
MPP 电流 I_{MPP}	2.22A
MPP 电阻 R_{MPP}	161Ω
H_{MPP}	1.157×10^{-4}A/V^2
光诱导电流系数 K_{ph}	83mA · m^2/W
光伏可测量参数	最大值
光伏励磁电流 $I_{PV,max}$	10A
光伏励磁电压 $V_{PV,max}$	600V

（续）

光伏阵列	数值（300W/m^2，$T=35$℃）
MPPT 设计参数	标称值
辐照度变化	100W/m^2/s
P&O 时间间隔 T_p $\dot{G}$	2ms
升压输出电压 $V_o=G_o$	600V
输出电压振荡 $\Delta V_o=u_{v_o}$	0V

对于一个理想的无噪声系统（$u_{v_o}=u_i=u_v=u_E=0$），利用式（3.94）给出

$$\Delta x \geqslant 0.0059 \tag{3.95}$$

不确定分量的添加显示出每个分量对 Δx 增加的作用。在测量阶段说明了 ADC 引入的量化误差引起的不确定性。根据本章参考文献［35］，一些额外的误差来源也应该计算在内，但这些术语的模型超出了本书的范围。假设不确定性与数据最低有效位（Last Significant Bit，LSB）和 ADC 的电压分辨率直接相关，所以

$$u_i=u_v=\frac{1}{2}\text{LSB}=\frac{1}{2}\frac{V_{FS}}{2^N} \tag{3.96}$$

式中，V_{FS}是满量程输入电压；N 是 ADC 的位数。此外，为了在 V_{FS}范围内表示光伏电压和电流，比例因子 H_v和 H_i必须按照下面的公式选取

$$H_v=\frac{V_{FS}}{V_{PV,max}} \quad H_i=\frac{V_{FS}}{I_{PV,max}} \tag{3.97}$$

如果选取 $N=10$，$V_{FS}=5$V（均是表 3.2 所示 ADC 参数的典型值），结果为

$$u_i=u_v=\frac{1}{2}\frac{V_{FS}}{2^N}\simeq 2.4\text{mV}$$

$$H_v=\frac{5}{600}\simeq 0.0083 \quad H_i=\frac{5}{10}=0.5\ \frac{\text{V}}{\text{A}} \tag{3.98}$$

将上述值代入式（3.94）。Δx 的新值必须满足如下约束条件：

$$\Delta x \geqslant 0.0157 \tag{3.99}$$

该值约为 3 倍无噪声情况下式（3.95）所得值。

此处假设测量过程中引入的量化误差几乎不会导致 MPPT 算法的误判。如果允许 P&O 判断正确率变低，Δx 将逐步变小。

还有另外一种方法，为了尽可能地提高 MPPT 性能，可以通过使用不同的 ADC 来降低最优 Δx 值。表 3.3 显示了当 3 种 ADC 的位数不同但 V_{FS}相同时的测量结果。基于式（3.88），可以分别评价 u_v和 u_i对光伏功率评估的影响，这有助于识别出更容易察觉量化误差的通道。

表 3.3 清楚地显示了能够忽略量化误差的最小的 ADC 位数。值得注意的是，源自两个测量通道的不确定性会有明显不同。事实上，表 3.3 分别突出显示了由两个通道区别导致的功率数值的不确定。光伏电流 u_i 测量的不确定性导致 ΔP_{Ui} 功率变化量增加，由光伏电压 u_v 测量的不确定性导致 ΔP_{Uv} 功率变化量增加。相对量化误差来说 MPPT 性能敏感性十分关键，一些制造商制造高分辨率的 ADC 用于光伏应用的电力监控[36]。另外，结合多路光伏变量采样的数字信号处理也会增加 ADC 等效位数[37]。总之，关于不确定性最小化的作用必须集中于严重影响 MPPT 运算过程的噪声源上。方程（3.94）明确表明对 P&O 算法的这种依赖。

表 3.3 MPPT 性能的 ADC 分辨率

	ADC 10Bit	ADC 16Bit	ADC 20Bit
u_i，u_v	2.4mV	38μV	2.4μV
P_u	≃3.5W	≃56mW	≃3.4mW
P_u	≃1W	≃17mW	≃1mW
Δx	0.0157	0.0062	0.0059

参考文献

1. S.B. Kjær. Design and control of an inverter for photovoltaic applications. PhD thesis, Aalborg University, Denmark Institute of Energy Technology, January 2005.
2. N. Femia, G. Petrone, G. Spagnuolo, and M. Vitelli. A technique for improving P&O MPPT performances of double stage grid-connected photovoltaic systems. *IEEE Transactions on Industrial Electronics*, 56(11):4473–4482, 2009.
3. R.-J. Wai and C.-Y. Lin. Active low-frequency ripple control for clean-energy power-conditioning mechanism. *IEEE Transactions on Industrial Electronics*, 57:3780–3792, 2010.
4. R.S. Gemmen. Analysis for the effect of inverter ripple current on fuel cell operating condition. *Journal of Fluids Engineering*, 125(3):576–585, 2003.
5. C. Liu and J.-S. Lai. Low frequency current ripple reduction technique with active control in a fuel cell power system with inverter load. *IEEE Transactions on Power Electronics*, 22(4):1429–1436, 2007.
6. S.K. Mazumder, R.K. Burra, and K. Acharya. A ripple-mitigating and energy-efficient fuel cell power-conditioning system. *IEEE Transactions on Power Electronics*, 22(4):1437–1452, 2007.

7. K. Fukushima, I. Norigoe, M. Shoyama, T. Ninomiya, Y. Harada, and K. Tsukakoshi. Input current-ripple consideration for the pulse-link DC-AC converter for fuel cells by small series LC circuit. In *Twenty-Fourth Annual IEEE Applied Power Electronics Conference and Exposition (APEC 2009)*, February 2009, pp. 447–451.
8. J.-I. Itoh and F. Hayashi. Ripple current reduction of a fuel cell for a single-phase isolated converter using a dc active filter with a center tap. In *Twenty-Fourth Annual IEEE Applied Power Electronics Conference and Exposition (APEC 2009)*, February 2009, pp. 1813–1818.
9. J.-M. Kwon, E.-H. Kim, B.-H. Kwon, and K.-H. Nam. High-efficiency fuel cell power conditioning system with input current ripple reduction. *IEEE Transactions on Industrial Electronics*, 56(3):826–834, 2009.
10. E. Mamarelis, C.A. Ramos-Paja, G. Petrone, G. Spagnuolo, M. Vitelli, and R. Giral. FPGA-based controller for mitigation of the 100 Hz oscillation in grid connected PV systems. In *2010 IEEE International Conference on Industrial Technology (ICIT)*, March 2010, pp. 925–930.
11. T. Brekken, N. Bhiwapurkar, M. Rathi, N. Mohan, C. Henze, and L.R. Moumneh. Utility-connected power converter for maximizing power transfer from a photovoltaic source while drawing ripple-free current. In *2002 IEEE 33rd Annual Power Electronics Specialists Conference, 2002*, vol. 3, pp. 1518–1522.
12. R.W. Erikson and D. Maksimovic. *Fundamentals of power electronics*. 2nd ed. Kluwer Academic Publishers, Norwell, MA, 2000.
13. L. Castanier and S. Silvestre. *Modelling photovoltaic systems using pspice*. Vol. 1. John Wiley & Sons, West Sussex, UK, 2002.
14. V. Salas, E. Olìas, A. Barrado, and A. Làzaro. Review of the maximum power point tracking algorithms for stand-alone photovoltaic systems. *Solar Energy Materials and Solar Cells*, 90:1555–1576, 2006.
15. J.P. Gaubert, R. Kadri, and G. Champenois. An improved maximum power point tracking for photovoltaic grid-connected inverter based on voltage-oriented control. *IEEE Transactions on Industrial Electronics*, 58(1):66–75, 2011.
16. O. Lopez-Lapena, M.T. Penella, and M. Gasulla. A new MPPT method for low-power solar energy harvesting. *IEEE Transactions on Industrial Electronics*, 57(9):3129–3138, 2010.
17. O. Lopez-Lapena, M. Penella, and M. Gasulla. A close-loop maximum power point tracker for sub-watt photovoltaic panels. *IEEE Transactions on Industrial Electronics*, PP(99):1, 2011.
18. Y. Xue, L. Chang, S.B. Kjær, J. Bordonau, and T. Shimizu. Topologies of single-phase inverters for small distributed power generators: An overview. *IEEE Transactions on Power Electronics*, 19(5):1305–1314, 2004.
19. H. Sira-Ramirez. Sliding motions in bilinear switched networks. *IEEE Transactions on Circuits and Systems*, 34(8):919–933, 1987.
20. L. Rossetto, G. Spiazzi, P. Tenti, B. Fabiano, and C. Licitra. Fast-response high-quality rectifier with sliding mode control. *IEEE Transactions on Power Electronics*, 9(2):146–152, 1994.
21. S.-C. Tan, Y.M. Lai, and C.K. Tse. General design issues of sliding-mode controllers in dc dc converters. *IEEE Transactions on Industrial Electronics*, 55(3):1160–1174, 2008.

22. M.A. Sofla and G.B. Gharehpetian. Dynamic performance enhancement of microgrids by advanced sliding mode controller. *International Journal of Electrical Power and Energy Systems*, 33(1):1–7, 2011.
23. J. Fernandez-Vargas and G. Ledwich. Variable structure control for power systems stabilization. *International Journal of Electrical Power and Energy Systems*, 32(2):101–107, 2010.
24. R.-J. Wai, W.-H. Wang, and C.-Y. Lin. High-performance stand-alone photovoltaic generation system. *IEEE Transactions on Industrial Electronics*, 55(1):240–250, 2008.
25. R.-J. Wai and W.-H. Wang. Grid-connected photovoltaic generation system. *IEEE Transactions on Circuits and Systems I: Regular Papers*, 55(3):953–964, 2008.
26. Y.-K. Lo, S.-C. Yen, and C.-Y. Lin. A high-efficiency AC-to-DC adaptor with a low standby power consumption. *IEEE Transactions on Industrial Electronics*, 55(2):963–965, 2008.
27. Linear Company. Burst mode in Linear products. LTC3458. http://cds.linear.com/docs/datasheet/3442fa.pdf.
28. Powersim. Power electronics simulation software, 2008. http://www.powersys.fr/psimpresent.php.
29. G. Spagnuolo, G. Petrone, M. Vitelli, J. Calvente, C. Ramos-Paja, R. Giral, E. Mamarelis, and E. Bianconi. A fast current-based MPPT technique employing sliding mode control. *IEEE Transactions on Industrial Electronics*, PP(99):1, 2012.
30. E. Bianconi, J. Calvente, R. Giral, G. Petrone, C.A. Ramos-Paja, G. Spagnuolo, and M. Vitelli. A fast current-based MPPT technique based on sliding mode control. In *2011 IEEE International Symposium on Industrial Electronics (ISIE)*, June 2011, pp. 59–64.
31. E. Bianconi, J. Calvente, R. Giral, G. Petrone, C.A. Ramos-Paja, G. Spagnuolo, and M. Vitelli. Improving the perturb and observe maximum power point tracking by using sliding mode control. In *2011 IEEE International Symposium on Industrial Electronics (ISIE)*, June 2011, pp. 310–315.
32. N. Femia, G. Petrone, G. Spagnuolo, and M. Vitelli. Optimization of perturb and observe maximum power point tracking method. *IEEE Transactions on Power Electronics*, 20(4):963–973, 2005.
33. D. Arnold and H.-G. Beyer. A comparison of evolution strategies with other direct search methods in the presence of noise. *Computational Optimization and Applications*, 24:135–159, 2003. 10.1023/A:1021810301763.
34. H. Al-Atrash, I. Batarseh, and K. Rustom. Effect of measurement noise and bias on hill-climbing MPPT algorithms. *IEEE Transactions on Aerospace and Electronic Systems*, 46(2):745–760, 2010.
35. JCGM/WG 1. Evaluation of measurement data—Guide to the expression of uncertainty in measurement. Working Group 1 of the Joint Committee for Guides in Metrology, September 2008.
36. Texas Instruments. High-resolution analog-to-digital converter—ads1282. http://www.ti.com/lit/ds/symlink/ads1282.pdf, 2012.
37. E. Balestrieri, P. Daponte, and S. Rapuano. A state of the art on ADC error compensation methods. *IEEE Transactions on Instrumentation and Measurement*, 54(4):1388–1394, 2005.

第 4 章　光伏阵列的分布式最大功率点跟踪

4.1　标准 MPPT 的局限性

光伏发电系统通常采用集中式最大功率点跟踪（FMPPT）策略，也就是对并联光伏串组成的系统（见图 4.1）的功率和电压曲线特性进行最大功率点跟踪。

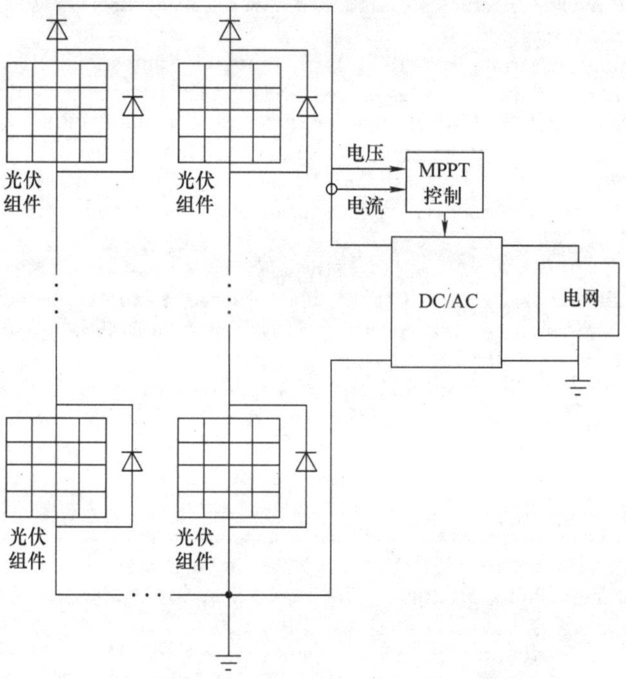

图 4.1　带 FMPPT 功能的并网光伏发电系统

由于云、阴影、杂物、制造误差、老化、部分光伏电池板的不同朝向等原因导致的不匹配问题，光伏系统的 $P-V$ 特性曲线可能出现多个峰值，而由于使用了旁路二极管以及 MPPT 算法可能会失效，多个峰值出现时会导致整个系统效率严重降低[1-34]，除非对 $P-V$ 特性曲线进行定期修复。即使 FMPPT 算法能够使失配的区域光伏组件获得实际最大功率，该功率仍低于失配组件能够提供的最大功率的总和。

4.2　新型分散式 MPPT（DMPPT）技术

为克服光伏发电应用不匹配的缺点，分散式最大功率点跟踪（DMPPT）技术问世。DMPPT 方案有两种：①为模块配置专用 DC/AC 变换器，即微型逆变器，帮助每个光伏组件实现 MPPT[35-37]；②为模块配置专用 DC/DC 变换器，在每个模块和集中逆变器上实现 MPPT[45-64]。

图 4.1 中光伏组件先串后并，并与单相 DC/AC 逆变器连接。

4.2.1　基于微型逆变器的 DMPPT 技术

微型逆变器是一个 DC/AC 并网装置，能够将单个光伏组件直流功率转化为满足电网标准的交流功率，并在该组件上（图 4.2）实现 MPPT[35-37]。

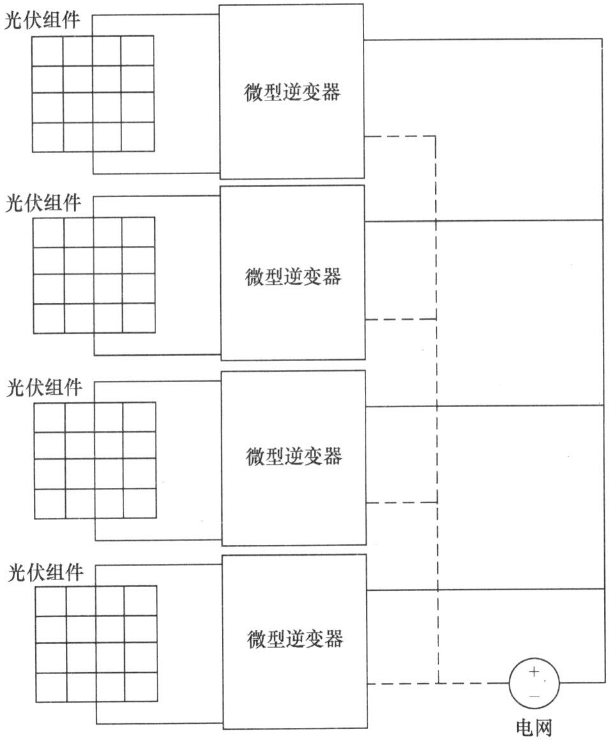

图 4.2　基于微型逆变器输出端并联入网的带 DMPPT 功能的并网光伏发电系统

采用微型逆变器的优点如下：

1）在不匹配的情况下，不会造成光伏能量浪费。

2）便于模块化，光伏发电系统可通过在交流端并联微型逆变器实现扩容。

3）每个模块独立工作。如果其中一个模块发生故障，其他模块可以继续向电网传输功率。

4）系统规模最小化，即降低了单独建立光伏电站的门槛。

5）使用标准的AC安装材料（无直流电缆），降低了安装材料和系统设计的成本。

6）不需要二极管，因此不存在由于阻塞二极管造成的额外传导损耗。

微型逆变器同样存在一些不足。首先，小功率等级（150~250W）接入会影响成本，因为额定功率越低，每kW·h电能成本越高。为了降低成本，需要规模生产并通过灵活方案与市场上常用的光伏电池板适配。由于光伏电池板输出电压范围为20~50V，高电压增益能力显得尤为重要。微型逆变器设计的难点之一在于从光伏组件输出低直流电压转变到欧洲电网交流典型值230Vrms（相比美国电网交流值较低情况显得更为严重）。此外，每个微型逆变器的设计均需考虑交流并网的细节问题，比如滤波器、保护和控制，包括防孤岛，这样会增大光伏系统每kW·h的发电成本。另一个缺点是所采用的电力电子装置必须具备高鲁棒性和长使用寿命（光伏组件的期望寿命一般为20年）。使用寿命与故障器件的可靠性和预期故障率紧密相关。此外，由于恶劣的运行环境常会出现一天内温度变化幅度较大，所以部件和绝缘材料的机械受压能力必须较强。在所有有源或无源的元件中，电解电容是寿命最短的元件之一，并且老化后会导致等效串联电阻（ESR）增加，使损耗也会相应增加。在单相连接的AC系统中，需要利用储能电容（常用电解电容）将交流侧（存在100Hz功率波动）与直流侧（功率恒定）解耦。基于以上考虑，微型逆变器最适合采用不需要高电容值的拓扑结构，便于薄膜技术（长寿命，导热性好、导电稳定性，较低的ESR）的应用。

AC模块是由一个光伏组件和一个DC/AC变换器（微型逆变器）组合而成，当它并联接入电网时，能够把光能转化为AC功率。对AC模块的研究始于20纪80年代，发起人是ISET的Kleinkauf教授。他是SMA创始人之一，也是光伏逆变器全球市场的领导者。

AC模块和微型逆变器的大规模生产始于20世纪90年代后期。1996年NKF Kabel开始生产100W OK4微型逆变器；2000年绿色太阳能112W AC模块通过加州能源委员会认证；随着技术的进步，第一个300W AC模块在1997年问世。由于逆变器相对较高的成本和故障率，2003年AC模块和微型逆变器几乎完全退出了市场。然而，AC模块和微型逆变器最近在商用领域取得了新进展：Enphase 230W微型逆变器（2008，美国）[38]、Greenray光伏200W SunSine AC模块（2009，美国）[39]、Petra光伏200W AC模块（2009，美国）[40]、Enecsys 280W

微型逆变器（2010，UK）[41]、Exeltech 240W AC 模块（2010，美国）[42]、Solarbridge235W 微型逆变器（2010，美国）[43] 和 INVOLAR 250W 微型逆变器（2010，中国）[44] 相继诞生。

理论上，将微型逆变器的输出端口进行串联可实现与 230V AC 电网连接（无需变压器）（见图 4.3）。这样的架构很有前景，值得我们进一步研究。市场上目前还没有类似的商用设备。

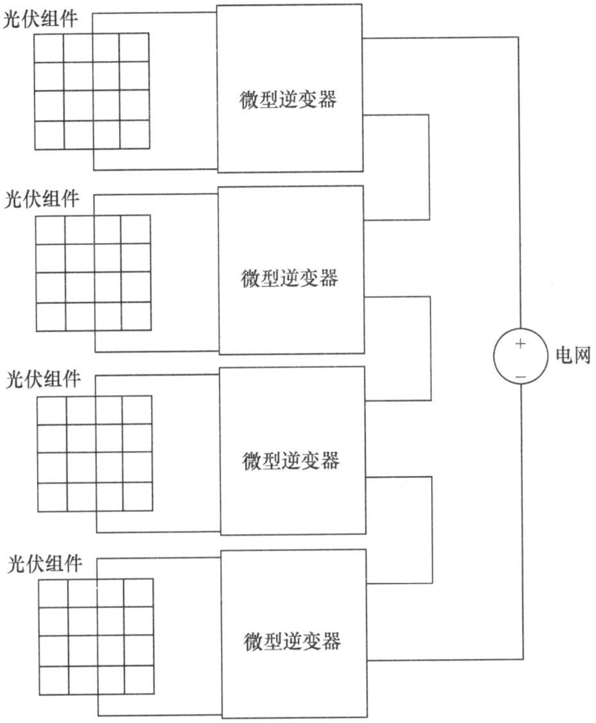

图 4.3　输出端口串联的微型逆变器带 MPPT 功能的光伏并网发电系统

4.2.2　基于 DC/DC 变换器的 DMPPT 技术

如 4.2 节开始所述，为 MPPT 模块配置专用 DC/DC 变换器（见图 4.4）和集中式逆变器可解决不匹配问题[45-64]。

参照图 4.4，拓扑生产的商用装置包括：National Semiconductors 的 SolarMagic Power Optimizers[65]、SolarEdge Power Box[66]、Tigo Energy Module Maximizers[67] 和 Xandex SunMizers[68]。

理论上也可以采用如图 4.5 所示的架构，但该架构下需使用 DC/DC 变换器，由此需满足两个限制条件：高电压变比（如从 30～350V）和高变换效率。就我们所知，仅 eIQ Energy 推出了适配该架构的设备，称为 Parallux Vboost[69]。

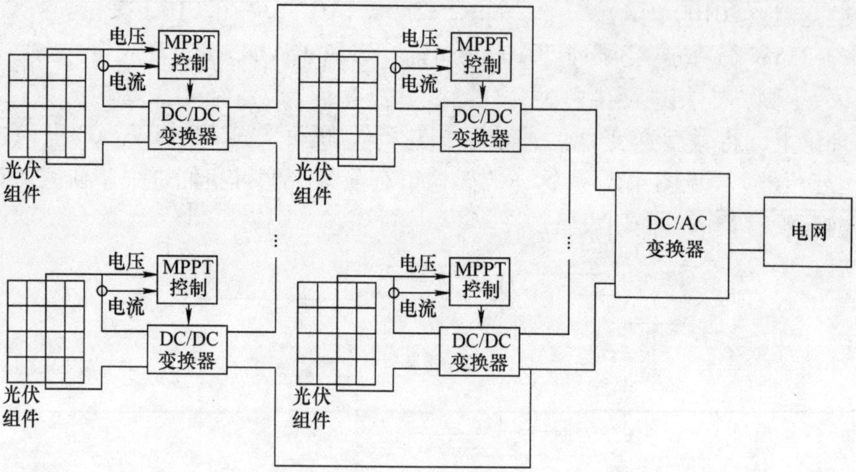

图 4.4　带 MPPT 功能的 DC/DC 变换器输出端口串联的光伏并网发电系统

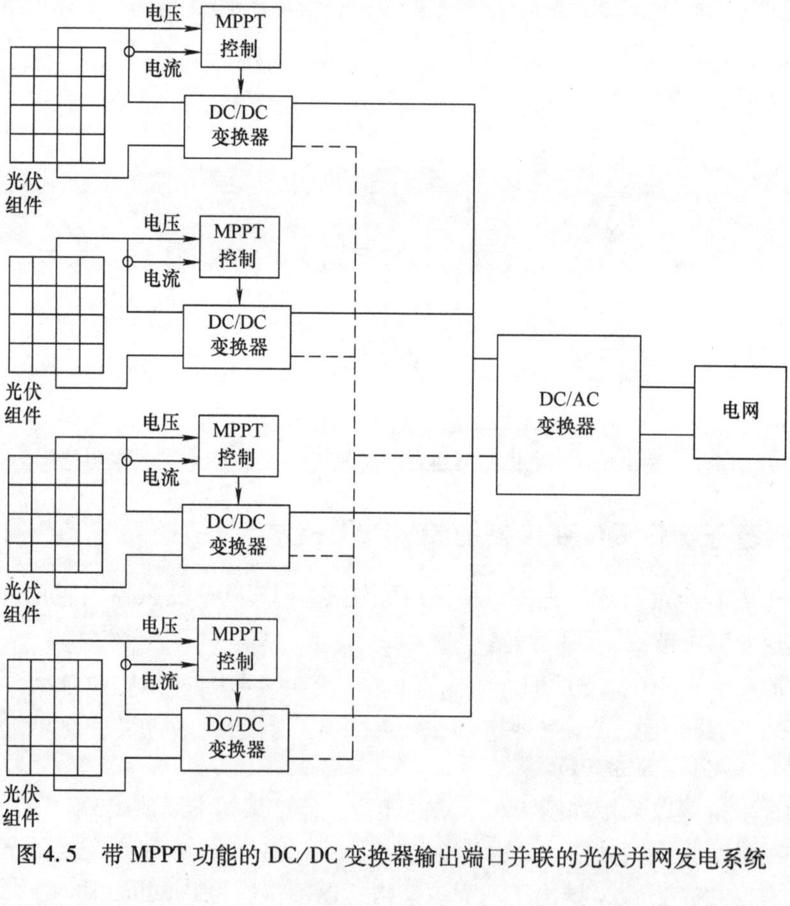

图 4.5　带 MPPT 功能的 DC/DC 变换器输出端口并联的光伏并网发电系统

4.3 基于 DMPPT 技术的光伏阵列直流分析

下面详细讨论和分析采用图 4.4 所示架构的光伏系统。DC/DC 变换器输出端口串联为系统施加了一些重要约束条件，要保证光伏系统的有效工作，就必须仔细考虑这些约束条件。下面我们将介绍一种配备专用 DC/DC 变换器的光伏组件，称为自治型光伏组件（Self Controlled PV Module，SCPVM）。DMPPT 技术存在两个主要缺点：①当存在不匹配现象时，只有当功率级直流变换器 MPPT 转换效率足够高时，DMPPT 效率才会比 FMPPT 高[70]；②采用 DMPPT 技术时不允许每个光伏组件都工作于最大功率点，也就是说，采用 DMPPT 技术时，整个光伏系统获得的总功率可能会低于所有组件的最大功率之和，还可能会低于采用 FMPPT 技术时获得的总功率。这与采用特定直流变换器电压占空比的约束条件有关。事实上，DMPPT 性能的局限性，不仅存在于仅能够对输出电压进行升高的拓扑中（例如升压型拓扑），而且也存在于可对输出电压进行升压和降压的拓扑中，例如 buckboost 和 Cuk 拓扑。因此，乍看 DMPPT 在各种应用情况下都能获得较高性能。但事实上，如本章参考文献［46，47，71］所述，由于 SCPVM 对功率器件的额定功率有限制或者线电压非最佳值，DMPPT 性能并没有想象中那么高。我们将会在后续章节中详细阐述。

4.3.1 合适的工作区间

为不失一般性，我们将介绍一种升压型拓扑（boost）和一种升/降压型拓扑（buckboost）。图 4.4 为一组输出端口串联的 N 个 SCPVM。值得注意的是，光伏运行区间取决于所采用的变换器拓扑、器件的额定值、辐照度 G_k，以及表示第 k 个组件温度的 T_k（可通过公式 $T_k = T_a +$（NOCT − 20℃）$G_k/800$ 对 T_k 进行估算，其中 T_a 表示环境温度，而 NOCT 是光伏电池板的额定工作温度[1]），并不是所有光伏运行区间［V_{pan1}，…，V_{panN}］内电压选取都满足以下条件：

$$0 < V_{pank} < V_{ock} \tag{4.1a}$$

$$\sum_{k=1}^{N} P_{pank}(V_{pank}) = P_{tot} \tag{4.1b}$$

$$I_{out} = \frac{P_{tot}}{V_{bulk}} \tag{4.1c}$$

$$V_{outk} = \frac{P_{pank}}{I_{out}} \tag{4.1d}$$

$$I_{outk} = I_{out} \tag{4.1e}$$

$$M_k = \frac{V_{outk}}{V_{pank}} \tag{4.1f}$$

$$M_{\min} < M_k < M_{\max} \tag{4.1g}$$

$$V_{\mathrm{off}k} < V_{\mathrm{ds\ max}} \tag{4.1h}$$

$$I_{\mathrm{on}k} < I_{\mathrm{ds\ max}} \tag{4.1i}$$

其中$V_{\mathrm{pan}k}$表示第k个光伏组件的电压，$P_{\mathrm{pan}k}(V_{\mathrm{pan}k})$表示对应组件的额定功率，$V_{\mathrm{oc}k}$表示第$k$个组件的开路电压，$V_{\mathrm{out}k}$和$I_{\mathrm{out}k}$分别表示第$k$个SCPVM的输出电压和输出电流，$V_{\mathrm{bulk}}$表示直流变换器的输入电压，$M_k$表示第$k$个变换器的电压变比，其中$M_{\min}$和$M_{\max}$是相应的最小和最大值（对于理想的boost变换器，$M_{\min}=1$并且$M_{\max}\to\infty$，对于理想的buckboost变换器，$M_{\min}=0$并且$M_{\max}\to\infty$）。$V_{\mathrm{off}k}$表示当开关处于关断状态时两端的电压值，$V_{\mathrm{ds\ max}}$表示允许的最大电压值，取决于所用器件的功率等级。$I_{\mathrm{on}k}$表示变换器开关处于开通状态时的峰值电流，而$I_{\mathrm{ds\ max}}$表示允许通过的最大电流值，也取决于所用器件的功率等级。注意，对于boost拓扑，有源开关和输出电容两端的电压在开关断开时等于输出电压$V_{\mathrm{out}k}$[72]，而对于buckboost电路拓扑，有源开关两端的电压在开关断开时，等于输入和输出电压$V_{\mathrm{pan}k}-V_{\mathrm{out}k}$之和（buckboost电路拓扑是一个反向拓扑，因此$V_{\mathrm{out}k}<0$）[72]）。此外，约束条件(4.1i)仅对buckboost变换器有效。实际上，当采用boost变换器时，需要确保开关器件能够承受光伏组件输入端短路电流（开关电流的峰值等于光伏组件电流）。相反，对于buckboost变换器，当占空比D降低时，开关电流峰值升高（开关电流峰值等于光伏组件电流除以D[72]）。因此，当输出电压随着输入电压（$D<0.5$）的降低而不断下降时，开关中的电流可能超过安全临界值$I_{\mathrm{ds\ max}}$。那么，当满足所有约束条件（4.1a～4.1i）所取的一组光伏工作电压（V_{pan1}，…，$V_{\mathrm{pan}N}$）才是可行的。此外，DMPPT效率可以用比例系数η_{DMPPT}表示，即采用DMPPT技术获得的光伏功率和可能取得的最大光伏功率之间的比值，而FMPPT效率可以用比例系数η_{FMPPT}表示，即采用FMPPT技术获得的光伏功率和可能取得的最大光伏功率之间的比值。

4.3.2 合适的工作区间的实例

为了说明由于受环境条件和系统参数的影响，等式$\eta_{\mathrm{DMPPT}}=1$并不总是成立，图4.6～图4.11给出了数据实例验证。为简单起见，它们一般被当作两个采用了新型多晶硅Sunmodule SW225光伏组件（$V_{\mathrm{oc}}=36.8\mathrm{V}$，$I_{\mathrm{sc}}=8.17\mathrm{A}$，$V_{\mathrm{MPP}}=29.5\mathrm{V}$，$I_{\mathrm{MPP}}=7.63\mathrm{A}$，NOCT=46℃）的串联SCPVM。在图4.6～图4.11中，水平轴与垂直轴分别表示两个光伏组件的工作电压V_{pan1}和V_{pan2}。G_1（G_2）表示光伏组件1（2）的辐照度。有色区域是所有的可行工作区间电压的轨迹。这些颜色用于识别与每个工作区间工作点有关的总光伏功率，用位于右侧的竖线表示。平面的剩余部分$V_{\mathrm{pan1}}-V_{\mathrm{pan2}}$由不可行工作区间构成。对于每一个不可行工作区间的工作点，采用不同的符号来标识，对于boost变换器不满足的约束条件由“图例1”表示，对buckboost变换器不满足的约束条件由“图例2”表示。

图例 1

■ $V_{out1} < V_{pan1}$　$V_{out1} < V_{ds\ max}$　$V_{out2} > V_{pan2}$　$V_{out2} < V_{ds\ max}$
□ $V_{out1} > V_{pan1}$　$V_{out1} < V_{ds\ max}$　$V_{out2} < V_{pan2}$　$V_{out2} < V_{ds\ max}$
● $V_{out1} > V_{pan1}$　$V_{out1} > V_{ds\ max}$　$V_{out2} > V_{pan2}$　$V_{out2} < V_{ds\ max}$
○ $V_{out1} > V_{pan1}$　$V_{out1} < V_{ds\ max}$　$V_{out2} > V_{pan2}$　$V_{out2} > V_{ds\ max}$
✱ $V_{out1} < V_{pan1}$　$V_{out1} < V_{ds\ max}$　$V_{out2} > V_{pan2}$　$V_{out2} > V_{ds\ max}$
✳ $V_{out1} > V_{pan1}$　$V_{out1} > V_{ds\ max}$　$V_{out2} < V_{pan2}$　$V_{out2} < V_{ds\ max}$

理论的最大功率点标为星号，坐标为（V_{MPP1}，V_{MPP2}）；相反，合适的最大功率点位于可行工作区间并且对应光伏发电功率的最大值。如图 4.6 所示（boost 变换器，$G_1 = G_2 = 1000\mathrm{W/m^2}$，$V_{ds\ max} = 50\mathrm{V}$，$V_{bulk} = 80\mathrm{V}$）$\eta_{DMPPT} = \eta_{FMPPT} = 1$，这是因为理论的最大功率点和可行性工作区实际的最大功率点重合。而在如图 4.7 所示的情况下（boost 变换器，$G_1 = 1000\mathrm{W/m^2}$，$G_2 = 500\mathrm{W/m^2}$，$V_{ds\ max} = 50\mathrm{V}$，$V_{bulk} = 80\mathrm{V}$）$\eta_{DMPPT} = 0.9$，$\eta_{FMPPT} = 0.72$，这是因为理论的最大功率点不属于可行性工作区。图 4.7 是 η_{FMPPT} 和 η_{DMPPT} 都小于 1 情况的一个简单示例。通过采用相同电压等级的 buckboost 变换器，不仅在图 4.9 不匹配的情况下（$G_1 = 1000\mathrm{W/m^2}$，$G_2 = 500\mathrm{W/m^2}$，$V_{ds\ max} = 50\mathrm{V}$，$V_{bulk} = 80\mathrm{V}$，$\eta_{DMPPT} = 0.31$，$\eta_{FMPPT} = 0.72$），而且在图 4.8 匹配的情况下（$G_1 = G_2 = 1000\mathrm{W/m^2}$，$V_{ds\ max} = 50\mathrm{V}$，$V_{bulk} = 80\mathrm{V}$，$\eta_{DMPPT} = 0.36$，$\eta_{FMPPT} = 1$），可以得出：由于额定电压限制（50V），DMPPT 不能保证每个光伏组件工作于最大功率点。

图例 2

■ $(V_{pan1} - V_{out1}) > V_{ds\ max}$　$I_{on1} < I_{ds\ max}$　$(V_{pan2} - V_{out2}) < V_{ds\ max}$　$I_{on2} < I_{ds\ max}$
□ $(V_{pan1} - V_{out1}) < V_{ds\ max}$　$I_{on1} < I_{ds\ max}$　$(V_{pan2} - V_{out2}) > V_{ds\ max}$　$I_{on2} < I_{ds\ max}$
✳ $(V_{pan1} - V_{out1}) > V_{ds\ max}$　$I_{on1} < I_{ds\ max}$　$(V_{pan2} - V_{out2}) > V_{ds\ max}$　$I_{on2} < I_{ds\ max}$
● $(V_{pan1} - V_{out1}) < V_{ds\ max}$　$I_{on1} > I_{ds\ max}$　$(V_{pan2} - V_{out2}) < V_{ds\ max}$　$I_{on2} < I_{ds\ max}$
○ $(V_{pan1} - V_{out1}) < V_{ds\ max}$　$I_{on1} < I_{ds\ max}$　$(V_{pan2} - V_{out2}) < V_{ds\ max}$　$I_{on2} > I_{ds\ max}$
● $(V_{pan1} - V_{out1}) < V_{ds\ max}$　$I_{on1} > I_{ds\ max}$　$(V_{pan2} - V_{out2}) < V_{ds\ max}$　$I_{on2} > I_{ds\ max}$

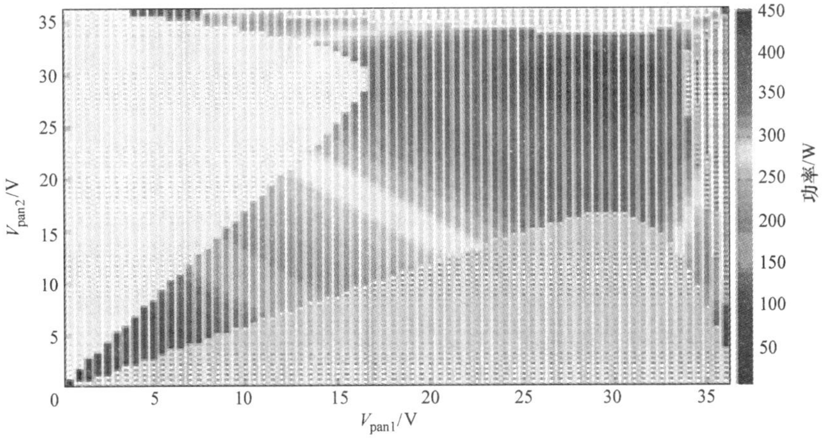

图 4.6　（升压）$G_1 = G_2 = 1000\mathrm{W/m^2}$，$V_{bulk} = 80\mathrm{V}$，$V_{ds\ max} = 50\mathrm{V}$

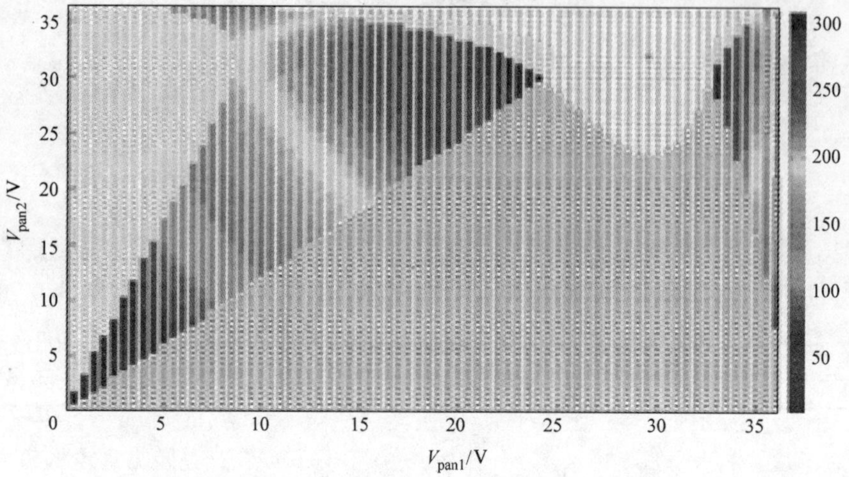

图 4.7 （升压）$G_1=1000\text{W/m}^2$，$G_2=500\text{W/m}^2$，$V_{bulk}=80\text{V}$，$V_{ds\ max}=50\text{V}$

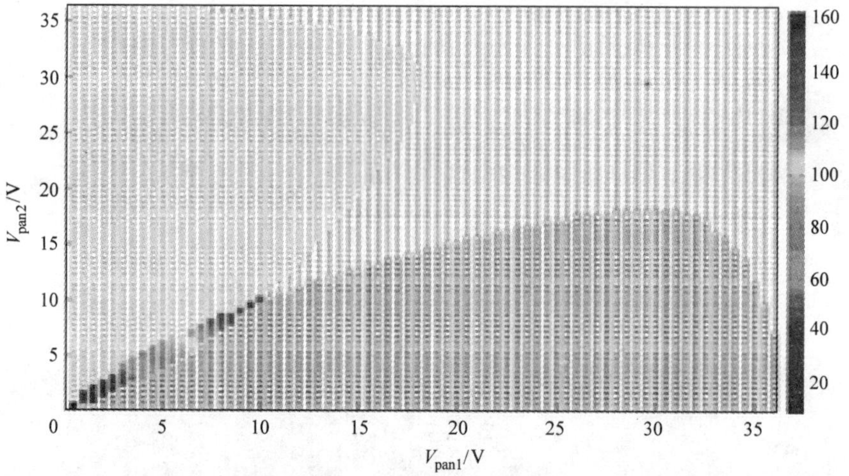

图 4.8 （升降压）$G_1=G_2=1000\text{W/m}^2$，$V_{bulk}=80\text{V}$，$V_{ds\ max}=50\text{V}$，$I_{ds\ max}\to\infty$

为了获得更大范围的运行区间，buckboost 变换器需要采用更高额定电压的器件，如图 4.10 所示（$V_{ds\ max}=80\text{V}$，$\eta_{DMPPT}=1$，$\eta_{FMPPT}=1$）。在 $I_{ds\ max}\to\infty$ 条件下得出如图 4.6 ~ 图 4.10 所示波形。通过对比图 4.10 和图 4.11，约束条件 (4.1i) 的影响就比较容易理解了，两组波形都是 buckboost 变换器在相同运行条件下取得。图 4.10 所示波形是在 $I_{ds\ max}$ 趋近于无穷大条件下得到的，而图 4.11 是在 $I_{ds\ max}=16\text{A}$ 条件下得到的。

上述结果有助于验证以下两个结论。首先，在 DMPPT 技术应用于光伏时，

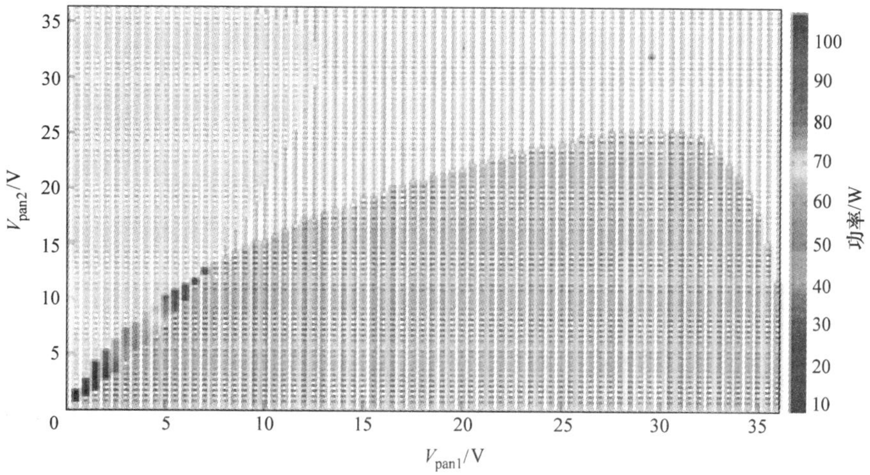

图 4.9　（升降压）$G_1=1000\text{W/m}^2$，$G_2=500\text{W/m}^2$，$V_{bulk}=80\text{V}$，$V_{ds\ max}=50\text{V}$，$I_{ds\ max}\to\infty$

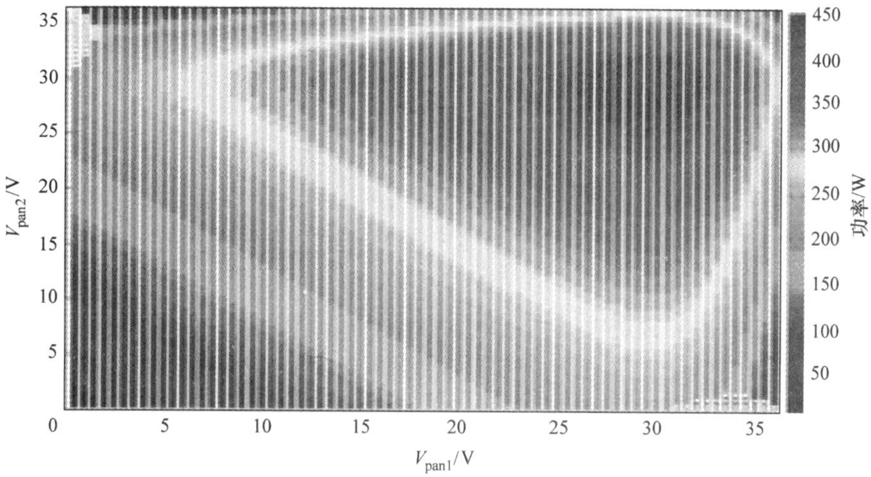

图 4.10　（升降压）$G_1=G_2=1000\text{W/m}^2$，$V_{bulk}=50\text{V}$，$V_{ds\ max}=80\text{V}$，$I_{ds\ max}\to\infty$

有必要采用合适的附加保护电路来预防电压或电流越限（此处的限制源于SCPVM中采用的开关器件的额定值）。如果未采用保护电路，当理论最大功率点不在合适工作区间时，该MPPT电路将会迫使工作点靠近理论最大功率点而不是实际的最大功率点，从而可能导致一个或更多SCPVM遭受损坏。

此外，许多逆变器制造商指出，DMPPT于系统是有益的，因为能够在逆变器的输入端设置固定电压，由于最大功率点跟踪控制是在每个光伏组件上完成，

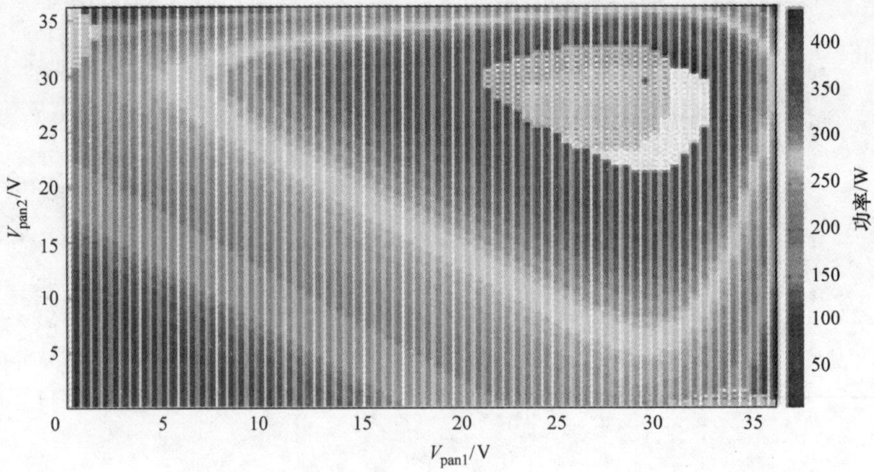

图 4.11 （升降压）$G_1 = G_2 = 1000\text{W/m}^2$，$V_{bulk} = 50\text{V}$，$V_{ds\ max} = 80\text{V}$，$I_{ds\ max} = 16\text{A}$

每个组件都可以独立控制，从而使逆变器可以在其取得峰值运行效率的输入电压值条件下工作。当 MPPT 算法必须同时在每个 SCPVM 以及逆变器（输入电压）上执行时，才能实现最大能量采集。我们将在下面章节对此详细阐述。

4.3.3 升压型 SCPVM 的 *I – V* 和 *P – V* 特性

首先将介绍连接了光伏组件的理想升压型 MPPT 逆变器的出口 $I-V$ 特性曲线，即一个升压型 SCPVM 的输出曲线。换句话说，我们将介绍 boost SCPVM 如何影响光伏组件（boost MPPT 逆变器输入特性）的 $I-V$ 特性。如果我们使用一个理想无额定电压和额定电流限制的无损型 boost 逆变器，boost 电路拓扑输出电压大于（或最多等于）V_{MPP}，那么，该 SCPVM 的 $I-V$ 特性就是一个简化方程 $VI = P_{MPP}$，其中 V 表示 SCPVM 的输出电压，I 表示 SCPVM 的输出电流，P_{MPP}为给定气候条件下光伏组件提供的最大功率，这样就比较容易理解了。事实上，带 MPPT 功能的 boost 逆变器可以使光伏组件工作于最大功率点，并且同时能够提供不小于输入电压的输出电压，即，大于（或最多等于）V_{MPP}。相反，如果 SCPVM 的输出电压 V 低于 V_{MPP}，则该 SCPVM 的 $I-V$ 特性与在给定气候条件下光伏组件电压特性一致。事实上，在这样的情况下（$V < V_{MPP}$），光伏组件的工作电压也必须位于最大功率点的左侧，其中光伏组件的 $P-V$ 特性随电压单调递增。因此，光伏组件可获得最大功率的运行工作区间是与光伏组件能取得最高电压特性相关的，同时不能超过电压 V。

这意味着必须使 $V_{pan} = V$，从而也有 $I_{pan} = I$；因此，SCPVM 的 $I-V$ 输出特性中 $V < V_{MPP}$ 必须与光伏组件的 $I-V$ 特性中 $V_{pan} < V_{MPP}$ 相一致。特别地，图

4.12 包含一个 SW225 光伏组件的 $I-V$ 特性曲线（$G=1000\text{W/m}^2$，环境温度 $T_a=25$℃）和相应的 boost SCPVM 的相关 $I-V$ 特性曲线。在下文中，光伏组件的温度 T 将通过以下公式近似计算：$T=T_a+$（NOCT－20℃）$G/800$，其中 T_a是环境温度，NOCT 是电池额定工作温度[1]。

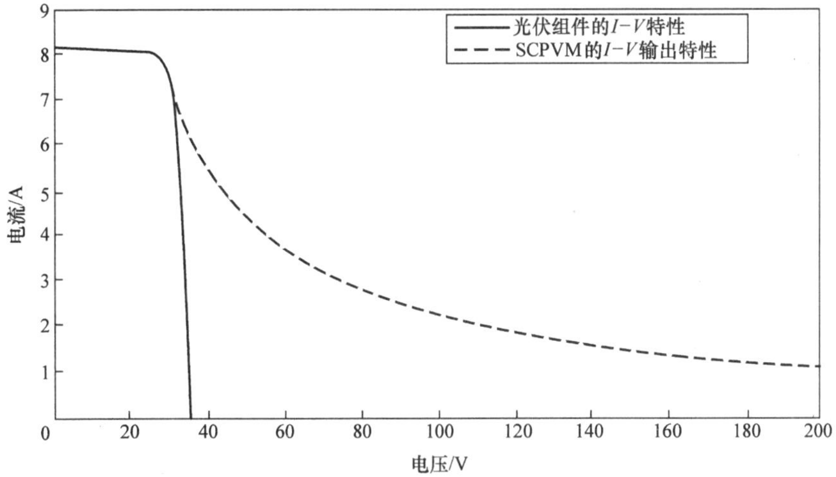

图 4.12　$G=1000\text{W/m}^2$，$T_a=25$℃；升压型 SCPVM（$V_{ds\ max}\to\infty$）

接下来讨论两个串联的升压型 SCPVM 的等效 $I-V$ 特性。图 4.13 为两个分别工作在 $G_1=1000\text{W/m}^2$，$T_a=25$℃和 $G_2=800\text{W/m}^2$，$T_a=25$℃条件下的 SW225 光伏组件的 $I-V$ 特性和两个串联的 boost SCPVM 相应 $I-V$ 输出特性。

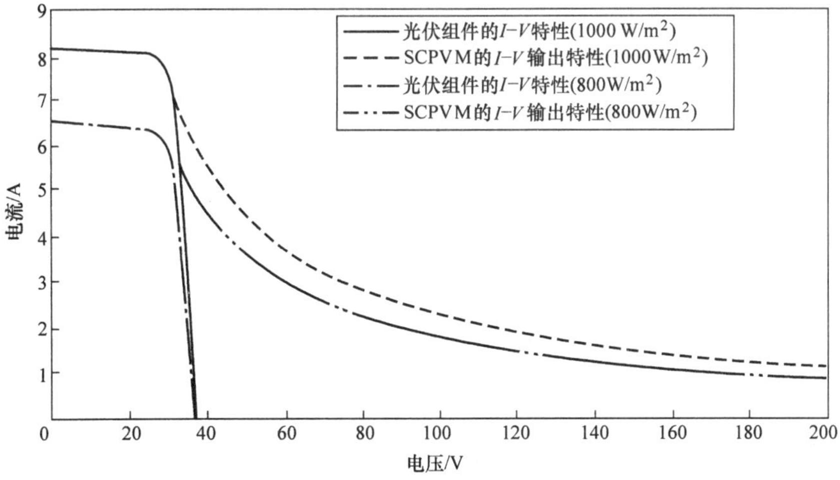

图 4.13　$G_1=1000\text{W/m}^2$，$G_2=800\text{W/m}^2$，$T_a=25$℃，升压型 SCPVM（$V_{ds\ max}\to\infty$）

一旦两个设备的 $I-V$ 特性已知，就容易得到这两个串联电气设备的 $I-V$ 等效特性。基本上，串联的两个设备电流是相同的，相应的电压值是两个设备电压的总和，可以通过这两个设备的相应电流值的特征来获得。通过采用上述方法，如图 4.14 所示，就可以得到两组光伏组件串联的 $I-V$ 特性（$G_1=1000\mathrm{W/m^2}$，$G_2=800\mathrm{W/m^2}$，$T_a=25℃$）以及相关联 boost SCPVM 串联的 $I-V$ 特性。

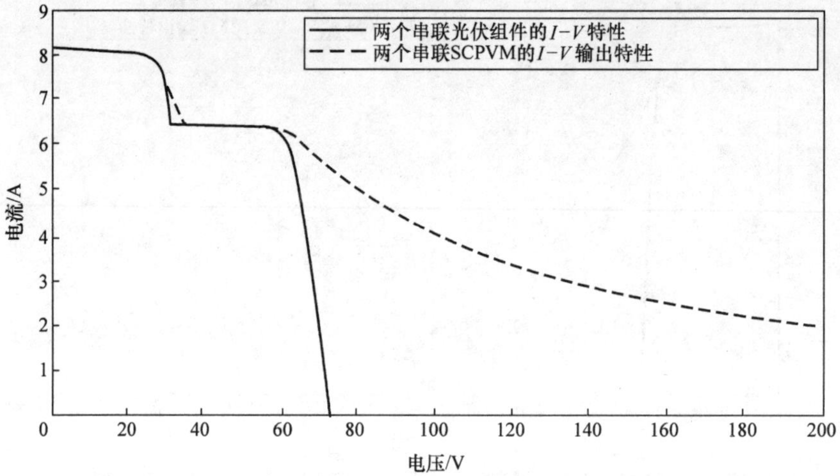

图 4.14 $G_1=1000\mathrm{W/m^2}$，$G_2=800\mathrm{W/m^2}$，$T_a=25℃$，升压型 SCPVM（$V_{ds\ max}\to\infty$）

图 4.15 描述了串联的两组光伏组件（$G_1=1000\mathrm{W/m^2}$，$G_2=800\mathrm{W/m^2}$，$T_a=25℃$）的功率－电压（$P-V$）特性和两组串联的 boost SCPVM 的 $P-V$ 特性。在图 4.15 所示的情况下，$\eta_{FMPPT}=0.94$；相反，仅当 V_{bulk} 超过 67V 时，$\eta_{DMPPT}=1$。因此，在这种情况下，只有当两个带 MPPT 功能的逆变器效率高于 0.94 并且串联工作电压高于 67V 时，采用 DMPPT 技术才会更有利。

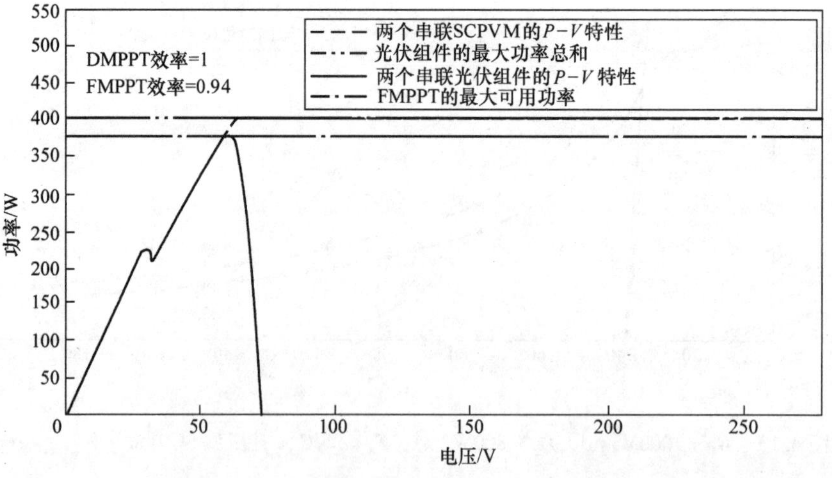

图 4.15 $G_1=1000\mathrm{W/m^2}$，$G_2=800\mathrm{W/m^2}$，$T_a=25℃$，升压型 SCPVM（$V_{ds\ max}\to\infty$）

在 $G_1=1000\mathrm{W/m^2}$、$G_2=600\mathrm{W/m^2}$ 和 $T_a=25℃$ 的相同条件下，相似的情况在图4.16～图4.18中也存在。此时，$\eta_{\mathrm{FMPPT}}=0.81$；相反，仅当 V_{bulk} 超过80V时，$\eta_{\mathrm{DMPPT}}=1$。

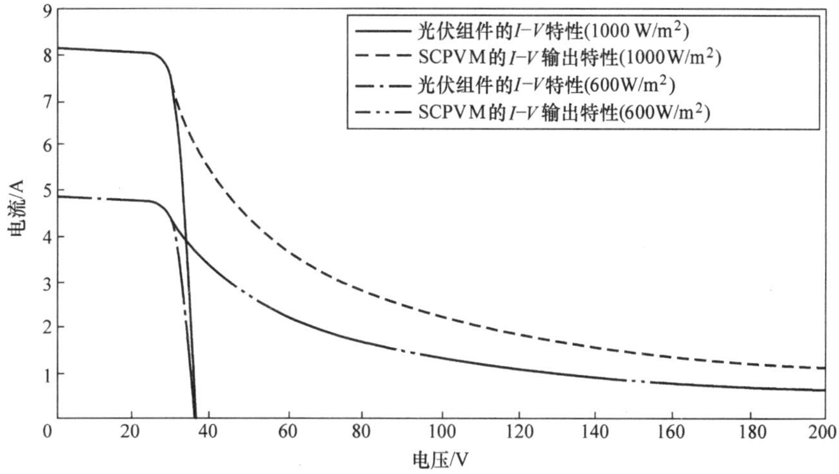

图4.16　$G_1=1000\mathrm{W/m^2}$，$G_2=600\mathrm{W/m^2}$，$T_a=25℃$，升压型SCPVM（$V_{\mathrm{ds\ max}}\to\infty$）

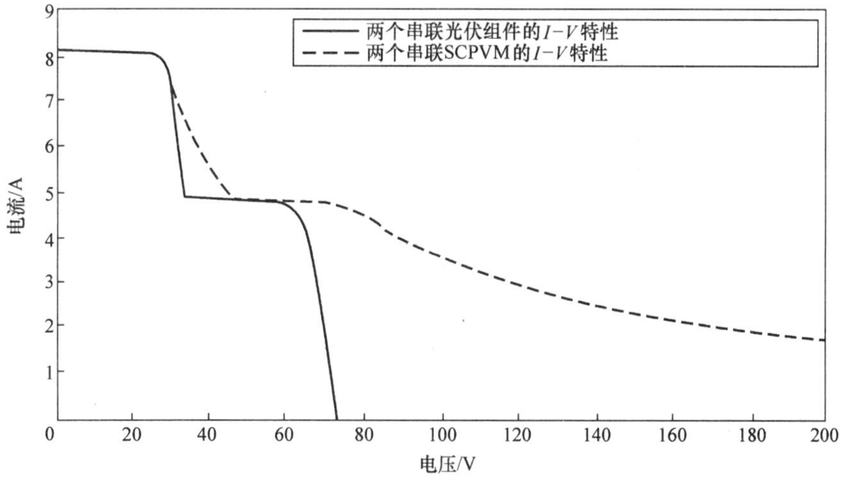

图4.17　$G_1=1000\mathrm{W/m^2}$，$G_2=600\mathrm{W/m^2}$，$T_a=25℃$，升压型SCPVM（$V_{\mathrm{ds\ max}}\to\infty$）

图4.19～图4.21所示曲线是在 $G_1=1000\mathrm{W/m^2}$、$G_2=400\mathrm{W/m^2}$、$T_a=25℃$ 的条件下取得，在此情况下，$\eta_{\mathrm{FMPPT}}=0.72$；相反，仅当 $V_{\mathrm{bulk}}>104\mathrm{V}$ 时 $\eta_{\mathrm{DMPPT}}=1$。

图4.22～图4.24是在 $G_1=1000\mathrm{W/m^2}$、$G_2=200\mathrm{W/m^2}$、$T_a=25℃$ 条件下得

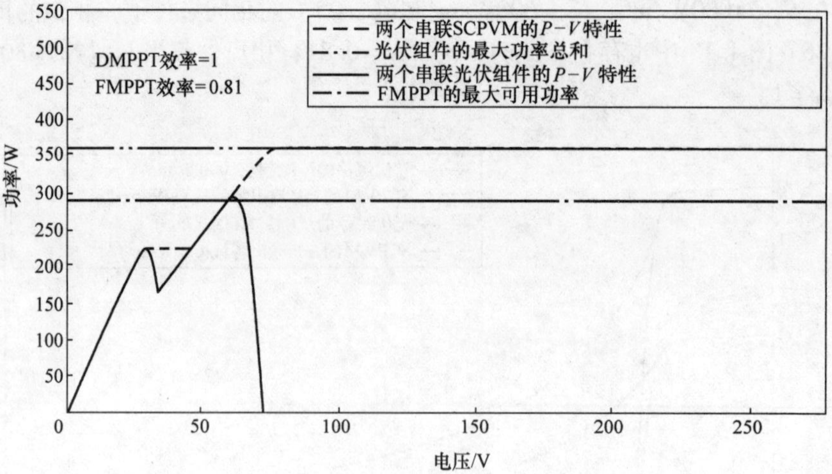

图4.18 $G_1=1000\text{W/m}^2$，$G_2=600\text{W/m}^2$，$T_a=25℃$，升压型SCPVM（$V_{ds\ max}\to\infty$）

出的。在此情况下 $\eta_{FMPPT}=0.84$；相反，如果 $V_{bulk}>184\text{V}$，那么 $\eta_{DMPPT}=1$。对比分析图4.13～图4.24所示波形，可得出 $\eta_{DMPPT}=1$，占空比 G_1/G_2 越大，V_{bulk} 必须超过的门限值就越高，并且升压变换器承受的电压应力也越大。

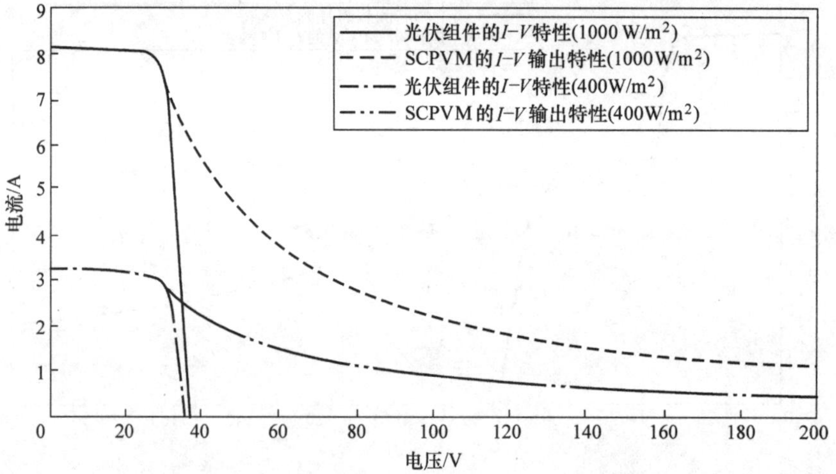

图4.19 $G_1=1000\text{W/m}^2$，$G_2=400\text{W/m}^2$，$T_a=25℃$，升压型SCPVM（$V_{ds\ max}\to\infty$）

图4.25给出了一组SW225光伏组件（$G=1000\text{W/m}^2$，$T_a=25℃$）的 $I-V$ 特性曲线和boost SCPVM的 $I-V$ 输出特性曲线。boost变换器可假设为无功率损耗，但是存在电压限值 $V_{ds\ max}$（$V_{ds\ max}=60\text{V}$）。因此，SCPVM的 $I-V$ 的输出特

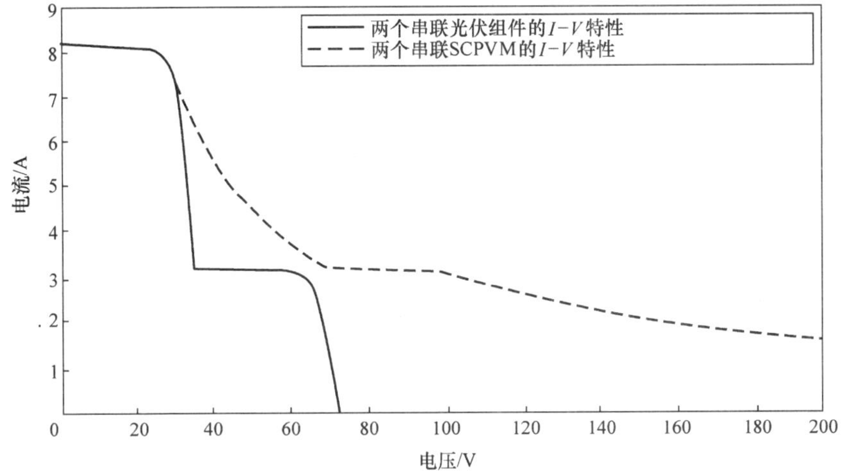

图 4.20　$G_1 = 1000\text{W/m}^2$，$G_2 = 400\text{W/m}^2$，$T_a = 25℃$，升压型 SCPVM（$V_{ds\ max} \to \infty$）

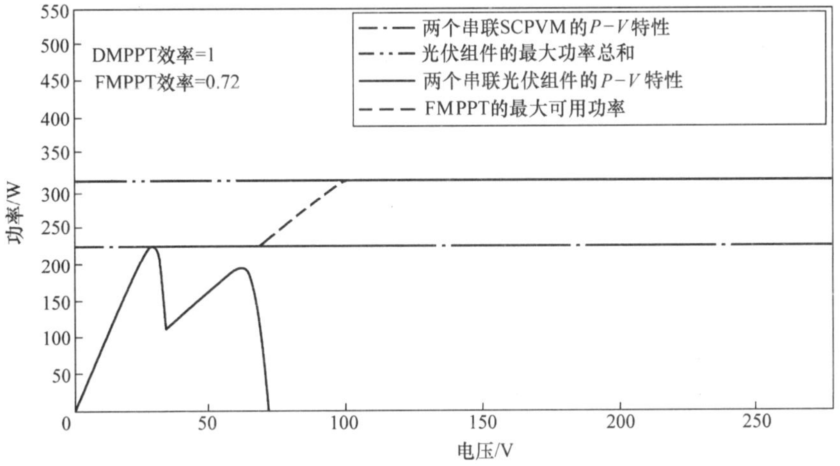

图 4.21　$G_1 = 1000\text{W/m}^2$，$G_2 = 400\text{W/m}^2$，$T_a = 25℃$，升压型 SCPVM（$V_{ds\ max} \to \infty$）

性截止于 $V = 60\text{V}$。图 4.25 ~ 图 4.37 所示曲线是在此额定电压限制的条件下得出的（$V_{ds\ max} = 60\text{V}$）。图 4.26 描述了在 $G_1 = 1000\text{W/m}^2$、$T_a = 25℃$ 和 $G_2 = 800\text{W/m}^2$、$T_a = 25℃$ 条件下两组 SW225 光伏组件的 $I - V$ 特性和两组串联的 boost SCPVM 的相应 $I - V$ 输出特性。

图 4.27 给出了两组串联光伏组件（$G_1 = 1000\text{W/m}^2$、$G_2 = 800\text{W/m}^2$、$T_a = 25℃$）$I - V$ 特性曲线和串联的 boost SCPNM 的 $I - V$ 特性曲线。

图 4.28 给出了两组串联光伏组件（$G_1 = 1000\text{W/m}^2$、$G_2 = 800\text{W/m}^2$、$T_a =$

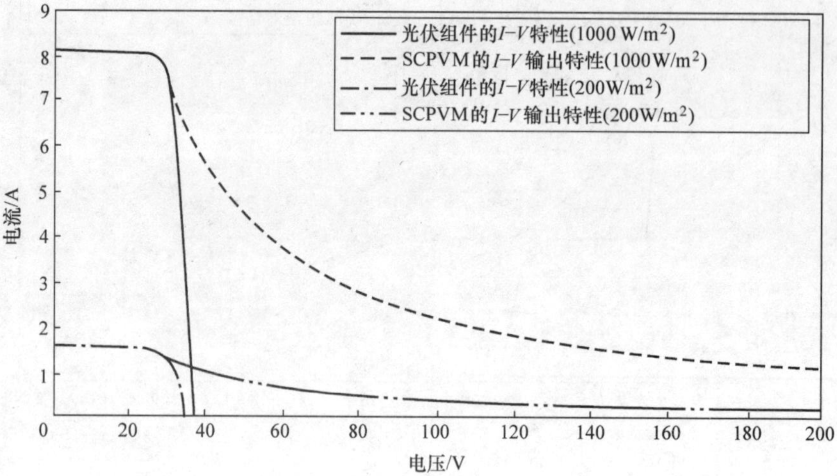

图 4.22　$G_1=1000\mathrm{W/m^2}$，$G_2=200\mathrm{W/m^2}$，$T_a=25℃$，升压型 SCPVM（$V_{ds\ max}\to\infty$）

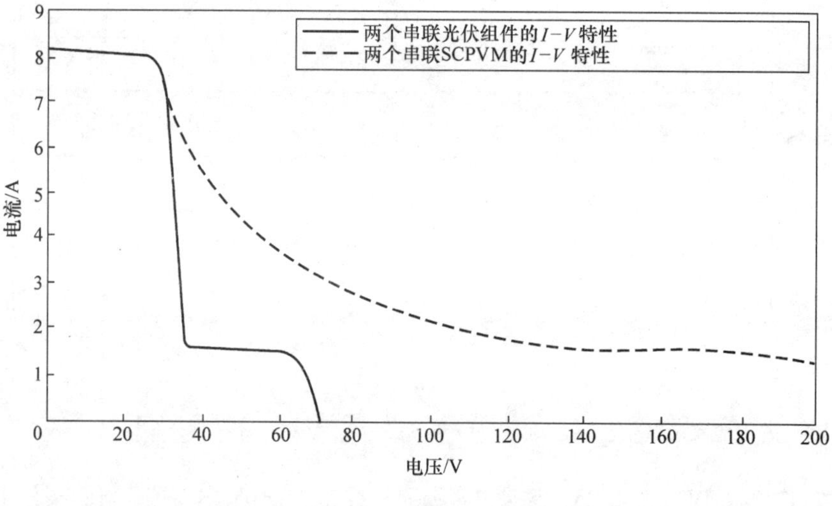

图 4.23　$G_1=1000\mathrm{W/m^2}$，$G_2=200\mathrm{W/m^2}$，$T_a=25℃$，升压型 SCPVM（$V_{ds\ max}\to\infty$）

25℃）的 $P-V$ 特性曲线和两组串联的 boost SCPVM 的 $P-V$ 特性曲线。在图 4.28 所示的情况下，$\eta_{FMPPT}=0.94$；但是，仅当 $67\mathrm{V}<V_{bulk}<108\mathrm{V}$ 时，$\eta_{DMPPT}=1$。

在 $G_1=1000\mathrm{W/m^2}$、$G_2=600\mathrm{W/m^2}$ 和 $T_a=25℃$ 条件下类似的情况也存在于图 4.29 ~ 图 4.31 中。

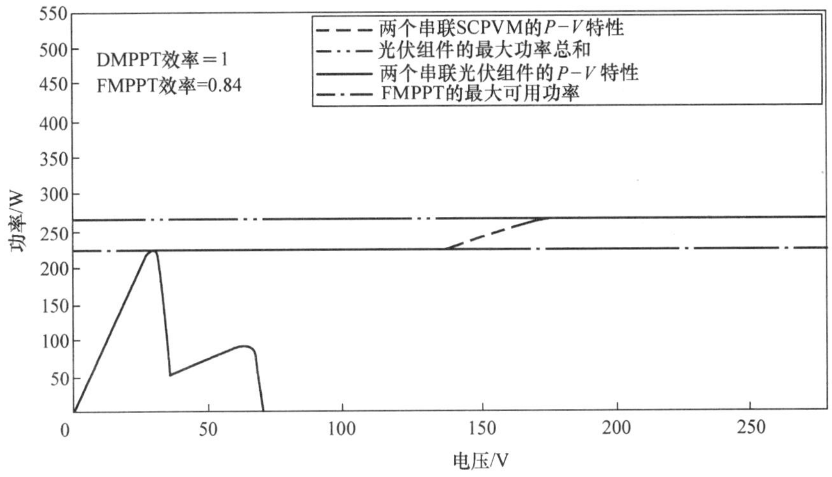

图 4.24 $G_1=1000\text{W/m}^2$，$G_2=200\text{W/m}^2$，$T_a=25℃$，升压型 SCPVM（$V_{ds\ max}\to\infty$）

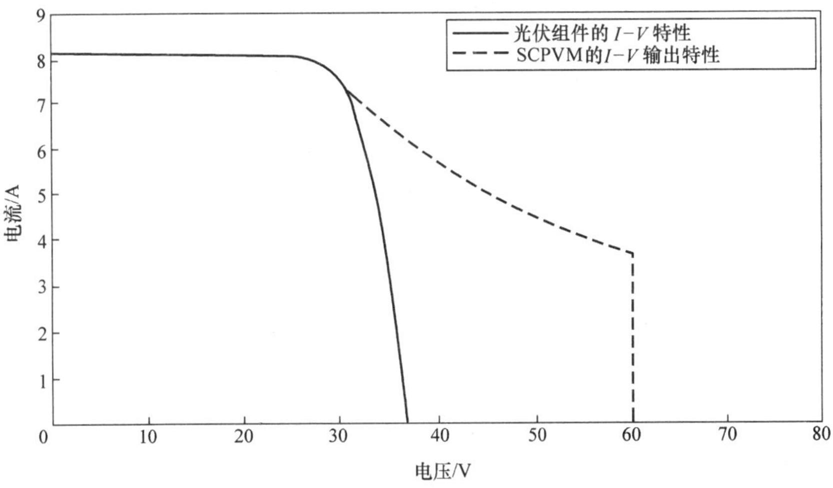

图 4.25 $G=1000\text{W/m}^2$，$T_a=25℃$，升压型 SCPVM（$V_{ds\ max}=60\text{V}$）

在此情况下 $\eta_{FMPPT}=0.81$；但是只有在 $80\text{V}<V_{bulk}<96\text{V}$ 时，$\eta_{DMPPT}=1$。

图 4.32 ~ 图 4.34 是在 $G_1=1000\text{W/m}^2$、$G_2=400\text{W/m}^2$ 和 $T_a=25℃$ 条件下得出的。在此的情况下 $\eta_{FMPPT}=0.72$；相反，DMPPT 只有在 V_{bulk}接近 88V 时才会

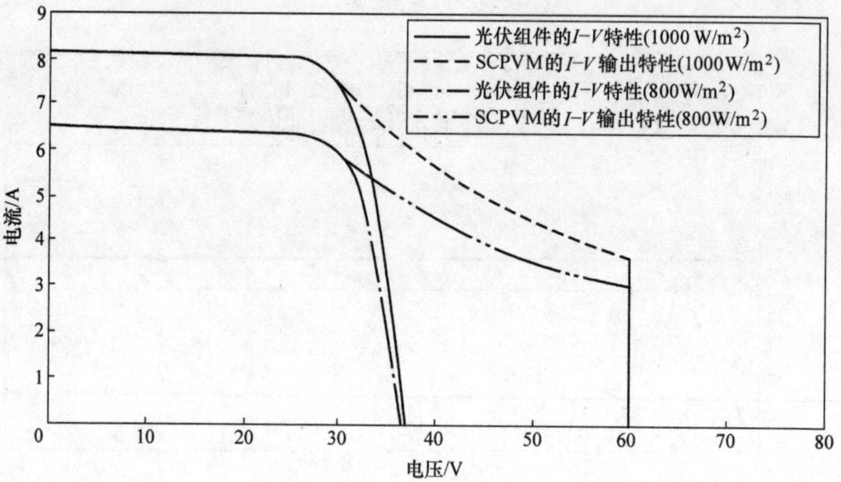

图 4.26　$G_1=1000\mathrm{W/m^2}$，$G_2=800\mathrm{W/m^2}$，$T_a=25℃$，升压型 SCPVM（$V_{ds\ max}=60\mathrm{V}$）

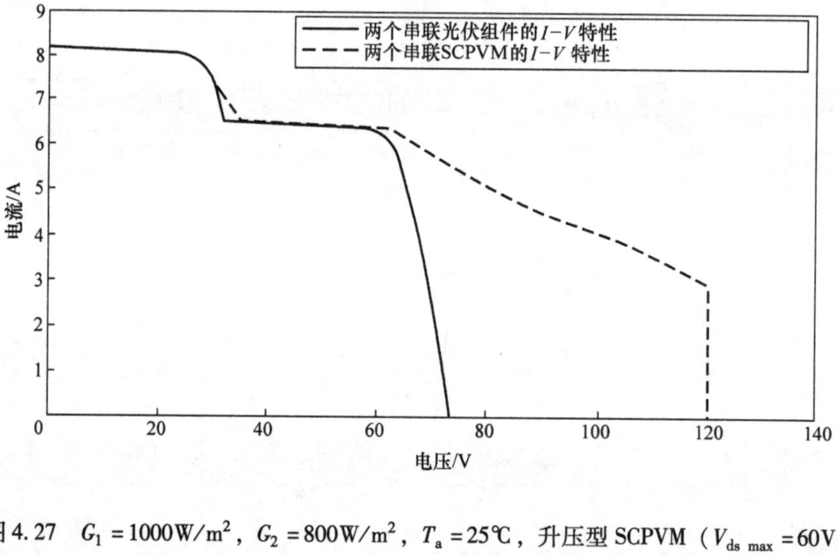

图 4.27　$G_1=1000\mathrm{W/m^2}$，$G_2=800\mathrm{W/m^2}$，$T_a=25℃$，升压型 SCPVM（$V_{ds\ max}=60\mathrm{V}$）

获得效率的最大值 $\eta_{DMPPT}=0.87$。

最后，图 4.35 ~ 图 4.37 波形是在 $G_1=1000\mathrm{W/m^2}$、$G_2=200\mathrm{W/m^2}$、$T_a=25℃$条件下得出的。在此情况下 $\eta_{FMPPT}=0.84$；相反，只有在 $30\mathrm{V}<V_{bulk}<60\mathrm{V}$ 条件下，DMPPT 才会取得 $\eta_{DMPPT}=0.84$ 最大效率。

将图 4.28、图 4.31、图 4.34 和图 4.37 中的波形进行对比分析，可以看出很难获得 $\eta_{DMPPT}=1$，而且在这 4 个示例中，由于合适电压工作区间的存在使得

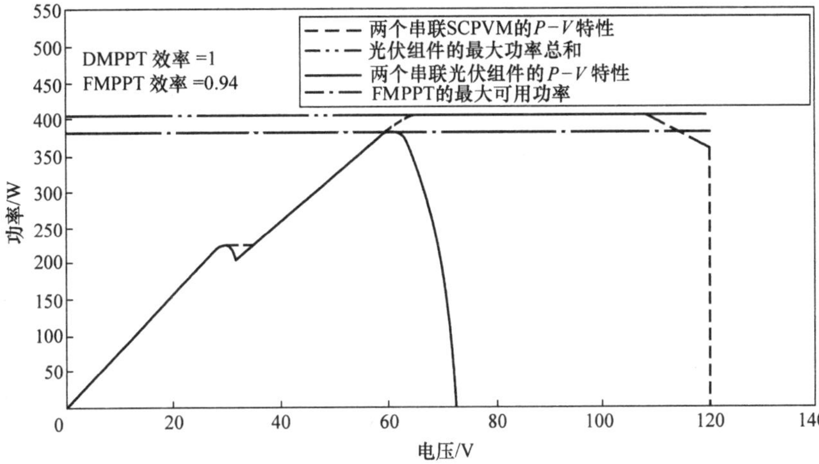

图 4.28　$G_1=1000\mathrm{W/m^2}$，$G_2=800\mathrm{W/m^2}$，$T_a=25℃$，升压型 SCPVM（$V_{ds\ max}=60\mathrm{V}$）

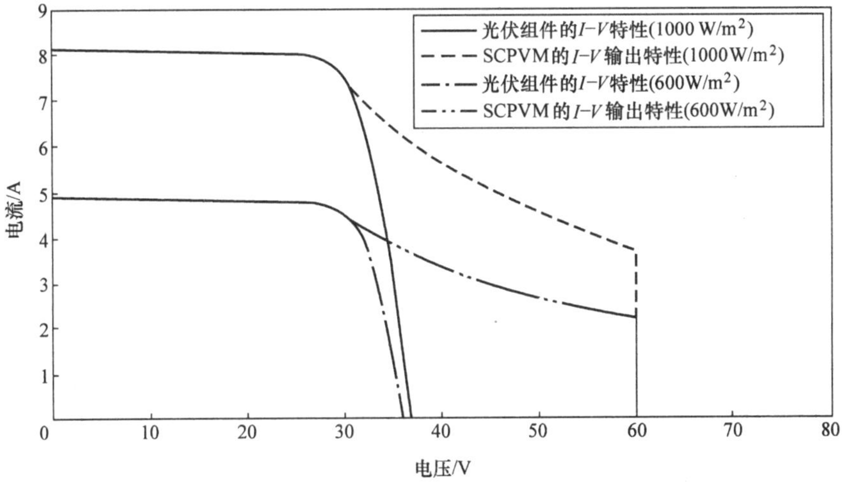

图 4.29　$G_1=1000\mathrm{W/m^2}$，$G_2=600\mathrm{W/m^2}$，$T_a=25℃$，升压型 SCPVM（$V_{ds\ max}=60\mathrm{V}$）

DMPPT 效率比 FMPPT 最大效率低。

4.3.4　升/降压型 SCPVM 的 *I* − *V* 和 *P* − *V* 特性

下面我们将对 buckboost SCPVM 的类似情况进行分析。首先，分析含光伏组

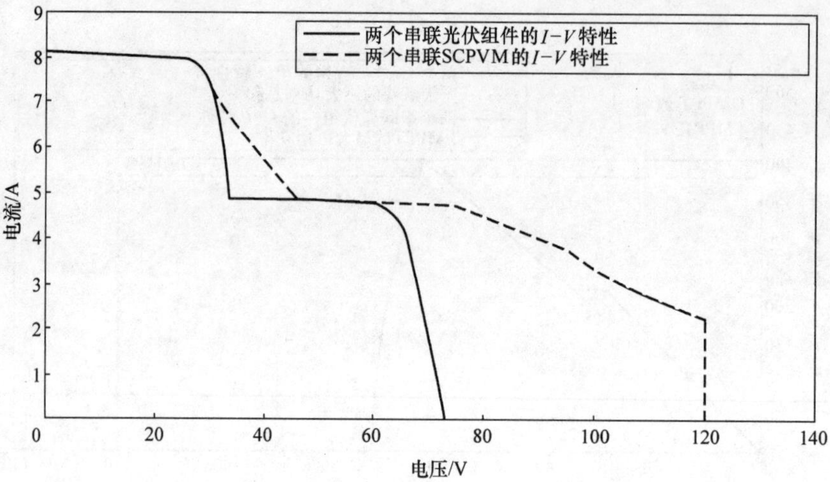

图 4.30　$G_1=1000\mathrm{W/m^2}$，$G_2=600\mathrm{W/m^2}$，$T_a=25℃$，升压型 SCPVM（$V_{\mathrm{ds\ max}}=60\mathrm{V}$）

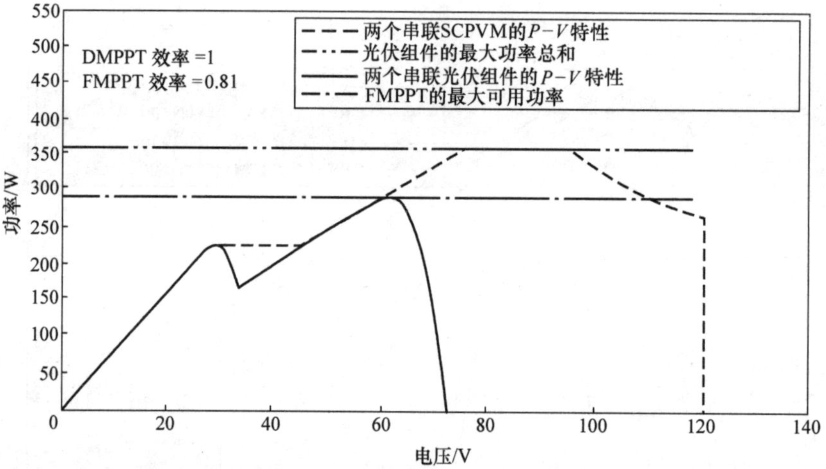

图 4.31　$G_1=1000\mathrm{W/m^2}$，$G_2=600\mathrm{W/m^2}$，$T_a=25℃$，升压型 SCPVM（$V_{\mathrm{ds\ max}}=60\mathrm{V}$）

件的理想 buckboost 变换器（带 MPPT 功能）输出端的 $I-V$ 特性曲线，即基于 buckboost 的 SCPVM 输出特性。如果是一个由无额定电压和额定电流限制的器件构成的理想无损 buckboost 变换器，无论输出电压 V 多大（在下文中，由于 buckboost 变换器是一个反相的 DC/DC 变换器，V 代表 SCPVM 输出电压的绝对值），SCPVM 的 $I-V$ 特性曲线可以由理想方程 $VI=P_{\mathrm{MPP}}$ 表示，其中 I 表示 SCPVM 的输出电流，P_{MPP} 表示在给定气候影响条件下所采用光伏组件能获得的最大功率。

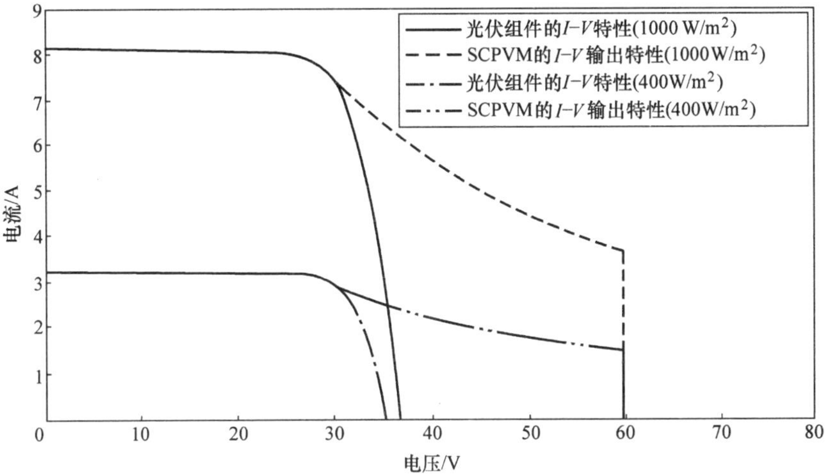

图4.32 $G_1=1000\mathrm{W/m^2}$，$G_2=400\mathrm{W/m^2}$，$T_a=25℃$，升压型 SCPVM（$V_{ds\ max}=60\mathrm{V}$）

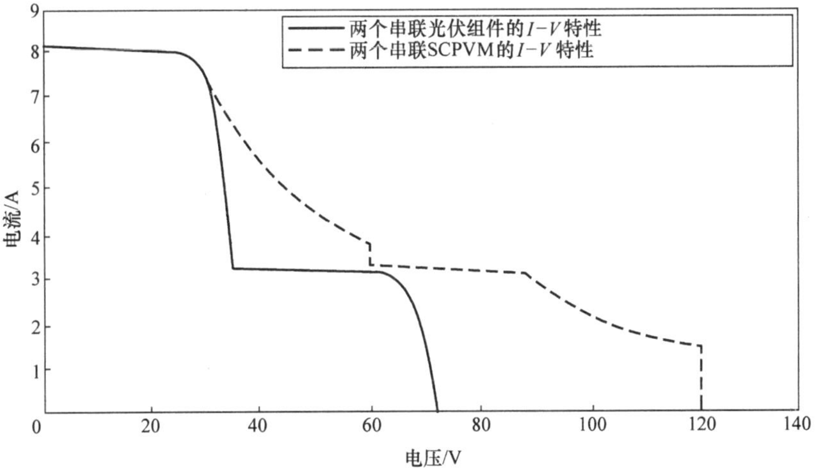

图4.33 $G_1=1000\mathrm{W/m^2}$，$G_2=400\mathrm{W/m^2}$，$T_a=25℃$，升压型 SCPVM（$V_{ds\ max}=60\mathrm{V}$）

事实上，带 MPPT 功能的 boost 变换器能够保证光伏组件工作于最大功率点，同时它能够提供一个大于或小于输入电压的输出电压，也就是不同于 V_{MPP}。图4.38 给出了一组 SW225 光伏组件（$G=1000\mathrm{W/m^2}$，$T_a=25℃$）的 $I-V$ 特性曲线和相应的 buckboost SCPVM 的相关 $I-V$ 特性曲线。具有 $V_{ds\ max}\to\infty$、$I_{ds\ max}\to\infty$ 特性，理想的带 MPPT 功能的无损 buckboost 变换器特性曲线如图4.38～图4.50 所示。

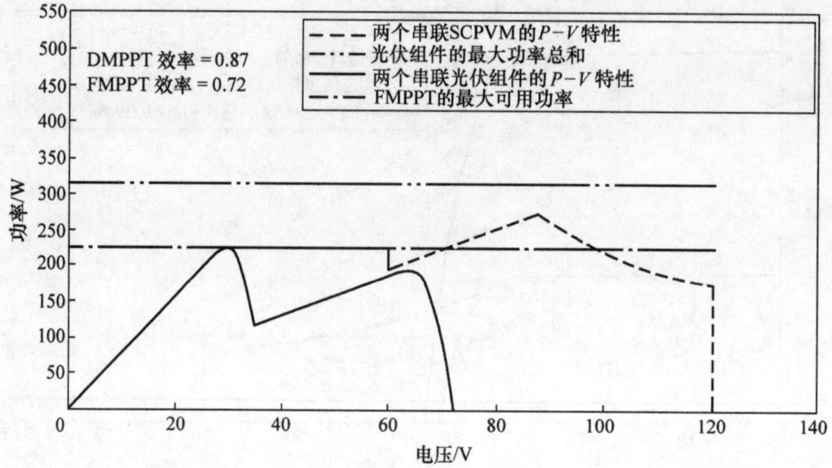

图 4.34　$G_1 = 1000\mathrm{W/m^2}$，$G_2 = 400\mathrm{W/m^2}$，$T_a = 25℃$，升压型 SCPVM（$V_{ds\ max} = 60\mathrm{V}$）

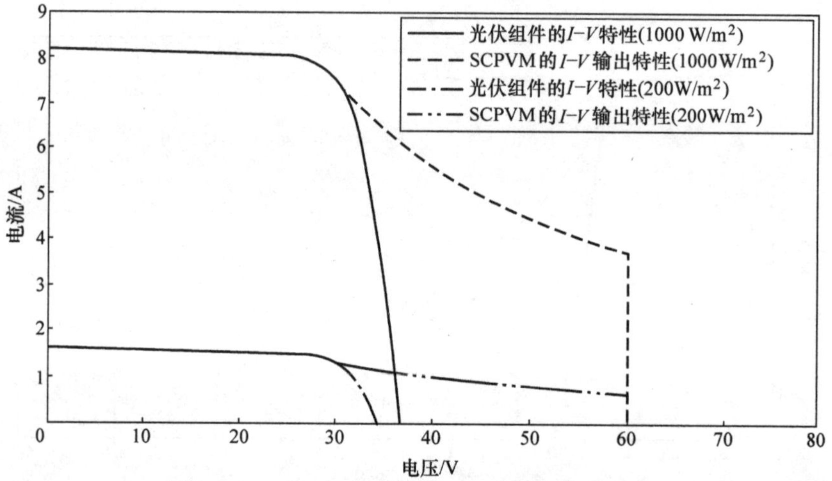

图 4.35　$G_1 = 1000\mathrm{W/m^2}$，$G_2 = 200\mathrm{W/m^2}$，$T_a = 25℃$，升压型 SCPVM（$V_{ds\ max} = 60\mathrm{V}$）

如图 4.38 所示的两组特性曲线在最大功率点处是相切的。图 4.39 描述了在 $G_1 = 1000\mathrm{W/m^2}$、$T_a = 25℃$ 和 $G_2 = 800\mathrm{W/m^2}$、$T_a = 25℃$ 两种条件下，两组 SW225 光伏组件和两个相关的 buckboost SCPVM 输出 $I-V$ 特性曲线。

下面介绍两个 buckboost SCPVM 串联输出等效 $I-V$ 特性曲线。这种特性可以以前面讨论的 buckboost SCPVM 作为参考，得到如图 4.40 所示的波形，包括两组光伏组件串联后的 $I-V$ 特性曲线（$G_1 = 1000\mathrm{W/m^2}$，$G_2 = 800\mathrm{W/m^2}$，$T_a = 25℃$）和相关联的 buckboost SCPVM 串联后的 $I-V$ 特性曲线。

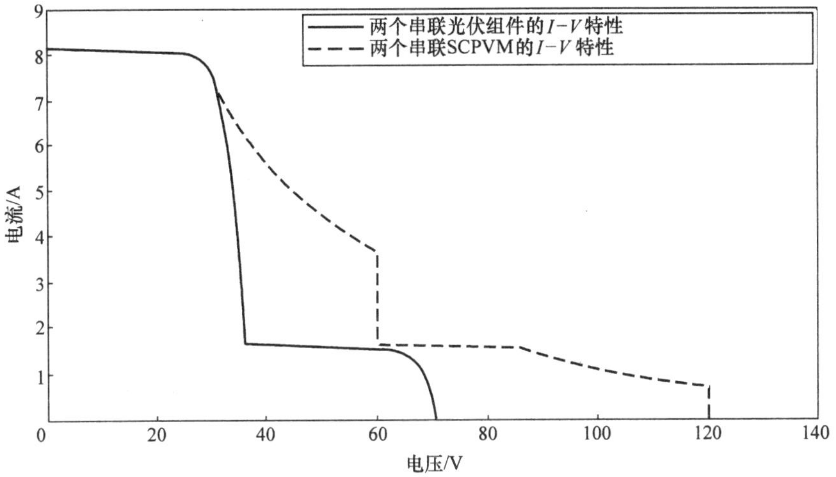

图4.36　$G_1=1000W/m^2$，$G_2=200W/m^2$，$T_a=25℃$，升压型SCPVM（$V_{ds\ max}=60V$）

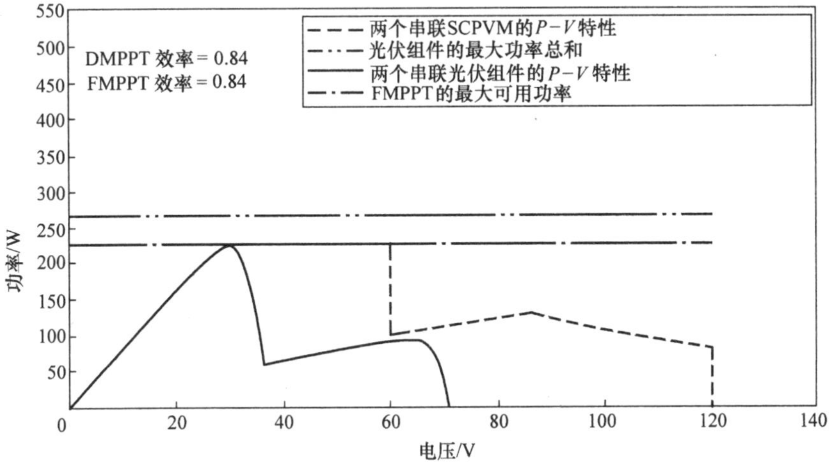

图4.37　$G_1=1000W/m^2$，$G_2=200W/m^2$，$T_a=25℃$，升压型SCPVM（$V_{ds\ max}=60V$）

图4.41给出了两组光伏组件串联后（$G_1=1000W/m^2$，$G_2=800W/m^2$，$T_a=25℃$）的$P-V$特性曲线和相关的两组buckboost SCPVM串联后的$P-V$特性曲线。此时$\eta_{FMPPT}=0.94$，且无论V_{bulk}取何值，$\eta_{DMPPT}=1$。

类似的考虑适用于图4.42～图4.44，此时条件为$G_1=1000W/m^2$，$G_2=600W/m^2$和$T_a=25℃$。

在此条件下，$\eta_{FMPPT}=0.81$；相反，无论V_{bulk}取何值，$\eta_{DMPPT}=1$。

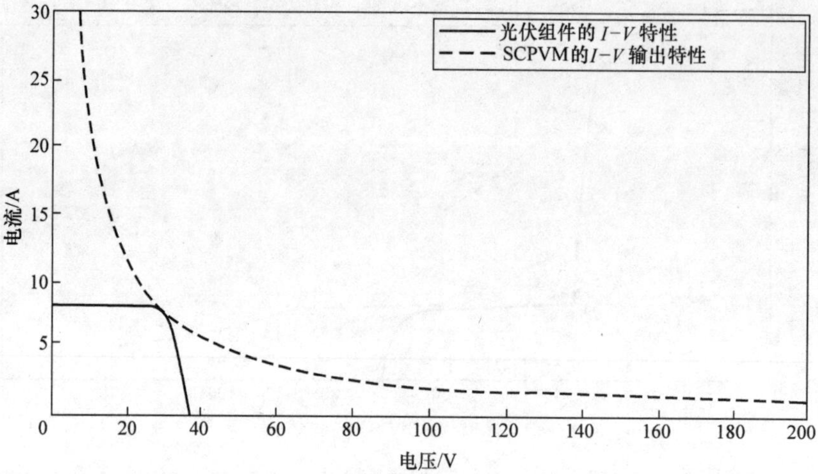

图4.38　$G=1000\text{W}/\text{m}^2$，$T_a=25℃$，升降压 SCPVM（$V_{ds\ max}\to\infty$，$I_{ds\ max}\to\infty$）

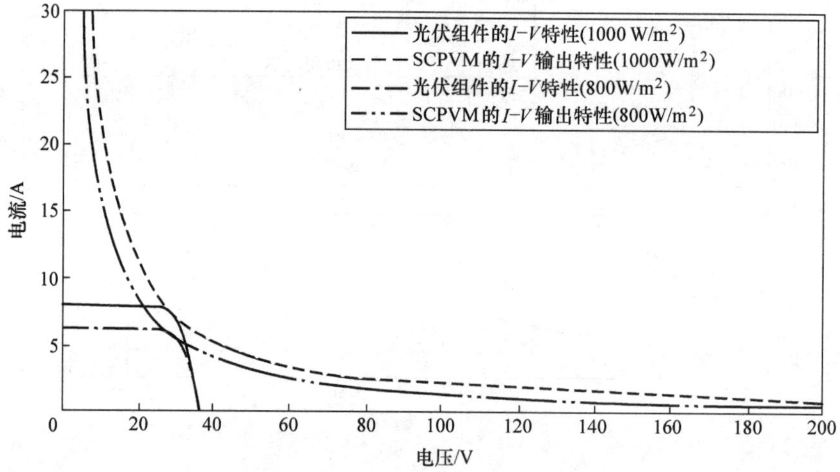

图4.39　$G_1=1000\text{W}/\text{m}^2$，$G_2=800\text{W}/\text{m}^2$，$T_a=25℃$，升降压 SCPVM（$V_{ds\ max}\to\infty$，$I_{ds\ max}\to\infty$）

图4.45～图4.47所示曲线是在 $G_1=1000\text{W}/\text{m}^2$、$G_2=400\text{W}/\text{m}^2$ 和 $T_a=25℃$ 的条件下取得的。在此条件下，$\eta_{FMPPT}=0.72$；同样无论 V_{bulk} 取何值，$\eta_{DMPPT}=1$。

最后，图4.48～图4.50所示曲线是在 $G_1=1000\text{W}/\text{m}^2$、$G_2=200\text{W}/\text{m}^2$ 和 $T_a=25℃$ 条件下取得。同样在此条件下 $\eta_{FMPPT}=0.84$；无论 V_{bulk} 取何值，$\eta_{DMPPT}=1$。

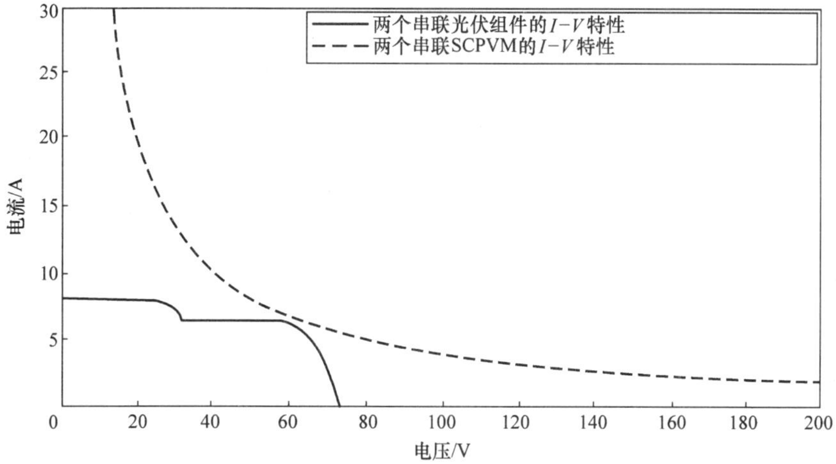

图 4.40　$G_1=1000W/m^2$，$G_2=800W/m^2$，$T_a=25℃$，

升降压 SCPVM（$V_{ds\ max}\to\infty$，$I_{ds\ max}\to\infty$）

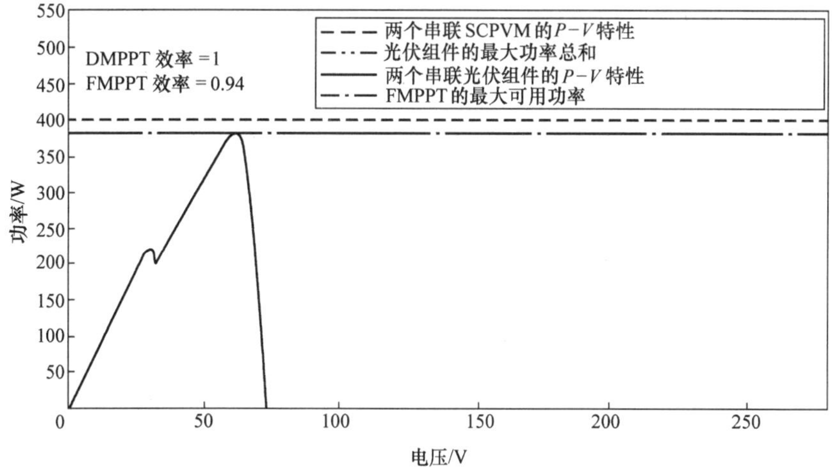

图 4.41　$G_1=1000W/m^2$，$G_2=800W/m^2$，$T_a=25℃$，

升降压 SCPVM（$V_{ds\ max}\to\infty$，$I_{ds\ max}\to\infty$）

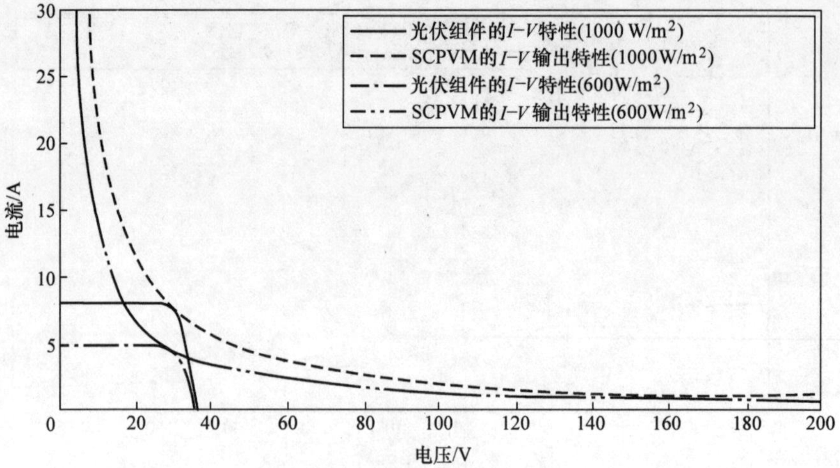

图 4.42　$G_1=1000\mathrm{W/m^2}$，$G_2=600\mathrm{W/m^2}$，$T_a=25℃$，升降压 SCPVM（$V_{\mathrm{ds\ max}}\to\infty$，$I_{\mathrm{ds\ max}}\to\infty$）

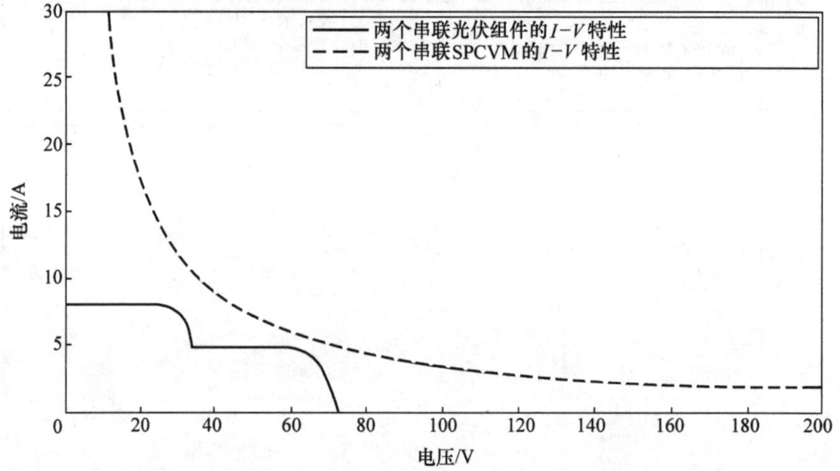

图 4.43　$G_1=1000\mathrm{W/m^2}$，$G_2=600\mathrm{W/m^2}$，$T_a=25℃$，升降压 SCPVM（$V_{\mathrm{ds\ max}}\to\infty$，$I_{\mathrm{ds\ max}}\to\infty$）

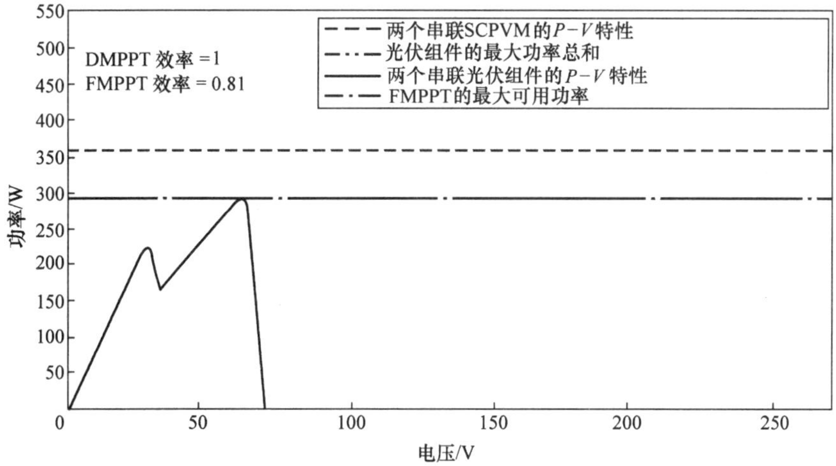

图 4.44　$G_1 = 1000\text{W/m}^2$，$G_2 = 600\text{W/m}^2$，$T_a = 25℃$，
升降压 SCPVM（$V_{ds\ max} \to \infty$，$I_{ds\ max} \to \infty$）

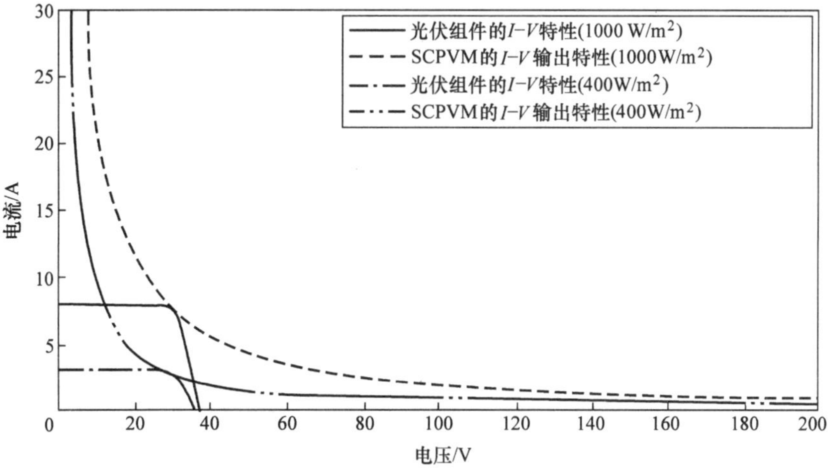

图 4.45　$G_1 = 1000\text{W/m}^2$，$G_2 = 400\text{W/m}^2$，$T_a = 25℃$，
升降压 SCPVM（$V_{ds\ max} \to \infty$，$I_{ds\ max} \to \infty$）

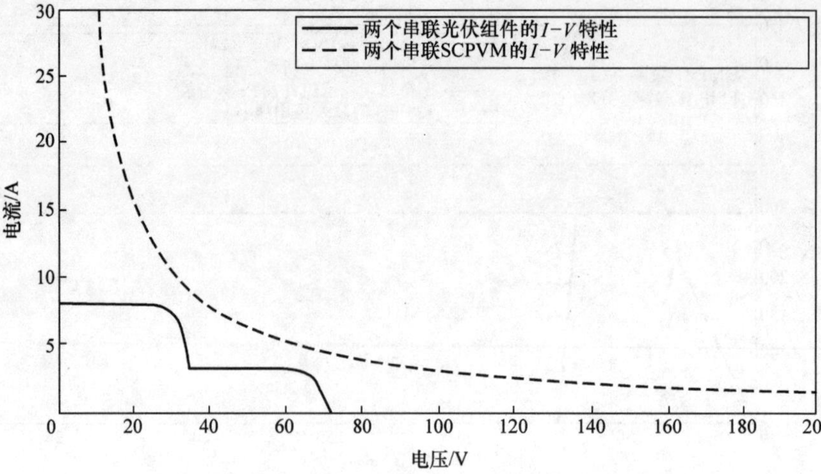

图 4.46　$G_1=1000\text{W/m}^2$，$G_2=400\text{W/m}^2$，$T_a=25℃$，
升降压 SCPVM（$V_{ds\ max}\to\infty$，$I_{ds\ max}\to\infty$）

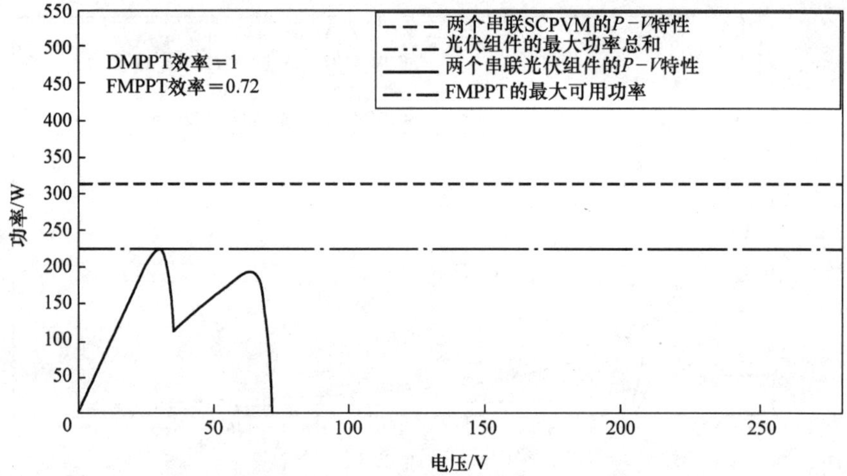

图 4.47　$G_1=1000\text{W/m}^2$，$G_2=400\text{W/m}^2$，$T_a=25℃$，
升降压 SCPVM（$V_{ds\ max}\to\infty$，$I_{ds\ max}\to\infty$）

通过分析图 4.38 ~ 图 4.50 对应曲线并将它们与图 4.12 ~ 图 4.24 曲线进行对比，能够得出 buckboost SCPVM 要比 boost SCPVM 更加灵活。但这个结论的前提条件是不考虑开关器件的额定电压和额定电流限制。

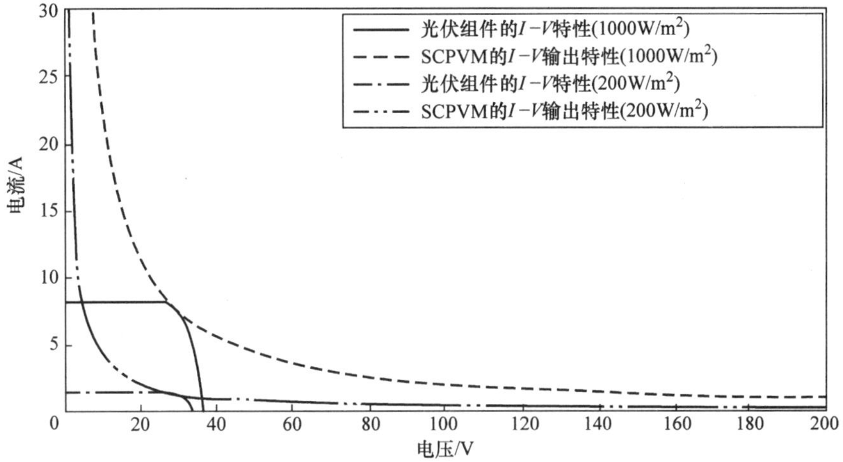

图 4.48　$G_1 = 1000\mathrm{W/m^2}$，$G_2 = 200\mathrm{W/m^2}$，$T_a = 25℃$，
升降压 SCPVM（$V_{ds\ max} \to \infty$，$I_{ds\ max} \to \infty$）

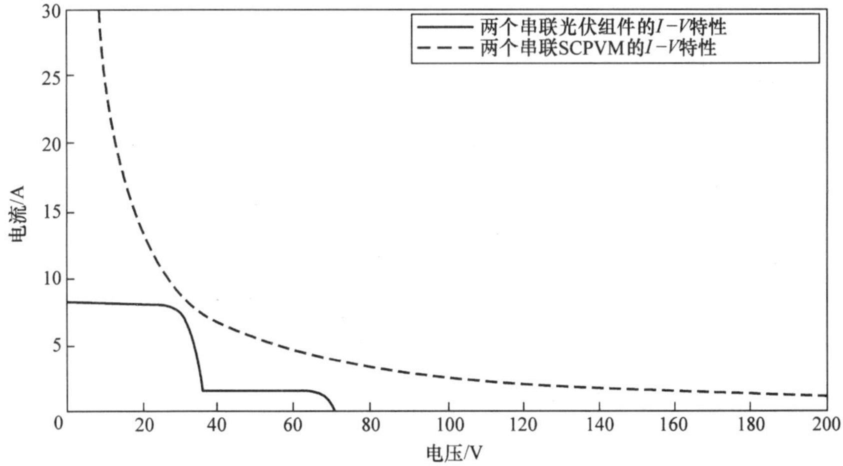

图 4.49　$G_1 = 1000\mathrm{W/m^2}$，$G_2 = 200\mathrm{W/m^2}$，$T_a = 25℃$，
升降压 SCPVM（$V_{ds\ max} \to \infty$，$I_{ds\ max} \to \infty$）

接下来，我们将讨论 buckboost SCPVM 中采用开关器件额定电压和额定电流的影响。图 4.51 ~ 图 4.63 所示曲线是指额定电压 $V_{ds\ max} = 60\mathrm{V}$ 和额定电流

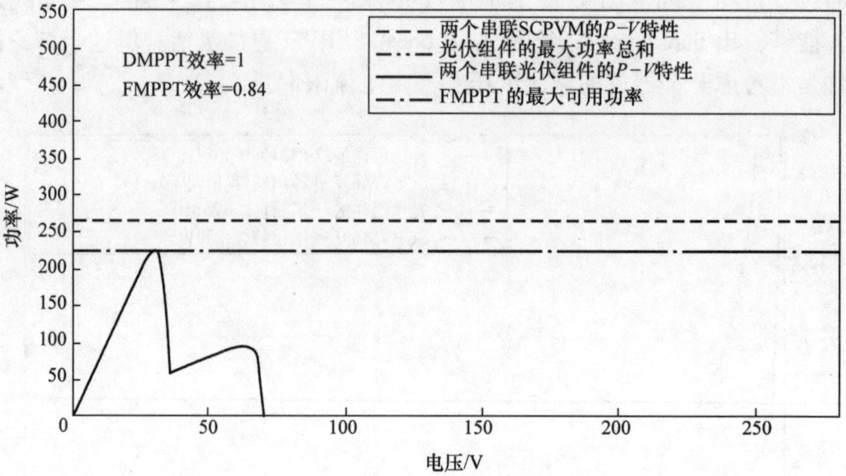

图 4.50 $G_1 = 1000\text{W/m}^2$，$G_2 = 200\text{W/m}^2$，$T_a = 25℃$，升降压 SCPVM（$V_{ds\ max} \to \infty$，$I_{ds\ max} \to \infty$）

$I_{ds\ max} = 16\text{A}$ 下的情况，不考虑 buckboost 变换器的损耗。与上文一样，首先在考虑额定电压 $V_{ds\ max}$和额定电流 $I_{ds\ max}$限值的条件下，得出连接了光伏组件的无损 buckboost MPPT 变换器的 $I-V$ 输出特性曲线。

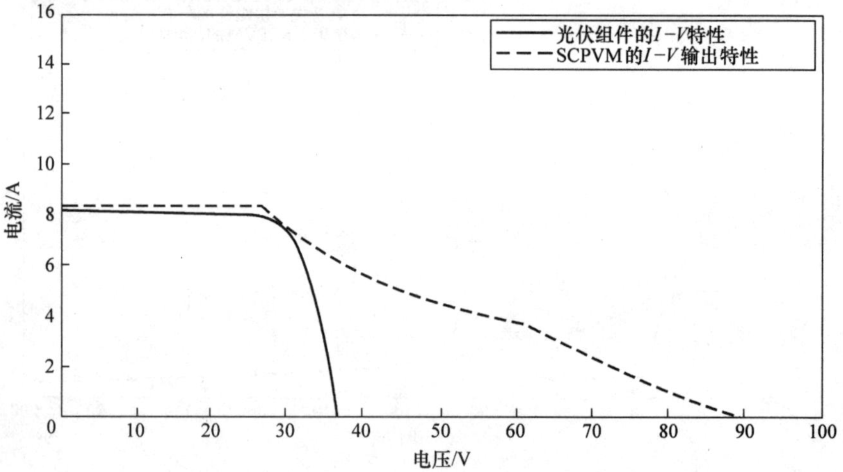

图 4.51 $G = 1000\text{W/m}^2$，$T_a = 25℃$，升降压 SCPVM（$V_{ds\ max} = 90\text{V}$，$I_{ds\ max} = 16\text{A}$）

在 $I < (I_{ds\ max} - I_{MPP})$、$V < (V_{ds\ max} - V_{MPP})$ 时，SCPVM 的 $I-V$ 特性曲线可以由方程 $VI = P_{MPP}$表示，其中 V 表示 SCPVM 输出电压的绝对值，I 表示 SCPVM

的输出电流，P_{MPP}表示给定气候条件下光伏组件获得的最大功率。实际上，当上述不等式成立时，带 MPPT 功能的 buckboost 变换器能使光伏组件工作于最大功率点的同时确保不会超出开关器件的额定电压和额定电流限值。

当满足 $V>(V_{ds\,max}-V_{MPP})$ 条件时，$V_{pan}=V_{ds\,max}-V$ 和 $I=P_{pan}(V_{pan})/V$ 成立。最后，当 $V<P_{MPP}/(I_{ds\,max}-I_{MPP})$ 时，$I=I_{ds\,max}-I_{MPP}$。

图 4.51 给出了一组 SW225 光伏组件（$G=1000\text{W/m}^2$，$T_a=25℃$）的 $I-V$ 特性曲线和相关的 buckboost SCPVM $I-V$ 输出特性曲线。图 4.51 ~ 图 4.63 指的是理想的无损 buckboost MPPT 变换器在 $V_{ds\,max}=60\text{V}$、$I_{ds\,max}=16\text{A}$ 条件下的特性曲线。

图 4.52 描述了工作于 $G_1=1000\text{W/m}^2$、$T_a=25℃$ 和 $G_2=800\text{W/m}^2$、$T_a=25℃$ 两种条件下两组 SW225 光伏组件的 $I-V$ 特性曲线和两个相关的 buckboost SCPVM 的 $I-V$ 输出特性曲线。

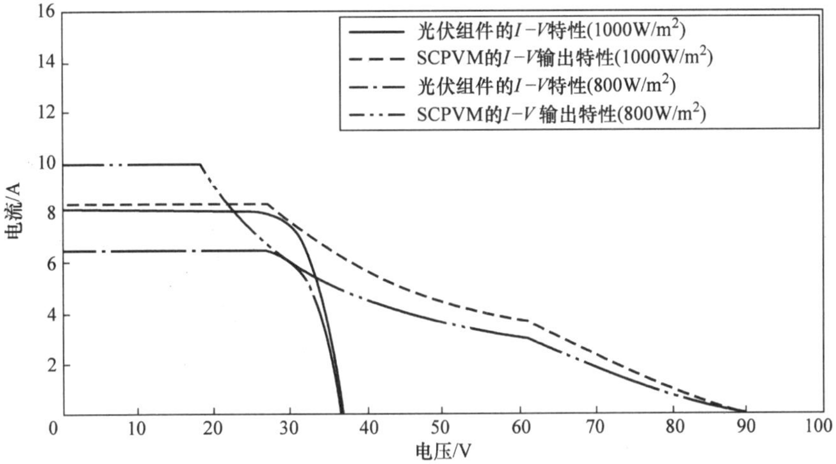

图 4.52　$G_1=1000\text{W/m}^2$，$G_2=800\text{W/m}^2$，$T_a=25℃$，升降压 SCPVM（$V_{ds\,max}=90\text{V}$，$I_{ds\,max}=16\text{A}$）

图 4.53 描述了两个串联光伏组件输出的 $I-V$ 特性曲线（$G_1=1000\text{W/m}^2$，$G_2=800\text{W/m}^2$，$T_a=25℃$）和相关的串联 buckboost SCPVM 的 $I-V$ 特性曲线。

最后，图 4.54 描述了两个串联光伏组件输出的 $P-V$ 特性（$G_1=1000\text{W/m}^2$，$G_2=800\text{W/m}^2$，$T_a=25℃$）和相关的串联 buckboost SCPVM 的 $P-V$ 特性曲线。其中 $\eta_{FMPPT}=0.94$。只有当 $48.6\text{V}<V_{bulk}<109\text{V}$ 时，$\eta_{DMPPT}=1$。

相似的情况也适用于图 4.55 ~ 图 4.57，其限定条件是为 $G_1=1000\text{W/m}^2$、$G_2=600\text{W/m}^2$ 和 $T_a=25℃$。

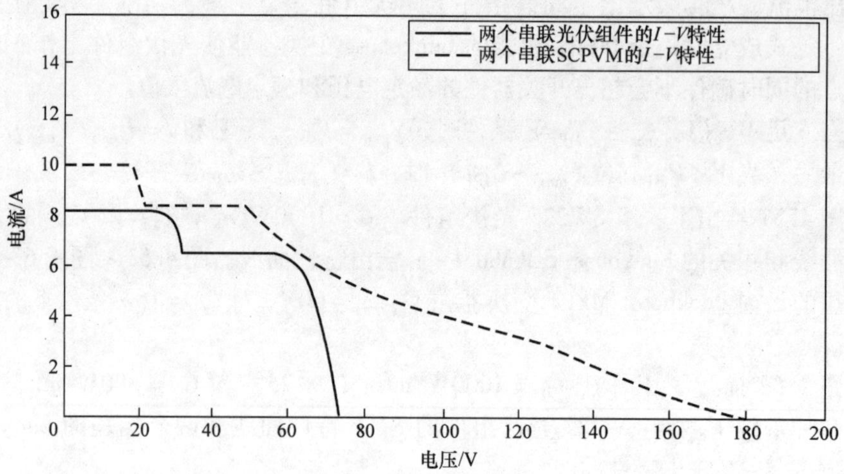

图 4.53　$G_1=1000\mathrm{W/m^2}$，$G_2=800\mathrm{W/m^2}$，$T_a=25℃$，
升降压 SCPVM（$V_{\mathrm{ds\ max}}=90\mathrm{V}$，$I_{\mathrm{ds\ max}}=16\mathrm{A}$）

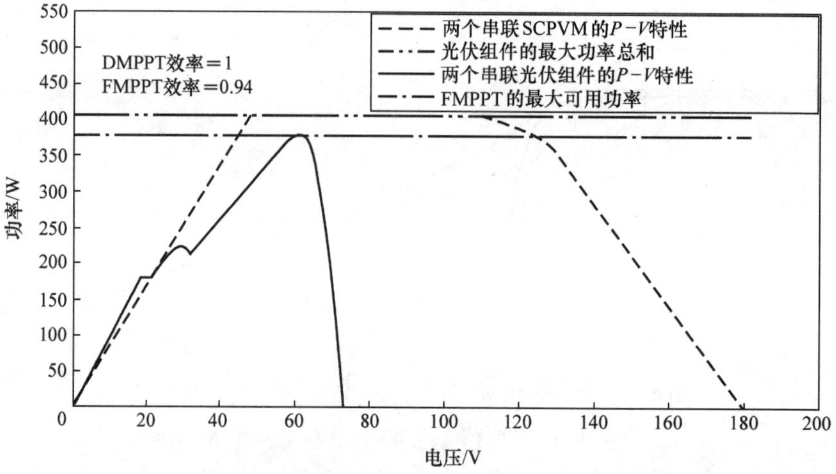

图 4.54　$G_1=1000\mathrm{W/m^2}$，$G_2=800\mathrm{W/m^2}$，$T_a=25℃$，
升降压 SCPVM（$V_{\mathrm{ds\ max}}=90\mathrm{V}$，$I_{\mathrm{ds\ max}}=16\mathrm{A}$）

在这种情况下，$\eta_{\mathrm{FMPPT}}=0.81$；然而当 $43\mathrm{V}<V_{\mathrm{bulk}}<97\mathrm{V}$ 时，$\eta_{\mathrm{DMPPT}}=1$。

图 4.58～图 4.60 所示曲线的条件为 $G_1=1000\mathrm{W/m^2}$、$G_2=400\mathrm{W/m^2}$ 和 $T_a=25℃$。在此情况下 $\eta_{\mathrm{FMPPT}}=0.72$；同样地，当 $37\mathrm{V}<V_{\mathrm{bulk}}<84\mathrm{V}$，$\eta_{\mathrm{DMPPT}}=1$。

最后，图 4.61～图 4.63 所示曲线的条件为 $G_1=1000\mathrm{W/m^2}$、$G_2=200\mathrm{W/m^2}$ 和 $T_a=25℃$。在这个情况下 $\eta_{\mathrm{FMPPT}}=0.84$；当 $32\mathrm{V}<V_{\mathrm{bulk}}<72\mathrm{V}$ 时，$\eta_{\mathrm{DMPPT}}=1$。

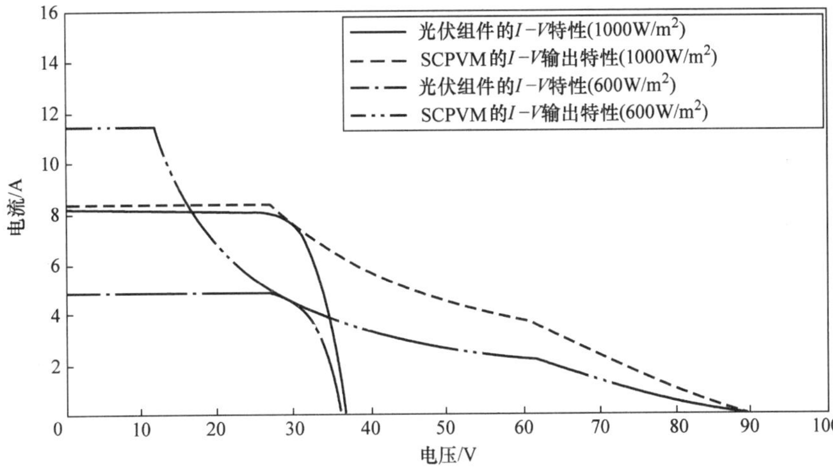

图 4.55　$G_1=1000\mathrm{W/m^2}$，$G_2=600\mathrm{W/m^2}$，$T_a=25℃$，
升降压 SCPVM（$V_{\mathrm{ds\,max}}=90\mathrm{V}$，$I_{\mathrm{ds\,max}}=16\mathrm{A}$）

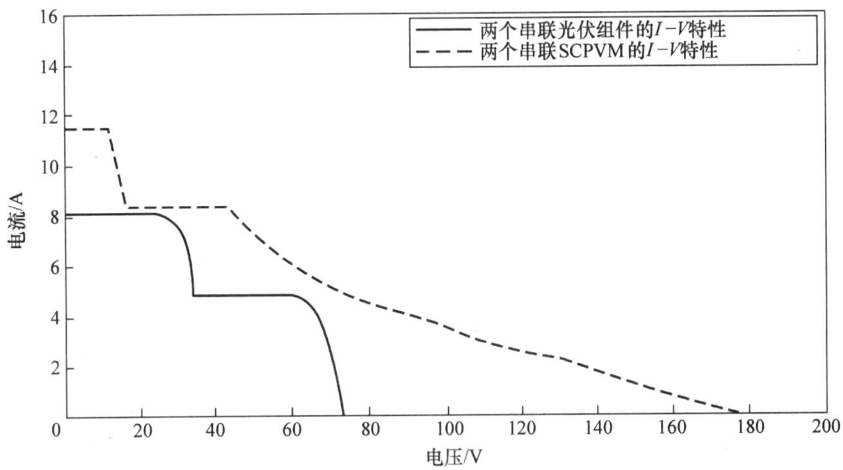

图 4.56　$G_1=1000\mathrm{W/m^2}$，$G_2=600\mathrm{W/m^2}$，$T_a=25℃$，
升降压 SCPVM（$V_{\mathrm{ds\,max}}=90\mathrm{V}$，$I_{\mathrm{ds\,max}}=16\mathrm{A}$）

通过对图 4.51 ~ 图 4.63 进行分析可知，在考虑开关器件额定电压和额定电流限值特性条件下，为了使 $\eta_{\mathrm{DMPPT}}=1$，母线电压需要在工作区间范围内，电压曲线的位置和幅值取决于光伏组件的光照和温度等工作条件。如果母线电压不在上述工作区间范围内，采用 DMPPT 所达到的效率可能始终会比采用 FMPPT 获得的效率要低。

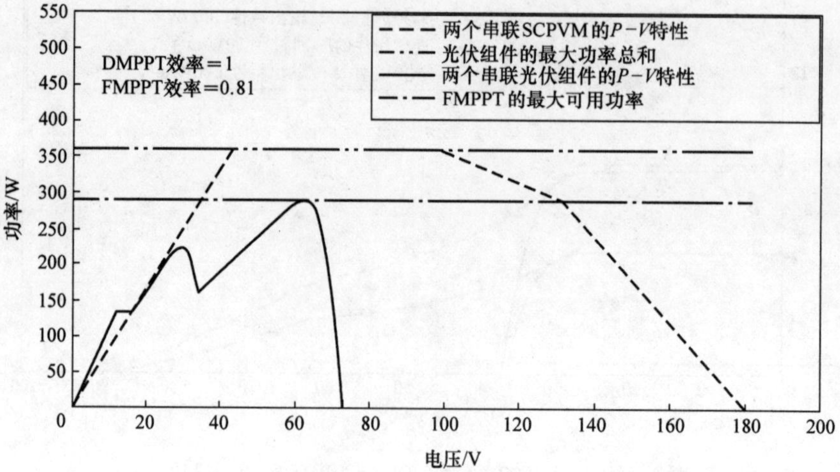

图 4.57　$G_1 = 1000\text{W/m}^2$，$G_2 = 600\text{W/m}^2$，$T_a = 25℃$，
升降压 SCPVM（$V_{ds\ max} = 90\text{V}$，$I_{ds\ max} = 16\text{A}$）

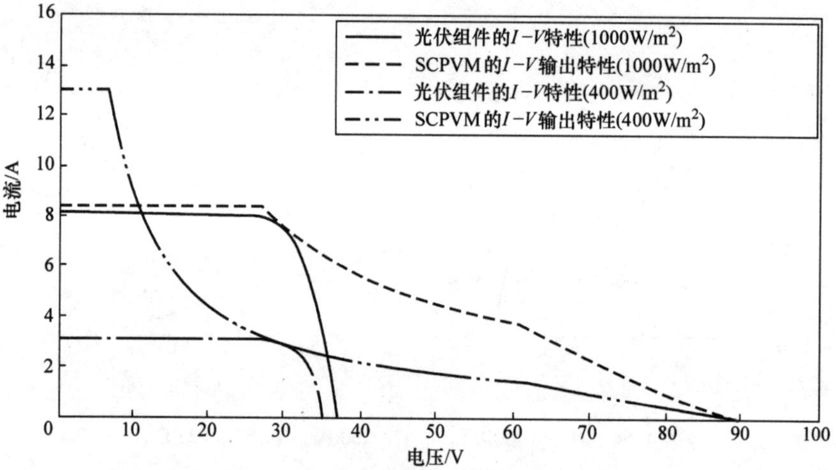

图 4.58　$G_1 = 1000\text{W/m}^2$，$G_2 = 400\text{W/m}^2$，$T_a = 25℃$，
升降压 SCPVM（$V_{ds\ max} = 90\text{V}$，$I_{ds\ max} = 16\text{A}$）

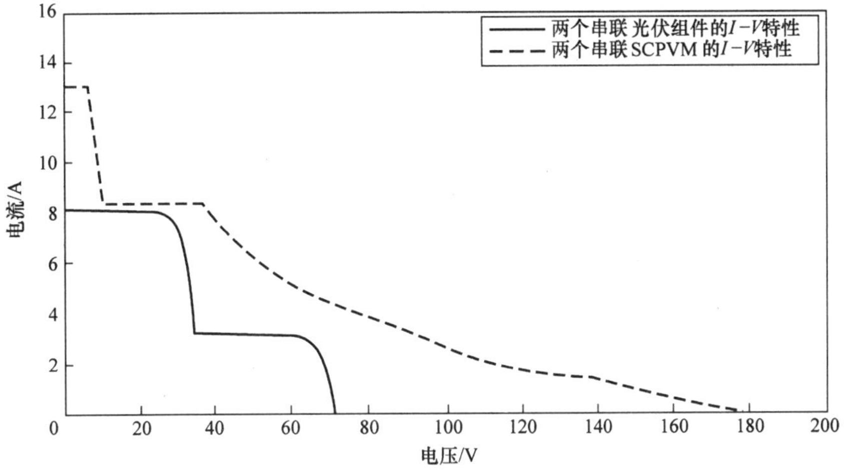

图4.59 $G_1=1000\text{W/m}^2$，$G_2=400\text{W/m}^2$，$T_a=25℃$，升降压SCPVM（$V_{ds\ max}=90\text{V}$，$I_{ds\ max}=16\text{A}$）

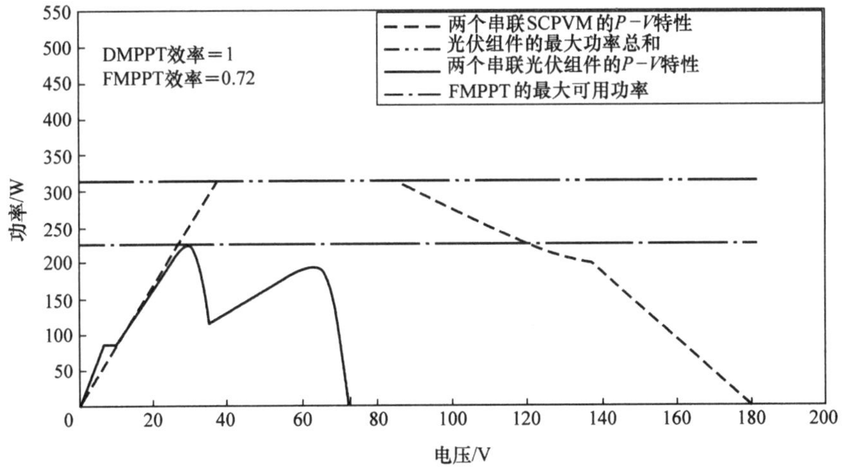

图4.60 $G_1=1000\text{W/m}^2$，$G_2=400\text{W/m}^2$，$T_a=25℃$，升降压SCPVM（$V_{ds\ max}=90\text{V}$，$I_{ds\ max}=16\text{A}$）

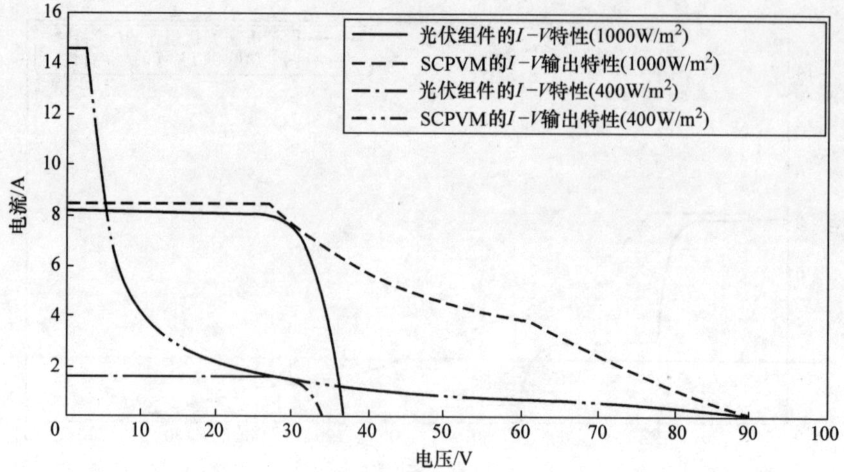

图 4.61　$G_1 = 1000\text{W/m}^2$，$G_2 = 200\text{W/m}^2$，$T_a = 25°\text{C}$，
升降压 SCPVM（$V_{ds\ max} = 90\text{V}$，$I_{ds\ max} = 16\text{A}$）

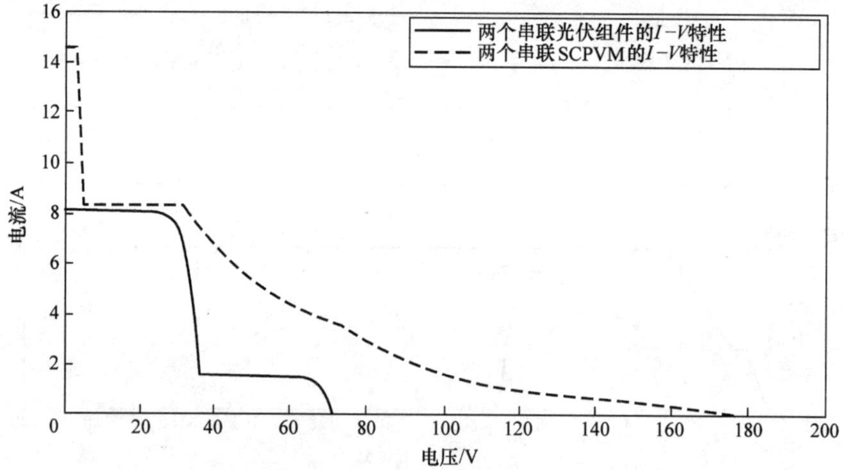

图 4.62　$G_1 = 1000\text{W/m}^2$，$G_2 = 200\text{W/m}^2$，$T_a = 25℃$，
升降压 SCPVM（$V_{ds\ max} = 90\text{V}$，$I_{ds\ max} = 16\text{A}$）

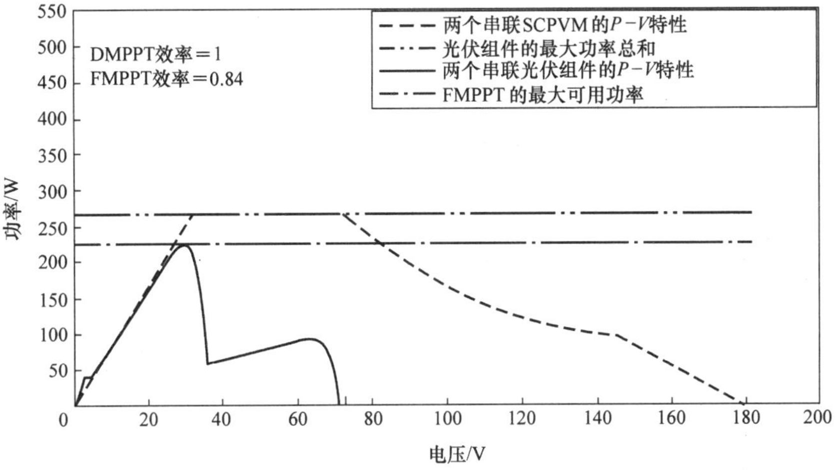

图 4.63　$G_1=1000\mathrm{W/m^2}$，$G_2=200\mathrm{W/m^2}$，$T_a=25℃$，升降压 SCPVM（$V_{ds\ max}=90\mathrm{V}$，$I_{ds\ max}=16\mathrm{A}$）

4.4　直流变换器输入电压的最佳范围

目前为止，我们已介绍了将两组 SCPVM 的输出端口进行串联时的情况。但是并网逆变器的输入电压范围通常为 180～500V，因此许多光伏组件通常需串联用于满足逆变器的输入工作电压，然后再并联起来用于获得所需的输出功率。因此，接下来我们将探讨一个由 N 个 SCPVM 串联后并联组成的系统（见图 4.4）。

为便于计算和图形结果的显示，我们以 NH 个 SCPVM 设备串联工作于辐照度水平 G_H下的曲线和 NL 个 SCPVM 设备串联工作于辐照度水平 G_L下的曲线为例进行阐述。其中，$N=NH+NL$。接下来我们假设 $N=11$，并依此进行详细分析。

图 4.64～图 4.74 描述了在 $G_H=1000\mathrm{W/m^2}$、$G_L=200\mathrm{W/m^2}$ 和 $V_{ds\ max}=70\mathrm{V}$ 时 N 个 buckboost SCPVM 的工作情况，并给出了每一种情况下 FMPPT 和 DMPPT 各自可实现的效率最大值。显而易见，在任何情况下，DMPPT 效率的最大值始终小于 1。此外，只有在两种情况下（如图 4.73 和图 4.74 所示），DMPPT 效率的最大值要大于 FMPPT 效率的最大值，其余情况下均为等值。

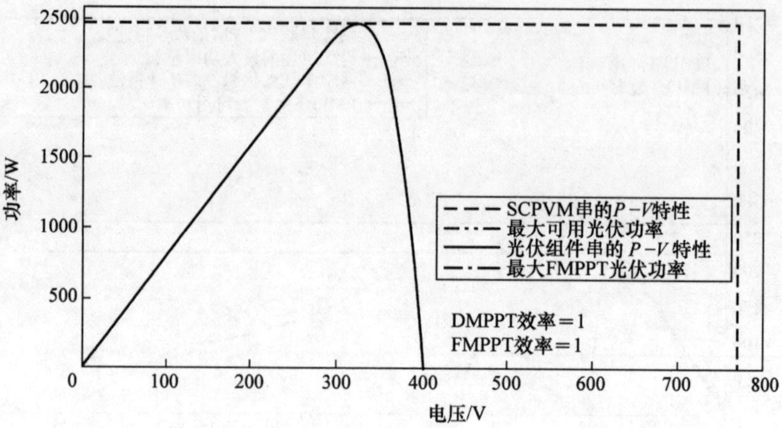

图 4.64 （升压型 SCPVM）$G_H = 1000W/m^2$，$G_L = 200W/m^2$，$V_{ds\ max} = 70V$，$NH = 11$，$NL = 0$

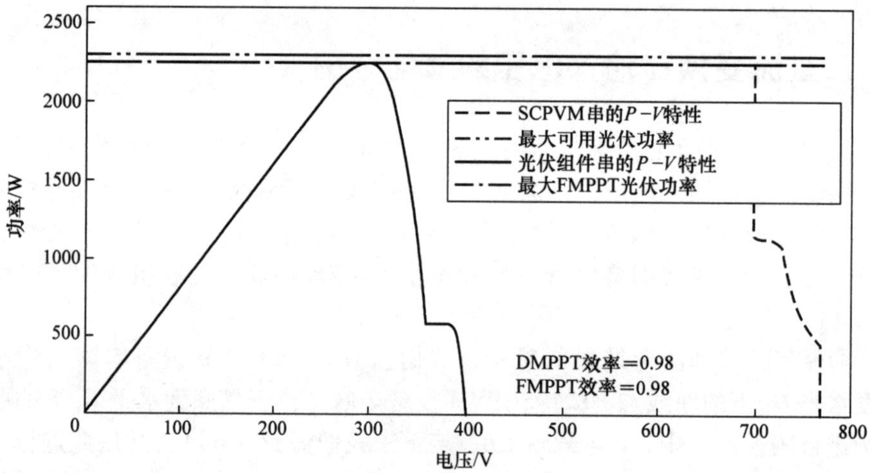

图 4.65 （升压型 SCPVM）$G_H = 1000W/m^2$，$G_L = 200W/m^2$，$V_{ds\ max} = 70V$，$NH = 10$，$NL = 1$

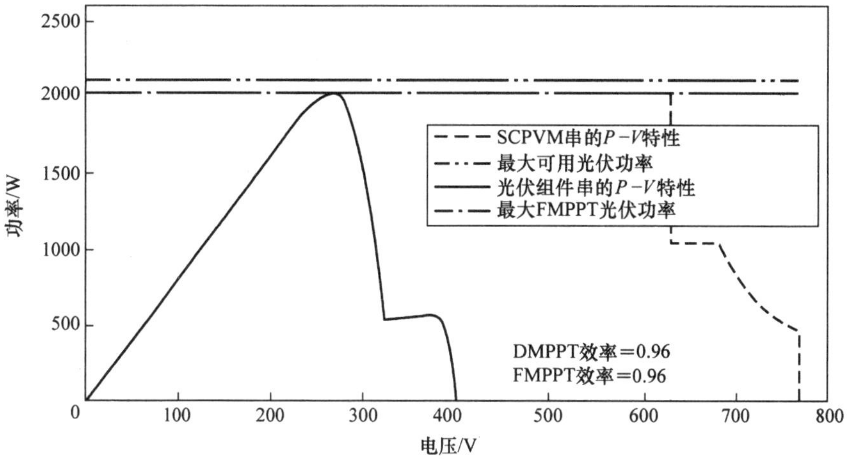

图 4.66　（升压型 SCPVM）$G_H = 1000W/m^2$，$G_L = 200W/m^2$，$V_{ds\ max} = 70V$，$NH = 9$，$NL = 2$

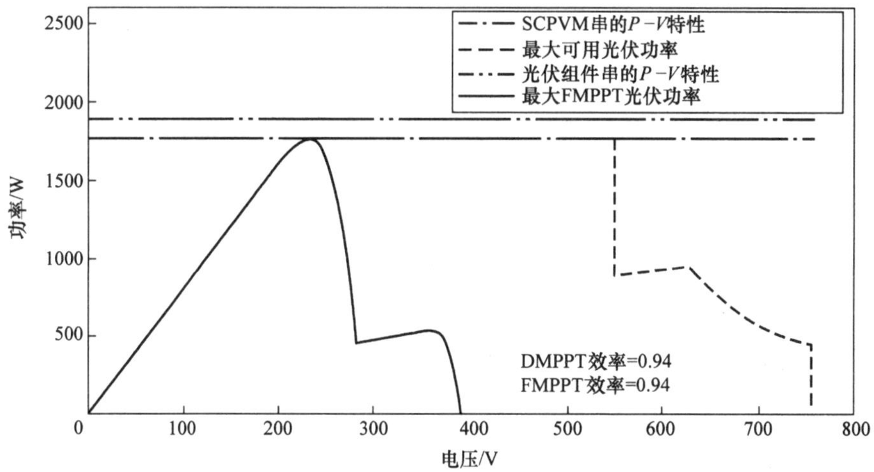

图 4.67　（升压型 SCPVM）$G_H = 1000W/m^2$，$G_L = 200W/m^2$，$V_{ds\ max} = 70V$，$NH = 8$，$NL = 3$

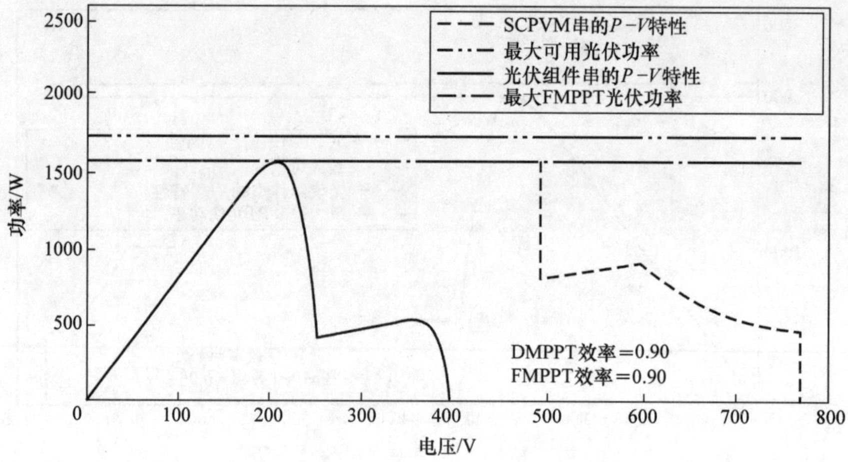

图 4.68 （升压 SCPVM）$G_H = 1000\mathrm{W/m^2}$，$G_L = 200\mathrm{W/m^2}$，$V_{ds\ max} = 70\mathrm{V}$，$NH = 7$，$NL = 4$

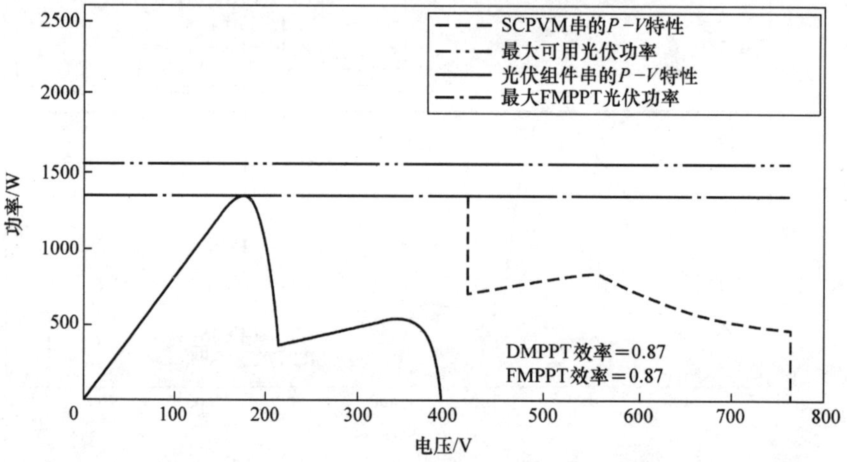

图 4.69 （升压型 SCPVM）$G_H = 1000\mathrm{W/m^2}$，$G_L = 200\mathrm{W/m^2}$，$V_{ds\ max} = 70\mathrm{V}$，$NH = 6$，$NL = 5$

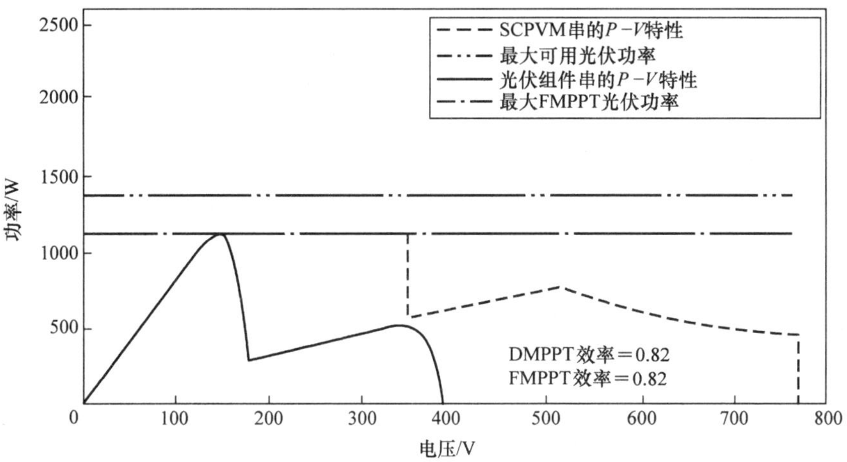

图 4.70　（升压型 SCPVM）$G_H = 1000 W/m^2$，$G_L = 200 W/m^2$，$V_{ds\ max} = 70V$，$NH = 5$，$NL = 6$

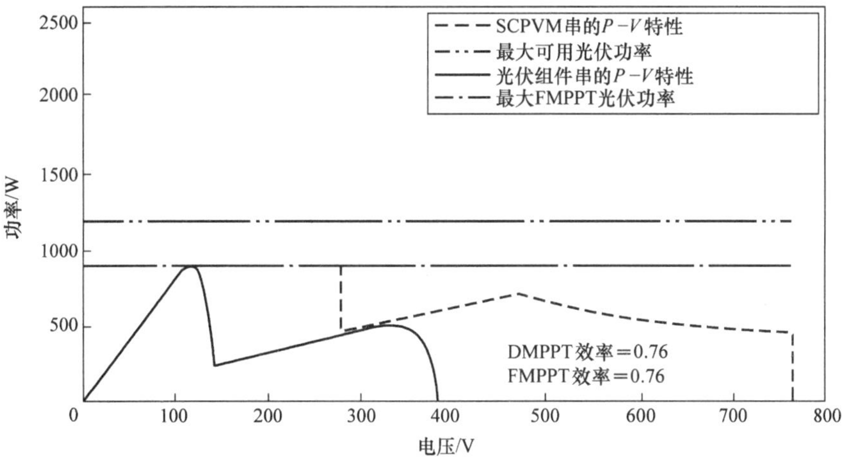

图 4.71　（升压型 SCPVM）$G_H = 1000 W/m^2$，$G_L = 200 W/m^2$，$V_{ds\ max} = 70V$，$NH = 4$，$NL = 7$

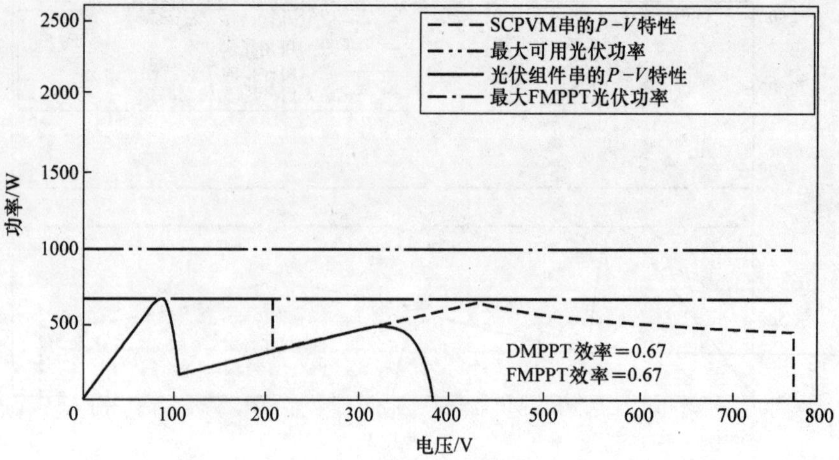

图 4.72 （升压型 SCPVM）$G_H = 1000W/m^2$，$G_L = 200W/m^2$，$V_{ds\,max} = 70V$，$NH = 3$，$NL = 8$

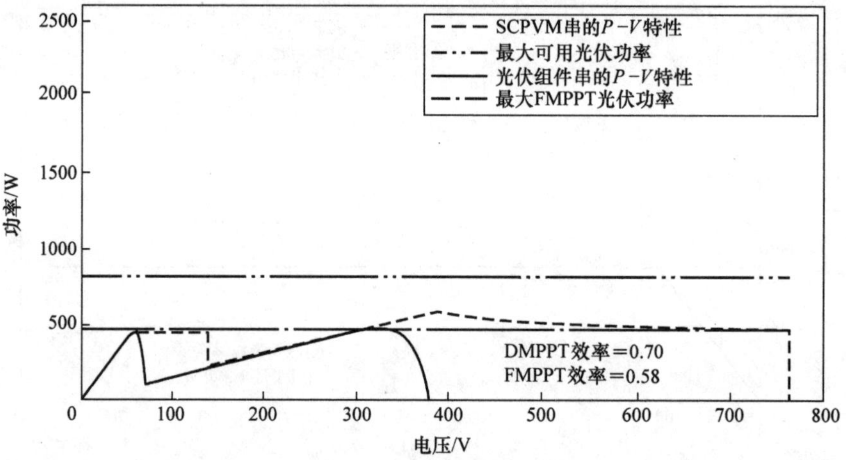

图 4.73 （升压型 SCPVM）$G_H = 1000W/m^2$，$G_L = 200W/m^2$，$V_{ds\,max} = 70V$，$NH = 2$，$NL = 9$

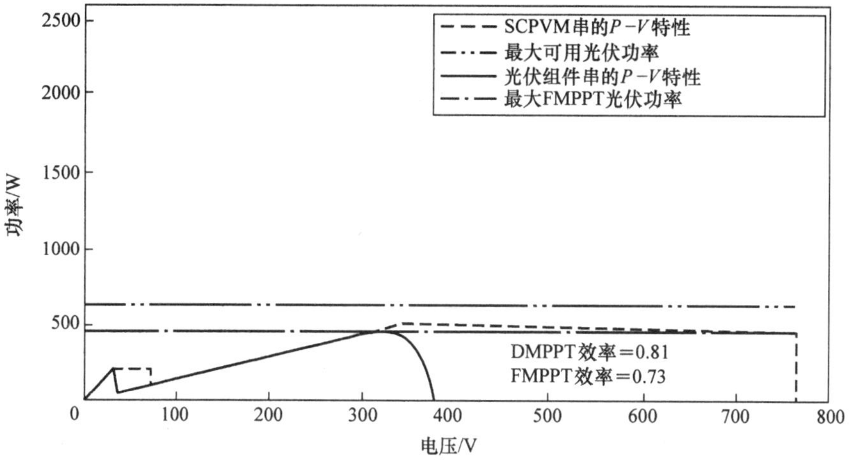

图 4.74　（升压型 SCPVM）$G_H=1000\text{W/m}^2$，$G_L=200\text{W/m}^2$，$V_{ds\ max}=70\text{V}$，$NH=1$，$NL=10$

图 4.75 ~ 图 4.84 描述了在 $G_H=1000\text{W/m}^2$、$G_L=500\text{W/m}^2$ 并且 $V_{ds\ max}=70\text{V}$ 时 N 个 buckboost SCPVM 的工作情况。此时，DMPPT 效率的最大值始终等于 1 且大于 FMPPT 效率最大值。

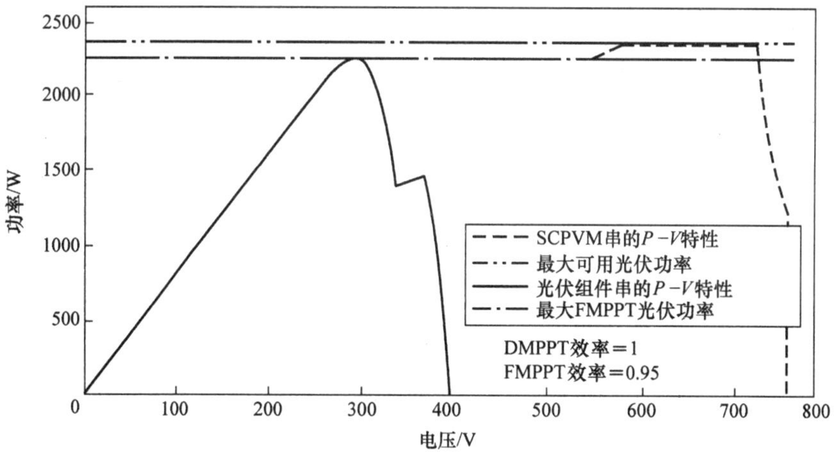

图 4.75　（升压型 SCPVM）$G_H=1000\text{W/m}^2$，$G_L=500\text{W/m}^2$，$V_{ds\ max}=70\text{V}$，$NH=10$，$NL=1$

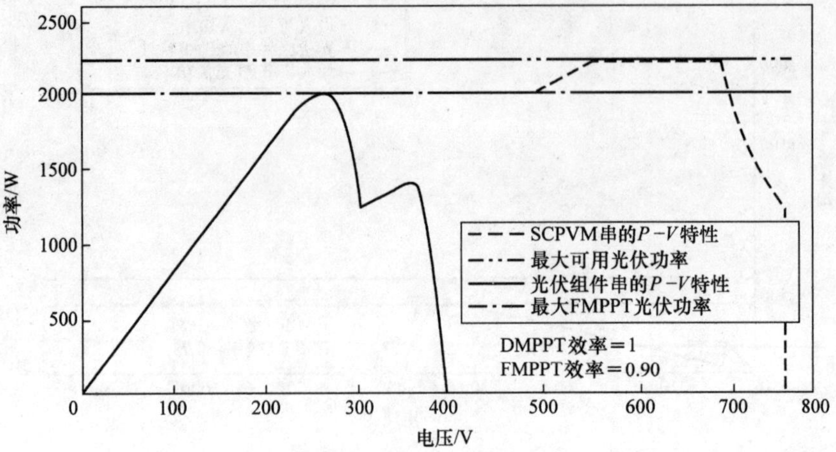

图 4.76 （升压型 SCPVM）$G_H = 1000W/m^2$，$G_L = 500W/m^2$，$V_{ds\,max} = 70V$，$NH = 9$，$NL = 2$

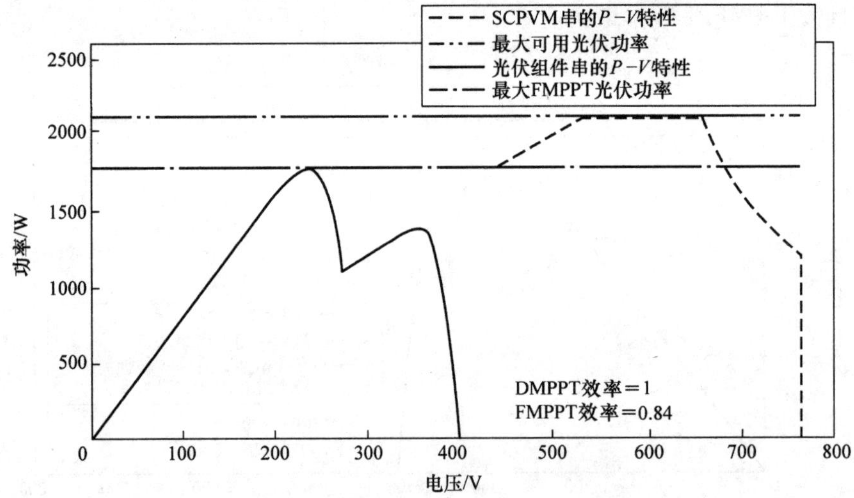

图 4.77 （升压 SCPVM）$G_H = 1000W/m^2$，$G_L = 500W/m^2$，$V_{ds\,max} = 70V$，$NH = 8$，$NL = 3$

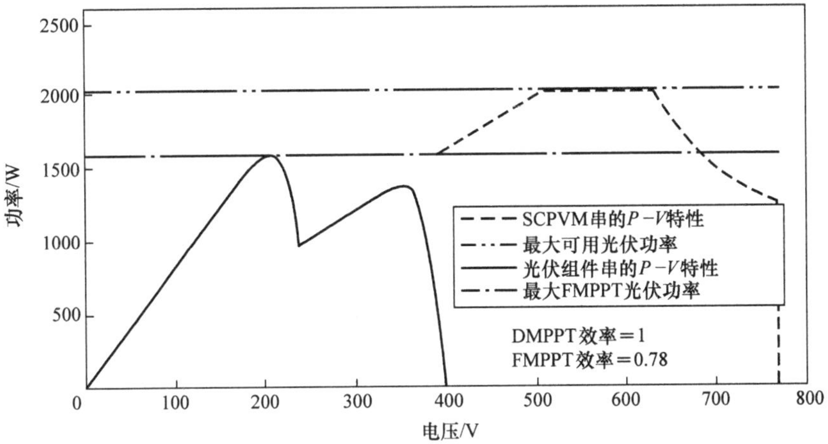

图 4.78　（升压型 SCPVM）$G_H = 1000W/m^2$，$G_L = 500W/m^2$，$V_{ds\ max} = 70V$，$NH = 7$，$NL = 4$

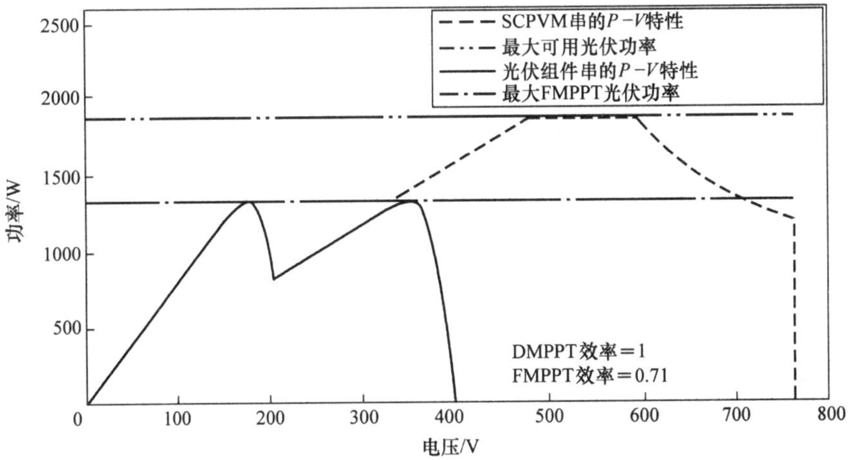

图 4.79　（升压型 SCPVM）$G_H = 1000W/m^2$，$G_L = 500W/m^2$，$V_{ds\ max} = 70V$，$NH = 6$，$NL = 5$

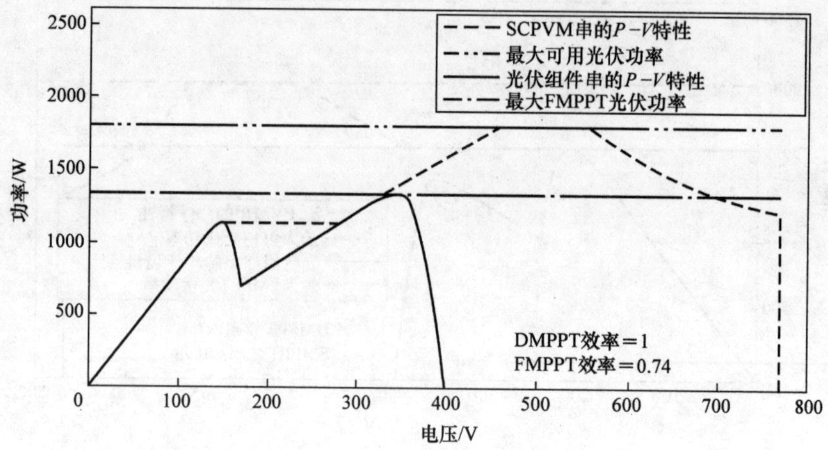

图 4.80　（升压型 SCPVM）$G_H = 1000W/m^2$，$G_L = 500W/m^2$，$V_{ds\,max} = 70V$，$NH = 5$，$NL = 6$

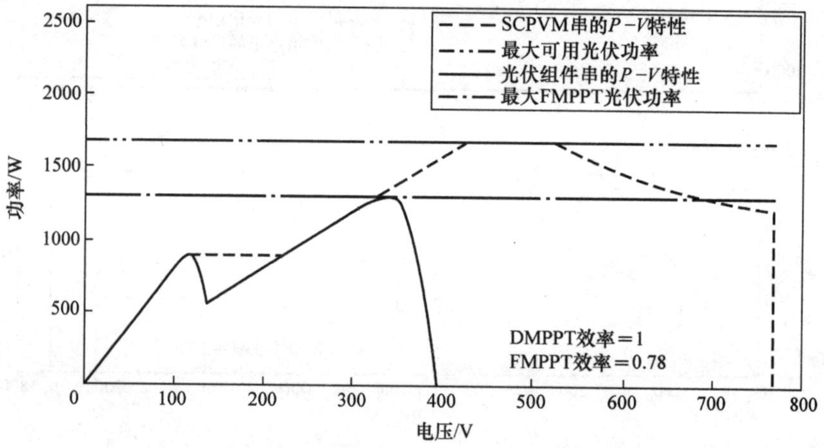

图 4.81　（升压型 SCPVM）$G_H = 1000W/m^2$，$G_L = 500W/m^2$，$V_{ds\,max} = 70V$，$NH = 4$，$NL = 7$

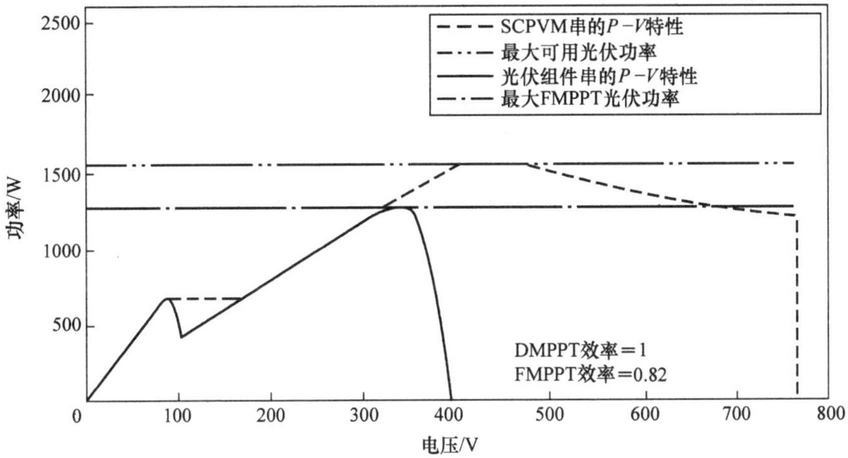

图 4.82　（升压 SCPVM）$G_H = 1000W/m^2$，$G_L = 500W/m^2$，$V_{ds\ max} = 70V$，$NH = 3$，$NL = 8$

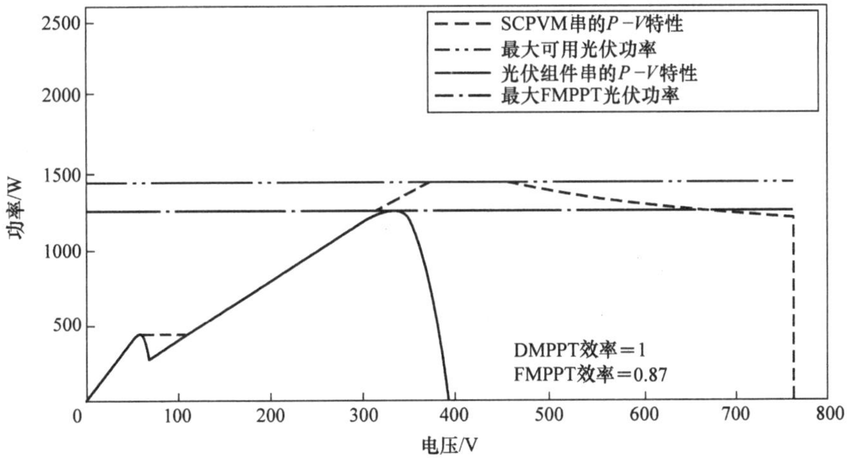

图 4.83　（升压型 SCPVM）$G_H = 1000W/m^2$，$G_L = 500W/m^2$，$V_{ds\ max} = 70V$，$NH = 2$，$NL = 9$

由图 4.64 ~ 图 4.84 可以明显看出，为了能够获得 DMPPT 效率的最大值，总电压必须在最佳工作区间内；此工作区间的幅值和相位不固定，会不断变化。从这个角度来看，为了从 DMPPT 获得更大效益，逆变器 MPPT 的输入电压范围应尽可能大。表 4.1 为市场上商用光伏逆变器的效率、最大允许输入功率和

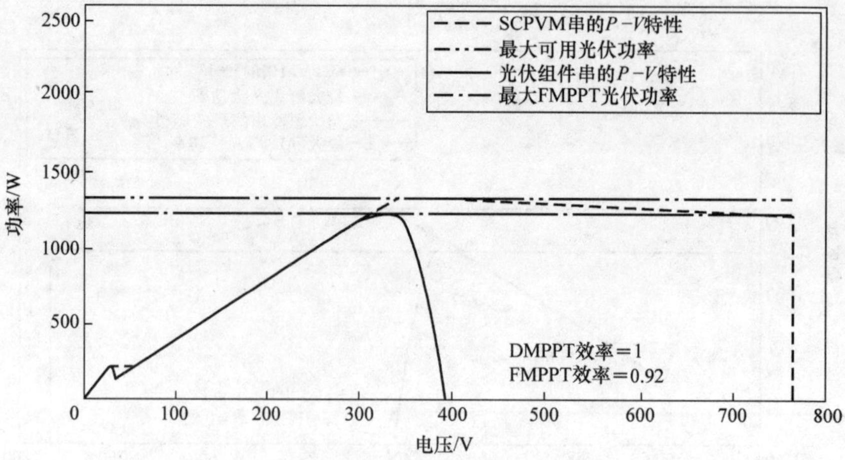

图 4.84 （升压型 SCPVM）$G_H=1000W/m^2$，$G_L=500W/m^2$，$V_{ds\ max}=70V$，$NH=1$，$NL=10$

MPPT 电压范围等方面的主要特点。我们以图 4.75 为例加以说明（$G_H=1000W/m^2$，$G_L=500W/m^2$，$V_{ds\ max}=70V$，$NH=10$，$NL=1$），为使得效率 $\eta_{DMPPT}=1$，总电压的范围为（617～733V）。

表 4.1 市场上现有光伏逆变器的主要特点

逆变器制造商		P_{in}［W_p］	η		MPPT 电压范围/V
			η_{max}	$\eta_{european}$	
SAMIL POWER	SolarRiver SR3K3TLA1	3480	97.4%	96.5%	200～500
	SolarRiver SR4K4TLA1	4580	97.6%	97.1%	
	SolarRiver SR4K4TLA1/PT	4000	97.6%	97.1%	
	SolarRiver SR5KTLA1	5200	97.6%	96.8%	
SMA	(SUNNY BOY) SB 1200 - IT	1320	92.1%	90.9%	100～320
	SB 1200 - IT	1850	93.5%	91.8%	139～320
	SB 2100 - IT	2200	96.0%	95.2%	125～480
	SB 2500 - IT	2700	94.1%	93.2%	224～480

（续）

逆变器制造商		P_{in} [W_p]	η		MPPT 电压范围/V
			η_{max}	$\eta_{european}$	
SMA	SB 3000 – IT	3200	95.0%	93.6%	264 ~ 480
	SB 3800 – IT	4040	95.6%	94.7%	200 ~ 400
	SB 3300HLTC – IT	3440	96.0%	94.6%	125 ~ 600
	SB 4000HLTC – IT	4200	97.0%	97.4%	125 ~ 440
	SB 5000HLTC – IT	5300	97.0%	96.4%	125 ~ 440
	(SUNNY MINI CENTRAL)	5750	96.1%	95.2%	246 ~ 480
	SMC 5000A – IT				
	SMC 6000A – IT	6300	96.1%	95.2%	246 ~ 480
POWER ONE	AURORA	2300	96%	95%	210 ~ 530
	PVI – 2000 – OUTD – IT				
	AURORA	6900	97%	96.4%	180 ~ 530
	PVI – 6000 – OUTD				
ELETTRONICA	SUNWAY – M120	3800	20% pin	75% pin	
SANTERNO	3K		>90%	>93%	
	SUNWAY – M120	3400	>90%	>93%	
	2.5K				99 ~ 170
	SUNWAY – M120	2300	>90%	>93%	
	1.8K				
ECOJOULE	EJ – APOLLO4	5600	96.9%	95.9%	330 ~ 600
	EJ – APOLLO5	6400	96.9%	96.1%	330 ~ 600
	EJ – APOLLO2 PLUS	2800	96.7%	95.4%	200 ~ 600
	EJ – APOLLO3 PLUS	4200	96.8%	96.0%	
	EJ – APOLLO4 PLUS	5600	96.9%	95.9%	
	EJ – APOLLO5 PLUS	6400	96.9%	96.1%	

（续）

逆变器制造商		P_{in} [W_p]	η		MPPT 电压范围/V
			η_{max}	$\eta_{european}$	
KAKO	POWADOR 2002	2000	95.9%	95.3%	125 ~ 510
	POWADOR 3002	3000	96.0%	95.4%	200 ~ 510
	POWADOR 4202	4200	95.9%	95.1%	
	POWADOR 5002	5000	95.9%	95.3%	200 ~ 510
	POWADOR 6002	6000	95.9%	95.3%	
	POWADOR 2500 xi	3200	96.4%	95.8%	
	POWADOR 3600 xi	4400	96.4%	95.8%	
	POWADOR 4000 xi	5250	96.3%	95.8%	350 ~ 600
	POWADOR 4500 xi	6000	96.3%	95.3%	
	POWADOR 5000 xi	6800	96.3%	95.3%	
	POWADOR supreme 4000	3200	96.4%	95.8%	350 ~ 510
AROS	SIRIO 1500	1900	96.3%	95.0%	200 ~ 405
	SIRIO 2000	2500	96.5%	95.1%	250 ~ 405
	SIRIO 2800	3500	97.1%	96.0%	250 ~ 405
	SIRIO 3100	3900	96.1%	95.3%	190 ~ 450
	SIRIO 4000	5000	96.2%	95.7%	250 ~ 450
	SIRIO 4000P	5000	96.2%	95.7%	250 ~ 450
	SIRIO 4600P	5700	96.2%	95.2%	190 ~ 700
	SIRIO 6000P	7500	97.6%	96.7%	230 ~ 500
FRONIUS	IG 15	2000	94.2%	91.4%	150 ~ 400
	IG 20	2700	94.3%	92.3%	
	IG 30	3600	94.3%	92.7%	
	IG 60 HW	6700	94.3%	93.5%	

（续）

逆变器制造商		P_{in} [W_p]	η		MPPT 电压范围/V
			η_{max}	$\eta_{european}$	
	IG PLUS 35V	3700	95.7%	95%	
	IG PLUS 50V	4200	95.7%	95%	230 ~ 500
	IG TL3	3130	97.7%	97.1%	
	IG TL4	4190	97.7%	97.3%	350 ~ 700
	IG TL5	5250	97.7%	97.3%	
MITSUBISHI ELECTRIC	PV - PNS03A TL - IT	3250	96.1%	94.6%	160 ~ 650
	PV - PNS04A TL - IT	4300	96.2%	95.1%	190 ~ 650
	PV - PNS04A TL2 - IT	3250	96.2%	95.4%	260 ~ 650
	PV - PNS06A TL - IT	6000	96.1%	94.6%	160 ~ 650
GEFRAN	RADIUS 2K	2200	95.4%	94.4%	210 ~ 400
	RADIUS 3.6K	3900	95.4%	94.4%	
SOCOMEC	SUNSYS 2254	2200	95.4%	94.4%	210 ~ 400
	SUNSYS 2265	2200	95.4%	94.4%	
	SUNSYS 3954	3900	95.4%	94.4%	
	SUNSYS 3965	3900	95.4%	94.4%	
	SUNSYS 6065	6000	98.0%	97.5%	310 ~ 800
ECOJOULE	EJ - APOLLO2	2800	96.7%	95.4%	330 ~ 600
	EJ - APOLLO3	4200	96.8%	96.0%	

在表 4.1 中逆变器仅有以下几种能够提取 DMPPT 最大功率：AROS（SIRIO 4600P），FRONIUS（IG TL3、IG TL4、IG TL5），MITSUBISHI ELECTRIC（PV - PNS04A TL - IT、PV - PNS04A TL - IT、PV - PNS04A TL2 - IT、PV - PNS06A TL - IT），以及 SOCOMEC（SUNSYS 6065）。

图 4.85 ~ 图 4.95 描述了 N 个 buckboost · 无损 SCPVM 串联工作在 $G_H = 1000W/m^2$、$G_L = 200W/m^2$、$V_{ds\,max} = 70V$ 和 $I_{ds\,max} = 16A$ 条件下的特性曲线。而图 4.96 ~ 图 4.105 则为 buckboost · 无损 SCPVM 系统工作在 $G_H = 1000W/m^2$、$G_L = 500W/m^2$、$V_{ds\,max} = 70V$ 和 $I_{ds\,max} = 16A$ 条件下的特性曲线。此时，DMPPT 效率的最大值为 1 且始终大于 FMPPT 效率最大值。

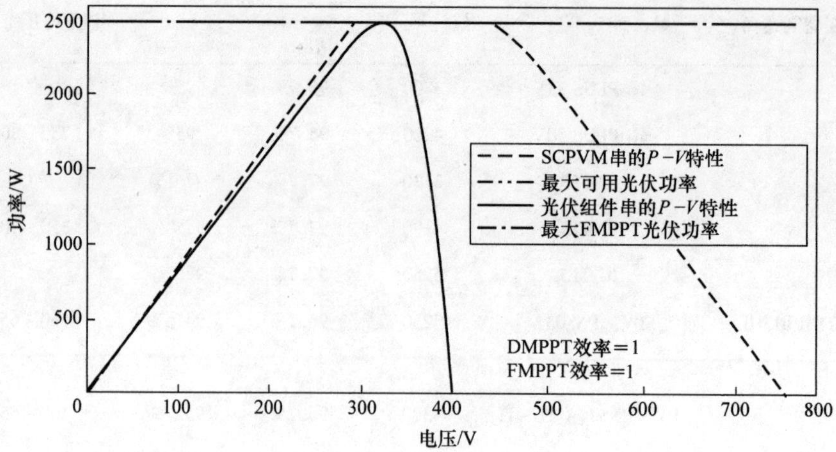

图 4.85 （升降压 SCPVM）$G_H = 1000W/m^2$，$G_L = 200W/m^2$，$V_{ds\ max} = 70V$，$I_{ds\ max} = 16A$，$NH = 11$，$NL = 0$

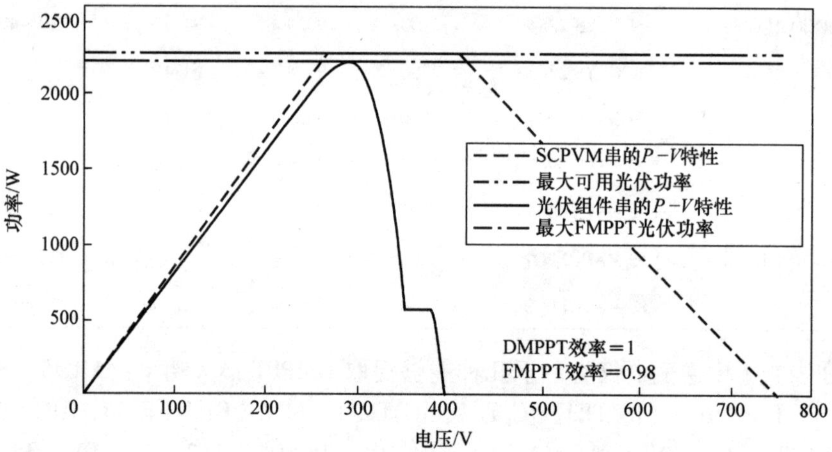

图 4.86 （升降压型 SCPVM）$G_H = 1000W/m^2$，$G_L = 200W/m^2$，$V_{ds\ max} = 70V$，$I_{ds\ max} = 16A$，$NH = 10$，$NL = 1$

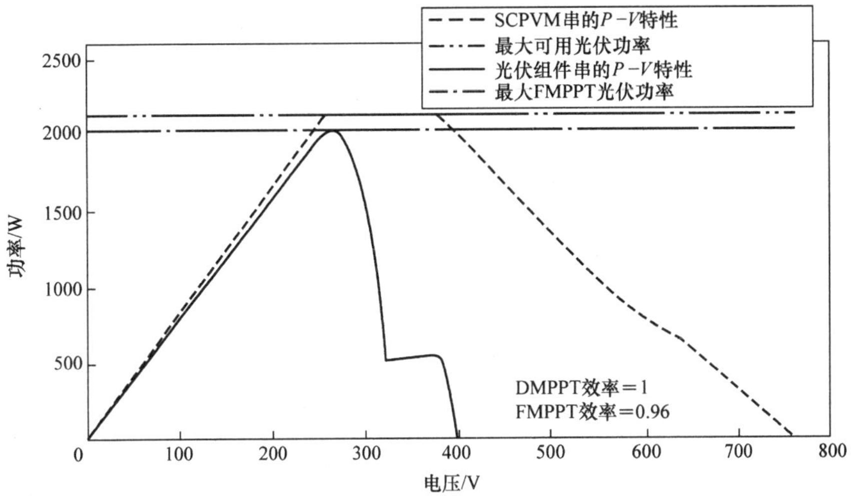

图 4.87　（升降压型 SCPVM）$G_H = 1000W/m^2$，$G_L = 200W/m^2$，$V_{ds\ max} = 70V$，$I_{ds\ max} = 16A$，$NH = 9$，$NL = 2$

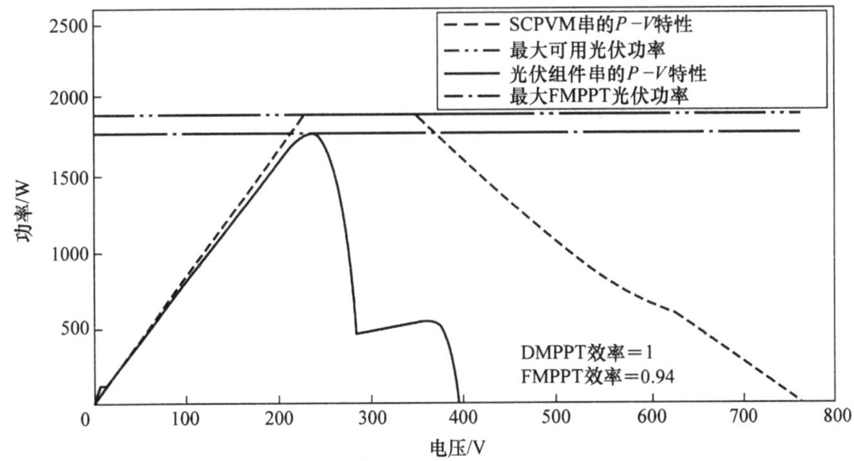

图 4.88　（升降压型 SCPVM）$G_H = 1000W/m^2$，$G_L = 200W/m^2$，$V_{ds\ max} = 70V$，$I_{ds\ max} = 16A$，$NH = 8$，$NL = 3$

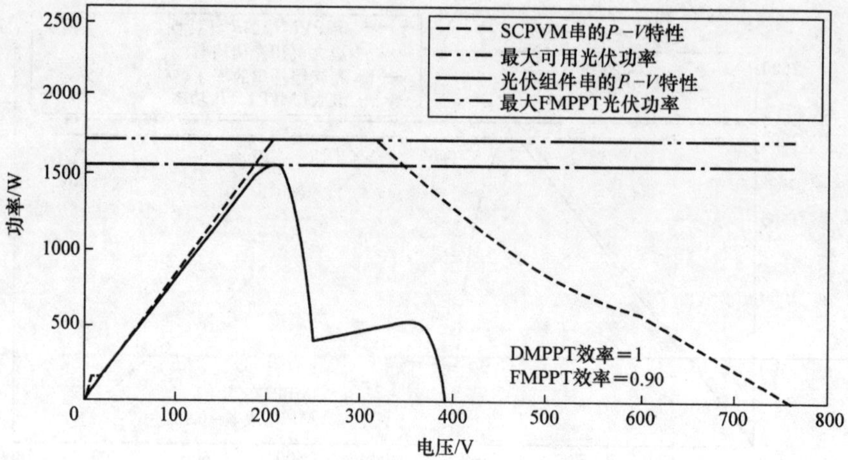

图 4.89 （升降压型 SCPVM）$G_H=1000W/m^2$，$G_L=200W/m^2$，$V_{ds\ max}=70V$，$I_{ds\ max}=16A$，$NH=7$，$NL=4$

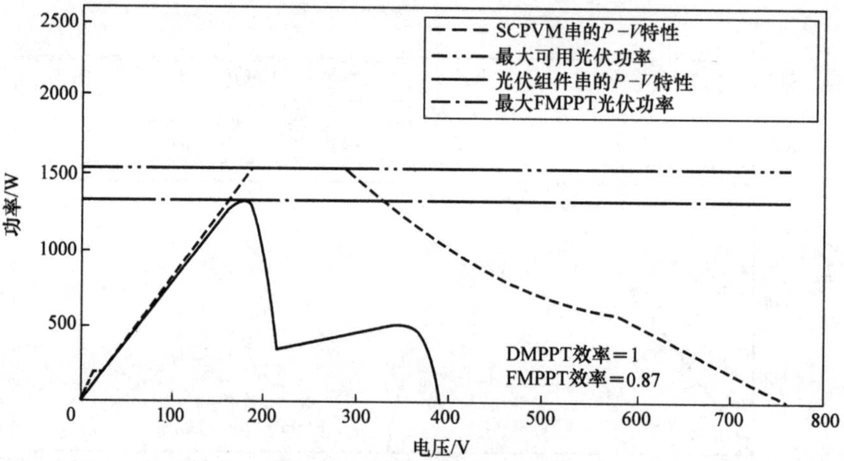

图 4.90 （升降压型 SCPVM）$G_H=1000W/m^2$，$G_L=200W/m^2$，$V_{ds\ max}=70V$，$I_{ds\ max}=16A$，$NH=6$，$NL=5$

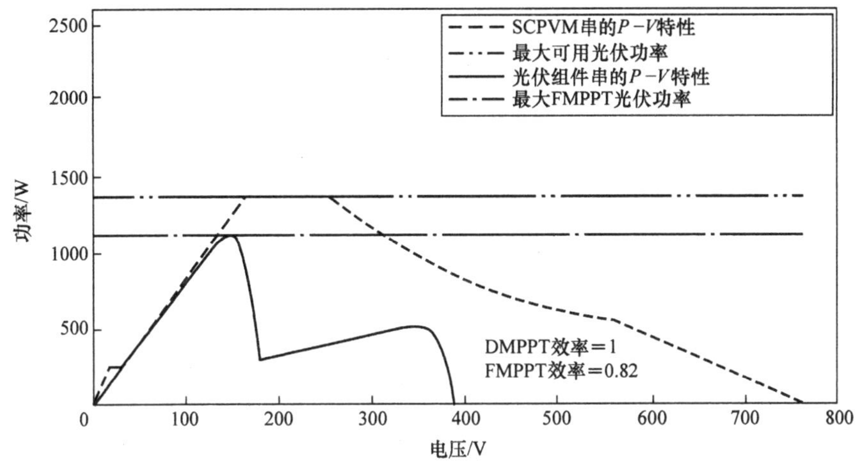

图4.91　（升降压型SCPVM）$G_H = 1000W/m^2$，$G_L = 200W/m^2$，$V_{ds\ max} = 70V$，$I_{ds\ max} = 16A$，$NH = 5$，$NL = 6$

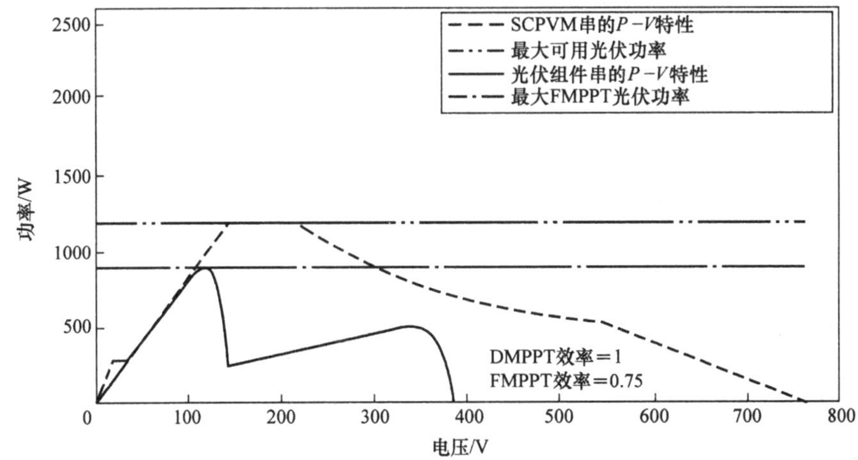

图4.92　（升降压型SCPVM）$G_H = 1000W/m^2$，$G_L = 200W/m^2$，$V_{ds\ max} = 70V$，$I_{ds\ max} = 16A$，$NH = 4$，$NL = 7$

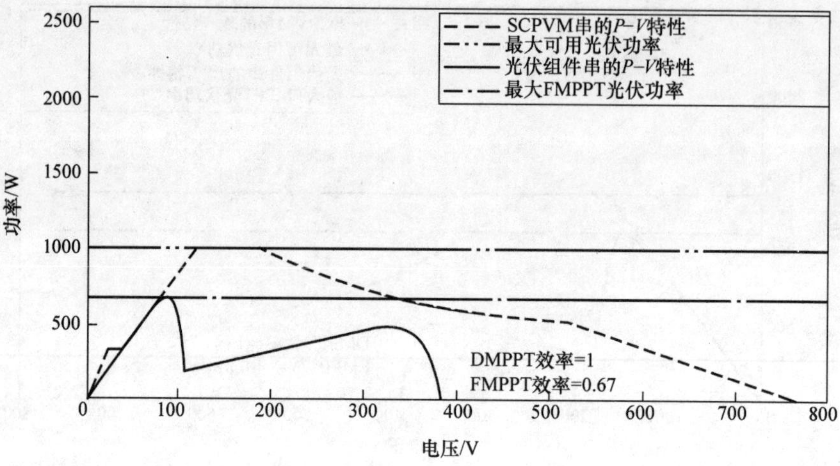

图 4.93 （升降压型 SCPVM） $G_H=1000W/m^2$，$G_L=200W/m^2$，$V_{ds\ max}=70V$，$I_{ds\ max}=16A$，$NH=3$，$NL=8$

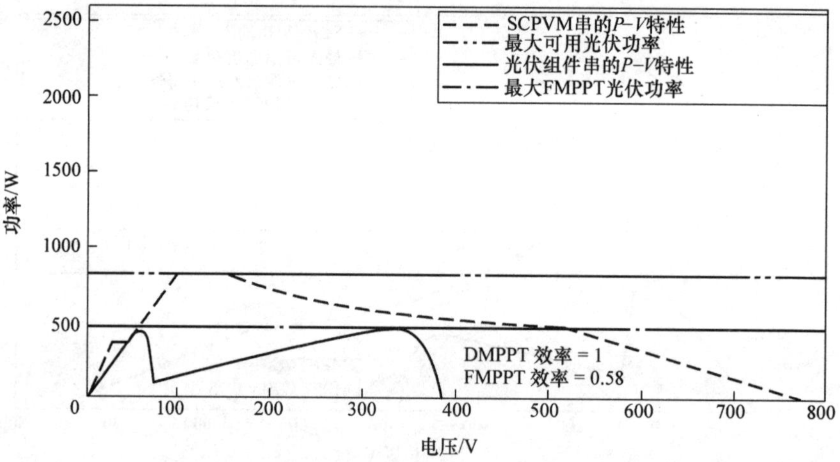

图 4.94 （升降压型 SCPVM） $G_H=1000W/m^2$，$G_L=200W/m^2$，$V_{ds\ max}=70V$，$I_{ds\ max}=16A$，$NH=2$，$NL=9$

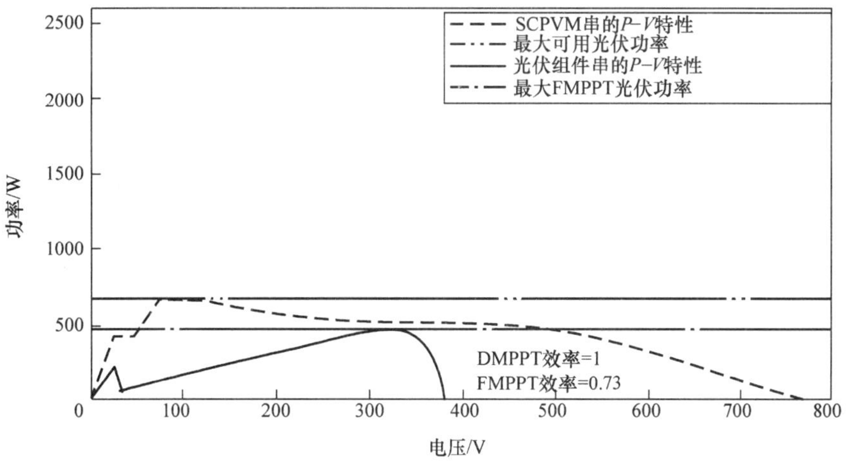

图4.95 （升降压型SCPVM）$G_H = 1000W/m^2$，$G_L = 200W/m^2$，$V_{ds\,max} = 70V$，$I_{ds\,max} = 16A$，$NH = 1$，$NL = 10$

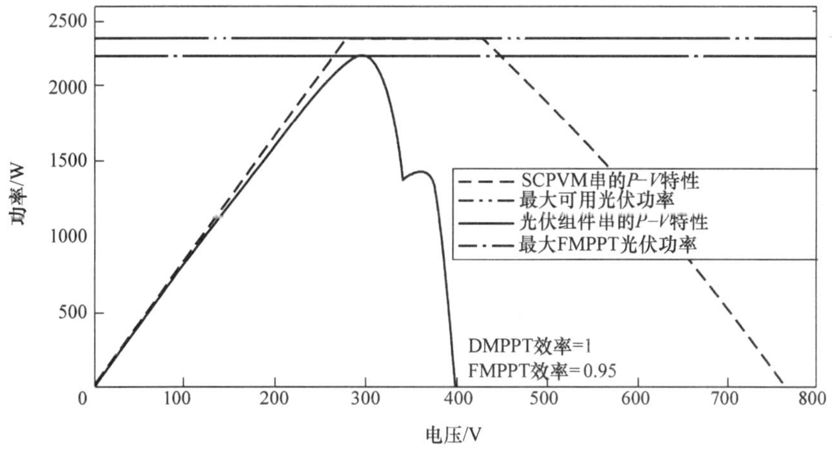

图4.96 （升降压型SCPVM）$G_H = 1000W/m^2$，$G_L = 500W/m^2$，$V_{ds\,max} = 70V$，$I_{ds\,max} = 16A$，$NH = 10$，$NL = 1$

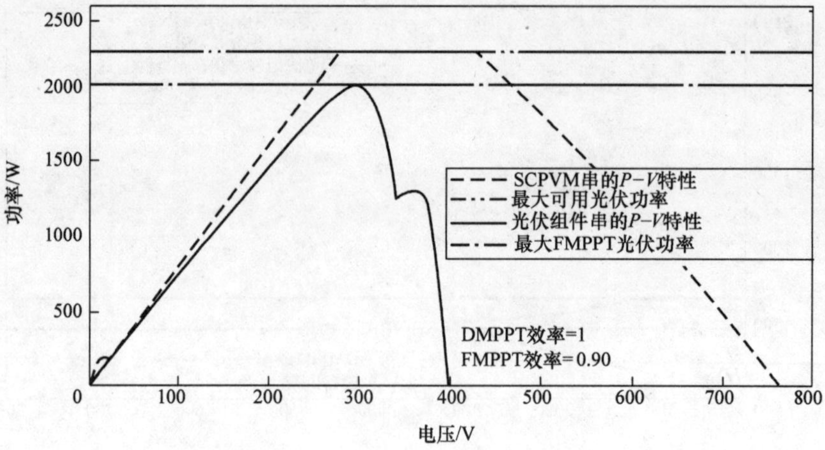

图 4.97 （升降压型 SCPVM）$G_H = 1000W/m^2$，$G_L = 500W/m^2$，$V_{ds\ max} = 70V$，$I_{ds\ max} = 16A$，$NH = 9$，$NL = 2$

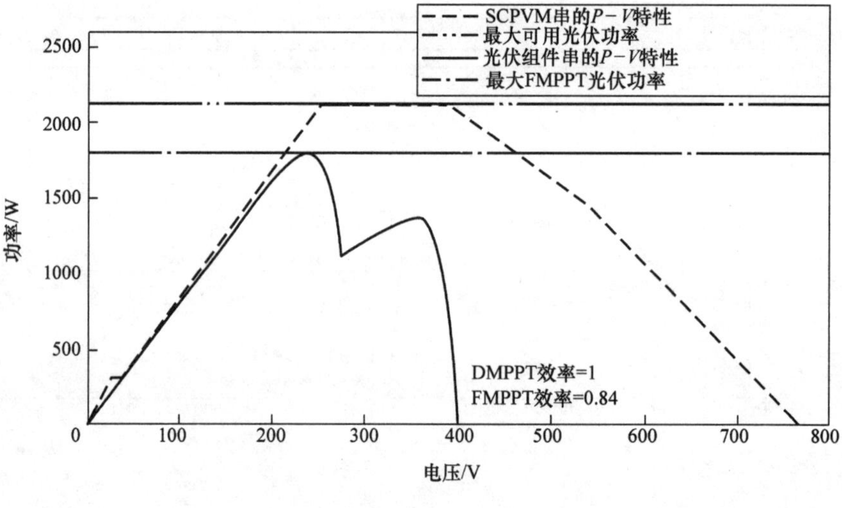

图 4.98 （升降压型 SCPVM）$G_H = 1000W/m^2$，$G_L = 500W/m^2$，$V_{ds\ max} = 70V$，$I_{ds\ max} = 16A$，$NH = 8$，$NL = 3$

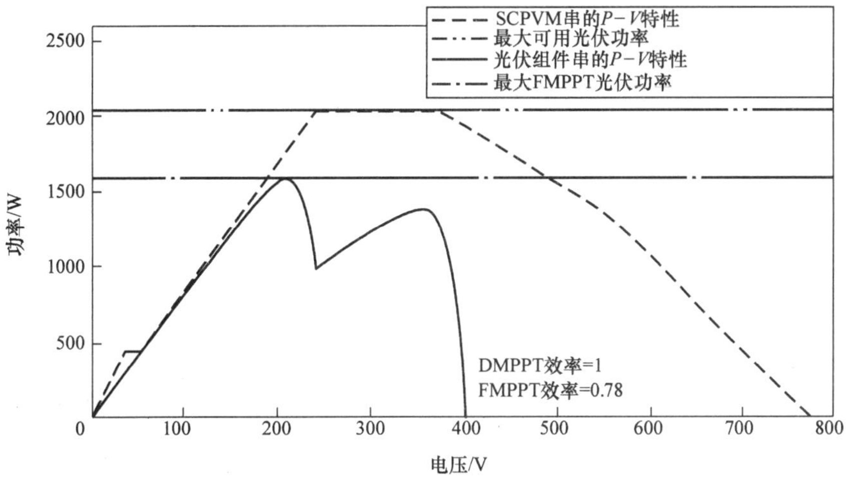

图 4.99　（升降压型 SCPVM）$G_{\mathrm{H}}=1000\mathrm{W/m^2}$，$G_{\mathrm{L}}=500\mathrm{W/m^2}$，$V_{\mathrm{ds\,max}}=70\mathrm{V}$，$I_{\mathrm{ds\,max}}=16\mathrm{A}$，$NH=7$，$NL=4$

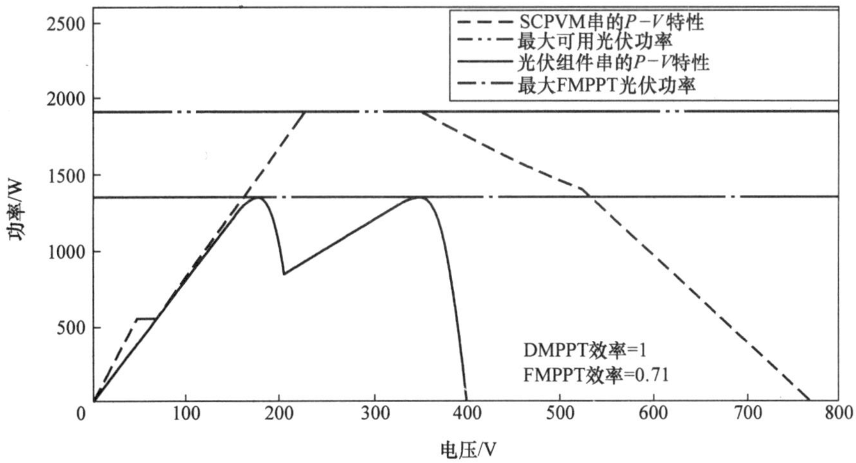

图 4.100　（升降压型 SCPVM）$G_{\mathrm{H}}=1000\mathrm{W/m^2}$，$G_{\mathrm{L}}=500\mathrm{W/m^2}$，$V_{\mathrm{ds\,max}}=70\mathrm{V}$，$I_{\mathrm{ds\,max}}=16\mathrm{A}$，$NH=6$，$NL=5$

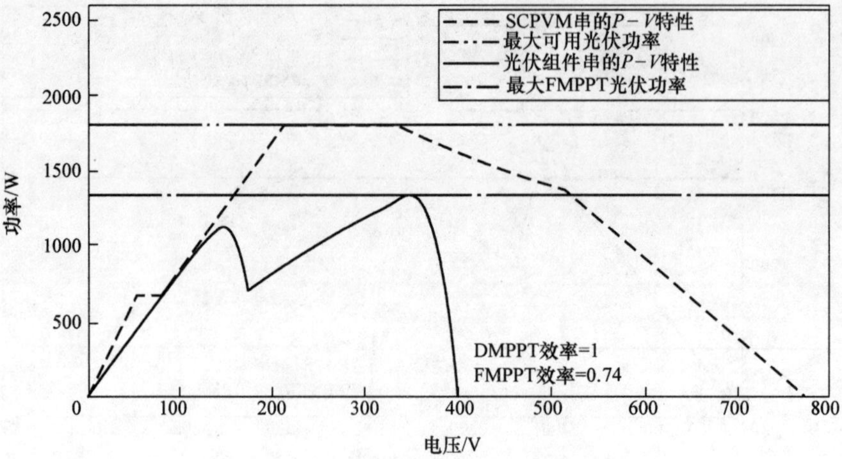

图 4.101　（升降压型 SCPVM）$G_H = 1000W/m^2$，$G_L = 500W/m^2$，$V_{ds\,max} = 70V$，$I_{ds\,max} = 16A$，$NH = 5$，$NL = 6$

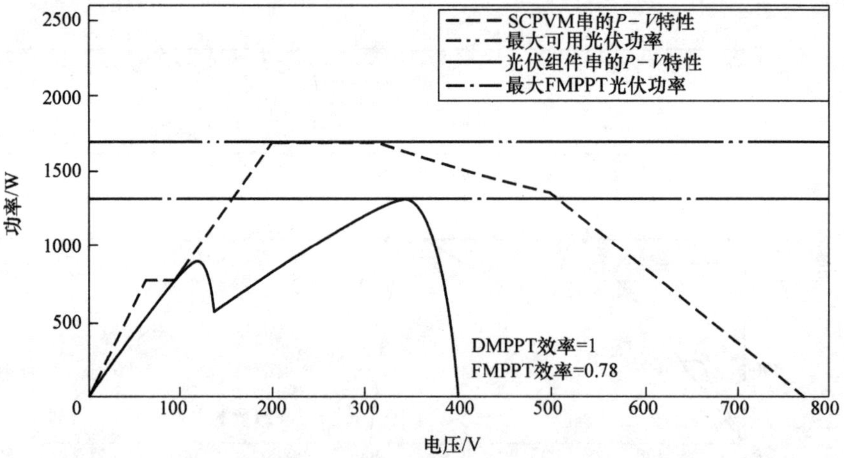

图 4.102　（升降压型 SCPVM）$G_H = 1000W/m^2$，$G_L = 500W/m^2$，$V_{ds\,max} = 70V$，$I_{ds\,max} = 16A$，$NH = 4$，$NL = 7$

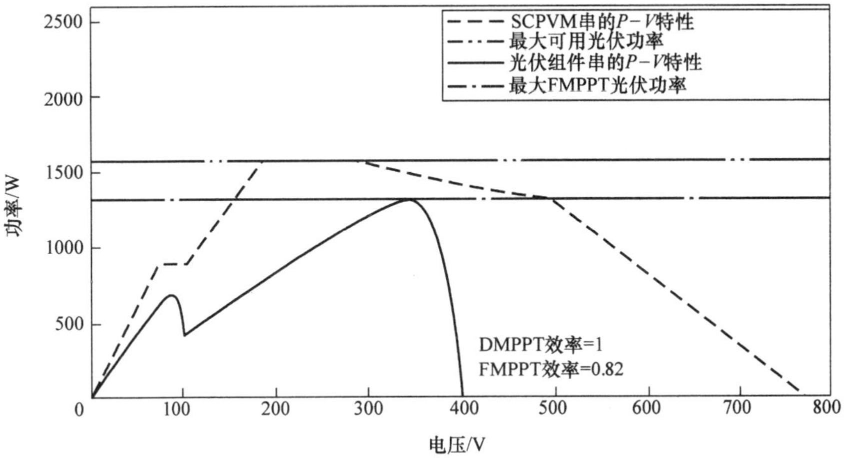

图 4.103　（升降压型 SCPVM）$G_H=1000W/m^2$，$G_L=500W/m^2$，$V_{ds\ max}=70V$，$I_{ds\ max}=16A$，$NH=3$，$NL=8$

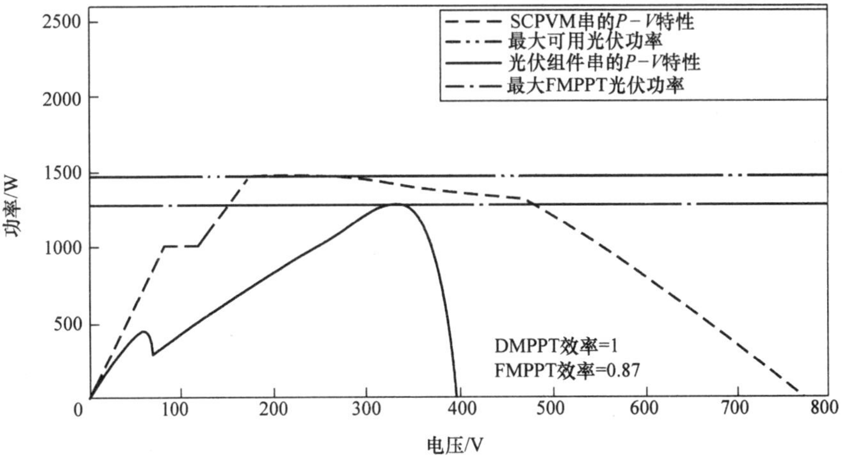

图 4.104　（升降压型 SCPVM）$G_H=1000W/m^2$，$G_L=500W/m^2$，$V_{ds\ max}=70V$，$I_{ds\ max}=16A$，$NH=2$，$NL=9$

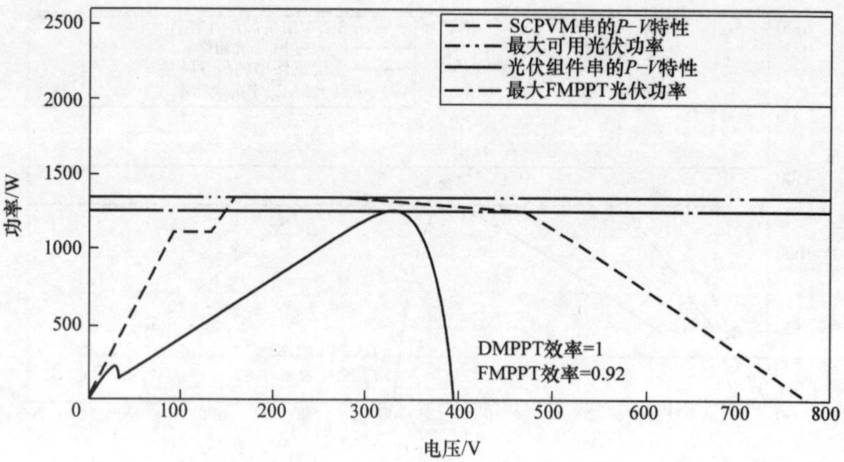

图 4.105 （升降压型 SCPVM）$G_H=1000W/m^2$，$G_L=500W/m^2$，$V_{ds\ max}=70V$，$I_{ds\ max}=16A$，$NH=1$，$NL=10$

在此情况下，为了能够获得 DMPPT 效率的最大值，总电压必须在最佳工作区间；此工作区间的幅值和相位不固定，会不断变化。

下面以图 4.95 为例进行验证（$G_H=1000W/m^2$，$G_L=200W/m^2$，$V_{ds\ max}=70V$，$I_{ds\ max}=16A$，$NH=1$，$NL=10$）。为了使效率达到最大值 $\eta_{DMPPT}=1$，总电压的最佳工作区间为（77～115V）。在表4.1 中逆变器仅有以下几种能够提取 DMPPT 最大功率：SMA（SUNNY BOY SB 1200 – IT）以及 ELETTRONICA SANTERNO（SUNWAY – M120 3K、SUNWAY – M120 2.5K 和 SUNWAY – M120 1.8K）。

基于以上分析，η_{DMPPT}有效值取决于以下几个因素：光伏组件的数量和类型、运行环境（包括辐照度和温度）、所采用带 MPPT 功能 DC/DC 变换器的转换率、所采用器件的电压和电流额定限值以及逆变器允许输入电压的 MPPT 工作区间。

4.5 基于 DMPPT 技术的光伏阵列交流分析

本节主要对由给定数目 SCPVM 构成的光伏阵列进行交流分析，研究由 SCPVM 构成的整个阵列的动态性和稳定性，重点围绕系统参数对 DMPPT 技术的有效性及稳定性的影响[79]。通过一阶近似，可以把 DC/AC 变换器的模型看作一个串联电阻为 R_{bulk} 的电压源 V_{bulk}。实际上，当把光伏逆变器输入电压调节到一个固定平均值时，它能够承受一定范围内的任意电流值[73-76]。这个假设大大简化了系统的分析，因为只要串联电阻 R_{bulk} 的值比一组 SCPVM 的输出阻抗小，每一组 SCPVM 就能形成一个独立的 DC/AC 变换器等效模型的环路，那么图 4.1 所示的系统就可以简化为一个由 N 个 SCPVM 构成的系统（见图 4.106）。

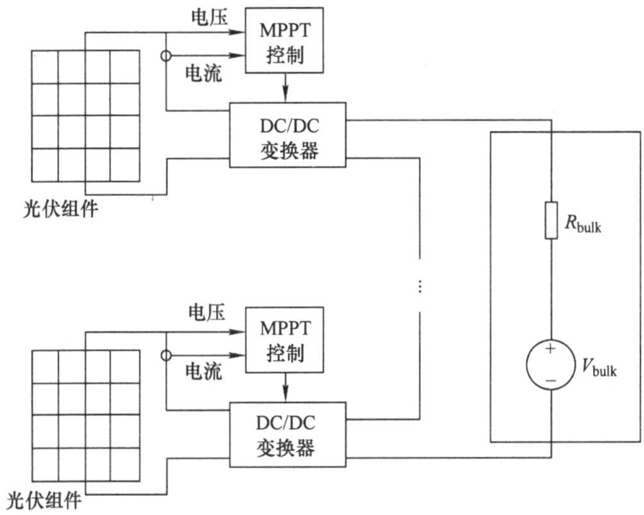

图 4.106　SCPVM 简化模型

为不失一般性，下文将会以具备同步整流功能的 boost 拓扑结构为例进行说明。一组 SCPVM 的 MPPT 可以用几种标准的 MPPT 方法来实现。许多方法已经在文献中提到过，一些最新的文献比如文献［9－36］也有所描述。由于扰动观察法（P&O）具有高性能、简单、经济的特性，在下文中将会提到[9]。如图 4.106 所示的拓扑，由逆变器或其他 SCPVM 引入的对输出电压的扰动，会直接传导到光伏组件的输出电压上，从而导致系统不稳定或动态性能下降[47]。正如第 2 章（2.4 节）中所讨论的系统，具备线性电压反馈控制功能的 boost 变换器如图 4.107 所示。在此类系统中，P&O 控制变量是参考电压 V_{ref}。如果控制速度足够快，系统输出回路的干扰将不会明显影响单个 SCPVM 的运行[47,76]。当深度失配情况发生时，通过占空比限值的动态调节能够防止过电压现象产生[79]。

由上文可知 boost 变换器有两个控制回路。内环是由输入电压反馈控制的线性调节器构成，外环是由一个 MPPT P&O 控制器构成，动态特性比起所控制变换器的变化至少慢一个数量级。分析直流时，我们以工作于辐照度水平 G_H 下的 NH 个 SCPVM 组成的系统和工作于辐照度水平 G_L 下 NL 个 SCPVM 组成的系统（图 4.108）为例进行阐述。其中 $N = NH + NL$。假设所有 NL 个 SCPVM 相同，而且它们的 MPPT 控制器是同步的。这一假设简化了系统的理论分析和仿真验证。

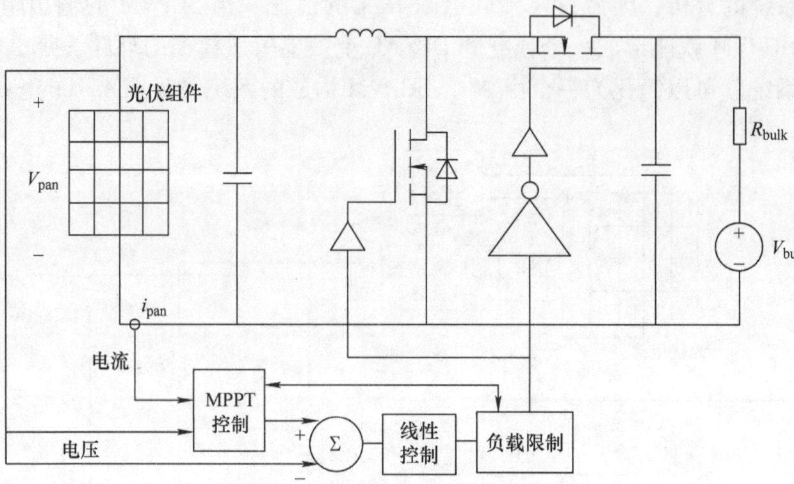

图 4.107　采用同步整流升压变换器，输入电压反馈控制和动态占空比限制的 SCPVM 的原理

文献［79］已讨论了 MPPT 控制器间存在随机延时情况下的系统仿真，发现了这两种方法存在的微小差别。同样的假设也适用于由 NH 个 SCPVM 组成的系统。

由于 SCPVM 输出端口串联，特定的 SCPVM 的输出电压与输出功率和输出总功率的比率有关。

$$V_{out\ H} = V_{bulk}\frac{P_{outH}}{NH \cdot P_{outH} + NL \cdot P_{outL}} \tag{4.2}$$

$$V_{out\ L} = V_{bulk}\frac{P_{outL}}{NH \cdot P_{outH} + NL \cdot P_{outL}} \tag{4.3}$$

P_{outH}、P_{outL}分别为辐照度 G_H、G_L下 SCPVM 的输出功率，V_{outH}、V_{outL}分别为两种情况下的输出电压。方程式（4.2）和式（4.3）表明，由于在模块间分配功率不平衡，SCPVM 的输出电压可以在一个很宽的范围内变化。例如，当 $P_{outH} \neq 0$，如果 $P_{outL} \approx 0$（NL 个模块被完全遮蔽），由式（4.2）和式（4.3）可得 $V_{outL} \approx 0$，$V_{outH} = V_{bulk}/NH$。因此，如果 NH 足够小，V_{outH}将变得非常大，导致很大的开关压降。升压变换器中的输出电压为开关管和输出电容的最大电压。为了防止一个或多个 SCPVM 的输出电压超过给定的最大值 $V_{ds\ max}$，必须采用具有占空比限制功能[79]的输出电压限制技术，控制框图如图 4.107 所示。

4.5.1　单一 SCPVM 的交流模型

图 4.109 为 SCPVM 的详细原理图，包括可实现输入电压反馈调节的电路。相应的小信号模型如图 4.110。

下文中小写字母例如 v、i 和 d 分别用来表示大信号的电压、电流和占空比

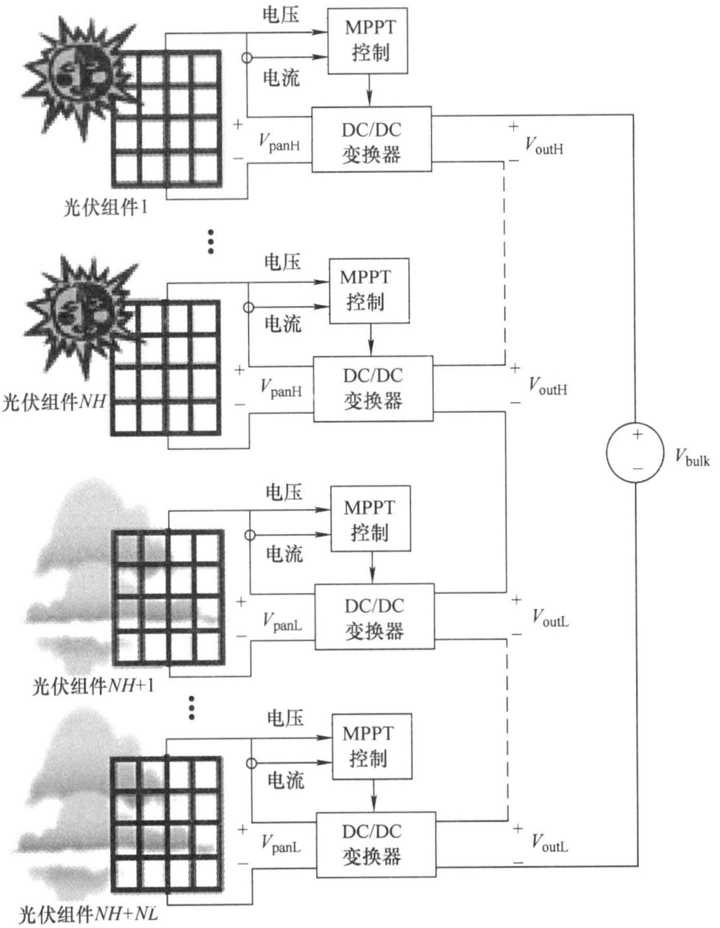

图 4.108　SCPVM 在不均匀的辐照下的简化模型

的值；大写字母例如 V、I 和 D 被用来表示相同变量的 DC 值；带帽子符号“∧”的小写字母表示小信号稳态工作点附近的变量值。

4.5.1.1　SCPVM 的开环传递函数

通过对电路图 4.110 的分析，可以得到如下传递函数：

$$G_{v_{pan}d\ OL}(s)=\left.\frac{\hat{v}_{pan}(s)}{\hat{d}(s)}\right|_{\substack{\hat{i}_g(s)=0\\ \hat{v}_{bulk}(s)=0\\ \text{开环}}} \tag{4.4}$$

$$G_{i_{bulk}d\ OL}(s)=\left.\frac{\hat{i}_{bulk}(s)}{\hat{d}(s)}\right|_{\substack{\hat{i}_g(s)=0\\ \hat{v}_{bulk}(s)=0\\ \text{开环}}} \tag{4.5}$$

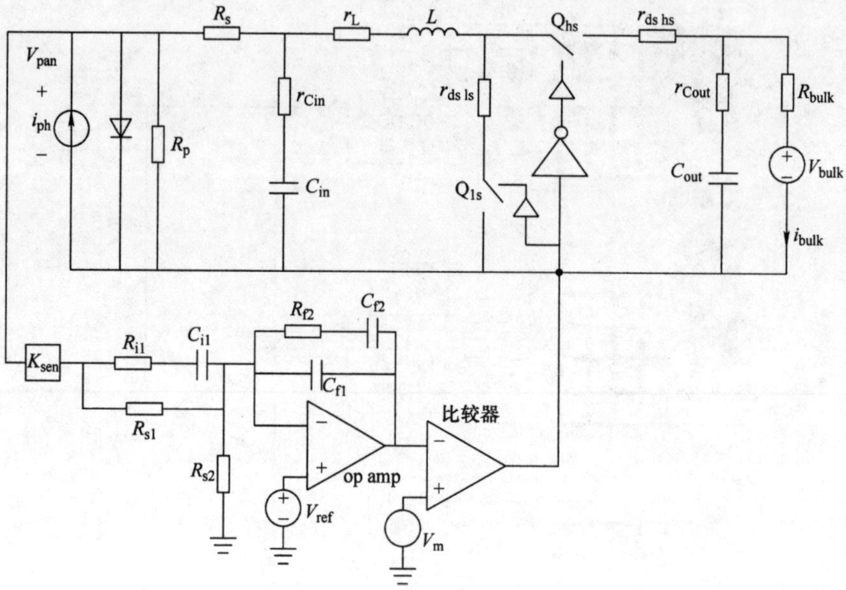

图 4.109　本文研究的 SCPVM 原理图（i_{ph}、R_p 和 R_s 是光伏组件大信号模型的参数，见第 1 章）

$$Z_{v_{pan}i_g\mathrm{OL}}(s)=\left.\frac{\hat{v}_{pan}(s)}{\hat{i}_g(s)}\right|_{\substack{\hat{d}(s)=0\\ \hat{v}_{bulk}(s)=0\\ 开环}} \tag{4.6}$$

$$G_{i_{bulk}i_g\mathrm{OL}}(s)=\left.\frac{\hat{i}_{bulk}(s)}{\hat{i}_g(s)}\right|_{\substack{\hat{d}(s)=0\\ \hat{v}_{bulk}(s)=0\\ 开环}} \tag{4.7}$$

$$G_{v_{pan}v_{bulk}\mathrm{OL}}(s)=\left.\frac{\hat{v}_{pan}(s)}{\hat{v}_{bulk}(s)}\right|_{\substack{\hat{i}_g(s)=0\\ \hat{d}(s)=0\\ 开环}} \tag{4.8}$$

$$Z_{out\ \mathrm{OL}}(s)=-\left.\frac{\hat{v}_{bulk}(s)}{\hat{i}_{bulk}(s)}\right|_{\substack{\hat{i}_g(s)=0\\ \hat{d}(s)=0\\ 开环}} \tag{4.9}$$

输入电压的控制可通过具有负反馈的运算放大器来实现，其动态性能由传递函数（4.10）表示：

$$G_c(s)=\frac{Z_f(s)}{Z_i(s)} \tag{4.10}$$

其中：

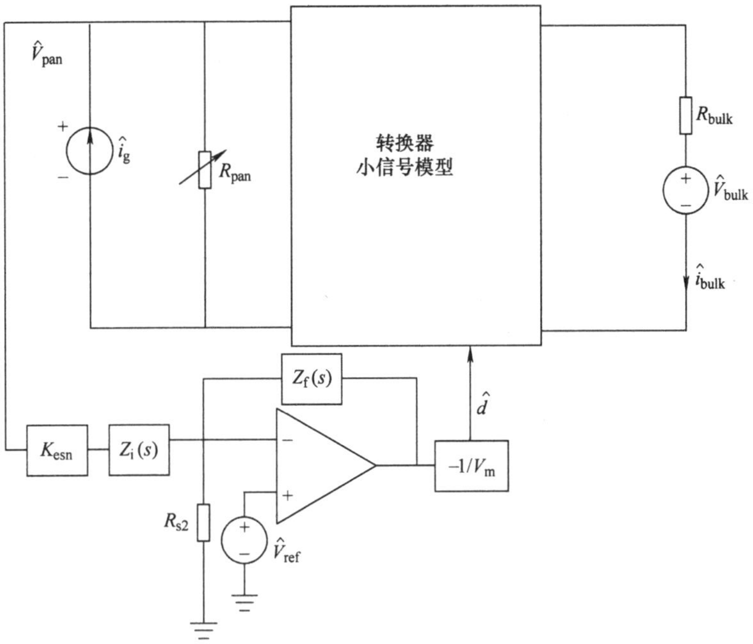

图 4.110　SCPVM 的小信号模型

$$Z_f(s) = \left(R_{f2} + \frac{1}{sC_{f2}}\right) || \frac{1}{sC_{f1}} \tag{4.11}$$

$$Z_i(s) = \left(R_{i1} + \frac{1}{sC_{i1}}\right) || R_{s1} \tag{4.12}$$

给定两个并联阻抗 Z_1和 Z_2。$Z_1 || Z_2$表示其等效阻抗（$(Z_1Z_2)/(Z_1+Z_2)$）。根据控制理论标准，在运算放大器的反相拓扑结构中，传递函数的负反馈被认为是反馈回路的一部分，而不是补偿网络传递函数的一部分。该回路传递函数可以写为

$$T_c(s) = -G_{v_{pan}\mathrm{d\ OL}}(s) K_{sen} G_c(s) \frac{1}{V_m} \tag{4.13}$$

在图 4.109 的电路中，式（4.13）的负号是由 PWM 负反馈电路引入的。这是由于传递函数 $G_{v_{pan}\mathrm{d\ OL}}(s)$ 在低频率时为负值，因此，作为稳定闭环系统有必要在反馈回路中的正回路传递函数引入一个负值。

4.5.1.2　SCPVM 的闭环传递函数

图 4.111 将图 4.110 中的 SCPVM 的输入输出变量间关系转化为控制框图，并得出如下 SCPVM 的闭环输入 - 输出传递函数的计算式。

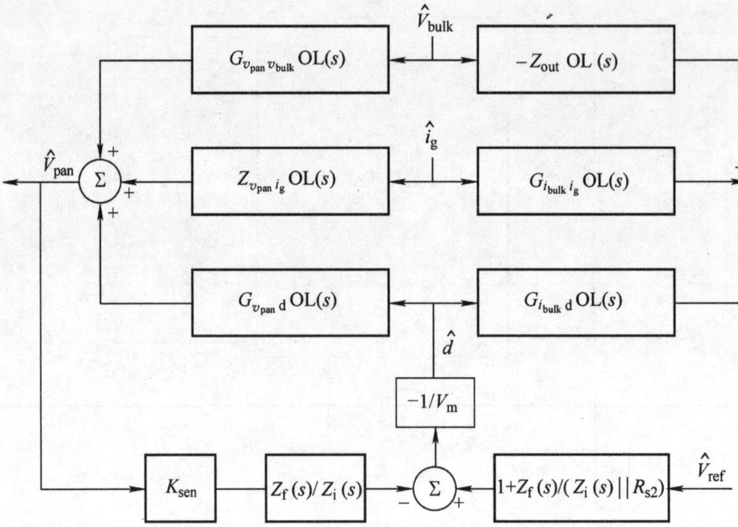

图 4.111　SCPVM 小信号交流模型的框图

$$G_{v_{pan}v_{ref}CL}(s)=\left.\frac{\hat{v}_{pan}(s)}{\hat{v}_{ref}(s)}\right|_{\substack{\hat{i}_g(s)=0\\ \hat{v}_{bulk}(s)=0\\ 闭环}}=\frac{\left[1+\dfrac{Z_f(s)}{Z_i(s)R_{s2}}\right]G_{v_{pan}d}OL(s)\dfrac{1}{V_m}}{1+T_c(s)} \tag{4.14}$$

$$G_{i_{bulk}v_{ref}CL}(s)=\left.\frac{\hat{i}_{bulk}(s)}{\hat{v}_{ref}(s)}\right|_{\substack{\hat{i}_g(s)=0\\ \hat{v}_{bulk}(s)=0\\ 闭环}}=\frac{\left[1+\dfrac{Z_f(s)}{Z_i(s)R_{s2}}\right]G_{i_{bulk}d}OL(s)\dfrac{1}{V_m}}{1+T_c(s)} \tag{4.15}$$

$$G_{v_{pan}v_{bulk}CL}(s)=\left.\frac{\hat{v}_{pan}(s)}{\hat{v}_{bulk}(s)}\right|_{\substack{\hat{i}_g(s)=0\\ \hat{v}_{ref}(s)=0\\ 闭环}}=\frac{G_{v_{pan}v_{bulk}OL}(s)}{1+T_c(s)} \tag{4.16}$$

$$Z_{out\ CL}(s)=-\left.\frac{\hat{v}_{bulk}(s)}{\hat{i}_{bulk}(s)}\right|_{\substack{\hat{i}_g(s)=0\\ \hat{v}_{ref}(s)=0\\ 闭环}}=\frac{Z_{out\ OL}(s)}{1-\dfrac{Z_{out\ OL}(s)G_{i_{bulk}d\ OL}(s)G_{v_{pan}v_{bulk}OL}(s)K_{sen}G_c(s)\dfrac{1}{V_m}}{1+T_c(s)}} \tag{4.17}$$

$$G_{i_{bulk}i_g CL}(s)=\left.\frac{\hat{i}_{bulk}(s)}{\hat{i}_g(s)}\right|_{\substack{\hat{v}_{bulk}(s)=0\\ \hat{v}_{ref}(s)=0\\ 闭环}}=G_{i_{bulk}i_g OL}(s)+\frac{G_{i_{bulk}d\ OL}(s)Z_{v_{bulk}i_g OL}(s)K_{sen}G_c(s)\dfrac{1}{V_m}}{1+T_c(s)} \tag{4.18}$$

$$Z_{v_{\text{pan}}i_{\text{g}}\text{CL}}(s)=\underbrace{\frac{\hat{v}_{\text{pan}}(s)}{\hat{i}_{\text{g}}(s)}\Bigg|_{\substack{\hat{v}_{\text{bulk}}(s)=0\\ \hat{v}_{\text{ref}}(s)=0}}}_{\text{闭环}}=\frac{Z_{v_{\text{pan}}i_{\text{g}}\text{OL}}(s)}{1+T_{\text{c}}(s)} \tag{4.19}$$

图 4.112 为传递函数 $G_{v_{\text{pan}}v_{\text{bulk}}\text{CL}}(s)$ 和 $G_{v_{\text{pan}}v_{\text{bulk}}\text{OL}}(s)$ 的伯德图。通过在 SCPVM 中采用输入电压反馈的控制策略能够抑制输出电压的波动。图 4.112 所示伯德图的各参数值如下：$L=100\mu\text{H}$，$r_{\text{L}}=0.082\Omega$，$r_{\text{ds hs}}=0.021\Omega$，$r_{\text{ds ls}}=0.013\Omega$，$C_{\text{out}}=99\mu\text{F}$，$r_{\text{Cout}}=0.12\Omega$，$C_{\text{in}}=94\mu\text{F}$，$r_{\text{Cin}}=0.18\Omega$，$f_{\text{s}}=160\text{kHz}$，$V_{\text{f}}=0.6\text{V}$，$R_{\text{s1}}=1\text{k}\Omega$，$R_{\text{s2}}=0.39\text{k}\Omega$，$R_{\text{i1}}=100\Omega$，$C_{\text{i1}}=47\text{nF}$，$C_{\text{f1}}=2.2\text{nF}$，$R_{\text{f2}}=1\text{k}\Omega$，$C_{\text{f2}}=47\text{nF}$，$K_{\text{sen}}=0.454$，$V_{\text{m}}=1.8\text{V}$，辐照度 $G=500\text{W/m}^2$，$V_{\text{pan}}=15\text{V}$，$I_{\text{g}}=4\text{A}$，$R_{\text{pan}}=84\Omega$，$V_{\text{bulk}}=27.5\text{V}$，$R_{\text{bulk}}=1\text{m}\Omega$。

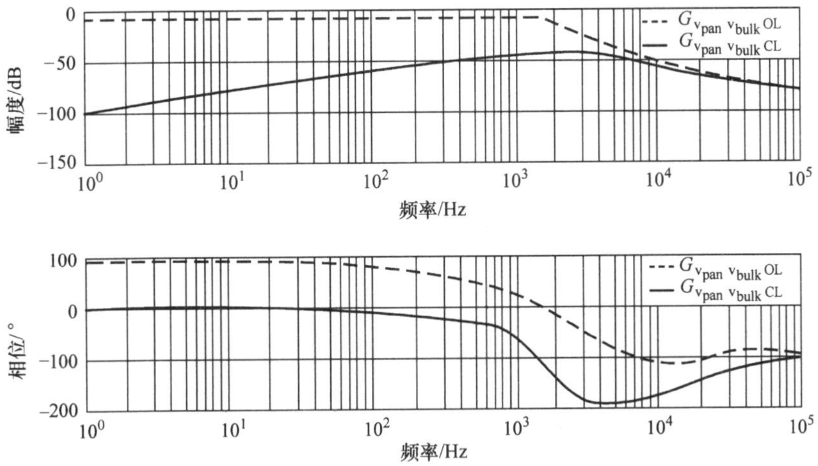

图 4.112　开环（OL）和闭环（CL）条件下，电路图 4.109 的输入输出电压的传递函数

4.5.2　分散式光伏阵列的小信号模型

上一节中推导出了 SCPVM 的模型，并对该模型的稳态和小信号变化进行了描述。本节主要是建立非标准辐照度下的 SCPVM 阵列的近似模型。在直流稳态或高频条件下，光伏逆变器（并网运行模式下）或电池组（独立运行模式下）的输入端口可以近似看作电压源。普通电池充电器和逆变器具有较大的输入电容，其输入电压大小可通过反馈调节器控制[72-76]。因此，可推导得出与电压源相连的一串 SCPVM 光伏阵列的小信号模型，通过对其进行扩展能够进一步完成图 4.108 中所描绘的系统传递函数的求解，同时基于该模型还可以完成稳定性设计。遵循同样的方法来进一步扩展这种模型以囊括逆变器的动态性能。其他不匹

配情况，如光伏组件和工作条件也可以用类似的方法进行研究[79]。

4.5.2.1 一组 SCPVM 的小信号模型

本节我们将推导图 4.108 所示系统的小信号交流模型。为了简化模型，只考虑 $NH=NL=1$ 的情况。下标 1 和 2 分别表示第一和第二组 SCPVM，输入变量包括 i_{g1}、i_{g2}、V_{ref1}、V_{ref2}和 V_{bulk}；输出变量为 v_{pan1} 和 v_{pan2}。所得到的小信号模型如图 4.113 所示。

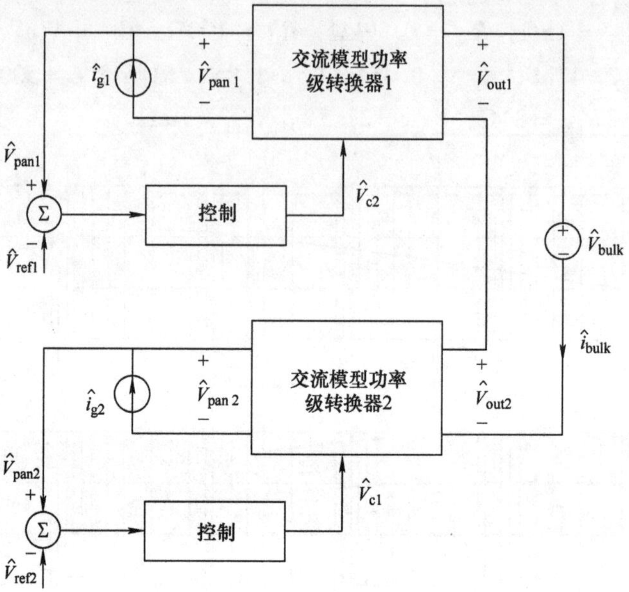

图 4.113 SCPVM 的小信号模型（$NH=1$，$NL=1$）

我们应利用合适的传递函数将图 4.113 所示系统的输入变量和输出变量关联起来。下面的传递函数将 v_{pan1} 与输入变量相互关联：

$$G_{v_{pan1}v_{ref1}SYS}(s)=\left.\frac{\hat{v}_{pan1}(s)}{\hat{v}_{ref1}(s)}\right|_{\substack{\hat{v}_{bulk}(s)=0\\ \hat{v}_{ref2}(s)=0\\ \hat{i}_{g1}(s)=0\\ \hat{i}_{g2}(s)=0}} \tag{4.20}$$

$$G_{v_{pan1}v_{ref2}SYS}(s)=\left.\frac{\hat{v}_{pan1}(s)}{\hat{v}_{ref2}(s)}\right|_{\substack{\hat{v}_{bulk}(s)=0\\ \hat{v}_{ref1}(s)=0\\ \hat{i}_{g1}(s)=0\\ \hat{i}_{g2}(s)=0}} \tag{4.21}$$

$$Z_{v_{\text{pan1}}i_{\text{g1}}\text{SYS}}(s)=\left.\frac{\hat{v}_{\text{pan1}}(s)}{\hat{i}_{\text{g1}}(s)}\right|_{\substack{\hat{v}_{\text{bulk}}(s)=0\\ \hat{v}_{\text{ref1}}(s)=0\\ \hat{v}_{\text{ref2}}(s)=0\\ \hat{i}_{\text{g2}}(s)=0}} \tag{4.22}$$

$$Z_{v_{\text{pan1}}i_{\text{g2}}\text{SYS}}(s)=\left.\frac{\hat{v}_{\text{pan1}}(s)}{\hat{i}_{\text{g2}}(s)}\right|_{\substack{\hat{v}_{\text{bulk}}(s)=0\\ \hat{v}_{\text{ref1}}(s)=0\\ \hat{v}_{\text{ref2}}(s)=0\\ \hat{i}_{\text{g1}}(s)=0}} \tag{4.23}$$

$$G_{v_{\text{pan1}}v_{\text{bulk}}\text{SYS}}(s)=\left.\frac{\hat{v}_{\text{pan1}}(s)}{\hat{v}_{\text{bulk}}(s)}\right|_{\substack{\hat{v}_{\text{ref1}}(s)=0\\ \hat{v}_{\text{ref2}}(s)=0\\ \hat{i}_{\text{g1}}(s)=0\\ \hat{i}_{\text{g2}}(s)=0}} \tag{4.24}$$

将 v_{pan2} 和输入变量相关联的传递函数可以进行类似定义。我们可以运用 Middlebrook 的附加元件定理[77-79]和基尔霍夫定律推导出单个 SCPVM 的传递函数来推演（4.23）和（4.24）的传递函数。通过应用 Middlebrook 定理可知，$Z_{\text{out CL2}}(s)$ 是 2 号 SCPVM 的闭环输出阻抗，$G_{v_{\text{pan}}v_{\text{ref}}\text{CL}}(s)$ 为前一节中所定义的 V_{ref} 和 v_{pan} 相关的 SCPVM1 的传递函数。

$$G_{v_{\text{pan1}}v_{\text{ref1}}\text{SYS}}(s)=G_{v_{\text{pan}}v_{\text{ref}}\text{CL1}}(s)\frac{1+\dfrac{Z_{\text{out CL2}}(s)}{Z_{\text{N CL1}}(s)}}{1+\dfrac{Z_{\text{out CL2}}(s)}{Z_{\text{D CL1}}(s)}} \tag{4.25}$$

根据 Middlebrook 定理，阻抗 $Z_{\text{N CL1}}(s)$ 和 $Z_{\text{D CL1}}(s)$ 定义如下：

$$Z_{\text{N CL1}}(s)=\left.\frac{\hat{v}_{\text{out 1}}(s)}{\hat{i}_{\text{out 1}}(s)}\right|_{\substack{\hat{v}_{\text{pan1}}(s)\to 0\\ \hat{i}_{\text{g1}}(s)=0\\ \text{闭环}}} \tag{4.26}$$

$$Z_{\text{D CL1}}(s)=\left.\frac{\hat{v}_{\text{out 1}}(s)}{\hat{i}_{\text{out 1}}(s)}\right|_{\substack{\hat{v}_{\text{ref1}}(s)=0\\ \hat{i}_{\text{g1}}(s)=0\\ \text{闭环}}} \tag{4.27}$$

在图 4.113 的系统中，$Z_{\text{D CL1}}(s)=Z_{\text{out CL1}}(s)$，以及

$$Z_{\text{N CL1}}(s)=\frac{Z_{\text{out CL1}}(s)}{1+\dfrac{Z_{\text{out CL1}}(s)}{1+T_{\text{c1}}(s)}\dfrac{G_{v_{\text{pan}}v_{\text{bulk}}\text{OL1}}(s)G_{i_{\text{bulk}}\text{d OL1}}(s)}{G_{v_{\text{pan}}\text{d OL1}}(s)}} \tag{4.28}$$

此外，

$$G_{v_{\text{pan1}}v_{\text{ref2}}\text{SYS}}(s)=-\frac{G_{i_{\text{bulk}}v_{\text{ref}}\text{CL2}}(s)G_{v_{\text{pan}}v_{\text{bulk}}\text{CL1}}(s)Z_{\text{out CL1}}(s)}{1+\dfrac{Z_{\text{out CL1}}(s)}{Z_{\text{out CL2}}(s)}} \tag{4.29}$$

$$Z_{v_{\text{pan1}}i_{\text{g1}}\text{SYS}}(s)=Z_{v_{\text{pan}}i_{\text{g}}\text{CL1}}(s)\frac{1+\dfrac{Z_{\text{out CL2}}(s)}{Z_{\text{N CL1}}(s)}}{1+\dfrac{Z_{\text{out CL2}}(s)}{Z_{\text{D CL1}}(s)}} \tag{4.30}$$

$$Z_{v_{\text{pan1}}i_{\text{g2}}\text{SYS}}(s)=-\frac{G_{i_{\text{bulk}}i_{\text{g}}\text{CL2}}(s)G_{v_{\text{pan}}v_{\text{bulk}}\text{CL1}}(s)Z_{\text{out CL1}}(s)}{1+\dfrac{Z_{\text{out CL1}}(s)}{Z_{\text{out CL2}}(s)}} \tag{4.31}$$

$$G_{v_{\text{pan1}}v_{\text{bulk}}\text{SYS}}(s)=\frac{G_{v_{\text{pan}}v_{\text{bulk}}\text{CL1}}(s)Z_{\text{out CL1}}(s)}{Z_{\text{out CL1}}(s)+Z_{\text{out CL2}}(s)} \tag{4.32}$$

传递函数（4.25）将 SCPVM1 的控制变量（V_{ref1}）扰动与它的输出变量（v_{pan1}）扰动相互关联。作为该 SCPVM 组的一部分，该传递函数负责在 SCPVM1 的阶跃响应中设置时间和过冲，并且可被用来优化 MPPT 参数（例如，P&O 算法中的干扰间隔和幅值[9,76]）。传递函数（4.29）将 SCPVM2 控制变量（V_{ref2}）扰动与 SCPVM1 的输出变量扰动相互关联，在多个 SCPVM 串联的情况下亦是如此。传递函数（4.30）~（4.32）将 v_{pan1} 和外部变量的扰动联系到一起。事实上，V_{bulk} 由逆变器或电池充电器控制（它在电池中是一个常数），而 i_{g1} 和 i_{g2} 与太阳能辐照度 G 有关。

4.5.3 SCPVM 组的稳定性

本节将分析一组 SCPVM 的局部稳定性。通过对组中每个 SCPVM 的闭环传递函数进行分析研究可得到其局部稳定性[79]。根据 Middlebrook 理论，图 4.113 中 SCPVM1 的闭环传递函数可记为

$$T_{\text{c1 SYS}}(s)=G_{v_{\text{pan1}}\text{d}_1\text{SYS}}(s)K_{\text{sen}}G_{\text{c}}(s)\frac{1}{V_{\text{m}}} \tag{4.33}$$

其中

$$G_{v_{\text{pan1}}\text{d}_1\text{SYS}}(s)=G_{v_{\text{pan d OL1}}}(s)\frac{1+\dfrac{Z_{\text{out CL2}}(s)}{Z_{\text{N OL1}}(s)}}{1+\dfrac{Z_{\text{out CL2}}(s)}{Z_{\text{D OL1}}(s)}} \tag{4.34}$$

$Z_{\text{N OL1}}(s)$ 和 $Z_{\text{D OL1}}(s)$ 表示根据 Middlebrook 定理和在开环条件下计算出的阻抗。它们的表达式与阻抗 $Z_{\text{N CL1}}(s)$ 和 $Z_{\text{D CL1}}(s)$ 类似，从而

$$Z_{\text{D OL1}}(s)=Z_{\text{out OL1}}(s) \tag{4.35}$$

$$Z_{\mathrm{N\ OL1}}(s)=\frac{Z_{\mathrm{out\ OL1}}(s)}{1+\dfrac{G_{v_{\mathrm{pan}}v_{\mathrm{bulk}}\mathrm{OL1}}(s)\,G_{i_{\mathrm{bulk}}\mathrm{d\ OL1}}(s)\,Z_{\mathrm{out\ OL1}}(s)}{G_{v_{\mathrm{pan}}\mathrm{d\ OL1}}(s)}} \tag{4.36}$$

可根据伯德图或奈奎斯特准则对传递函数 $T_{\mathrm{c1\ SYS}}(s)$ 的稳定性进行判断，如图 4.108 所示。满足如下条件时可以假定变换器 1 的闭环函数不会受到变换器 2 运行状态的影响：

$$Z_{\mathrm{N\ OL1}}(s) \gg Z_{\mathrm{out\ CL2}}(s) \tag{4.37}$$

$$Z_{\mathrm{D\ OL1}}(s) \gg Z_{\mathrm{out\ CL2}}(s) \tag{4.38}$$

但是由于递函数 $Z_{\mathrm{out\ CL2}}(s)$ 完全取决于变换器 2，因此该条件很难满足。此外，鉴于系统一般都由 N 个 SCPVM 组成，式（4.34）可记为

$$G_{v_{\mathrm{pan1}}d_1\mathrm{SYS}}(s) = G_{v_{\mathrm{pan}}\mathrm{d\ OL1}}(s)\frac{1+\dfrac{\sum_{i=2}^{N}Z_{\mathrm{out\ CL}\,i}(s)}{Z_{\mathrm{N\ OL1}}(s)}}{1+\dfrac{\sum_{i=2}^{N}Z_{\mathrm{out\ CL}\,i}(s)}{Z_{\mathrm{D\ OL1}}(s)}} \tag{4.39}$$

通过对（4.39）进行分析可得，若 $Z_{\mathrm{N\ OL1}}(s)\approx Z_{\mathrm{D\ OL1}}(s)$，则 $G_{v_{\mathrm{pan}}\mathrm{d\ SYS}}(s)\approx G_{v_{\mathrm{pan}}\mathrm{d\ OL1}}(s)$。该情况忽略其他串联的 SCPVM 以及它们的属性，可提前预测 SCPVM1 的稳定性。总之，当 $Z_{\mathrm{N\ OL1}}(s)\approx Z_{\mathrm{D\ OL1}}(s)$ 时，可以采用模块化的设计方法，至少可采用部分模块化。图 4.114 为传递函数 $T_{\mathrm{cL}}(s)$、$T_{\mathrm{cL\ SYS}}(s)$、$T_{\mathrm{c\,H}}(s)$ 和 $T_{\mathrm{cH\ SYS}}(s)$ 的伯德图，其中下标 H 表示辐照水平为 G_{H} 的 SCPVM 的数量，而下标 L 表示辐照度水平等于 G_{L} 的 SCPVM 的数量：$NH=1$，$NL=12$，$G_{\mathrm{H}}=1000\mathrm{W/m^2}$，$G_{\mathrm{L}}=500\mathrm{W/m^2}$，$v_{\mathrm{panH}}=19.8\mathrm{V}$，$v_{\mathrm{panL}}=15\mathrm{V}$，$I_{\mathrm{gH}}=11\mathrm{A}$，$I_{\mathrm{gL}}=4\mathrm{A}$，$R_{\mathrm{panH}}=2.6\Omega$，$R_{\mathrm{panL}}=84\Omega$。图 4.115、图 4.116 给出了阻抗 $Z_{\mathrm{N\ OL\ H}}(s)$、$Z_{\mathrm{D\ OL\ H}}(s)$、$Z_{\mathrm{N\ OL\ L}}(s)$ 和 $Z_{\mathrm{D\ OL\ L}}(s)$ 的伯德图，分别用于计算传递函数 $T_{\mathrm{cL\ SYS}}(s)$ 和 $T_{\mathrm{cH\ SYS}}(s)$。

图 4.114 表明较差频率（10kHz 以上）和高频时串联互连的影响可以忽略不计，但在低频时影响非常大。由图 4.115 和图 4.116 可得，频率高于 10kHz 时，有 $Z_{\mathrm{N\ OL\ H}}(s)\approx Z_{\mathrm{D\ OL\ H}}(s)$，$Z_{\mathrm{NOL\ L}}(s)\approx Z_{\mathrm{D\ OL\ L}}(s)$，因此，在组串结构下，每个 SCPVM 的稳定性不会受到其他 SCPVM 的动态影响。

在模型的适用范围内各 SCPVM 的 MPPT 给出的恒定基准电压满足 $V_{\mathrm{pan}}=V_{\mathrm{ref}}$ 条件时，相应的 SCPVM 将达到稳定状态。因此我们可以得出结论，当满足 $Z_{\mathrm{N\ OL1}}(s)\sim Z_{\mathrm{D\ OL1}}(s)$ 时可以保证 SCPVM 的稳定性不受到模块之间相互作用的影响。由此可见选择合适的交叉频率很重要。

针对系统中光伏组件处在大范围的阴影区和的若干阴影区两种情况分别进行分析。如果 $Z_{\mathrm{N\ OL1}}(s)\approx Z_{\mathrm{D\ OL1}}(s)$ 始终满足周围的交叉频率，稳定性不会被模块交互所影响。该条件下，若全局 MPP 在该系统的可行性范围内，则 DMPPT 也同

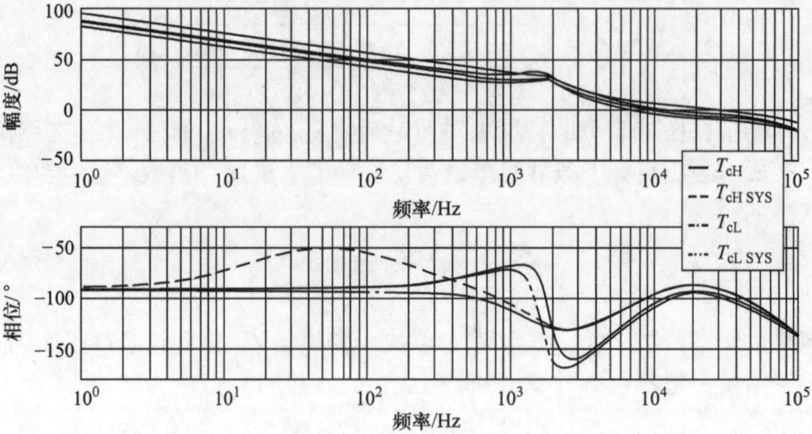

图 4.114　SCPVM 环传递函数作为孤立系统（$T_{cL}(s)$，$T_{cH}(s)$）以及作为 N 个 SCPVM（$T_{cL\ SYS}(s)$，$T_{cH\ SYS}(s)$）的一部分

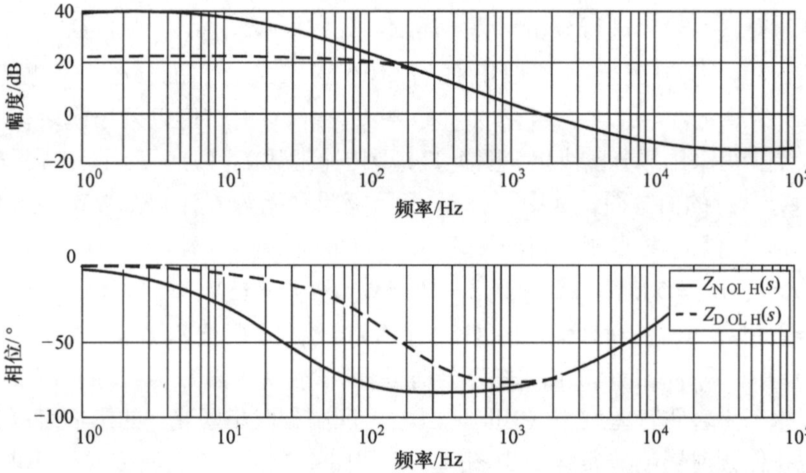

图 4.115　阻抗 $Z_{N\ OL\ H}(s)$ 和 $Z_{D\ OL\ H}(s)$ 的伯德图

样能满足。若全局 MPP 不属于该系统的可行性范围（例如，图 4.7），则需做进一步分析[79]。该情况下，P&O 算法逐渐改变光伏组件的电压，直到满足一个或多个不等式（4.1g）或（4.1k），此时系统在可行性范围的轨迹会到达不可行的区域的边界，该情况下基准电压和控制电压之间的压差将引起误差放大器的输出电压的幅值无限增长（直至饱和），并且在相同方向上，参考电压任何进一步的扰动均不会引起 SCPVM 工作点实际的扰动。因此，当限制输出占空比时在参考电压扰动后，MPPT 控制器向反方向扰动，PV 功率没有增加。这样，当一个

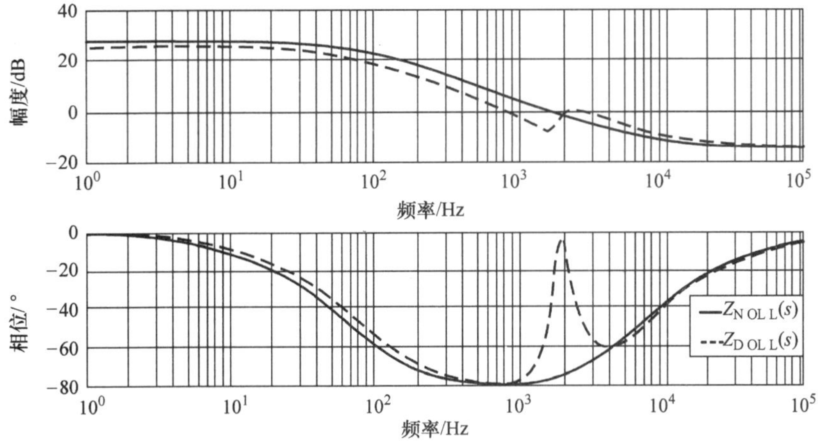

图 4.116　阻抗 $Z_{\mathrm{N\ OL\ L}}(s)$ 和 $Z_{\mathrm{D\ OL\ L}}(s)$ 的伯德图

MPP 达到限值时，该 MPPT 控制器开始来回振荡，并且系统的轨迹落在相应的局部受限的 MPP 边界点上。当占空比限制或饱和（理想为 0 或 1）出现时，工作在开环状态的 SCPVM 的传递函数（4.39）将不成立。若 MPPT 算法处于这样的情况下，整个扰动间隔内占空比限制会一直在起作用，当其余的 SCPVM 在固定的占空比下工作时，上面提出的模型可以通过 SCPVM 的传递函数扩展和衍生得到[79]。在这种条件下式（4.39）变为

$$G_{v_{\mathrm{pan1}}d_1\mathrm{SYS}}(s) = G_{v_{\mathrm{pan}}d\ \mathrm{OL1}}(s)\frac{1+\dfrac{\sum\limits_{i\in S_{\mathrm{CL}}}^{i\neq 2} Z_{\mathrm{out\ CL}\ i}(s)+\sum\limits_{i\in S_{\mathrm{OL}}}^{i\neq 2} Z_{\mathrm{out\ OL}\ i}(s)}{Z_{\mathrm{N\ OL1}}(s)}}{1+\dfrac{\sum\limits_{i\in S_{\mathrm{CL}}}^{i\neq 2} Z_{\mathrm{out\ CL}\ i}(s)+\sum\limits_{i\in S_{\mathrm{OL}}}^{i\neq 2} Z_{\mathrm{out\ OL}\ i}(s)}{Z_{\mathrm{D\ OL1}}(s)}} \tag{4.40}$$

式中，S_{CL}收集的是 SCPVM 工作在闭环条件下的一组指标；S_{OL}收集的是 SCPVM 在开环条件下的一组指标。

系统的仿真结果显示如下。结果表明，在考虑占空比限制或饱和的条件下，占空比恒定的假设是正确的。为数值仿真所采用的参数的值如下：$L=100\mu\mathrm{H}$，$r_{\mathrm{L}}=0.082\Omega$，$r_{\mathrm{ds\ hs}}=0.021\Omega$，$r_{\mathrm{ds\ ls}}=0.013\Omega$，$C_{\mathrm{out}}=99\mu\mathrm{F}$，$r_{\mathrm{Cout}}=0.12\Omega$，$C_{\mathrm{in}}=94\mu\mathrm{F}$，$r_{\mathrm{Cin}}=0.18\Omega$，$f_{\mathrm{s}}=160\mathrm{kHz}$，$V_{\mathrm{f}}=0.6\mathrm{V}$，$R_{\mathrm{s1}}=1\mathrm{k}\Omega$，$R_{\mathrm{s2}}=0.39\mathrm{k}\Omega$，$R_{\mathrm{i1}}=100\Omega$，$C_{\mathrm{i1}}=47\mathrm{nF}$，$C_{\mathrm{f1}}=2.2\mathrm{nF}$，$R_{\mathrm{f2}}=1\mathrm{k}\Omega$，$C_{\mathrm{f2}}=47\mathrm{nF}$，$K_{\mathrm{sen}}=0.454$，$V_{\mathrm{m}}=1.8\mathrm{V}$，$V_{\mathrm{dsmax}}=90\mathrm{V}$，$V_{\mathrm{bulk}}=400\mathrm{V}$，$R_{\mathrm{bulk}}=0$；PV 组件：Kyocera 175W，$\Delta V_{\mathrm{ref}}=0.08\mathrm{V}$（P&O 扰动幅度），$T_{\mathrm{sampling}}=0.002\mathrm{s}$（P&O 扰动间隔），$N=13$。

另外，图 4.4 的所示系统的仿真参数为：$G_{\mathrm{H}}=1000\mathrm{W/m^2}$，$NH=[1, 3, 5,$

7，9，11]，G_L =[200，500，800] W/m²。时域数据被映射在可行性范围，如图4.117a～图4.134a所示。当占空比限制在任何DC/DC MPPT变换器中不起作用时，在可行范围的系统轨迹被绘制为绿色。相应地，在所有无阴影SCPVM的占空比限制点以深红色标示，有阴影SCPVM的占空比受限制点以黄色标示，以及红色的点表示存在于所有SCPVM的占空比限制。

系统的轨迹没有完全包含在可行性的区域内，这是因为这些是稳态运行的标志，而轨迹是指系统的瞬时行为。轨迹呈现的奇特形状是由于MPPT和占空比限制产生的综合效应。图4.117b～图4.134b给出了相同仿真条件下的PV电压和仿真时间的关系曲线，而图4.117c～图4.134c给出了占空比和仿真时间的关系曲线。

图4.117表明了全局MPP是该系统的一个可行的点。同样地，图4.120、图4.123、图4.124、图4.126、图4.127、图4.129、图4.130、图4.132和图4.133指出了全局MPP属于系统的可行域的情况。在所有这些情况下，目标DMPPT技术能够实现全局MPP，并且稳定性可以通过应用奈奎斯特或波特的标准方程（4.33）进行预测，其中$G_{v_{pan1}d_1SYS}$是通过使用式（4.39）来计算。

图4.118指出了一种全局MPP不属于该系统可行点的情况。在这种情况下，P&O算法逐渐改变面板电压v_{panH}和v_{panL}直到占空比$Duty_L$饱和到它允许的最小值。图4.119和图4.121也是同样的情况。在这些图中，稳定性可以通过应用奈奎斯特或波特标准方程（4.33）进行预测，其中$G_{v_{pan1}d_1SYS}$通过式（4.40）计算。

图4.122、图4.125和图4.128指出了因为阴影模块被旁路而出现MPP受限的情况。在这些情况下，无阴影低辐照下SCPVM的输出旁路二极管（如图4.107所示）开始导通，v_{panL}和D_L都不会出现任何变化。

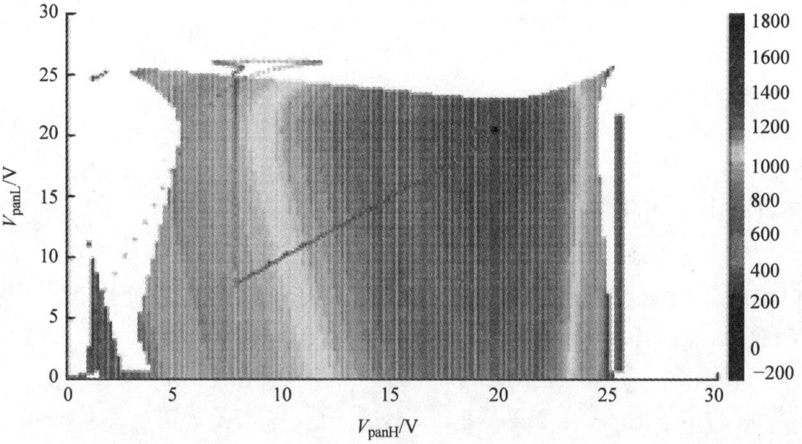

a)

图4.117　图4.4中系统在$NH=11$和$G_L=800W/m^2$时的仿真

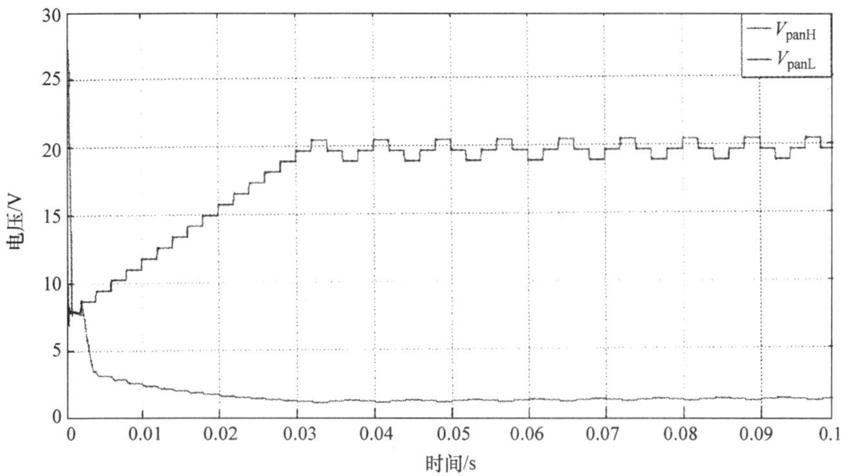

b)

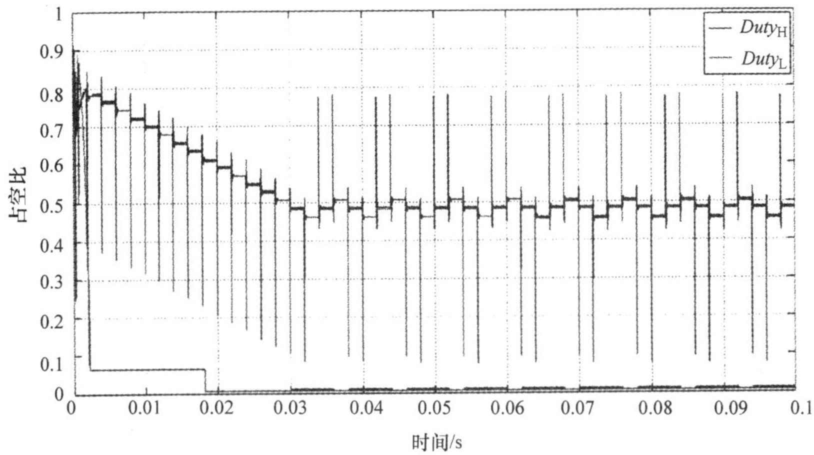

c)

图 4.117　图 4.4 中系统在 $NH=11$ 和 $G_{\text{L}}=800\text{W/m}^2$时的仿真（续）

图 4.131 表明，无阴影的 SCPVM 在高辐照时占空比达到上限，在同一时间，余下的有阴影的 SCPVM 在低辐照时占空比达到下限。

图 4.134 是指出了无阴影的 SCPVM 在高辐照占空比达到上限的情况。事实上，该系统轨迹在可行性范围内标示为深红（如图 4.134a 所示），表明占空比的限制是起作用的。因此，无阴影 SCPVM 运行在开环。得到的结论是：该组串中在低辐照有阴影 SCPVM 的参考电压的扰动影响了开环条件下运行的无阴影 SCPVM 的电板电压。

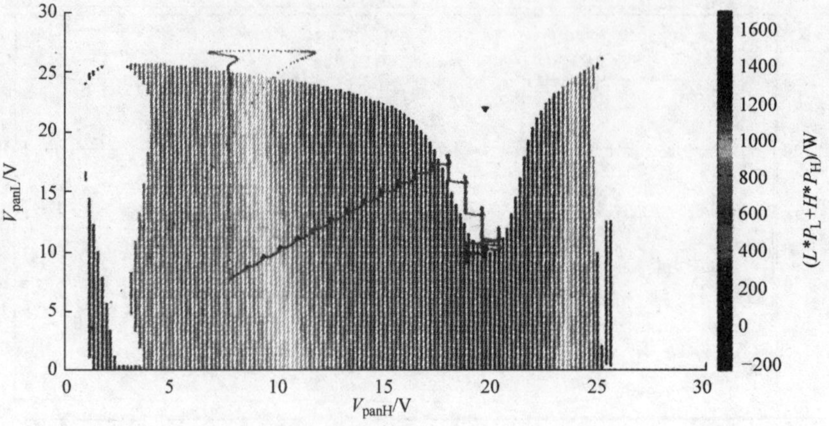

a)

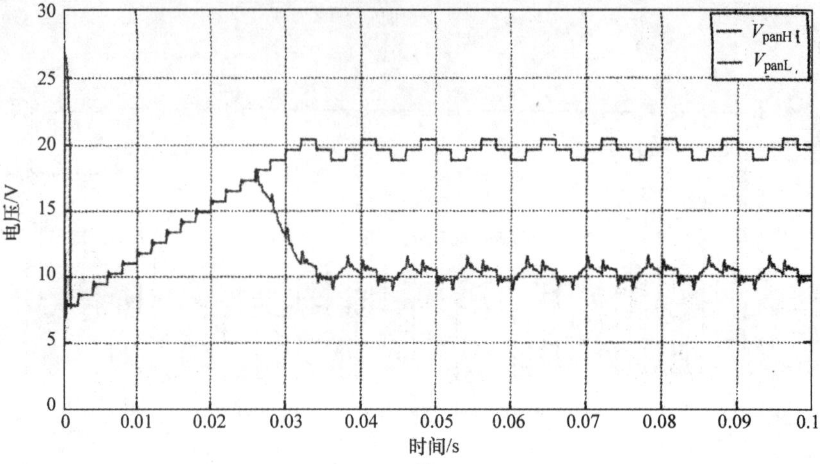

b)

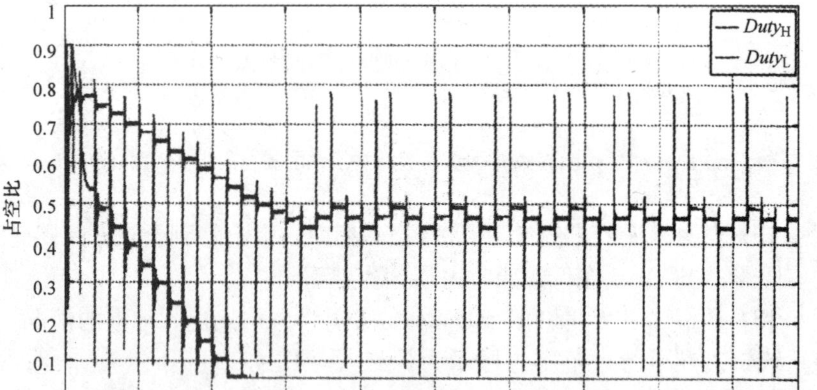

c)

图 4.118　图 4.4 中系统在 $NH=11$ 和 $G_L=500W/m^2$ 时的仿真

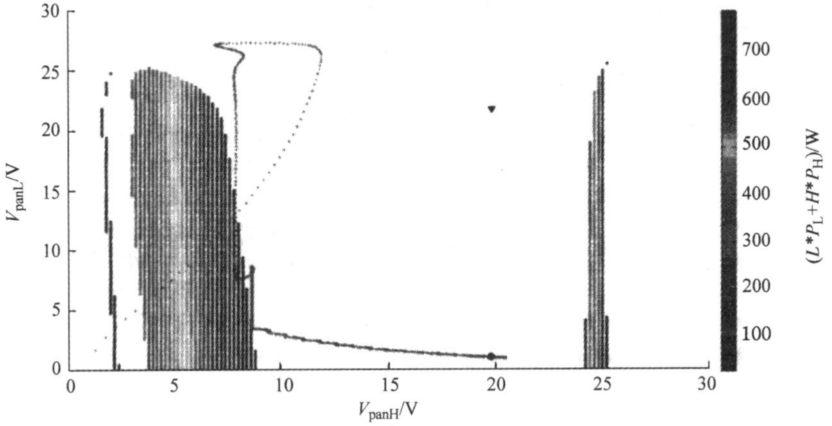

a)

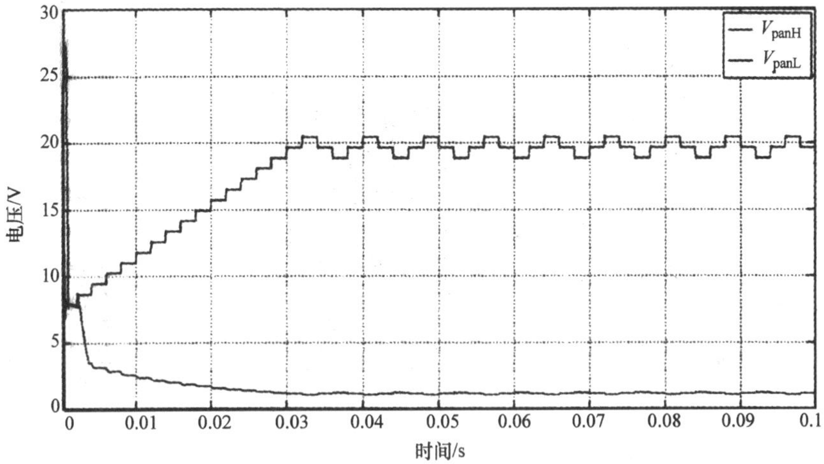

b)

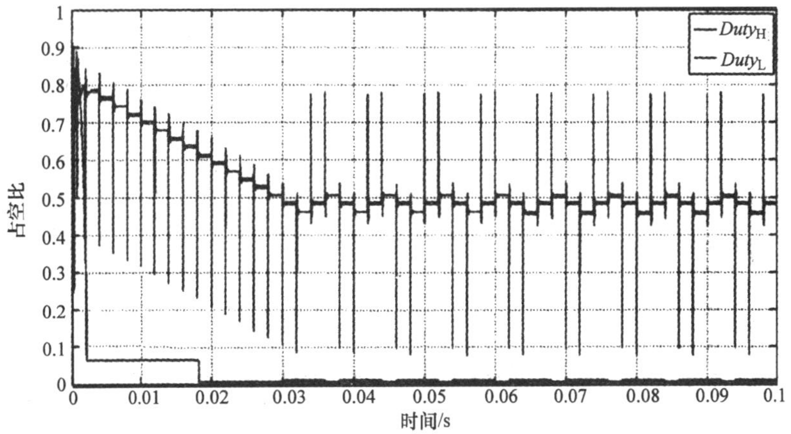

c)

图 4.119　图 4.4 中系统在 $NH=11$ 和 $G_L=200\text{W/m}^2$ 时的仿真

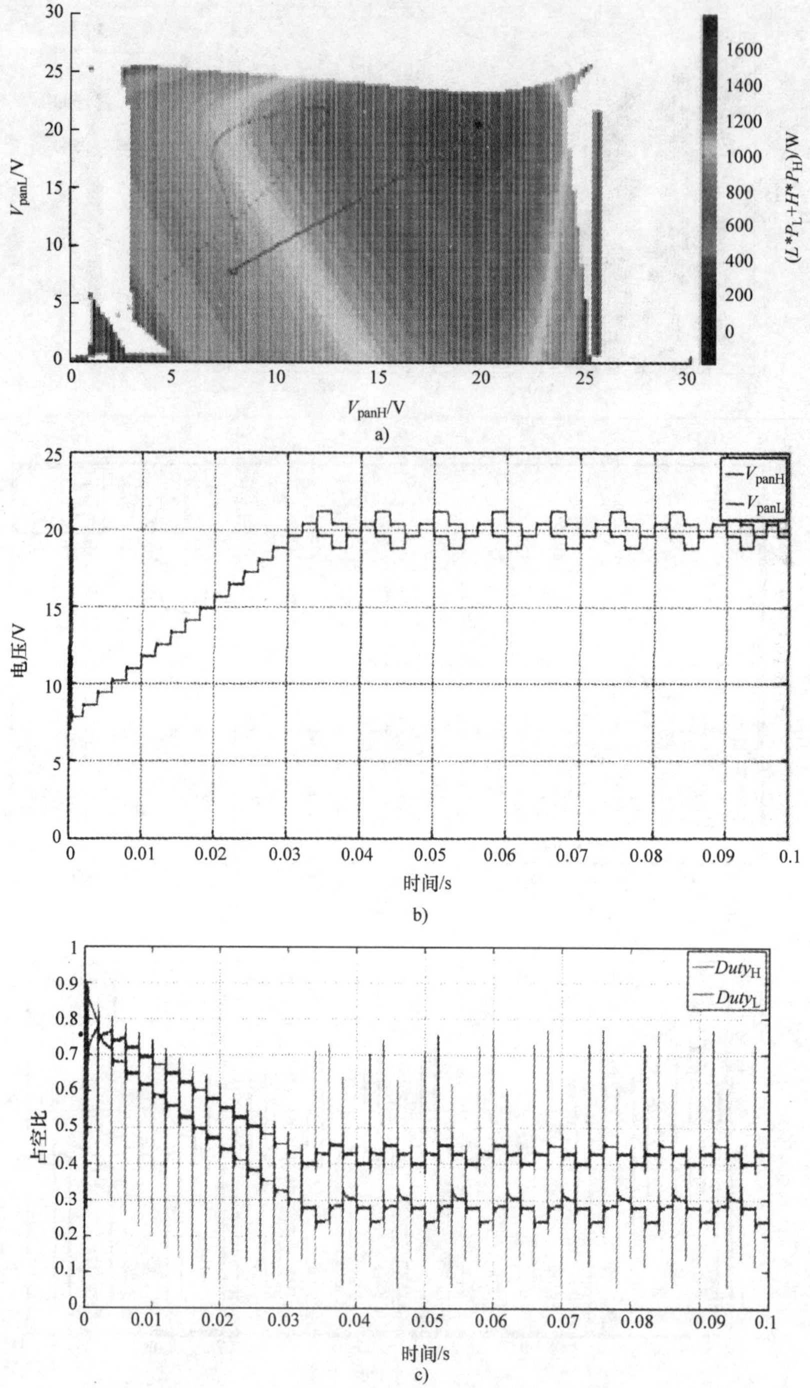

图 4.120　图 4.4 中系统在 $NH=9$ 和 $G_L=800\text{W/m}^2$ 时的仿真

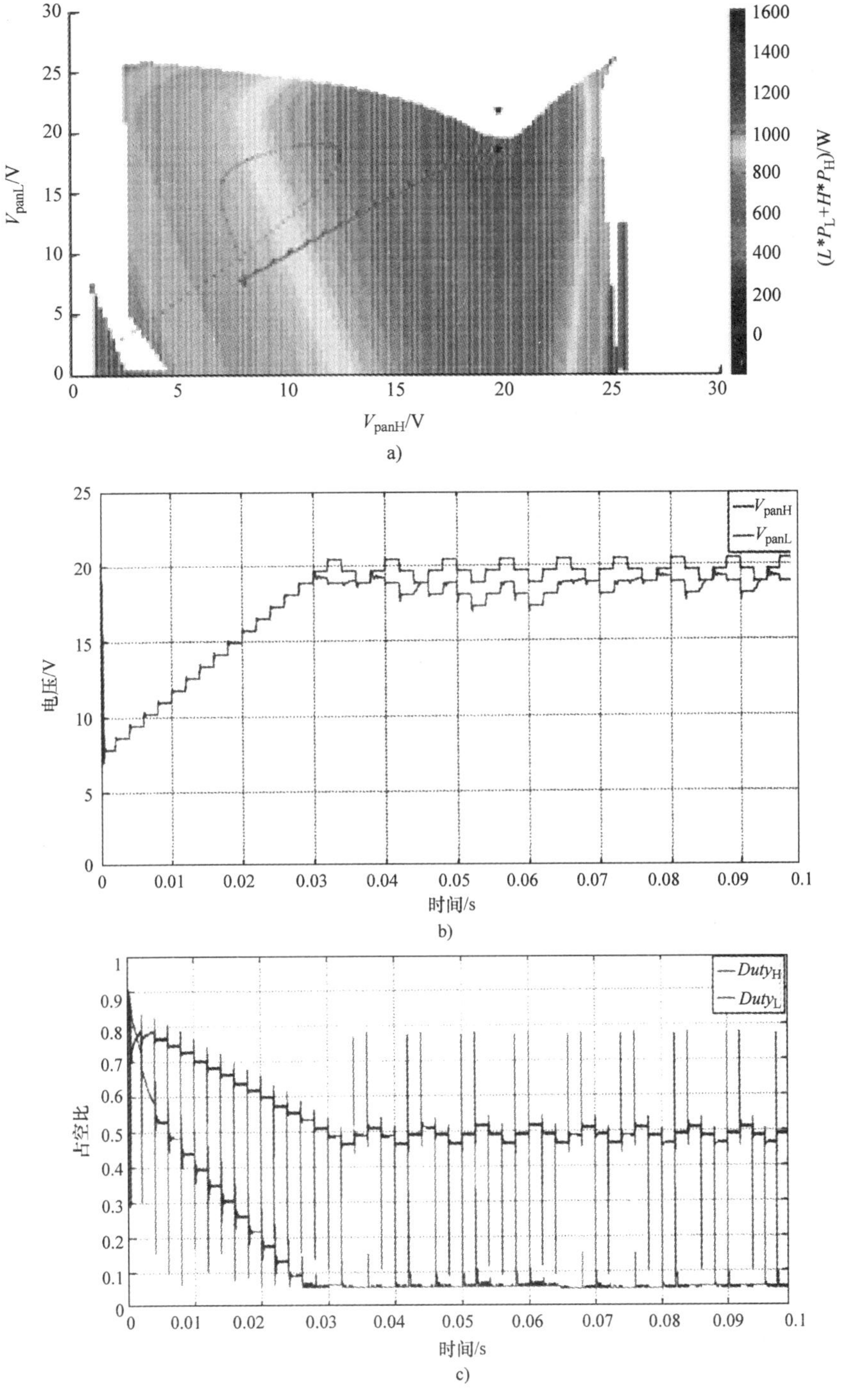

图 4.121　图 4.4 中系统在 $NH=9$ 和 $G_L=500W/m^2$ 时的仿真

同样地，在图4.122、图4.125、图4.128和图4.131的情况下，稳定性可以通过奈奎斯特或波特标准方程（4.33）预测，其中 $G_{v_{\mathrm{pan}}d_1\mathrm{SYS}}$ 是通过使用式（4.40）计算得出。

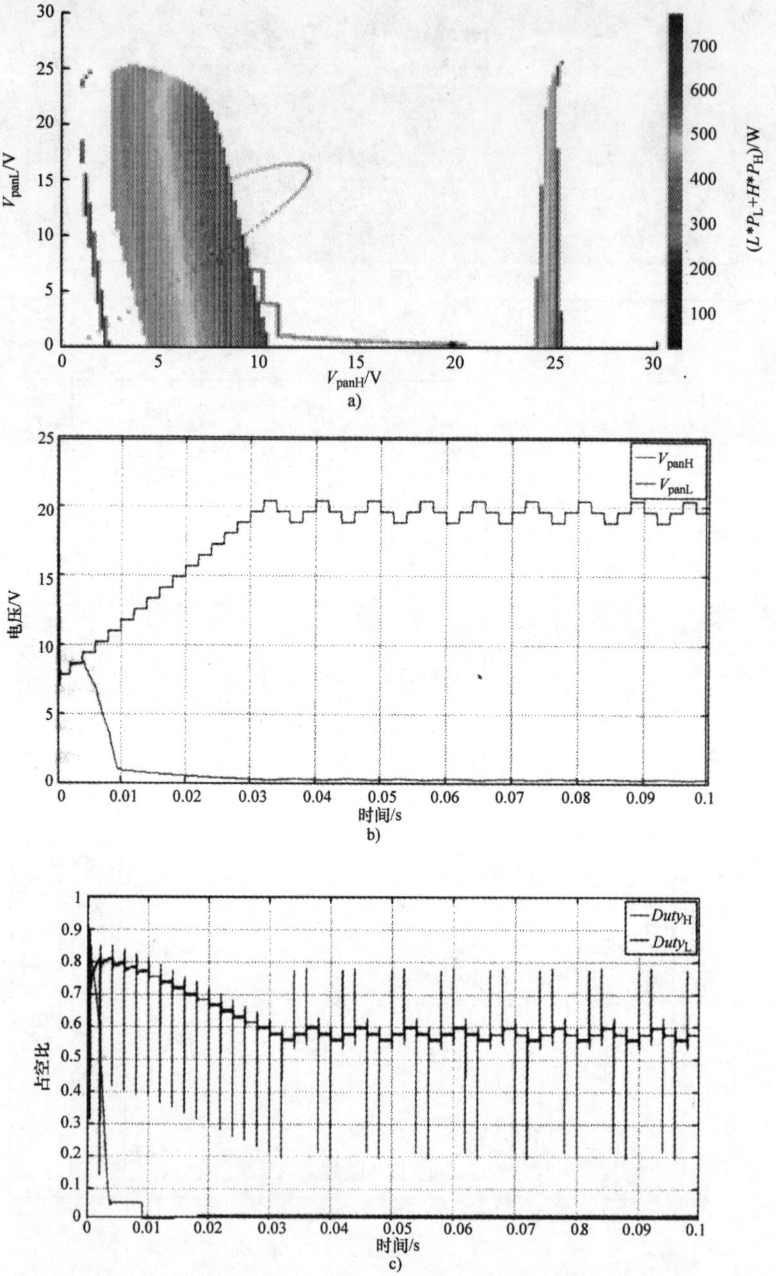

图4.122　图4.4中系统在 $NH=9$ 和 $G_L=200\mathrm{W/m^2}$ 时的仿真

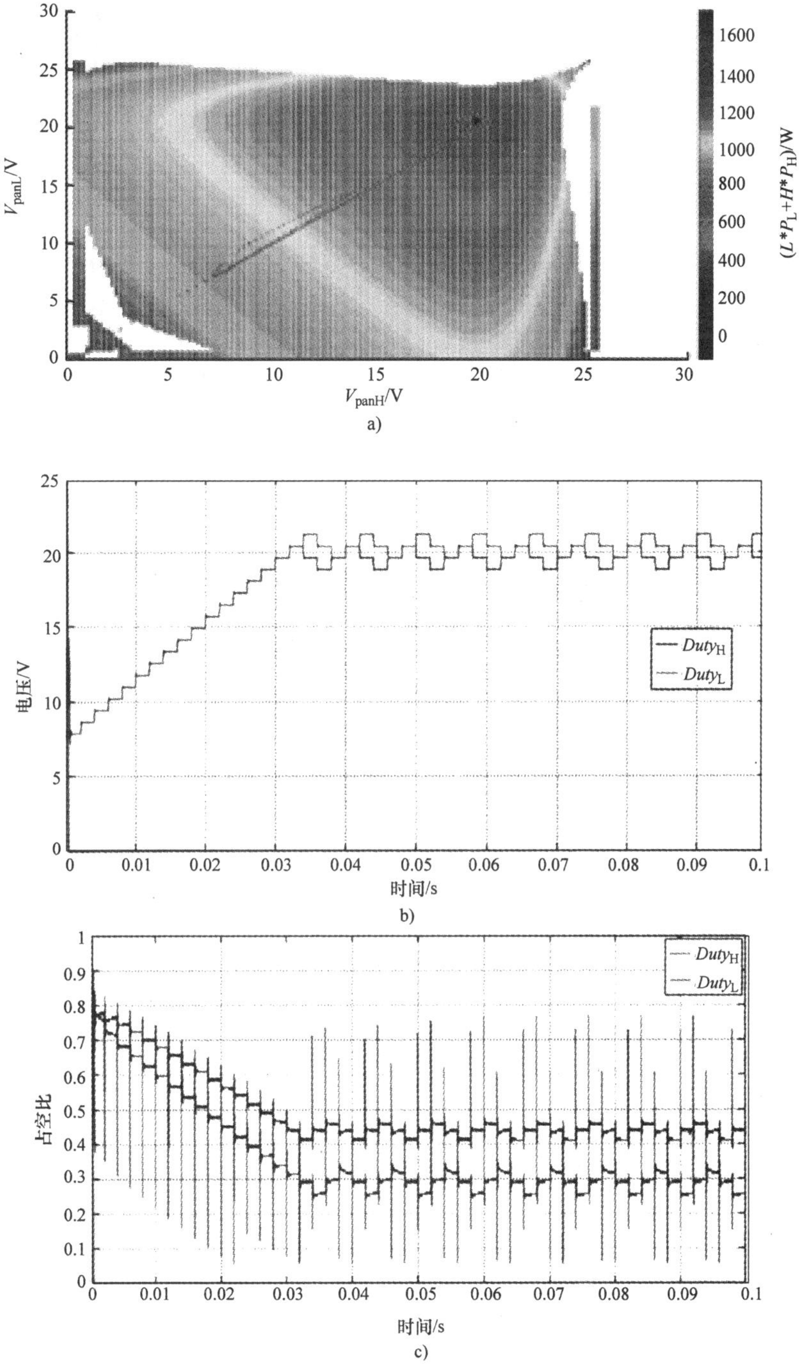

图 4.123　图 4.4 中系统在 $NH=7$ 和 $G_L=800\text{W/m}^2$ 时的仿真

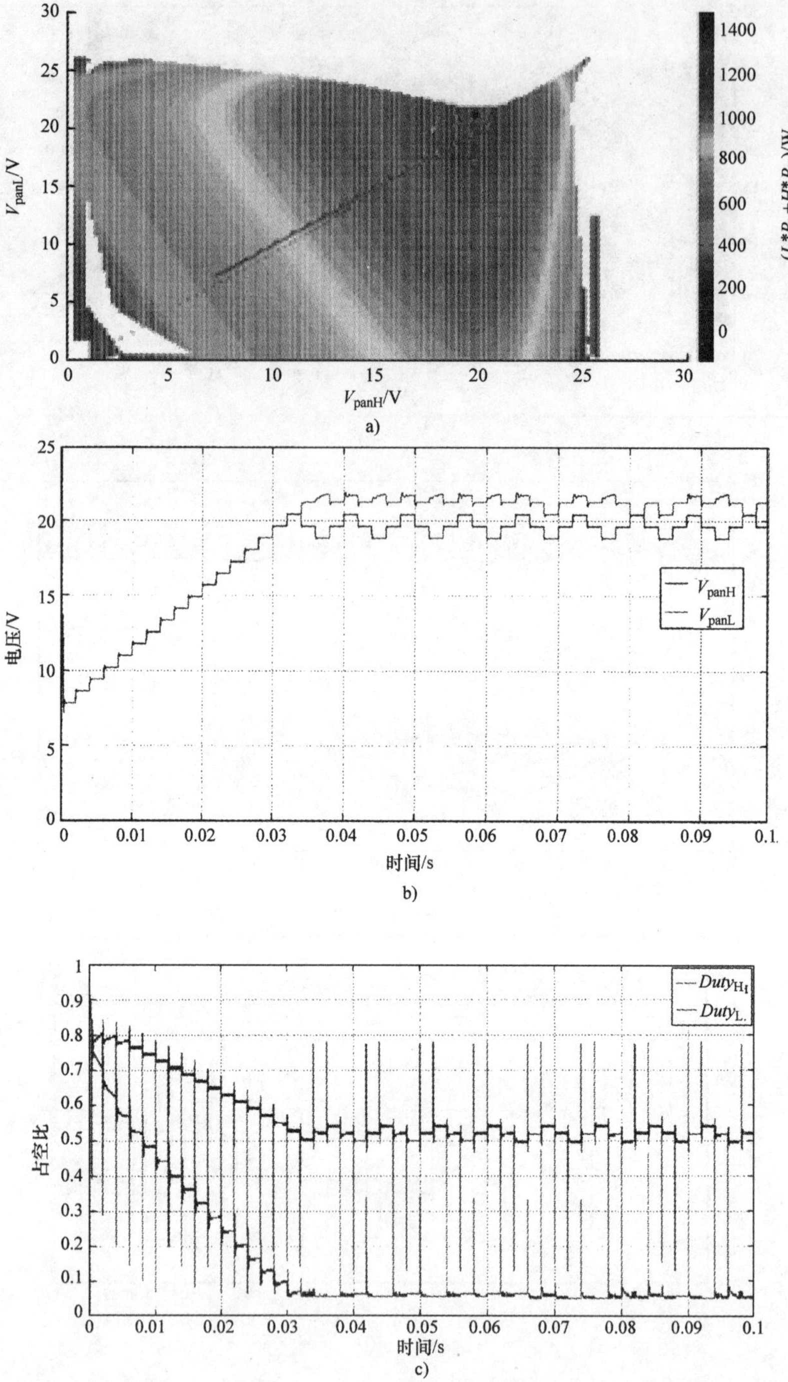

图 4.124　图 4.4 中系统在 $NH=7$ 和 $G_L=500\text{W/m}^2$ 时的仿真

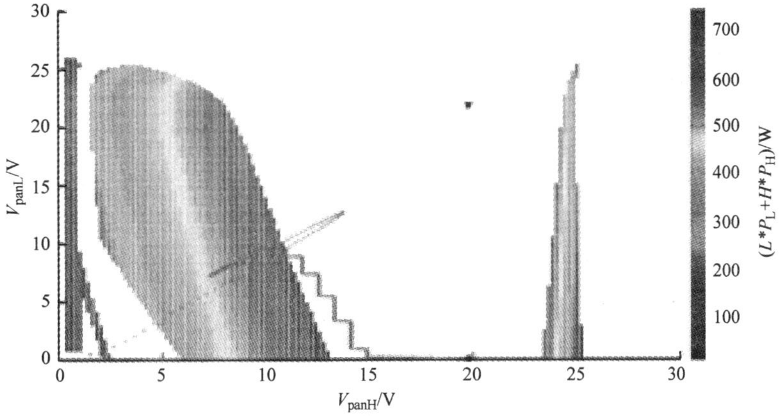

a)

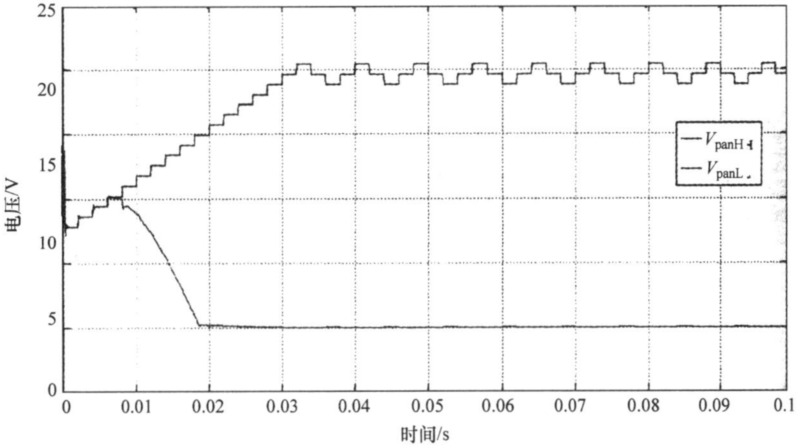

b)

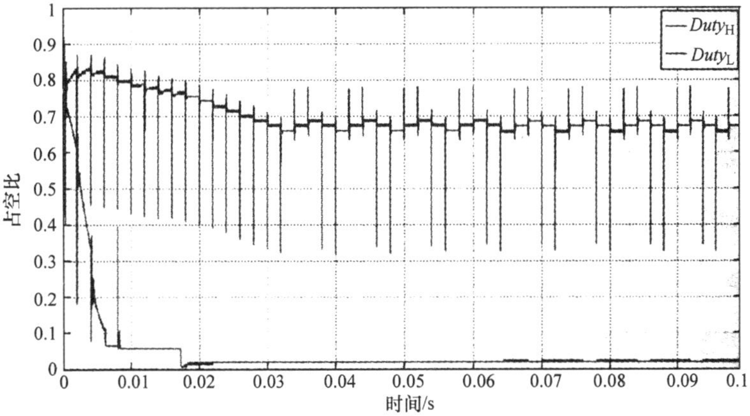

c)

图 4.125　图 4.4 中系统在 $NH=7$ 和 $G_L=200W/m^2$ 时的仿真

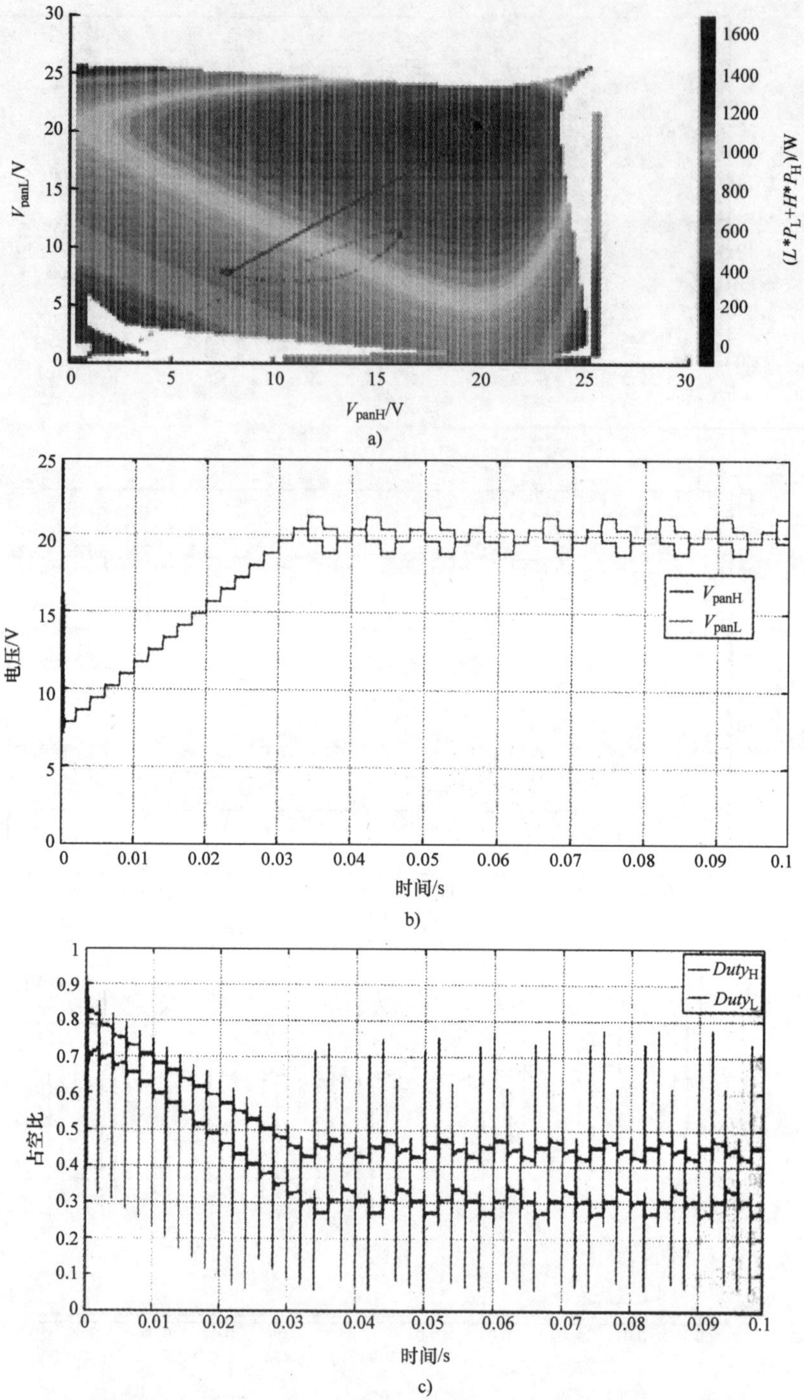

图 4.126　图 4.4 中系统在 $NH=5$ 和 $G_L=800W/m^2$ 时的仿真

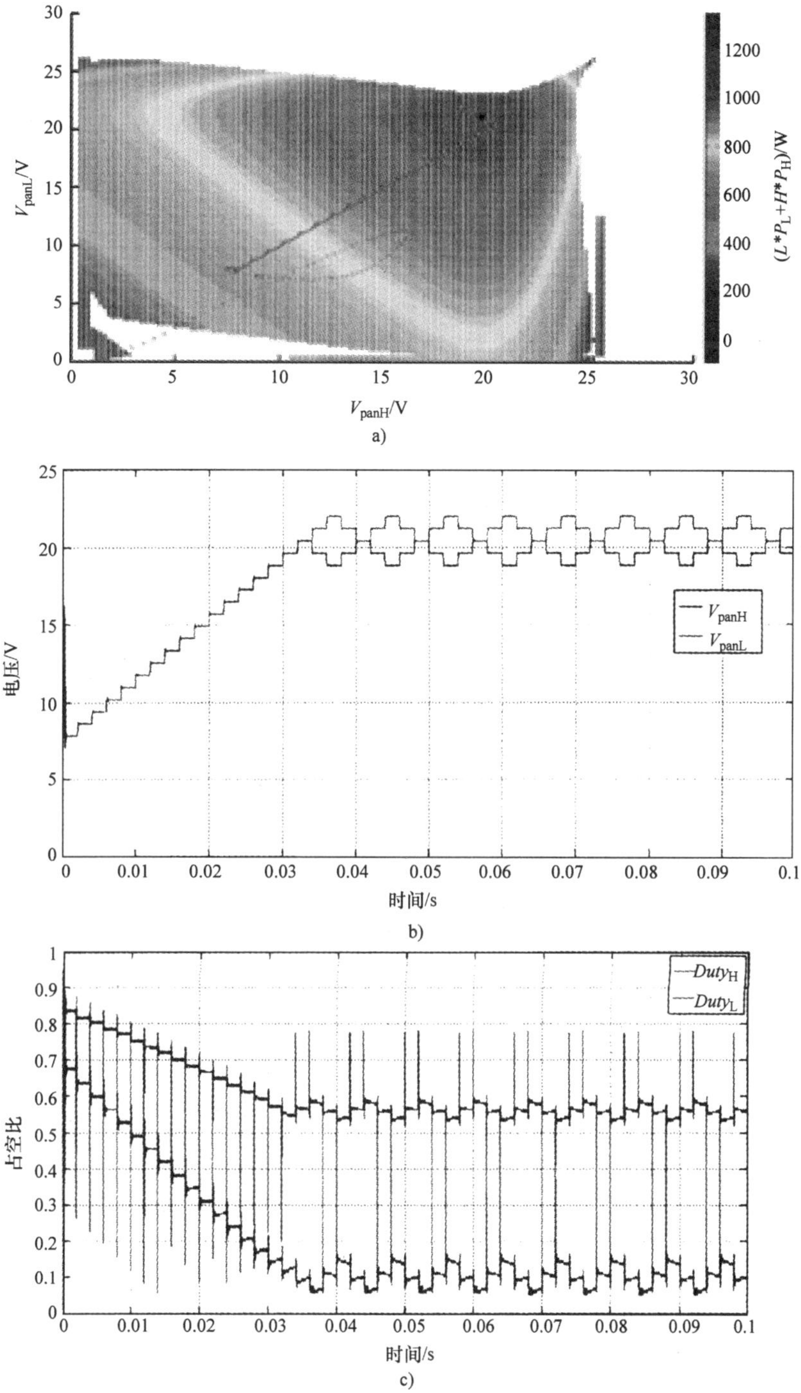

图 4.127　图 4.4 中系统在 $NH=5$ 和 $G_L=500\text{W/m}^2$ 时的仿真

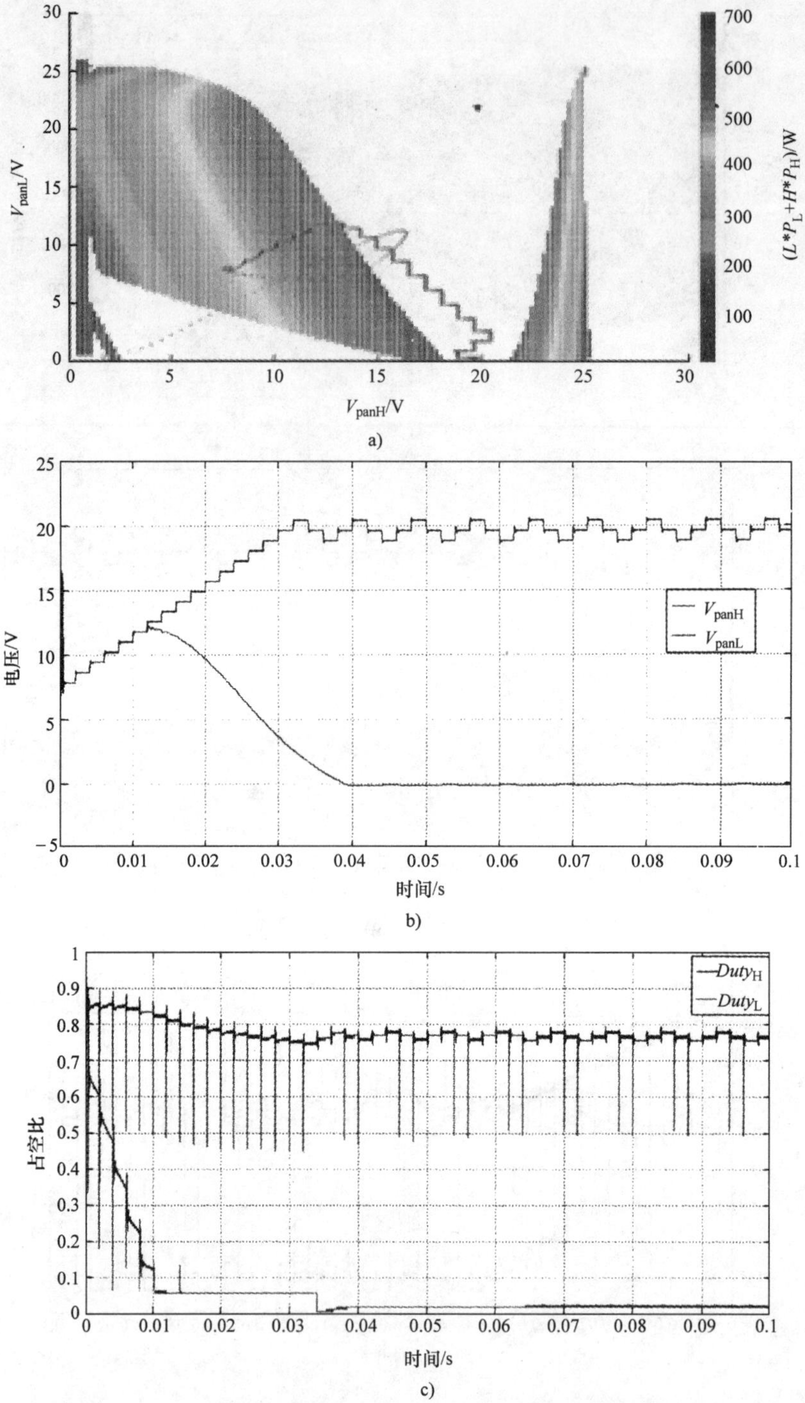

图 4.128　图 4.4 中系统在 $NH=5$ 和 $G_L=200W/m^2$ 时的仿真

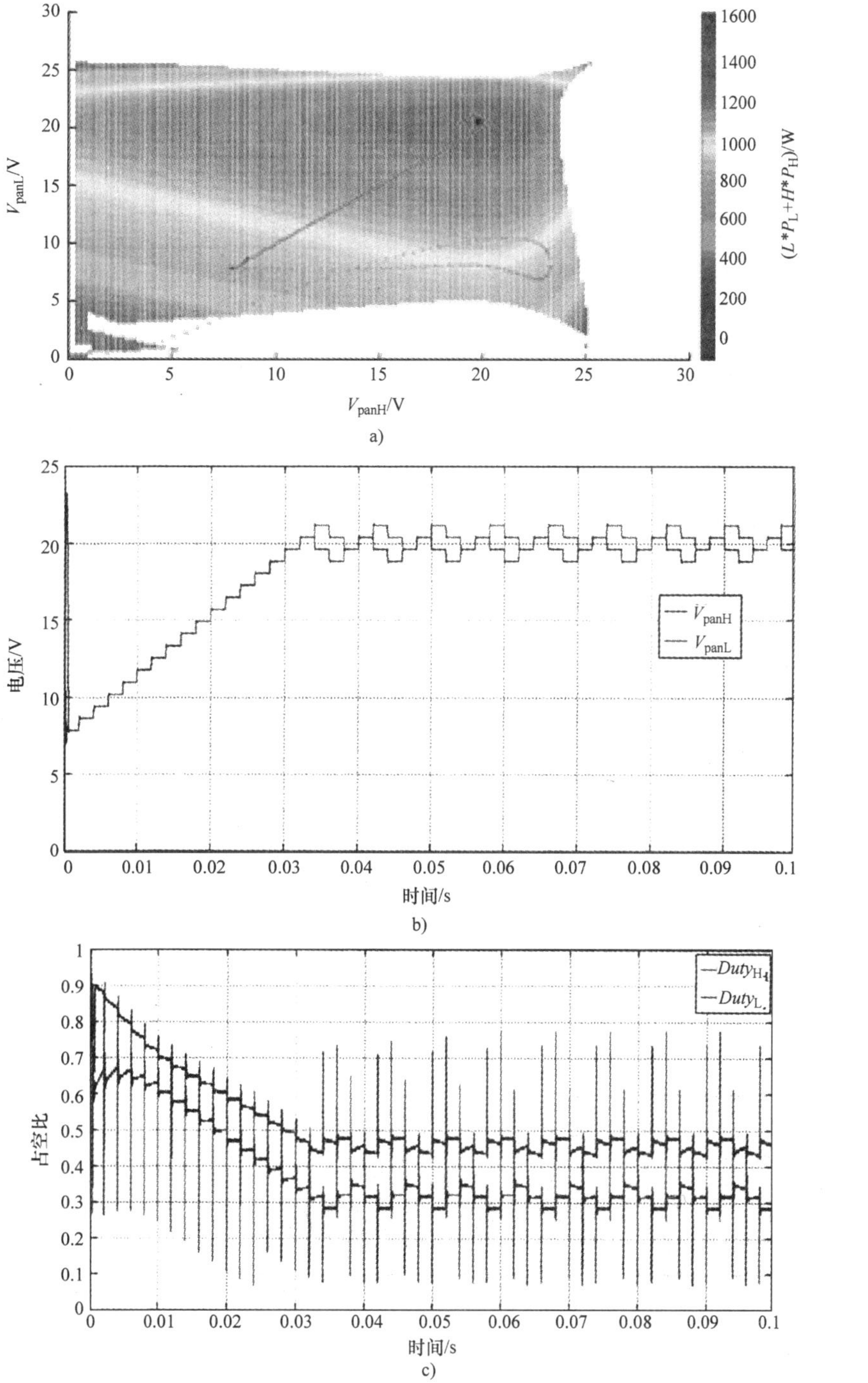

图 4.129　图 4.4 中系统在 $NH=3$ 和 $G_L=800W/m^2$ 时的仿真

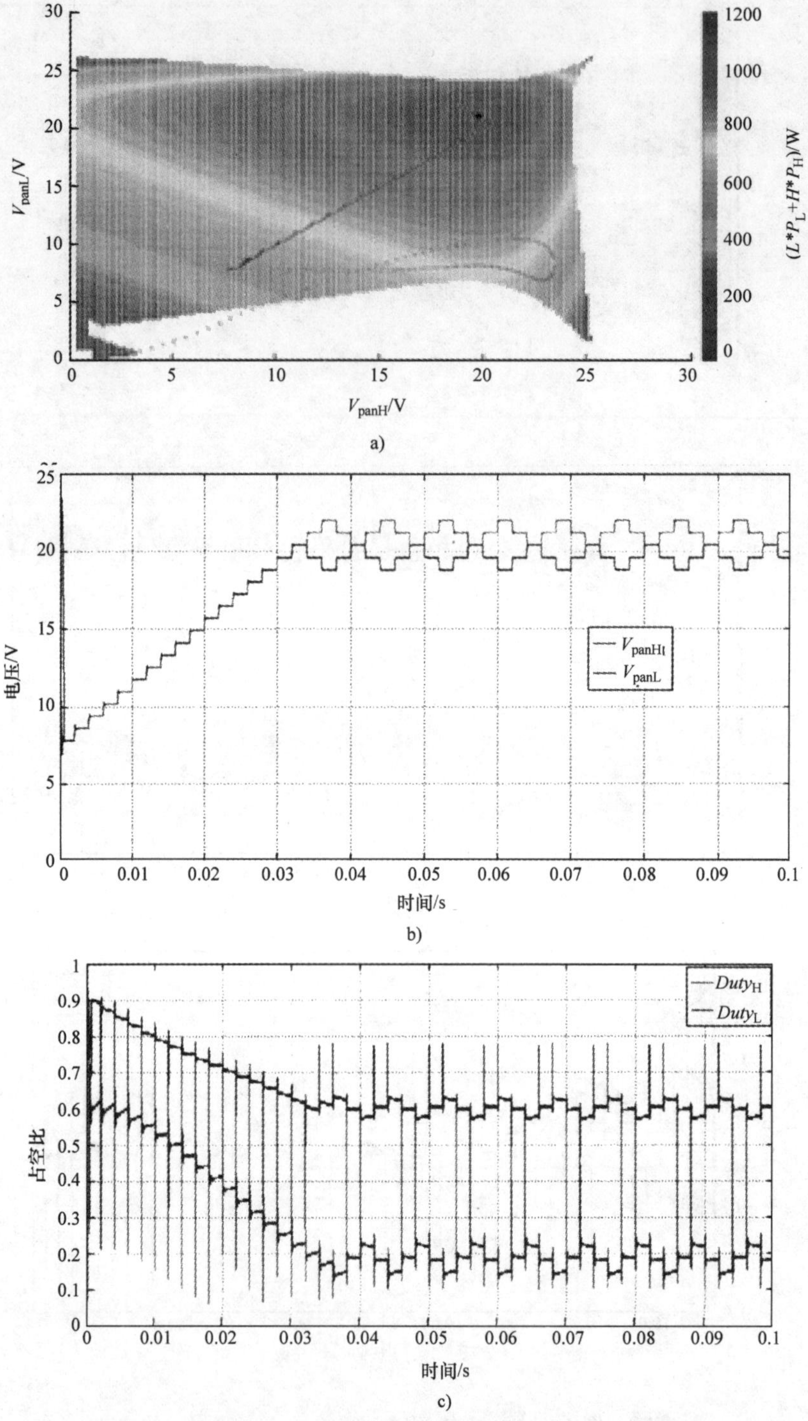

图 4.130　图 4.4 中系统在 $NH=3$ 和 $G_L=500W/m^2$ 时的仿真

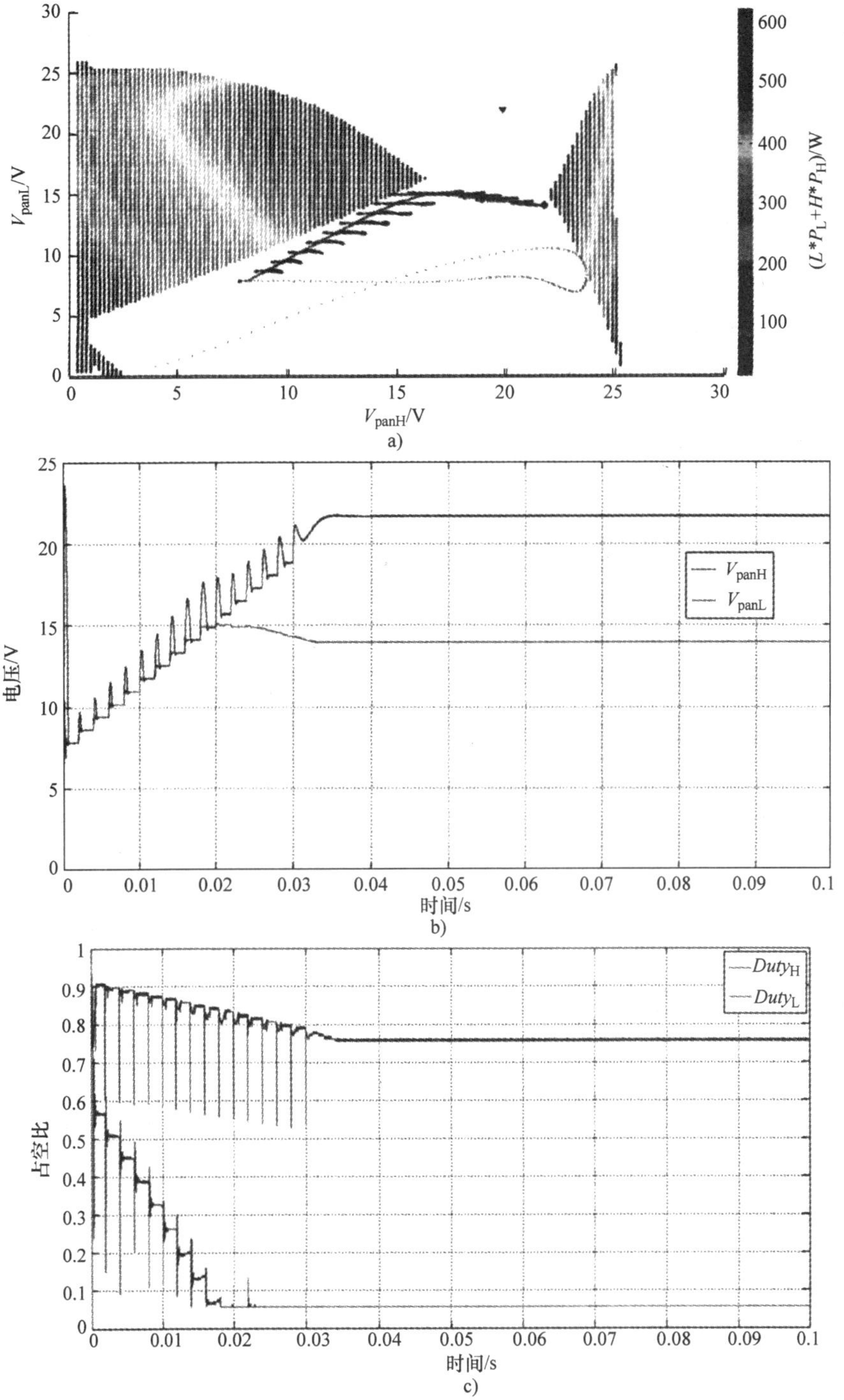

图 4.131　图 4.4 中系统在 $NH=3$ 和 $G_L=200\text{W/m}^2$时的仿真

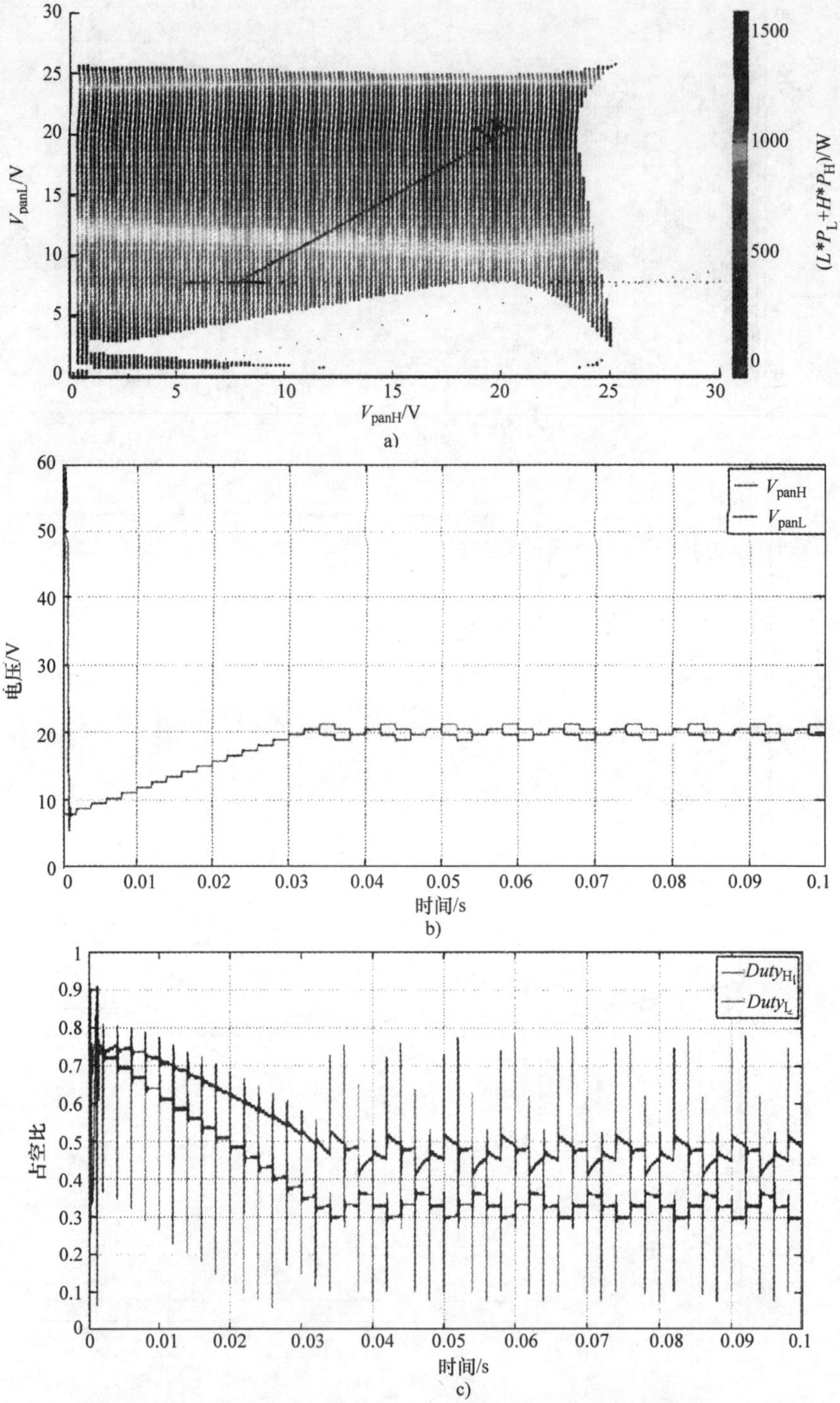

图 4.132　图 4.4 中系统在 $NH=1$ 和 $G_L=800\text{W/m}^2$ 时的仿真

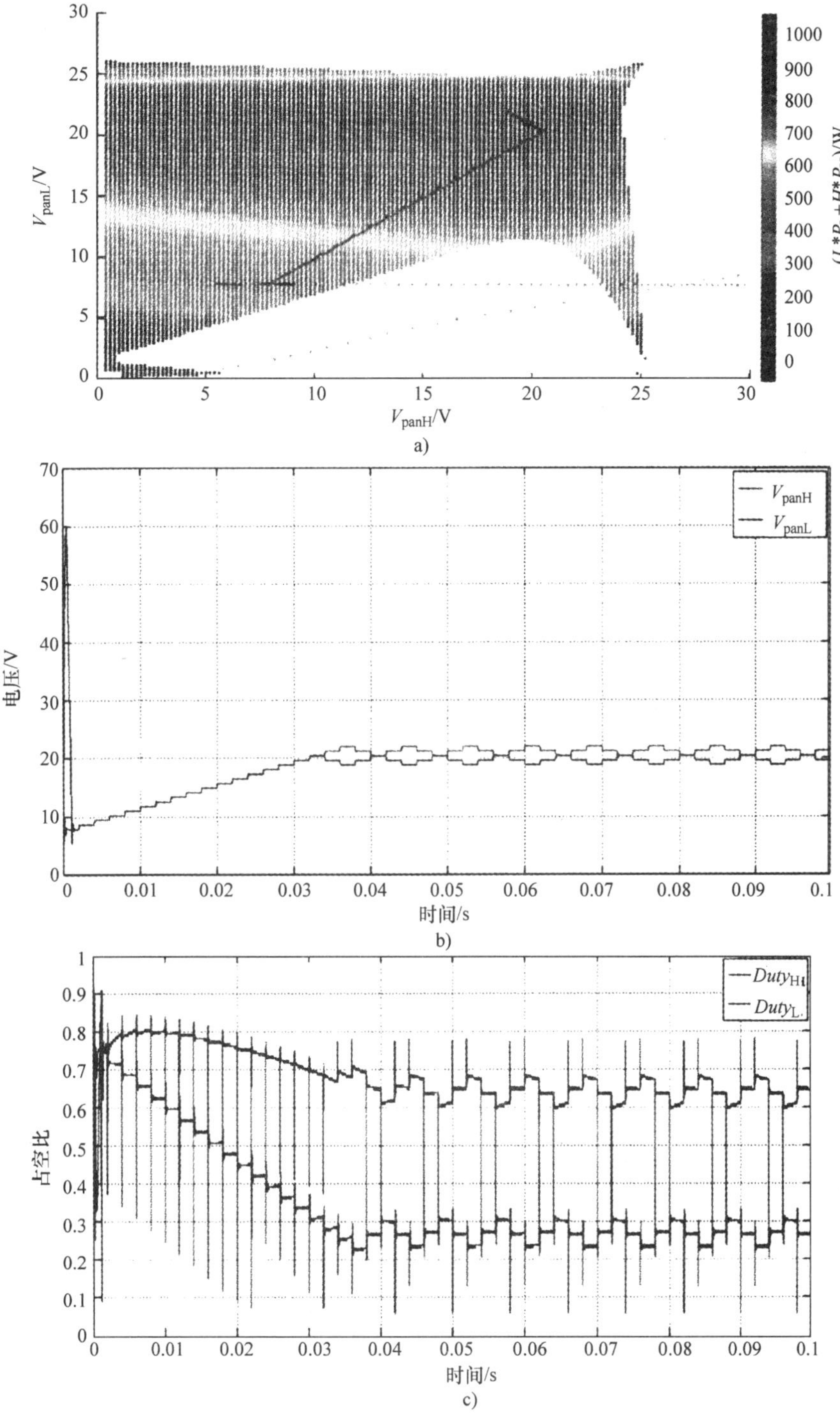

图 4.133　图 4.4 中系统在 $NH=1$ 和 $G_L=500W/m^2$ 时的仿真

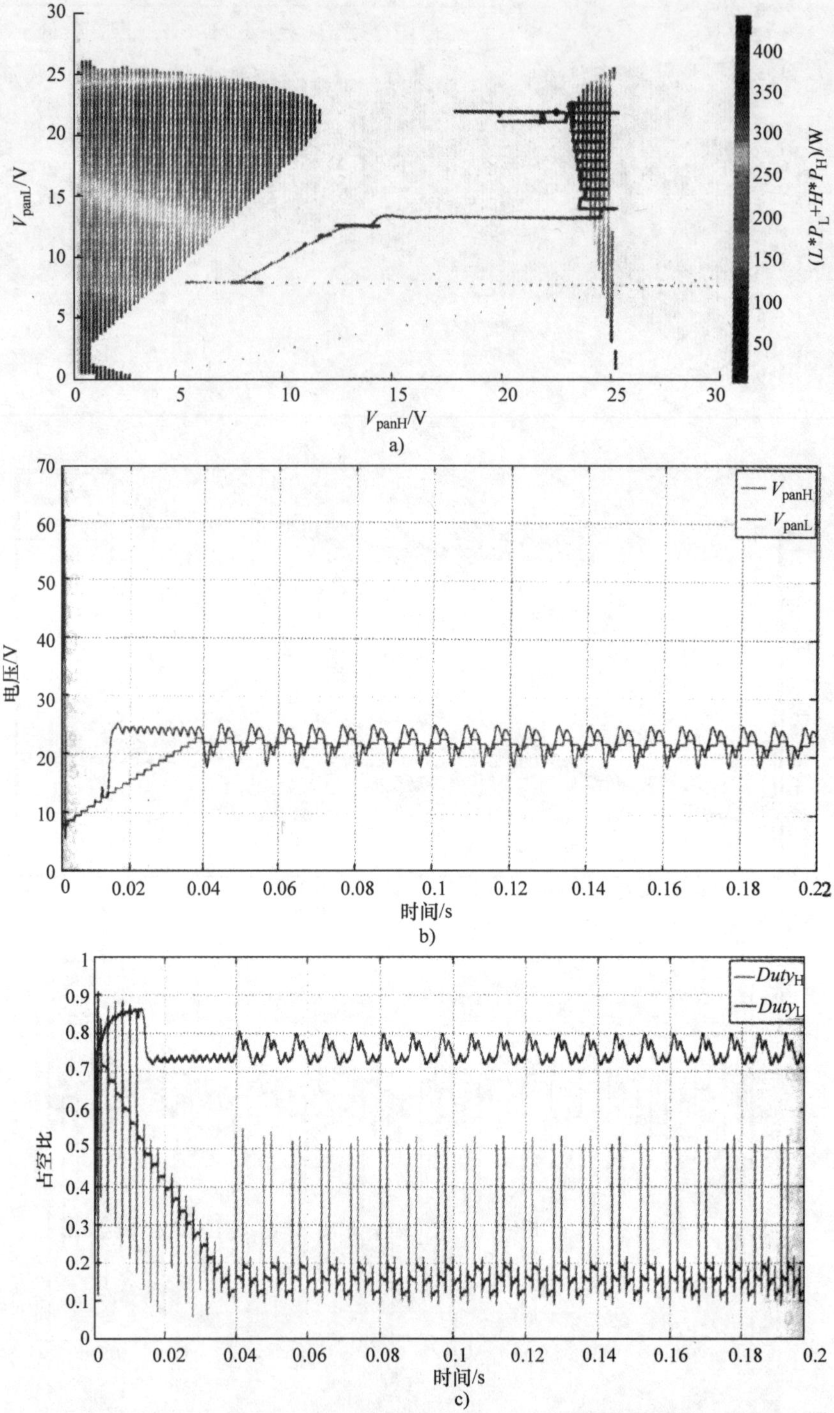

图 4.134　图 4.4 中系统在 $NH=1$ 和 $G_L=200W/m^2$ 时的仿真

通过上述方法，我们能够有效地分析模块之间的相互作用以及一组 SCPVM 的稳定性（假设每个 SCPVM 中 MPPT 控制模块的变化慢至足以让闭环控制的 DC/DC 变换器在每次扰动后都可达到稳态运行）。然而，要注意的是，该 MPPT DC/DC 变换器是由两个反馈回路控制的，第一个是输入电压控制回路，第二个是 MPPT 回路。目前为止，该方法对采用了准稳态 MPPT 技术的系统（例如，扰动和观察，增量电导）有效[79]。对于变化更快的 MPPT 技术，我们必须特别注意。此外，MPPT 控制模块支持非线性函数，因此在上述例子中应采用非线性系统的稳定性标准或小信号双闭环控制技术。

参考文献

1. S. Liu and R.A. Dougal. Dynamic multiphysics model for solar array. *IEEE Transactions on Energy Conversion*, 17(2):285–294, 2002.
2. G. Petrone, G. Spagnuolo, and M. Vitelli. Analytical model of mismatched photovoltaic fields by means of Lambert W-function. *Solar Energy Materials and Solar Cells*, 91(18):1652–1657, 2007.
3. D. Roche, H. Outhred, and R.J. Kaye. Analysis and control of mismatch power loss in photovoltaic arrays. *Progress in Photovoltaics: Research and Applications*, 3(2):115–127, 1995.
4. M. Garcıa, J.M. Maruri, L. Marroyo, E. Lorenzo, and M. Perez. Partial shadowing, MPPT performance and inverter configurations: Observations at tracking PV plants. *Progress in Photovoltaics: Research and Applications*, 16(6):529–536, 2008.
5. P. Sanchis, J. Lopez, A. Ursua, E. Gubıa, and L. Marroyo. On the testing, characterization, and evaluation of PV inverters and dynamic MPPT performance under real varying operating conditions. *Progress in Photovoltaics: Research and Applications*, 15(6):541–556, 2007.
6. E.L. Meyer and E. Ernest van Dyk. The effect of reduced shunt resistance and shading on photovoltaic module performance. In *Thirty-First IEEE Photovoltaic Specialists Conference*, January 3–7, 2005, pp. 1331–1334.
7. R. Bruendlinger, B. Bletterie, M. Milde, and H. Oldenkamp. Maximum power point tracking performance under partially shaded PV array conditions. In *Twenty-First European Photovoltaic Solar Energy Conference*, Dresden, Germany, September 4–8, 2006, pp. 2157–2160.
8. T. Oozeki, K. Otani, and K. Kurokawa. Accuracy of estimated shading loss ratio by means of SV method—An extraction algorithm of maximum pattern. In *Thirty-First IEEE Photovoltaic Specialists Conference*, January 3–7, 2005, pp. 1804–1807.
9. N. Femia, G. Petrone, G. Spagnuolo, and M. Vitelli. Optimization of perturb and observe maximum power point tracking method. *IEEE Transactions on Power Electronics*, 20(4):963–973, 2005.
10. M. Veerachary, T. Senjyu, and K. Uezato. Voltage-based maximum power point tracking control of PV system. *IEEE Transactions on Aerospace and Electronic Systems*, 38(1):262–270, 2002.

11. K.K. Tse, M.T. Ho, H.S.-H. Chung, and S.Y. Hui. A novel maximum power point tracker for PV panels using switching frequency modulation. *IEEE Transactions on Power Electronics*, 17(6):980–989, 2002.
12. K.H. Hussein, I. Muta, T. Hshino, and M. Osakada. Maximum photovoltaic power tracking: An algorithm for rapidly changing atmospheric conditions. *Proceedings of the Institute of Electrical Engineering*, 142(1):59–64, 1995.
13. P. Midya, P. Krein, R. Turnbull, R. Reppa, and J. Kimball. Dynamic maximum power point tracker for photovoltaic application. In *Proceedings of 27th Annual IEEE Power Electronics Specialists Conference*, June 1996, vol. 2, pp. 1710–1716.
14. E. Koutroulis, K. Kalaitzakis, and N.C. Voulgaris. Development of a microcontroller-based, photovoltaic maximum power point tracking control system. *IEEE Transactions on Power Electronics*, 16(1):46–54, 2001.
15. T. Wu, C. Chang, and Y. Chen. A fuzzy-logic-controlled single-stage converter for PV-powered lighting system applications. *IEEE Transactions on Industrial Electronics*, 47(2):287–296, 2000.
16. I. Batarseh, T. Kasparis, K. Rustom, W. Qiu, N. Pongratananukul, and W. Wu. DSP-based multiple peak power tracking for expandable power system. In *Proceedings of 18th Annual IEEE Applied Power Electronics Conference Expo*, February 2003, vol. 1, pp. 525–530.
17. D.P. Hohm and M.E. Ropp. Comparative study of maximum power point tracking algorithms. *Progress in Photovoltaics: Research and Applications*, 11(1):47–62, 2003.
18. C. Hua and J. Linb. A modified tracking algorithm for maximum power tracking of solar array. *Energy Conversion and Management*, 45(6):911–925, 2004.
19. R. Leyva, C. Alonso, I. Queinnec, A. Cid-Pastor, D. Lagrange, and L. Martinez-Salamero. MPPT of photovoltaic systems using extremum-seeking control. *IEEE Transactions on Aerospace and Electronic Systems*, 42(1):249–258, 2006.
20. N. Femia, G. Petrone, G. Spagnuolo, and M. Vitelli. A new analog MPPT technique: TEODI. In *Progress in photovoltaics: Research and applications*. Vol. 18. Wiley-Blackwell, 2010, pp. 28–41.
21. M. Veerachary. Power tracking for nonlinear PV sources with coupled inductor SEPIC converter. *IEEE Transactions on Aerospace and Electronic Systems*, 41(3):1019–1029, 2005.
22. D. Shmilovitz. On the control of photovoltaic maximum power point tracker via output parameters. *IEE Proceedings—Electric Power Applications*, 152(2):239–248, 2005.
23. W. Xiao, M.G.J. Lind, W.G. Dunford, and A. Capel. Real-time identification of optimal operating points in photovoltaic power systems. *IEEE Transactions on Industrial Electronics*, 53(4):1017–1026, 2006.
24. I.-S. Kim, M.-B. Kim, and M.-J. Youn. New maximum power point tracker using sliding-mode observer for estimation of solar array current in the grid-connected photovoltaic system. *IEEE Transactions on Industrial Electronics*, 53(4):1027–1035, 2006.
25. J.-M. Kwon, K.-H. Nam, and B.-H. Kwon. Photovoltaic power conditioning system with line connection. *IEEE Transactions on Industrial Electronics*, 53(4):1048–1054, 2006.
26. N. Mutoh, M. Ohno, and T. Inoue. A method for MPPT control while searching for parameters corresponding to weather conditions for PV generation systems. *IEEE Transactions on Industrial Electronics*, 53(4):1055–1065, 2006.

27. N. Mutoh and T. Inoue. A control method to charge series-connected ultra-electric double-layer capacitors suitable for photovoltaic generation systems combining MPPT control method. *IEEE Transactions on Industrial Electronics*, 54(1):374–383, 2007.
28. J.-H. Park, J.-Y. Ahn, B.-H. Cho, and G.-J. Yu. Dual-module-based maximum power point tracking control of photovoltaic systems. *IEEE Transactions on Industrial Electronics*, 53(4):1036–1047, 2006.
29. W. Xiao, W.G. Dunford, P.R. Palmer, and A. Capel. Regulation of photovoltaic voltage. *IEEE Transactions on Industrial Electronics*, 54(3):1365–1374, 2007.
30. T. Noguchi, S. Togashi, and R. Nakamoto. Short-current pulse-based maximum-power-point tracking method for multiple photovoltaic-and-converter module system. *IEEE Transactions on Industrial Electronics*, 49(1):217–223, 2002.
31. K. Irisawa, T. Saito, I. Takano, and Y. Sawada. Maximum power point tracking control of photovoltaic generation system under nonuniform insolation by means of monitoring cells. In *Proceedings of 28th IEEE Photovoltaic Specialists Conference*, September 2000, pp. 1707–1710.
32. R. Gules, P.J. De Pellegrin, H.L. Hey, and J. Imhoff. A maximum power point tracking system with parallel connection for PV stand-alone applications. *IEEE Transactions on Industrial Electronics*, 55:2674–2683, 2008.
33. I.-S. Kim and M.-J. Youn. Variable-structure observer for solar-array current estimation in a photovoltaic power-generation system. *IEE Proceedings—Electric Power Applications*, 152(4):953–959, 2005.
34. G. Petrone, G. Spagnuolo, R. Teodorescu, M. Veerachary, and M. Vitelli. Reliability issues in photovoltaic power processing systems. *IEEE Transactions on Industrial Electronics*, 55(7):2569–2580, 2008.
35. B. Burger, B. Goeldi, S. Rogalla, and H. Schmidt. Module integrated electronics—An overview. Presented at 25th European Photovoltaic Solar Energy Conference and Exhibition, Valencia, Spain, September 2010.
36. Q. Li and P. Wolfs. A review of the single phase photovoltaic module integrated converter topologies with three different DC link configurations. *IEEE Transactions on Power Electronics*, 23(3):1320–1333, 2008.
37. S.B. Kjaer, J.K. Pedersen, and F. Blaabjerg. A review of single phase grid-connected inverters for photovoltaic modules. *IEEE Transactions on Industry Applications*, 41(5):1292–1306, 2005.
38. www.enphaseenergy.com.
39. http://www.greenraysolar.com.
40. www.petrasolar.com.
41. www.enecsys.com.
42. http://www.exeltech.com.
43. http://solarbridgetech.com.
44. http://www.involar.com.
45. G.R. Walker and P.C. Sernia. Cascaded DC/DC converter connection of photovoltaic modules. *IEEE Transactions on Power Electronics*, 19(4):1130–1139, 2004.
46. E. Roman, R. Alonso, P. Ibanez, S. Elorduizapatarietxe, and D. Goitia. Intelligent PV module for grid-connected PV systems. *IEEE Transactions on Industrial Electronics*, 53(4):1066–1073, 2006.
47. N. Femia, G. Lisi, G. Petrone, G. Spagnuolo, and M. Vitelli. Distributed maximum power point tracking of photovoltaic arrays: Novel approach and system analysis. *IEEE Transactions on Industrial Electronics*, 55(7), 2610–2621, 2008.

48. E. Roman, V. Martinez, J.C. Jimeno, R. Alonso, P. Ibanez, and S. Elorduizapatarietxe. Experimental results of controlled PV module for building integrated PV systems. *Solar Energy*, 82:471–480, 2008.
49. W. Yao, M. Gao, Z. Ren, M. Chen, and Z. Qian. Improvement of performance and flexibility for photovoltaic module using individual DC/DC converter. In *6th IEEE International Power Electronics and Motion Control Conference (IPEMC)*, May 17–20, 2009, pp. 441–444.
50. T. Zhao, H. Wang, X. Li, Z. Ju, X. Wei, and S. Zhang. The distributed maximum power point tracking method and application in the PV grid-connected generation. In *2010 International Conference on Intelligent System Design and Engineering Application*, 2010, pp. 639–642.
51. A. Elasser, M. Agamy, J. Sabate, R. Steigerwald, R. Fisher, and M. Harfman-Todorovic. A comparative study of central and distributed MPPT architectures for megawatt utility and large scale commercial photovoltaic plants. In *IECON 2010*, 2010, pp. 2753–2758.
52. Q. Li and P. Wolfs. A preliminary study of the distributed maximum power point tracker designs for different types of solar cells in solar and electric vehicle arrays. In *AUPEC 2007*, pp. 1–6.
53. R. Shao, M. Kaye, and L. Chang. Advanced building blocks of power converters for renewable energy based distributed generators. In *8th International Conference on Power Electronics—ECCE Asia*, Shilla Jeju, Korea, May 2011, pp. 2168–2174.
54. S. Poshtkouhi, J. Varley, R. Popuri, and O. Trescases. Analysis of distributed peak power tracking in photovoltaic systems. In *2010 International Power Electronics Conference*, 2010, pp. 942–947.
55. R. Alonso, P. Ibáñez, V. Martínez1, E. Román, and A. Sanz. Analysis of performance of new distributed MPPT architectures. In *ISIE 2010*, 2010, pp. 3450–3455.
56. D. Ahmadi, S.A. Mansouri, and J. Wang. Circuit topology study for distributed MPPT in very large scale PV power plants. In *Applied Power Electronics Conference and Exposition (APEC)*, 2010, pp. 786–791.
57. U. Kamnarn, S. Yousawat, S. Sreeta, W. Muangjai, and T. Somsak. Design and implementation of a distributed solar controller using modular buck converter with maximum power point tracking. In *UPEC 2010*, 2010, pp. 1–6.
58. Y.-M. Chen, C.-W. Chen, and Y.-L. Chen. Development of an autonomous distributed maximum power point tracking PV system. In *Distributed Energy Conversion Congress and Exposition (ECCE)*, 2011, pp. 3614–3619.
59. S. Poshtkouhi, V. Palaniappan, M. Fard, and O. Trescases. A general approach for quantifying the benefit of distributed power electronics for fine grained MPPT in photovoltaic applications using 3D modeling. *IEEE Transactions on Power Electronics*, vol. 27, 11, November 2012, 4656–4666.
60. G. Petrone, G. Spagnuolo, and M. Vitelli. An analog technique for Distributed MPPT PV applications. *IEEE Transactions on Industrial Electronics*, vol. 59, 12 December 2012, 4713–4722.
61. P. Tsao, S. Sarhan, and I. Jorio. Distributed maximum power point tracking for photovoltaic arrays. In *PVSC PV Photovoltaic Specialists Conference*, 2009, pp. 2293–2298.
62. S. Poshtkouhi and O. Trescases. Multi-input single-inductor DC-DC converter for MPPT in parallel-connected photovoltaic applications. In *Applied Power Electronics Conference and Exposition (APEC)*, 2011, pp. 41–47.

63. R. Giral, C.E. Carrejo, M. Vermeersh, A.J. Saavedra-Montes, and C.A. Ramos-Paja. PV field distributed maximum power point tracking by means of an active bypass converter. In *ICCEP 2011*, 2011, pp. 94–98.
64. Z. Cheng, H. Zhou, and H. Yang. Research on MPPT control of PV system based on PSO algorithm. In *2010 Chinese Control and Decision Conference*, pp. 887–892.
65. http://solarmagic.com/en/index.html.
66. http://www.solaredge.com.
67. http://www.tigoenergy.com.
68. http://www.xandex.com.
69. http://eiqenergy.com.
70. G. Adinolfi, N. Femia, G. Petrone, G. Spagnuolo, and M. Vitelli. Design of DC/DC converters for DMPPT PV applications based on the concept of energetic efficiency. *Journal of Solar Energy Engineering*, 132:021005-1–021005-10, 2010.
71. M. Balato, N. Femia, G. Petrone, G. Spagnuolo, and M. Vitelli. Factors limiting the efficiency of DMPPT in PV applications. In *International Conference on Clean Electrical Power*, Ischia, June 14–16, 2011, pp. 604–608.
72. R.W. Erikson and D. Maksimovic. *Fundamentals of power electronics*. 2nd ed. Kluwer Academic Publishers, Norwell, MA.
73. J.M. Carrasco, L.G. Franquelo, J.T. Bialasiewicz, E. Galvan, R.C.P. Guisado, Ma.A.M. Prats, J.I. Leon, and N. Moreno-Alfonso. Power-electronic systems for the grid integration of renewable energy sources: A survey. *IEEE Transactions on Industrial Electronics*, 53(4):1002–1016, 2006.
74. S.B. Kjaer, J.K. Pedersen, and F. Blaabjerg. A review of single-phase grid-connected inverters for photovoltaic modules. *IEEE Transactions on Industry Applications*, 41(5):1292–1306, 2005.
75. F. Blaabjerg, R. Teodorescu, M. Liserre, and A. Timbus. Overview of control and grid synchronization for distributed power generation systems. *IEEE Transactions on Industrial Electronics*, 53(5):1398–1409, 2006.
76. N. Femia, G. Petrone, G. Spagnuolo, and M. Vitelli. A technique for improving P&O MPPT performances of double stage grid-connected photovoltaic systems. *IEEE Transactions on Industrial Electronics*, 56(11):4473–4482, 2009.
77. R.D. Middlebrook. Null double injection and the extra element theorem. *IEEE Transactions on Education*, 32:167–180, 1989.
78. R.D. Middlebrook and V. Vorperian. The extra element theorem. *IEEE Transactions on Circuits and Systems I: Fundamental Theory and Applications*, 45(9):919–935, 1998.
79. G. Lisi. Distributed maximum power point tracking of photovoltaic arrays. PhD dissertation, University of Salerno, February 2008.

第5章　适用于MPPT的高效光伏变换器设计

5.1　简介

在前面的章节中，我们已经对涉及光伏电源的最大功率点跟踪问题的拓扑结构和控制技术进行了讨论。现在将重点放在这本书讨论的最终目标：实现光伏系统最大能量的获取。为了达到这个目标，需要将变换器拓扑结构、功率器件及控制技术3个因素进行有机的结合。在拓扑结构方面，由于buckboost DC/DC变换器具备升降压功能，可让DMPPT工作在很宽的范围内。但是，如果功率变换器的硅器件击穿电压过低，能量获取效果将受影响。过低的击穿电压限制了电压波动幅度，反过来将截断受失配光照条件影响的光伏发电系统的部分未被遮蔽的光伏电池板可传递的峰值功率。其他拓扑结构，如升压或降压，虽然可能不够灵活，但由于其固有的单峰电压转换比（无论是升压或降压）以及较低的电压应力，可以确保整体DMPPT效率与升降压拓扑相当，从而在失配条件下减少不必要的电压限制，并允许选择沟道阻抗较低的功率器件。在控制方面，第3章我们已讨论过太阳辐照条件变化时的MPPT效率与P&O算法合理的参数设置有很大关联。这些参数取决于变换器的固有动态性能，而固有动态性能又取决于无源元件。无源元件的尺寸主要由开关频率决定，其次还与硅器件损耗有关。再次强调，硅器件对是否能实现高能源效率有很大的影响。由于MPPT在光伏应用中的作用是帮助最大化能量获取，因此硅器件的效率必须着重考虑。硅器件的选择正确与否对DC/DC变换器在光伏发电中的应用颇为关键。本章在简单介绍能源效率问题之后将分析光伏应用中变换器拓扑结构相关的硅器件的电压和电流应力，并将概括和讨论支持通过参考说明书中的数据计算商用硅器件损耗的模型，同时还将简单介绍如何选择均衡考虑了开关频率与能源效率的功率器件。本章所采用的PV DMPPT案例与第4章相同。事实上，任何情况下要真正实现最大能源获取就必须深入分析功率变换器拓扑结构、硅功率器件以及相关DMPPT控制主动工作范围的综合影响。

5.2　功率、能量与效率

在过去的数十年里，全球的政府和公共机构推动了许多节能项目的出台以鼓励高效开关电源（Switch Mode Power Supply，SMPS）的制造。部分项目的目的如下：

1）培养消费者的节能意识；

2）产品能效等级（能源效率是否合格的标签）；

3）节能奖励（包括返现）；

4）制订政府标准和规范；

5）制订测试规范。

除了能效规范，产品在空载和负载工作条件下的绝对功率损耗还必须满足绝大部分的能效标准，如 UE 能源之星。具有高能效的新型 SMPS 是提高竞争力和利润空间的有效途径之一。对于光伏发电来说，能源效率是一个重要问题。光伏电池本身效率非常低，因此我们只能寄希望于尽量提高光伏源到最终用户间的能量转换装置的效率，以获取尽可能多的太阳能。无论大功耗设备还是小功耗设备，光伏应用的转换效率通常要求高于 96%。在分布式 MPPT 应用中，DC/DC 变换器从每个光伏组件提取最大功率的效率预期为 98%，甚至更高。如果光伏发电设备的能效高至足以忽略出现失配时产生的额外功率损耗，那么我们便可以通过添加电子电力装置使原本受制于失配条件的光伏电站输出更大的电力。如果电源装置体积足够大，那么 DC/DC 变换器的效率超过 98% 并不难实现。然而考虑到成本因素，这样的设计方案无疑代价很高，缺乏商用价值。因此，可行的商用解决方案必定要综合考虑能效和成本，这样损耗分析便显得至关重要。根据实际应用情况，SMPS 的效率可以采用不同的方式来定义和分析。根据式（5.1）可以看出，能效基于输入和输出功率之间的差，其中电压、电流和功率如图 5.1 所示。

$$\eta_{\mathrm{P}}=\frac{P_{\mathrm{load}}}{P_{\mathrm{source}}}=\frac{V_{\mathrm{out}}I_{\mathrm{out}}}{V_{\mathrm{in}}I_{\mathrm{in}}}=\frac{R_{\mathrm{load}}}{P_{\mathrm{load}}+P_{\mathrm{loss}}}=\frac{V_{\mathrm{out}}I_{\mathrm{out}}}{V_{\mathrm{out}}I_{\mathrm{out}}+P_{\mathrm{loss}}(V_{\mathrm{in}},V_{\mathrm{out}},I_{\mathrm{in}},I_{\mathrm{out}},\underline{p},f_{\mathrm{s}},T_{\mathrm{a}})} \tag{5.1}$$

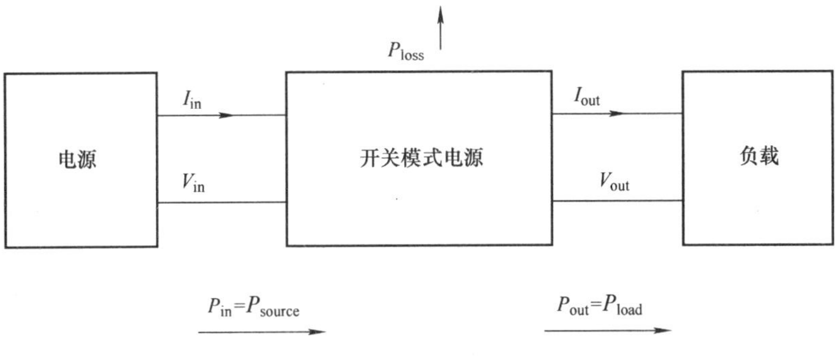

图 5.1　SMPS 的输入、输出和功率损耗

对 SMPS 的功率损耗 P_{loss} 有影响的因素众多，如输入和输出端口的边界条件（V_{in}、I_{in}、V_{out} 和 I_{out}）、开关频率（f_s）、设备物理参数产生的损耗（p）以及环境温度（T_a），而具体影响程度非常难以界定。只有充分利用各种损耗计算模型才有可能研究出一个效率达标的 SMPS 设计，而效率要求在很大程度上取决于应用。如果电源和负载不随时间变化，那么只需对一组固定的端口终止条件进行效率分析。这是最简单的情况，此时效率只随开关频率和温度而变。不幸的是，大多数应用中的负载和电源都在变化，或至少有一个产生变化。因此，我们必须用边界条件进行效率分析，以确定最坏的情况。典型 SMPS 的效率与负载电流和线电压变化有关，它们之间的变化曲线如图 5.2 所示。该图显示了与效率紧密相关的两个基本要素。

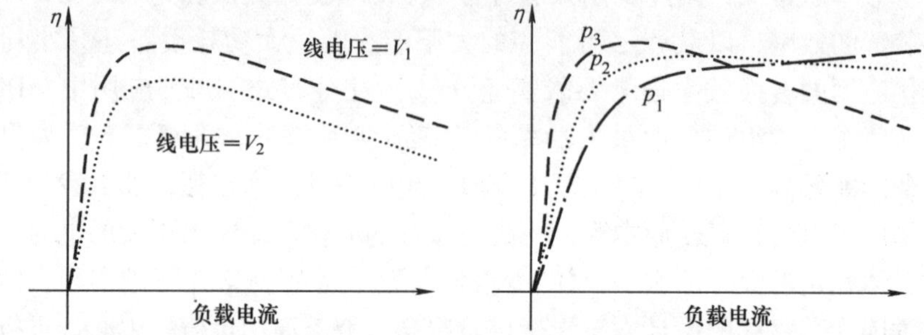

a)固定的参数，不同的线电压　　b)固定的线电压，不同的FET参数值

图 5.2　SMPS 的效率曲线

一方面，如图 5.2a 所示，效率与负载电流和线电压有关。根据变换器的拓扑结构、工作模式、具体的功率器件以及工作范围，线电压和负载电流与效率的关系呈现出不同的形式。同样地，通过对偶特征可以得到负载电压和线电流的特性。图 5.2a 适合分析不同电压下可变载荷的 SMPS 效率（例如，负载点应用），图 5.2b 适合分析从可变源提取功率并传递到负荷中的 SMPS 效率（例如，光伏应用属于点源的应用类别）。

另一方面，效率与负载的关系曲线与 SMPS 功率器件的参数有很大关系。图 5.2b 的曲线表明了峰值功率效率在不同的负载条件下与不同的功率器件参数 $\{p_1, p_2, p_3\}$ 之间的关系。

与效率有关的 SMPS 设计问题主要如下：

1）应用效率目标分析。

2）对效率与 SMPS 结构、运行模式、边界条件、开关频率、温度条件和功率器件参数之间关系的分析。

3）功率器件和开关频率的合理选择可以提高系统的效率。

第 1 点主要取决于设计用场景和目标。如果 SMPS 应用场合固定，则通常只需保证在额定负载电流和线电压的最低效率满足要求即可。如果设计目标是应用在特定场合新产品的开发，建议参考特定应用背景的相关标准。光伏逆变器的能效是否合格取决于两个指标：欧洲效率 η_{EU} 和加州能源委员会的效率 η_{CA}，由式（5.2）和式（5.3）给出：

$$\eta_{EU}=0.03\eta_{5\%}+0.06\eta_{10\%}+0.13\eta_{20\%}+0.10\eta_{30\%}+0.48\eta_{50\%}+0.20\eta_{100\%} \tag{5.2}$$

$$\eta_{CA}=0.04\eta_{10\%}+0.05\eta_{20\%}+0.12\eta_{30\%}+0.21\eta_{50\%}+0.53\eta_{75\%}+0.05\eta_{100\%} \tag{5.3}$$

它们是逆变器在某些特定负载水平下的加权组合。通过采用式（5.2）和式（5.3）定义的两个不同的标准得到了给定逆变器效率曲线中两个不同的效率值。表 5.1 记录了将上述两个标准应用于 PowerOne 公司的 PVI－4.2－OUTD 逆变器的测算结果。

测算出的两个效率值相差大约 0.5%，对于光伏逆变器来说这是不可忽略的。所以，如果逆变器的目标市场为美国，就要更谨慎地选择功率器件以满足加州效率，对于欧盟市场也是同样的道理。欧盟基本概念和加州效率的定义超出了纯粹的峰值功率效率或最大负载功率效率的概念范围。

表 5.1　EU 和 CA 商用光伏逆变器的效率

效率样本	EU 权重	CA 权重	215V（DC）效率	345V（DC）效率	480V（DC）效率
0.05	0.03		0.900	0.910	0.880
0.1	0.06	0.04	0.920	0.930	0.910
0.2	0.13	0.05	0.945	0.955	0.945
0.3	0.1	0.12	0.953	0.965	0.955
0.5	0.48	0.21	0.960	0.968	0.963
0.75		0.53	0.960	0.968	0.965
1	0.2	0.05	0.958	0.962	0.967
		EU eff	0.953	0.961	0.955
		CA eff	0.957	0.965	0.960

将 SMPS 的额定功率从 0～100% 进行加权考虑了变功率运行，并顺理成章地引出了下式定义的能源效率（Energy Efficiency，EE）概念：

$$\eta_P = \frac{U_{load}}{U_{source}} = \frac{U_{out}}{U_{in}} = \frac{\int_{t_s}^{t_e} v_{out}(t)\, i_{out}(t)\, dt}{\int_{t_s}^{t_e} v_{in}(t)\, i_{in}(t)\, dt} \tag{5.4}$$

其中 t_s和 t_e分别代表了典型工作间隔的开始时间和结束时间，在这段间隔时间里，电源或负载或两者处于典型工作周期中；$U_{load} = U_{out}$是从输入电源传送到负载的能量；$U_{source} = U_{in}$是从 PV 源传递到输入电源的能量。此处的工作周期可用于区分具体的 SMPS 应用，进而确定能效要求。工作周期的一些实例示于图 5.3 中。

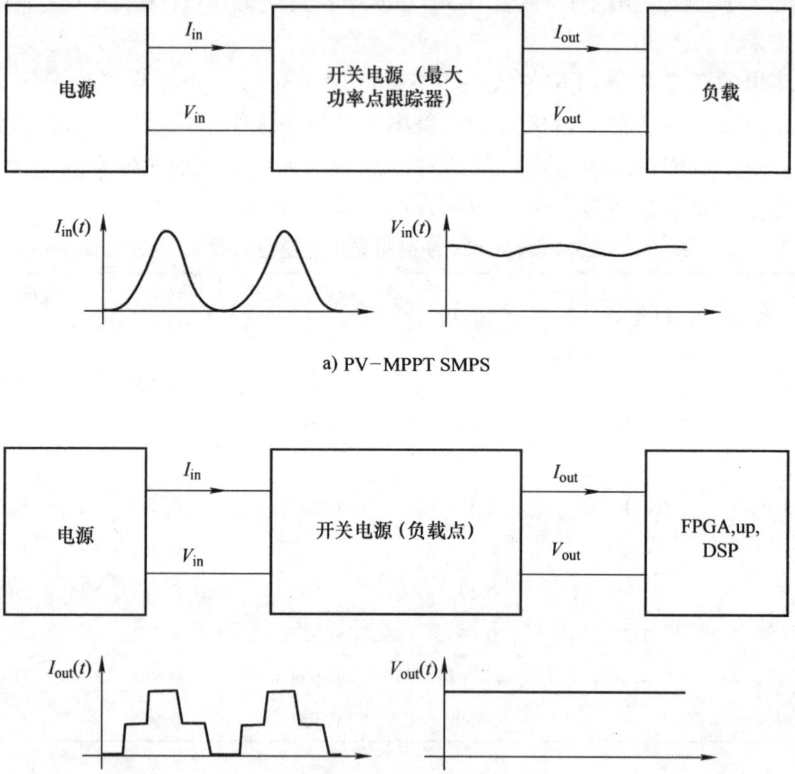

a) PV−MPPT SMPS

b) 负载点的SMPS

图 5.3

如图 5.3a 所示，SMPS 工作在光伏发电最大功率点跟踪模式，与可变电源

（光伏发电机）配合供电，其中可变电源的电流在几个小时内从零上升到最高峰值再降回到零。当太阳辐照度 G 从 10% 升至最大照度 100% 的 G_{max}，当环境温度 T_a 的范围从 10% 升至 100% 的 T_{max}，最大功率点电压 V_{MPP} 从 50% 涨至 80% 的开路电压 V_{oc}。最大功率点电流 I_{MPP} 随太阳辐照度成比例变化。负载作为自适应阻抗而工作，它使 PV 源始终工作在最大功率。通常光伏的电压可调节，使得 SMPS 的输出电流根据输入电流的变化而变化。图 5. 3b 中 SMPS 是一个负载点调节器，用于提供低电压/高电流的可变负载，类似微处理器或现场可编程门阵列（FPGA）这样的负载。这种负载需要稳定输出的电压，而它们的电流工作周期取决于实际应用。另外，在这种情况下会出现峰值电流，而且电流从零升至最大的过程非常迅速，直接跨越部分中间水平（例如，对微处理器和数字信号处理器来说的几十到几百纳秒），形成升降的波形，其包络形状在几小时间变化非常大（如 FPGA 在电信系统每天处理的数据流量的工作周期）。此时，所述源不仅可以提供可调的也可提供不可调节的电压（取决于 SMPS 功率架构），电流大小取决于负载。对于在这两种应用上的 SMPS 能量效率的评估是基于输入和输出能量的计算，分别由式（5. 5）和式（5. 6）式给出：

$$\text{PV: } U_{in} = \int_{t_s}^{t_e} v_{in}(t)\, i_{in}(t)\, dt \quad U_{out} = \int_{t_s}^{t_e} v_{in}(t)\, i_{in}(t)\, \eta(\underline{t_c}, \underline{p}, f_s, T_a)\, dt \tag{5.5}$$

$$\text{POL: } U_{in} = \int_{t_s}^{t_e} \frac{v_{out}(t)\, i_{out}(t)}{\eta(\underline{t_c}, \underline{p}, f_s, T_a)} dt \quad U_{out} = \int_{t_s}^{t_e} v_{out}(t)\, i_{out}(t)\, dt \tag{5.6}$$

式中，$\underline{t_c} = (v_{in}、i_{in}、v_{out}、i_{out})$ 是 SMPS 端口边界条件的向量。在任何工况下，我们都可以根据能量效率函数 $\eta(\underline{t_c}, \underline{p}, f_s, T_a)$ 得到能量效率的设计目标。在接下来的一小节中，我们将着重分析 DMPPT 应用的能源效率。

5. 3　DMPPT 功率变换器在光伏电站中的应用

以第 4 章的情况为例，其中 PV 源是由一对 Sunmodule SW225 光伏电池板（V_{oc} = 36. 8V，短路电流 I_{sc} = 8. 17A，V_{MPP} = 29. 5V，I_{MPP} = 7. 63A，NOCT = 46℃）构成，每一块电池板都配有升压或升/降压拓扑结构的 DMPPT 直流变换器。在第 4 章我们分析了在失配运行条件下，分别处于 1000W/m² 太阳辐照度和 500W/m² 辐照度下的两块光伏电池板的特点。本节中，我们将采用真实的太阳辐照度和温度数据，并假设两块光伏电池板存在不均匀的遮蔽。图 5. 4 显示了某天的太阳辐照度和环境温度的变化，记录于 2001 年 9 月 15 日，意大利的那不勒斯，（40°5023. 940″N，14°15′9. 152″E）。那一天的天空很蓝，太阳辐照度峰值相当高，接近 1200W/m²，而温度保持在 20 ~ 23℃。那时接近秋分，所以有近 12h

的光照。表5.2汇总了光伏电池板表面太阳辐照度的方位角和入射角。

这些光伏电池板安装在同一个平面，面向南，倾斜40°，等于那不勒斯的纬度。图5.4显示了一个没有阴影的225W光伏电池板在最大功率点时的 $I-V$ 曲线和 $P-V$ 曲线，采样时间间隔为10min。

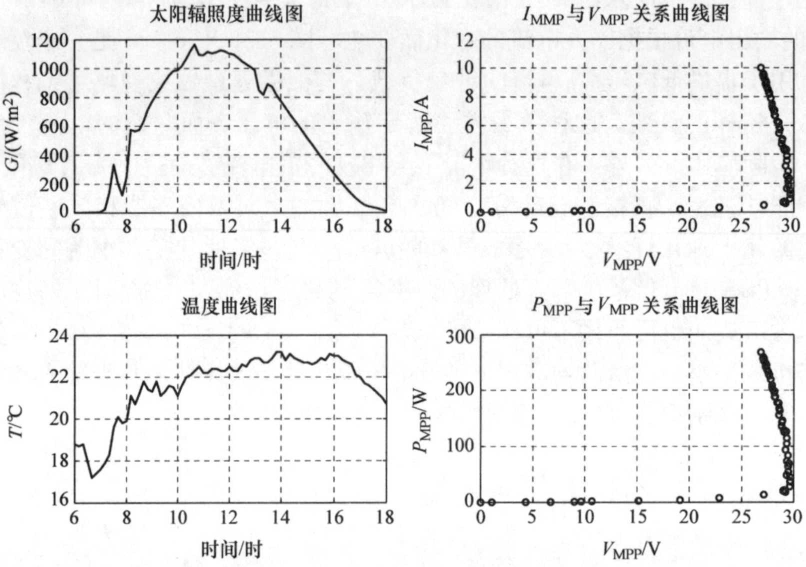

图5.4 太阳辐照度、温度数据，以及相关的MPP电压，电流和225W的光伏电池板的功率数据

表5.2 2001年9月15日意大利那不勒斯的太阳位置

日时	太阳高度角/°	太阳方位角/°	太阳入射角/°	倾斜系数
6	2.29	-91.99	42.29	0.67
7	13.60	-82.05	53.60	0.80
8	24.62	-71.29	64.62	0.90
9	34.89	-58.68	74.89	0.97
10	43.69	-42.94	83.69	0.99
11	49.88	-22.91	89.88	1.00
12	52.06	0.73	92.06	1.00
13	49.57	24.23	89.57	1.00
14	43.16	43.96	83.16	0.99
15	34.23	59.44	74.23	0.96
16	23.88	71.87	63.88	0.90
17	12.81	82.54	52.81	0.80
18	14.80	92.44	54.80	0.82

注：资料来源为http：//www.sunearthtools.com。

图 5.4 的 I_{MPP} 与 V_{MPP} 作为 DC/DC 电源变换器的输入，可用于 DMPPT 在匹配辐照条件下硅器件额定电流和电压应力的计算。由于根据阴影来定义辐照度不匹配程度，真正的电压应力与额定的不同，如在第 4 章中的例子说明，在其他条件相同的情况下，一块面板太阳辐照度为 1000W/m²，另一块为 500W/m²。在此我们详细考虑实际的工况由于垂直物体的阴影导致的不匹配条件，像一个烟囱或桩，白天扫过在两个面板的表面留下的阴影，如图 5.5 所示。

在下文中，根据两个面板的位置将它们标识为西面板和东面板。两个面板一天中 6 次不同阴影位置时的 $I-V$ 和 $P-V$ 曲线图，这些曲线图是通过在两种不同的太阳辐照度（有阴影和无阴影）条件下对光伏电池板进行测量而绘制出来的。

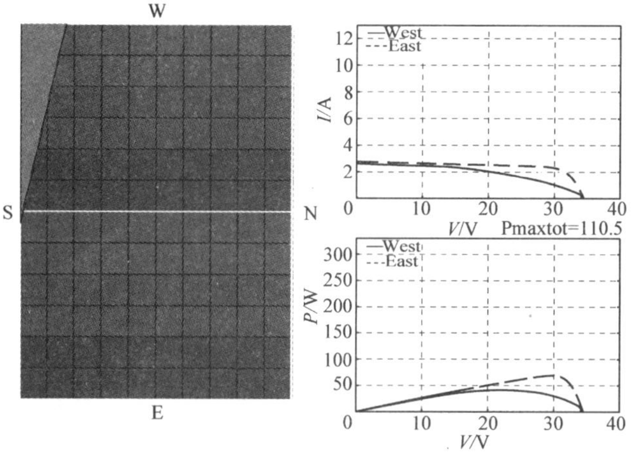

a) 上午7:30，$S=333\text{W/m}^2$

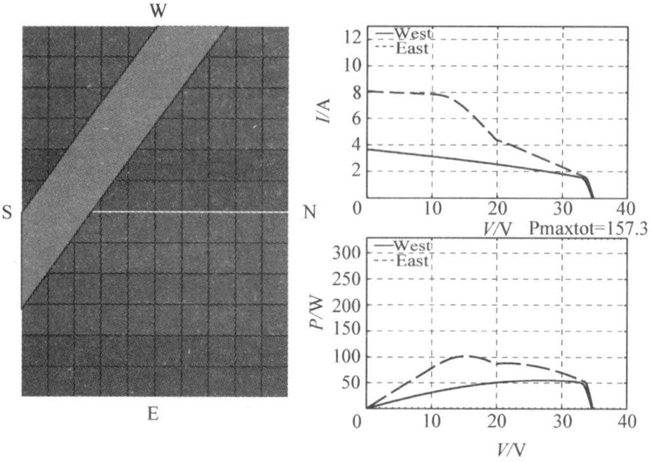

b) 上午9:30，$S=908\text{W/m}^2$

图 5.5　光伏电池板一天中 6 个不同的阴影位置时的 $P-V$ 曲线图

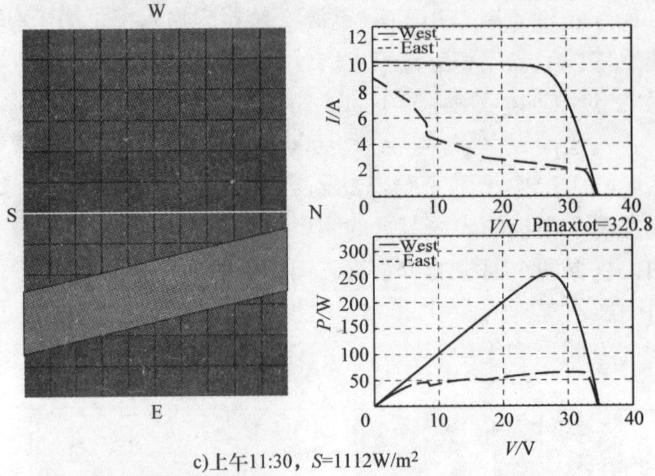

c)上午11:30，S=1112W/m²

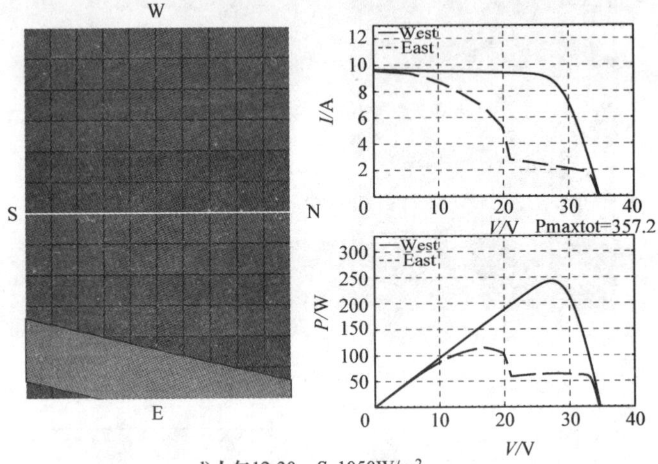

d)上午12:30，S=1050W/m²

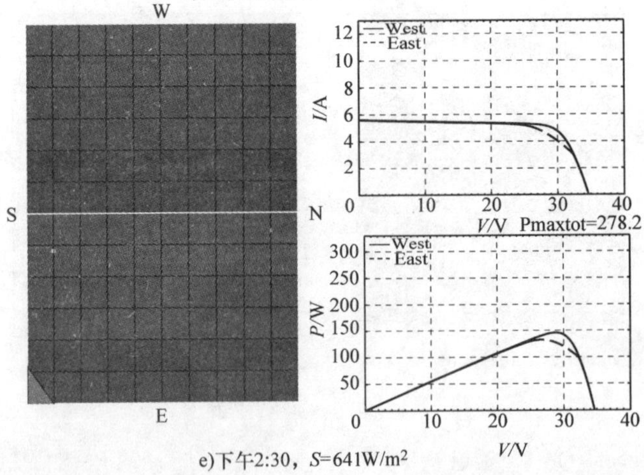

e)下午2:30，S=641W/m²

图 5.5 光伏电池板一天中 6 个不同的阴影位置时的 $P-V$ 曲线图（续）

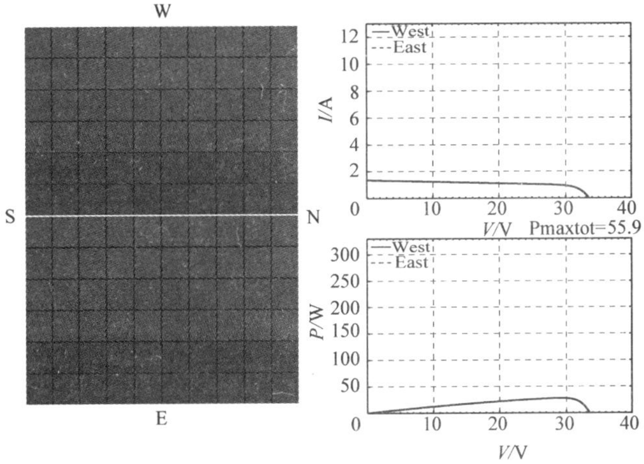

f）下午4:30，S=163W/m²

图 5.5　光伏电池板一天中 6 个不同的阴影位置时的 $P-V$ 曲线图（续）

对于无阴影的电池，图 5.5 所示的等效太阳辐照度值是根据表 5.1 所示倾斜因素修正图 5.4 的额定瞬间太阳辐照度值得到的。相反，对于阴影部分，太阳辐照度已被假定为非阴影单元的值的 1/4。分别对每个光伏电池的非阴影部分和它的阴影部分建模来确定它的 $I-V$ 和 $P-V$ 曲线，正如在文献［17］中所讨论的。我们不仅考虑了这两个部分，同时还考虑了包含 20 块电池板的组串旁路二极管。由 2×60 方程式代表每块电池板，利用牛顿－拉夫逊算法进行数值求解，并通过采样从上午 6:00 至下午 6:00 共 97 个时间点的太阳辐照度和温度数据来描绘两块面板的 $I-V$ 和 $P-V$ 特性。第 4 章以非隔离升压和降压/升压拓扑结构为例讨论了不匹配对两种光伏电池板组成的光伏系统的 DMPPT 效率的影响。每块光伏电池板连接到一种不同拓扑结构的 DC/DC 变换器，输出侧与 80V 直流母线串联。

在这一节中，我们将分析和研究相同的案例。图 5.6 的曲线表示每个面板在一天当中处于最大功率点时的电压、电流和功率的变化以及两个 DMPPT 的 DC/DC 变换器的预期电压转换比率。该图表明在一天内不同时间扫过阴影的两个面板对最大功率的影响。电压转换比曲线表明这两种 DMPPT 变换器应该能够工作于升压/降压两种模式。DMPPT 变换器的拓扑结构的选择会影响硅器件的电压和电流额定值。针对采用 boost 和 buckboost 结构的 DMPPT 变换器，图 5.7 和图 5.8 给出了相应结构的硅器件上的电压和电流应力 V_{off} 和 I_{on} 的变化曲线。图 5.7 中的曲线表明基于升压拓扑结构的升压性质，在一天的某些时候（取决于阴影扫描的位置），只有一个 DMPPT 变换器在运行，并且输出电压达到 80V 的饱和值。

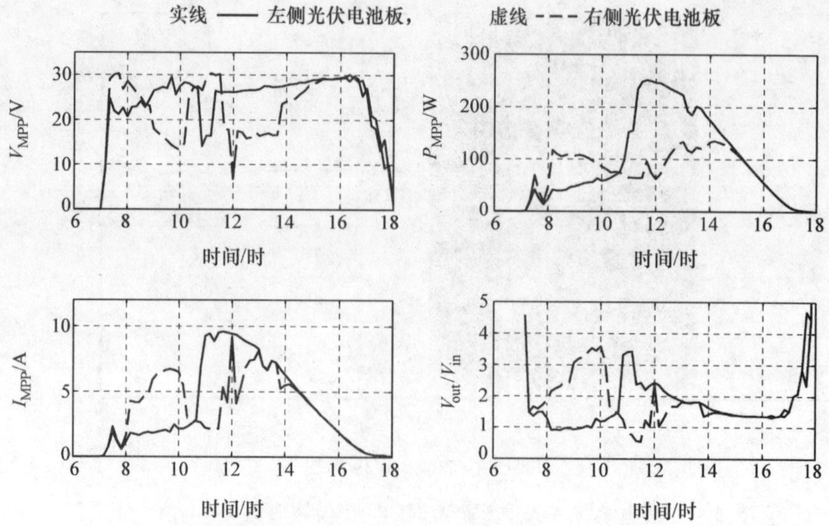

图 5.6　MPP 电压、电流和功率和输入输出电压转换比

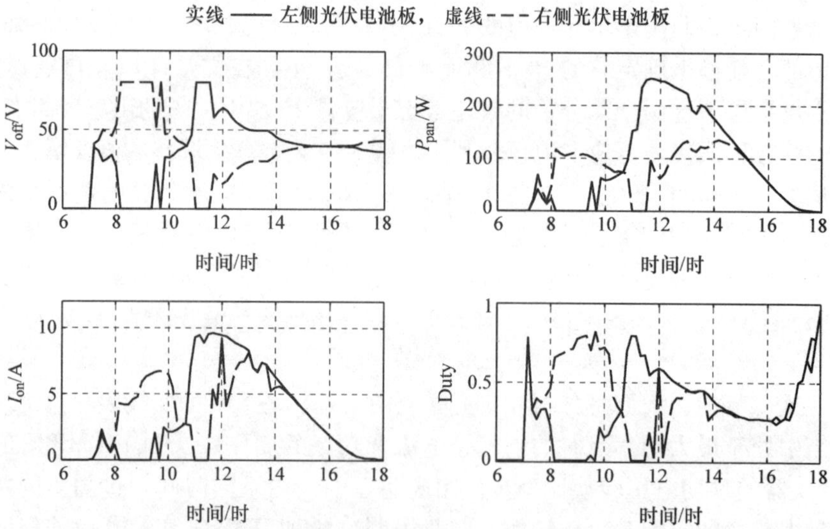

图 5.7　升压变换器的 DMPPT 电压和电流应力

假设两个 MOSFET 的击穿电压高于 80V，我们计算的能量损失是基于如图 5.7b 所示两个间隔的能量损失，其中两个变换器中的一个是不工作的。西侧面板在第一个时间间隔内损失的能量大约是 79W · h，而每日的总能量损失为 1107W · h，损失百分比为 7%。东侧面板在第二个时间间隔内失去

的能量大约是 43W·h，而每日的总能量损失为 846W·h，损失百分比为 5%。两块面板整体的能量损失平均百分比为 6.2%。纵观图 5.8 所示曲线没有隔断是因为不连续的电压转换比，这个得益于降压/升压拓扑结构的双重升降压功能。因此，降压/升压拓扑结构看起来在能量获取方面比升压拓扑结构性能更好。只有升压和降压/升压转换效率具有可比性。的确，降压/升压功率器件相比升压拓扑能承受较高的电压和电流应力。图 5.7a、5.7c 所示曲线和图 5.8a、5.8c 所示曲线的对比结果显示降压/升压拓扑结构最大能承受约 90V/14A 的电压电流应力，升压拓扑结构最大能承受 80V/10A 的电压电流应力。

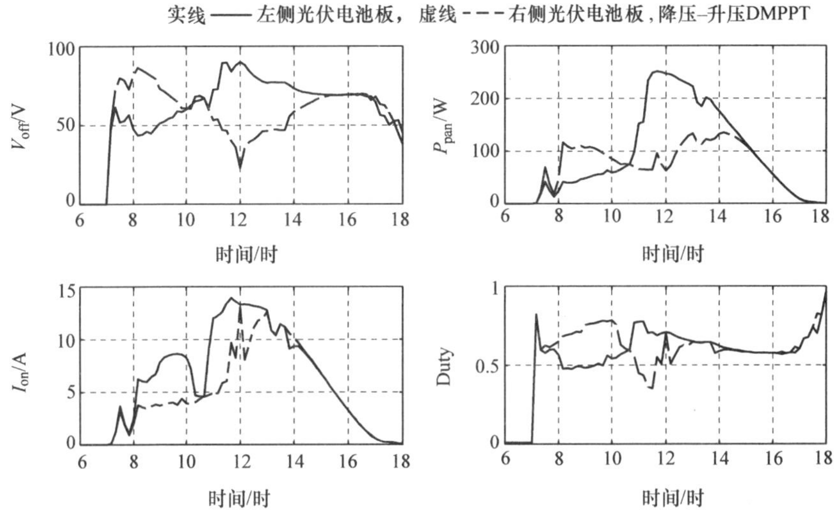

图 5.8　降压 - 升压变换器的 DMPPT 电压和电流应力

此外，必须考虑到最坏情况下的电压应力，因为降压/升压电压最大应力出现在开路时，而不是在最大功率点时，开路电压比最大功率点的电压高 25%。研究表明，最坏情况下的应力超过上述最大值约 6V。对于每种拓扑结构都必须选择适合的功率器件，方能承受住电压应力和保证最高能源效率。为此目的，必须先分析商用 MOSFET 的评级。图 5.9 和图 5.10 以国际整流器和威世的耐压 100V 和 150V 的 N 沟道 MOSFET 的漏源极导通电阻 R_{ds} 和总栅极通过最大正向电流 I_{DS} 电荷 Q_g。这些曲线表明即使电流额定值相同，但此时选择 100V 而非 150V 的 MOSFET，结果是有区别的。根据不同的生产厂家，100V 和 150V FET 的导通电阻值差别很大，在相同电流等级的情况下，使用 150V 的 MOSFET 很难将导通电阻控制在足够小的范围。

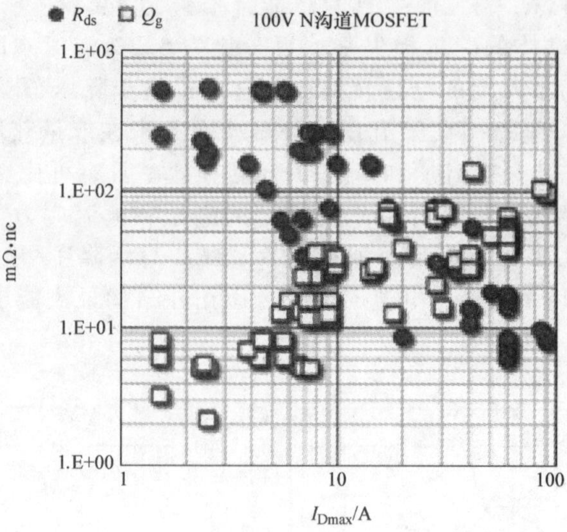

a)威世

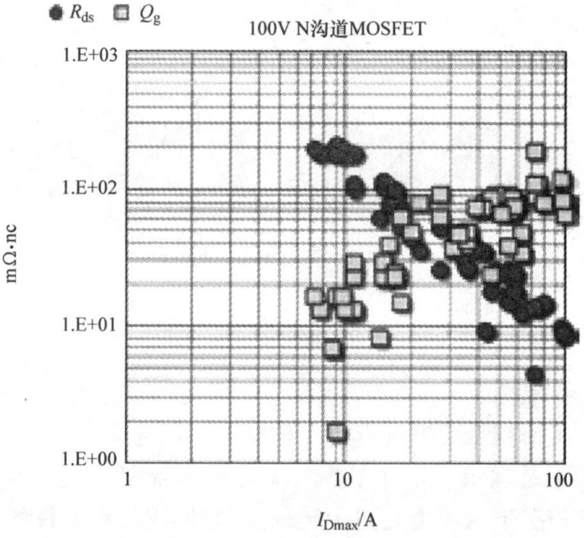

b)国际整流器

图 5.9　100V 的 N 沟道功率 MOSFET

因为最大功率点在一天内不断变化，必须通过精确的损耗分析选择合适的设计方法为 DMPPT 应用提供最佳的 MOSFET 组合。下一节我们将进行 SMPS 变换器的损耗分析。

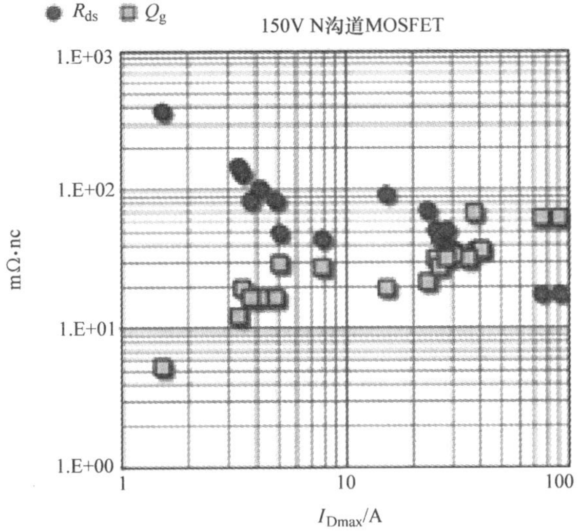

a) 威世

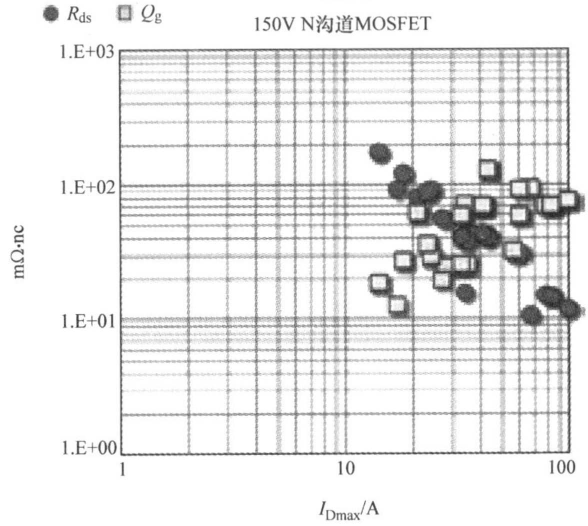

b)国际整流器

图 5.10　150V 的 N 沟道功率 MOSFET

5.4　功率变换器的损耗

变换器的效率与功率器件和开关频率的选择相关，两者选择需在完成设备层和电路层损耗建模的基础之上通过分析以 SMPS 结构、运行模式、终止条件、开关频率、温度条件和功率器件参数为变量，以变换器效率为输出的函数来实现。

虽然只有准确而全面的模型才能使预测结果具有可信度，但是诸如 PCB 杂散电感等对损耗有影响的因素直至 SMPS 设计完成之后才能确定，因此建模过程中可以做适当简化。SMPS 的设计包括功率器件选型、二次回路设计以及 PCB 制作。

此外，另一个重要问题是建立损耗模型所需的功率器件参数如何从说明书中获取。这主要是由于一些数值数据仅适用于特定条件下，而完整的数据则多是以图表的形式给出。采用不同的损耗模型和参数在进行功耗预测时会导致不同的结果，这将对功率器件的选择以及能否达到设计效率具有重要影响。

硅和磁性器件是 SMPS 的主要功耗部分。由于这些器件具有非线性特征，并且受频率和温度影响较大，因此难以对其损耗进行准确建模。对于硅器件，开关损耗比导通损耗更难以计算，其影响因素主要有：

1）变换器拓扑：不同的拓扑结构对应不同电压/电流应力。

2）操作模式：SMPS 可以工作在硬开关、软开关、谐振等模式。

3）负荷/线路范围：在一些应用环境下，线路/负载变化范围较大，这将在很大范围内改变通过器件的电压/电流应力、开关损耗并且可能导致软开关失效。

4）器件工艺：材料、物理结构、工作模式以及器件参数灵敏度均具有多样化。

5）驱动：切换次数取决于驱动器的最大电流和自适应死区时间管理能力。

硅器件的一个重要特点是同时具有导通损耗和开关损耗，但是两者的发生时间是交错的，开关损耗集中在短时间内而其余时间则是导通损耗。通过设备温升图可以看出不同的参数设置对应的功耗也不同，换言之，并没有统一的模型能够描述设备产生的热量与温升之间的关系。由于硅器件的热电阻是已知的，这使得热分析更容易。

与硅器件不同，磁性器件的损耗发生在两个不同的部分：绕组和磁心损耗。绕组中主要是由集肤效应和邻近效应引起的导通损耗，磁心中主要是由涡流引起的导通损耗，此外还有磁滞损耗。SMPS 中磁性器件损耗的影响因素主要有：

1）变换器拓扑结构、操作模式和线路/负载范围：这些因素决定了电压/电流应力。

2）磁心材料：功耗密度以及其与频率、温升的关系很大程度上取决于使用何种铁素体或铁粉芯。

3）绕组：集肤效应和邻近效应将大大增加绕组损耗。

磁心总损耗的原始计算公式由磁性材料以及磁心制造商提供，通过这些公式能够大致估算得到频率，磁通密度以及温度与功耗之间的强非线性关系，由此可以进行大致损耗预测。一定程度上，对于定制产品通过这些公式能够对磁心损耗进行合理预测。而对于非定制的电感和变压器，由于厂商没有提供用于损耗计算的详细参数，难以进行预测。大多数情况下，厂家只提供了在额定电压/电流以及参考频率下的损耗。总之，磁性器件的热分析相比于硅器件更为困难[19]，其原因有：

1）设备内热量的流动和转移：热量流动方式十分复杂，其可在磁心内部或是根据磁心和绕组温度的高低，在两者之间相互流动。

2）缺少温度系数：大多数电感和变压器的物理结构使得难以确定设备内部和外部的对流系数，导致难以建立热传递函数，而且大多数设备制造商不提供任何热数据。

3）非线性：器件物理、几何参数之间强非线性耦合，导致磁性器件的完整磁—电—热模型极为复杂。

由于上述因素导致磁性器件的损耗难以计算（尤其是工业器件），然而为了进行能效设计又必须建立一个将以上因素包括在内的损耗模型。

下面内容将探讨用于功耗计算的模型和方法，以及用于高效 SMPS 设计的功率 MOSFET 的选型。尽管其仅限于光伏发电的 DC/DC 变换器（尤其是模块或子模块级别的 MPPT 控制），但是大部分基本概念和约束条件能够延伸到其他 SMPS 应用中。

5.5 同步 FET 开关单元的损耗

尽管变换器的拓扑结构和开关技术多种多样，但是开关器件的损耗机理均可根据图 5.11a 所示的基本双同步 FET 进行分析。图 5.11a 所示的开关单元是大部分 PWM 硬开关功率变换器的基础结构，类似图 5.11b、5.11c 所示的 boost 和 buckboost 电路。

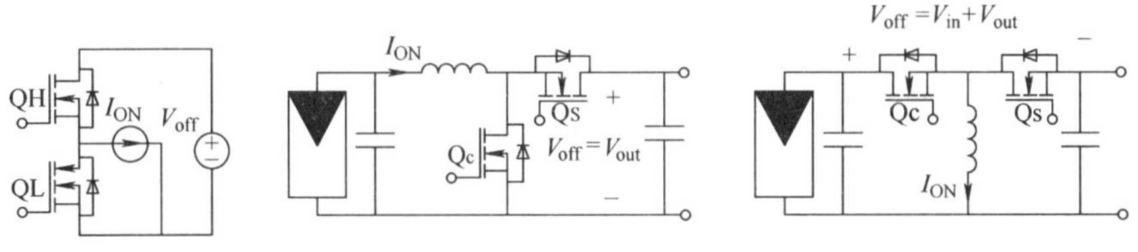

a) 同步开关单元　　b) boost 拓扑结构　　c) buckboost 拓扑结构

图 5.11

下面将对图 5.11 所示基础单元进行分析，以深入阐述提高设备效率的设计方法，该方法可通过分析组件参数以及应用工况来进行系统可靠的功率组件选型。本方法同样能够应用于软开关变换器和开关电容变换器的基本组件选型，为相关损耗模型的建立提供基本依据。

对于图 5. 11 所示的开关单元以及其衍生电路，目前已有大量文献对其特性进行分析和建模，包括开关损耗、静态特性、动态特性。本节将以这些单元入手重点说明基本电压与电流应力的相关性，从而为损耗计算和器件选型提供依据。采用一个驱动同时控制两个 FET 运行能够确保在同一时刻只有一个 FET 导通。

在电压、电流源之间允许能量流动的情况下，其基本功能可通过如图 5. 11a 所示的开关单元实现。借助特定的变换器，这些典型电源可用作有源电源（例如电池）或无源能量存储元件（电感，电容）。理想条件下，运行状态互补的两台相连设备，将遭遇相同的电压/电流应力，关断时电压和开通时电流分别为 V_{off}和 I_{on}。此外，理想状态下开关导通时阻抗为零，关断时阻抗无穷大并且切换时间为零，因而其损耗可视为零。文献中这两种开关通常称之为异步（CTR）或高压侧（HS）开关和同步（SYN）或低压侧（LS）开关。在大电流或是要求高效率的应用中通常采用 FET 或其他有源器件作为开关器件，而在小电流或是低效率的应用环境中通常采用二极管替代 SYN FET。下文中，将 CTR FET 记作 C – FET，将 SYN FET 记作 S – FET。除了驱动电路和 PCB 外，与理想状态下不同的是，开关器件作为电压源和电流源时产生的电压电流应力使其在导通、关断以及状态切换时产生损耗，该损耗不能忽略不计。本部分将对两开关的特性进行详细分析，并假设两 FET 均为 N 沟道型，每个 FET 均可用如图 5. 12 所示的双端口模型表示。FET 在一个开关周期 T_s内的包含导通和开关损耗在内的平均损耗可用式（5. 7）表示：

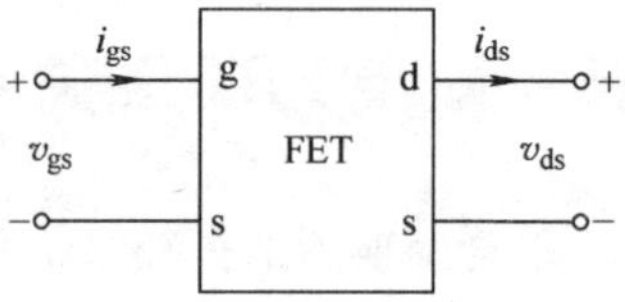

图 5. 12　双端口 MOSFET 模式

$$P_d = f_s\int_0^{T_s}[v_{gs}(t)i_{gs}(t) + v_{ds}(t)i_{ds}(t)]dt = P_c + P_{sw,\,on} + P_{sw,\,off}$$

$$= f_s\left\{\int_{T_c} v_{ds}(t)i_{ds}(t)dt + \sum_{i=1}^{N_{on}}\int_{T_{on,\,i}}[v_{gs}(t)i_{gs}(t) + v_{ds}(t)i_{ds}(t)]dt + \sum_{j=1}^{N_{off}}\int_{T_{off,\,j}}[v_{gs}(t)i_{gs}(t) + v_{ds}(t)i_{ds}(t)]dt\right\} \tag{5.7}$$

将一个开关周期 $T_s = 1/f_s$ 分为$(1 + N_{on} + N_{off})$个子区间，每个区间对应于一个确定的运行阶段。导通阶段为子区间 $T_c = [t_{cs}, t_{ce}]$，该阶段 FET 工作在导通状态；转换阶段具体表示为 $T_{on,\,i} = [t_{on,\,i-1}, t_{on,\,i}]$，$i = 1, \cdots, N_{on}$ 和 $T_{off,\,j} = [t_{off,\,j-1}, t_{off,\,j}]$，$j = 1, \cdots, N_{off}$，该阶段为 FET 开通和关断间的切换。参考文献［2 – 8］对 FET 的损耗进行了详细的分析，很多文献（如［11］和［14］）和 FET 制造商提供了如图 5. 11a 所示基本开关单元的损耗简化计算公式。由于文献

中进行了多种不同的假设和简化，所以采用不同的模型和 FET 参数将导致不同的结果。导通和开关损耗可以根据 FET 说明书中所提供的参数，通过下节所提供的方法进行计算。

5.6　导通损耗

式（5.7）大括号内的第一个积分项为导通损耗，由于导通情况下 $i_{gs}(t)=0$，其积分参数范围可根据功率 $v_{ds}(t)i_{ds}(t)$ 得到。如果 $v_{gs}(t)$ 足够高，FET 将工作在放大区域，电压 $v_{ds}(t)$ 可以近似表示为 $v_{ds}(t)=R_{ds,on}i_{ds}(t)$，其中的 $R_{ds,on}$ 为 FET 沟道阻抗。对于一些器件，如果 $v_{gs}(t)$ 足够高，并且电流 $i_o(t)$ 在导通过程中的大小基本不变，那么可将 $R_{ds,on}$ 视为常数，该情况下导通损耗可简化为式（5.8）：

$$P_c = f_s\int_{t_{cs}}^{t_{ce}} v_{ds}(t)i_{ds}(t)\mathrm{d}t = R_{ds,on}f_s\int_{t_{cs}}^{t_{ce}} i_{ds}^2(t)\mathrm{d}t = R_{ds,on}I_{ds,rms}^2 \tag{5.8}$$

FET 说明书或电源设计资料通常采用该式。图 5.13 给出了一组不同栅极电压 V_{gs} 下 $R_{ds,on}$ 与漏电流 I_{ds} 关系曲线。从图中可看出 V_{gs} 由高到低变化时，$R_{ds,on}(i_{ds,on}, v_{gs})$ 的值对于一些器件来说始终与 I_{ds} 呈现线性关系（见图 5.13a），而另一些始终呈现出非线性关系（见图 5.13b），还有一些则由线性变为非线性关系（见图 5.13c）。

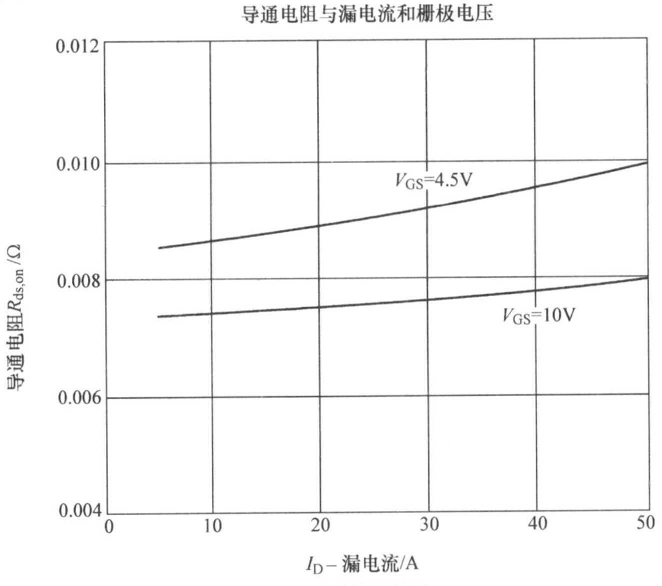

a)Si4840BDY

图 5.13　沟道阻抗与漏电流关系

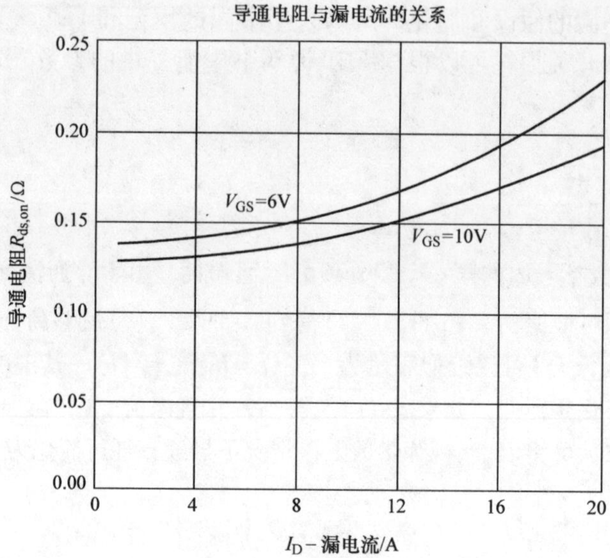

b)Si4982DY

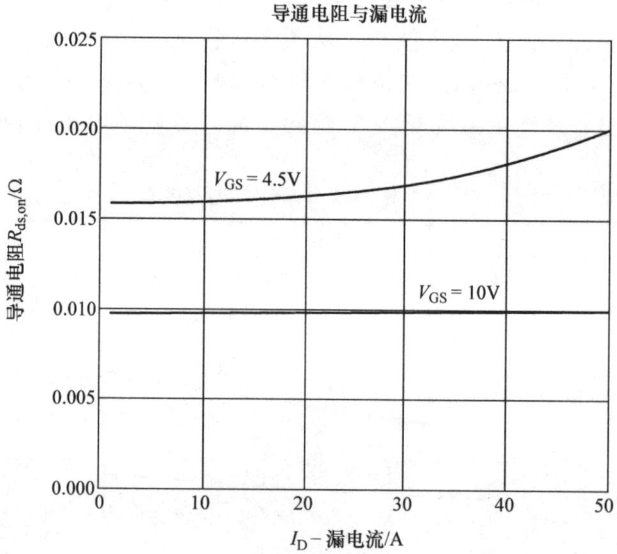

c)Si4892DY

图 5.13 沟道阻抗与漏电流关系（续）

对于一些器件较高的栅极电压 v_{gs} 能够使 i_{ds} 与 $R_{ds,on}$ 呈现线性，因而式（5.8）适用，但是当 v_{gs} 较小或是电流 $i_o(t)$ 在导通阶段波动较大时式（5.8）不再适用。需指出的是，一些情况下为了减小电感值需提高电流纹波的接收范围。但是当电流较大时为了减小损耗必须限定开关频率，同时为了减少电流纹波必须选较大电感。除非不考虑尺寸（和成本）否则很难找到电感值和额定电流都较大的电抗器，因此为了准确计算导通损耗，必须确定 $R_{ds,on}$ 与 i_{ds} 间关系。使用简单的曲线拟合工具，可以得到不同的用以逼近函数 $R_{ds,on}(i_{ds,on}, v_{gs})$ 的解析方程。如果采用 N 阶多项式来逼近图 5.13b 的曲线，则可通过式（5.9）进行导通损耗的计算：

$$P_c = f_s\int_{t_{cs}}^{t_{ce}} R_{ds,on}(i_{ds})i_{ds}^2(t)\,dt = f_s\int_{t_{cs}}^{t_{ce}}\left[\sum_{k=0}^{N} a_k i_{ds}^k(t)\right]i_{ds}^2(t)\,dt = f_s\int_{t_{cs}}^{t_{ce}}\left[\sum_{k=0}^{N} a_k i_{ds}^{k+2}(t)\right]dt \tag{5.9}$$

通常情况下，采用低阶多项式（$N=2\sim3$）就能够得到良好的近似效果。导通损耗的精确计算需要有 $R_{ds,on}$ 多项式系数 a_k 和 $i_{ds}(t)$ 的波形。若图 5.11a 的开关单元工作于硬开关 PWM DC/DC 变换器之中，$I_{on}(t)$ 将是类似于图 5.14a 的典型三角波形（如 DC/DC 变换器的电感电流），控制电流 $i_{Qc}(t)$ 和同步开关电流 $i_{Qs}(t)$ 波形分别类似于图 5.14b 和图 5.14c。

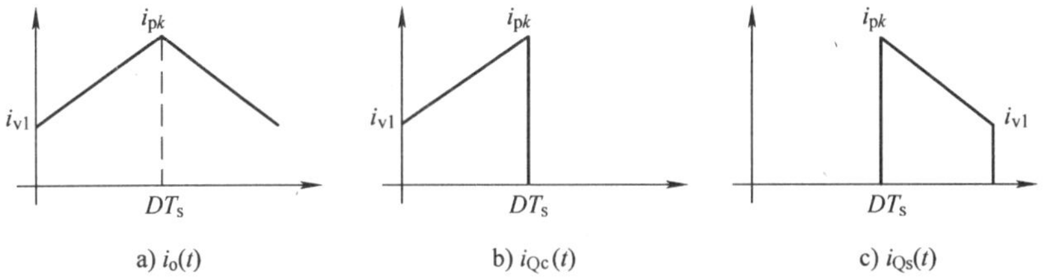

图　5.14

假设 $i_{Qc}(t) = i_{vl} + \alpha t$（见图 5.14b），则可得到方程（5.10），其中 $\alpha = \Delta i_{opp}/t_{on}$。

$$P_c = f_s\int_{t_{cs}}^{t_{ce}}\left[\sum_{k=0}^{N} a_k(i_{vl}+\alpha t)^{k+2}\right]dt = f_s\left\{\sum_{k=0}^{N}\frac{a_k[(i_{vl}+\alpha t_{ce})^{k+3}-(i_{vl}+\alpha t_{cs})^{k+3}]}{(k+3)\alpha}\right\} \tag{5.10}$$

使用 $R_{ds,on}$ 的平均值，可将式（5.10）的简化为

$$\begin{aligned}\langle R_{ds,on}\rangle &= \frac{1}{\Delta i_{opp}}\int_{i_{ds,min}}^{i_{ds,max}} R_{ds,on}(i_{ds})\,di_{ds} = \frac{1}{\Delta i_{opp}}\int_{i_{ds,min}}^{i_{ds,max}}\left(\sum_{k=0}^{N} a_k i_{ds}^k\right)di_{ds}\\ &= \frac{1}{\Delta i_{opp}}\left[\sum_{k=0}^{N}\frac{a_k}{k+1}(i_{pk}^{k+1}-i_{vl}^{k+1})\right]\end{aligned} \tag{5.11}$$

根据式（5.11），可以得到估算导通损耗的方程（5.12），具体如下：

$$P_{\mathrm{c}} = <R_{\mathrm{ds,\ on}}> I_{\mathrm{ds,\ rms}}^2 = \begin{cases} <R_{\mathrm{ds,\ onQc}}> DI_{\mathrm{on}}\left[1 + \dfrac{1}{12}\left(\dfrac{\Delta I_{\mathrm{on,\ pp}}}{I_{\mathrm{on}}}\right)^2\right] & Q_{\mathrm{c}} \\ <R_{\mathrm{ds,\ onQs}}> (1-D) I_{\mathrm{on}}\left[1 + \dfrac{1}{12}\left(\dfrac{\Delta I_{\mathrm{on,\ pp}}}{I_{\mathrm{on}}}\right)^2\right] & Q_{\mathrm{s}} \end{cases}$$

$$= K_{\mathrm{c}}(\underline{t}_{\mathrm{c}},\ \underline{p},\ f_{\mathrm{s}},\ T_{\mathrm{a}}) \tag{5.12}$$

该式可以满足实际应用的精度需求。$\Delta I_{\mathrm{on,pp}}$、$I_{\mathrm{on}}$分别电源电流纹波的峰峰值和电流平均值。事实上，$\Delta I_{\mathrm{on,pp}}$代表了图 5.14 的 DC/DC 变换器的电感电流。

5.7 开关损耗

相比于导通损耗，开关损耗的计算更为复杂。原因在于确定转换时电压和电流[$v_{\mathrm{ds}}(t)$、$i_{\mathrm{ds}}(t)$、$vgs(t)$、$i_{\mathrm{gs}}(t)$]的波形需考虑 FET 工作点由关断区向线性区经饱和区过渡时其本身物理参数的变化。在明确以下几点后才能进行具体的损耗分析：

1）FET 沟道电流的非线性取决于栅 - 源极和漏 - 源极电压；

2）FET 电极间的电容非线性/参数取决于漏 - 源极电压；

3）FET 续流二极管电流的非线性取决于漏 - 源极电压。

寄生电容是计算 FET 开关损耗的基本参数。电容 C_{gs}、C_{gd}和 C_{ds}的大小与漏 - 源极电压的绝对值$|V_{\mathrm{ds}}|$呈非线性关系。其值可根据电极间的输入电容$C_{\mathrm{iss}} = C_{\mathrm{gs}} + C_{\mathrm{gd}}$，反向电容 $C_{\mathrm{rss}} = C_{\mathrm{gd}}$和输出电容 $C_{\mathrm{oss}} = C_{\mathrm{ds}} + C_{\mathrm{gd}}$得到。FET 制造商提供了电容 C_{iss}、C_{rss}和 C_{oss}与$|V_{\mathrm{ds}}|$的函数关系曲线，如图 5.13 和图 5.15 所示。

电容 C_{gs}、C_{gd}和 C_{ds}的大小与电流相关，而电流变化又受到电压 V_{gs}、V_{gd}和 V_{ds}变化的影响。由于 C_{gs}和 C_{gd}的值不直接取决于电压 V_{gs}和 V_{gd}，可认为是线性电容，而 C_{ds}则是非线性电容，而其值取决于端电压值 V_{ds}。因此，可以得到

$$i_{\mathrm{Cgs}} = \frac{\mathrm{d}Q_{\mathrm{gs}}}{\mathrm{d}t} = v_{\mathrm{gs}} \frac{\mathrm{d}C_{\mathrm{gs}}(|v_{\mathrm{ds}}|)}{\mathrm{d}|v_{\mathrm{ds}}|} \frac{\mathrm{d}|v_{\mathrm{ds}}|}{\mathrm{d}t} \mathrm{sign}(V_{\mathrm{ds}}) + C_{\mathrm{gs}}(|v_{\mathrm{ds}}|) \frac{\mathrm{d}v_{\mathrm{gs}}}{\mathrm{d}t} \tag{5.13}$$

$$i_{\mathrm{Cgd}} = \frac{\mathrm{d}Q_{\mathrm{gd}}}{\mathrm{d}t} = v_{\mathrm{gd}} \frac{\mathrm{d}C_{\mathrm{gd}}(|v_{\mathrm{ds}}|)}{\mathrm{d}|v_{\mathrm{ds}}|} \frac{\mathrm{d}|v_{\mathrm{ds}}|}{\mathrm{d}t} \mathrm{sign}(V_{\mathrm{ds}}) + C_{\mathrm{gd}}(|v_{\mathrm{ds}}|) \frac{\mathrm{d}v_{\mathrm{gd}}}{\mathrm{d}t} \tag{5.14}$$

$$i_{\mathrm{Cds}} = \frac{\mathrm{d}Q_{\mathrm{ds}}}{\mathrm{d}t} = C_{\mathrm{ds}}(|V_{\mathrm{ds}}|) \frac{\mathrm{d}v_{\mathrm{ds}}}{\mathrm{d}t} \tag{5.15}$$

由方程式(5.13)～式(5.15)可见，由于流过电容 C_{gs}、C_{gd}的电流中包含了流过电容 C_{ds}的电流等式中的微分项，这将影响 FET 导通关断切换时的电流。以方程式(5.13)～式(5.15)为依据，通过专门的数值模拟软件能够准确地进行损耗计算[20]。开关损耗预测决定了变换器的最大频率和尺寸，因此其在高效电源的设计中至关重要[1]。可以根据 FET 说明书所提供的物理参数进行准确并且快

速的开关损耗预测。文献［2－5］已对 FET 模型和开关损耗进行了深入研究。诸多研究结果表明，准确建立非线性 FET 电容模型是进行功耗预测的关键点，对于硬开关变换器尤其如此。文献［6－8］中提出了多种 FET 建模以及相关参数的提取方法，同时进行电路仿真的文件库中也包含了多种不同详细程度的 FET

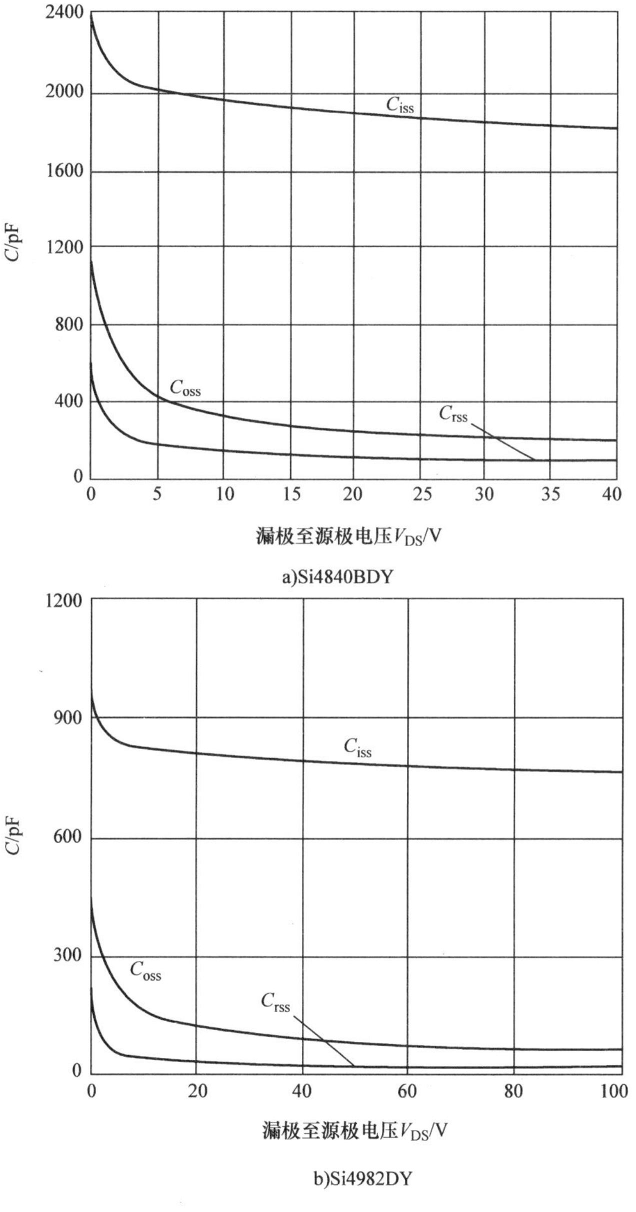

图 5.15　电极间 FET 电容

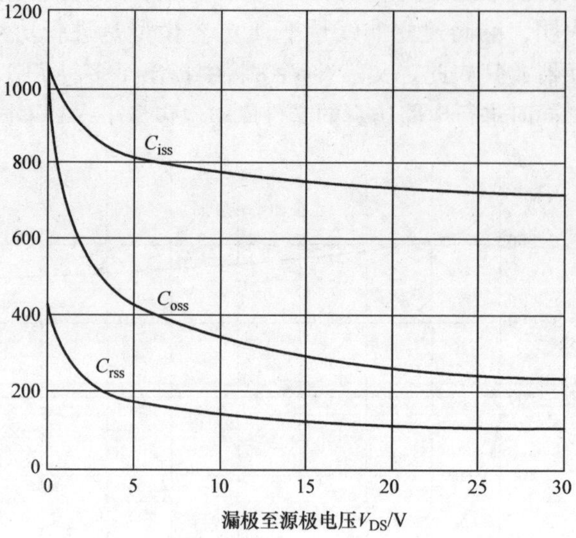

c)Si4892DY

图 5.15 电极间 FET 电容（续）

模型[9]。然而问题是当采用 FET 进行电源设计时，说明书中所能提供的数据仅仅是器件的外部特性，因此在包括教科书、论文等在内的技术文献中开关电源设计人员多采用简化模型进行功耗预测[10-15]。本书中研究重点在于建模以及根据 FET 参数组件说明书对光伏高效变流器功耗进行预测。本章中讨论的模型旨在为应用于光伏发电系统中的不同拓扑提供一个快速实用的功耗计算方法。

图 5.11a 所示开关单元的任何切换都将导致 FET 沟道和续流二极管间电流（I_{on}）和电压（V_{off}）的改变，随后是续流二极管和另一个 FET 沟道间的电流电压。同步整流技术使得应用于光伏发电的 DC/DC 变换器无论在何种辐照水平下均工作于连续导通模式（CCM）。因此，参与切换的是 C－FET 还是 S－FET 的续流二极管取决于切换时刻的电流 I_{on}。图 5.16 显示了 DC/DC PWM 变换器在大电流、小电流两种情况下 I_{on} 的典型波形。

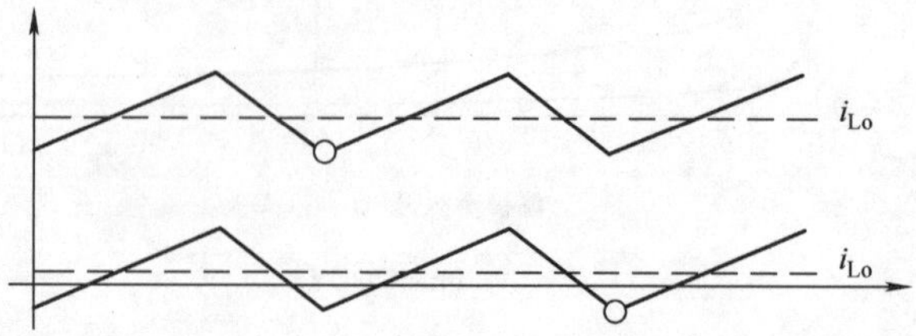

图 5.16 上下分别为高低电流时 I_{on} 曲线

上侧曲线表明在重载或电源功率较大的情况下，无论开通或是关断均会在 C - FET和 S - FET 中产生正电流。此时，切换过程中电流通过 S - FET 续流二极管在 FET 两沟道间流动。下侧曲线表明在 C - FET 导通（对应 S - FET 关断）时有反向电流，当 C - FET 关断（对应 S - FET 导通）时有正向电流。那么，FET 开通时通过其本身的二极管续流，FET 关断时通过另一 FET 的续流二极管进行续流。与大功率情况相比，这种工况下 C - FET 与 S - FET 产生不同的损耗。事实上无论何时当 FET 通过其本身二极管续流时都相当于软切换，而通过另一 FET 二极管续流时相当于硬切换。总之，当变换器工作于较小电流环境时两管均会产生开关损耗，这一点在进行小功率条件下损耗预测时必须考虑进去。事实上由于 S - FET 具有较低的沟道阻抗，因此常被选用以减少导通损耗，但是相比于 C - FET 其容性更强，因此开关损耗更高。需要注意的是并非只有在电流很小的情况下开关损耗才会发生如此变化。例如，对于一个升压变换器，在标准条件（STC）的测试环境下，如果按照电感电流纹波峰峰值为 I_{max} 的 40% 来设计电感，当电流低于 I_{max} 的 20% 时则会发生硬切换。在晴天时只有很小一部分（占 2% ~ 3%）光伏电池板的输出电流低于 I_{max} 的 20%，但是阴雨天，等效辐照条件下，电流大部分时刻约为 I_{max} 的 20%。

下文将重点分析重载的情况，即重点计算 C - FET 硬切换损耗。对于轻载情况，计算 C - FET 硬关断以及 S - FET 硬开通的损耗时，重载情况下的公式同样适用，只需用 S - FET 参数取代 C - FET 的参数。

几乎所有的开关损耗分析模型都假定 FET 经饱和区由截止区向线性区的过渡过程（反之亦然）分为 4 个不同阶段，每个阶段发生在特定时间内。图 5.17 为该模型下开通和关断过程中 C - FET 各个点的工作路径。

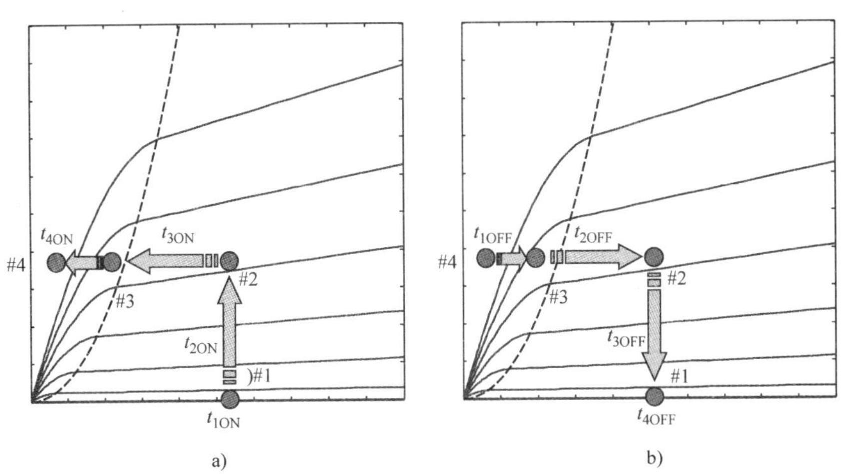

图 5.17　FET 在开启（a）和关闭（b）期间工作点的路线

4个阶段的漏-源极电流、电压的波形如图5.18所示，通常可近似为分段线性函数。

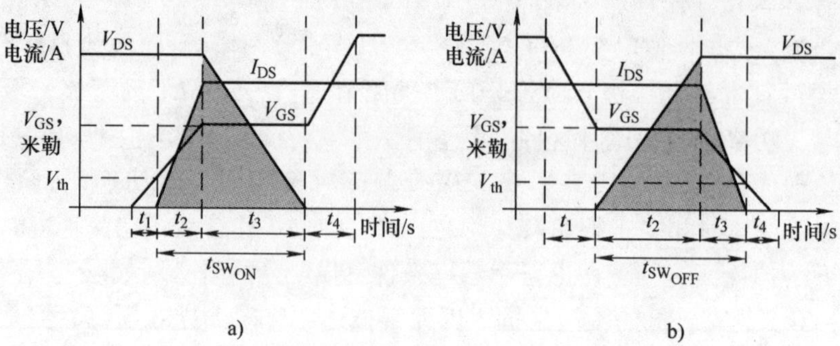

图5.18　C-FET由关断到开通（a）和C-FET由开通到关断（b）

文献［11-15］中提出了多种不同的简化方法用以描述开通过渡阶段电流上升、电压下降（t_{2ON}和t_{3ON}）以及关断过渡阶段电压上升、电流下降（t_{2OFF}和t_{3OFF}）。这些方法均需以说明书中提供的在相应条件下的参数为依据[10,12-15]。此外，一些学者干脆将LS FET的开关损耗直接忽略掉，而有些学者则为他们的结论提供了依据[11,14]，同时有些学者将输出电容损耗归因于HS和LS FET，还有些认为HS FET是唯一的影响因素[11,14]。简化模型通常能够用于单独分析两个同步FET的损耗，而在过渡过程中两个FET通过沟道、续流二极管以及电容会构成回路，从而相互影响[20]。这种情况下采用不同的简化模型和参数进行近似计算将会得到不同的开关时间间隔和损耗。下文中将对4个阶段进行简要介绍。

5.7.1 开通

5.7.1.1 t_{1ON}阶段：$0 < v_{gs} < V_{th}$

栅-源极电压以指数形式由0到上升到V_{th}。该阶段由于电流$I_{on}-\Delta I_{on}$流经二极管，FET沟道电流i_{DS}保持为0。电压v_{ds}被钳位在$V_{off}+V_{F,LS}$，其中$V_{F,LS}$是S-FET续流二极管的正向电压。在这个阶段栅极电流i_g向FET的输入电容C_{iss}充电，大小取决于由栅-源极电容C_{gs}。FET的工作区域为图5.17a的区域1。该区域的时间长短可由方程式（5.16）计算得到。其中V_{dr}是栅极驱动电压，$R_{g,on}$是开通时的栅极总电阻，包括上拉驱动电阻、FET的内部栅极电阻以及附加的栅极限流电阻。

$$t_{1ON}=R_{g,on}C_{iss@V_{off}}\log\left[\frac{V_{dr}}{V_{dr}-v_{th}}\right]=R_{g,on}C_{iss@V_{off}}\Lambda_{1ON} \tag{5.16}$$

5.7.1.2 t_{2ON}阶段：$0<i_{DS}<I_{on}$

当栅 - 源极电压继续以指数形式由 V_{th}上升为 $V_{sp,on}=V_{th}+(I_{on}-\Delta I_{on})/g_{FS}$时，FET 沟道的电流由 0 上升为 $I_{on}-\Delta I_{on}$，二极管电流由 $I_{on}-\Delta I_{on}$降为 0，电压 v_{ds}仍钳位在 $V_{off}+v_d$。栅极电流 i_g 仍然主要为输入电容 C_{iss}充电。FET 的工作区域由图 5.17a 1 区域变为 2。该阶段持续时间为

$$t_{2ON}=R_{g,on}C_{iss@V_{off}}\log\left[\frac{V_{dr}-V_{th}}{V_{dr}-V_{sp,on}}\right]=R_{g,on}C_{iss@V_{off}}\Lambda_{2ON} \tag{5.17}$$

5.7.1.3 t_{3ON}阶段：$v_{gs}-V_{th}<v_{ds}<V_{off}$

二极管关断后 FET 的漏 - 源极电压不再被钳位，经过饱和区由 V_{off}下降为 $v_{gs}-V_{th}$。相应的栅极电流 i_g流向反向电容 C_{rss}，由于电压波动较大，将导致电容值的增加（漏 - 源极电压较小时 FET 容性增加）。栅 - 源极电压 v_{gs}只在米勒电场电压 $V_{sp,on}$附近变化。由于 FET 自身的电容电流，低压侧 FET 电容电流以及续流二极管的反向恢复电流使得 FET 的沟道电流峰值大大高于 $I_{on}-\Delta I_{on}$。简单起见，由于电流 $I_{on}-\Delta I_{on}$增加而引起的损耗通常单独计算，而高压侧通道的电流则近似认为恒定。这一阶段 FET 的工作区域由图 5.17a 上的区域 2 转移到区域 3，该阶段持续时间为

$$t_{3ON}\cong\frac{V_{off}}{V_{dr}-V_{sp,on}}R_{g,on}C_{rss@V_{off}}=R_{g,on}C_{rss@V_{off}}\Lambda_{3ON} \tag{5.18}$$

5.7.1.4 t_{4ON}阶段：$V_{sp,on}<v_{gs}<V_{dr}$

栅 - 源极电压由 $V_{sp,on}$以指数形式上升至栅极驱动电压 V_{dr}。漏 - 源极电压降至 $v_{gs}-V_{th}$以下，为 $V_{on,min}=R_{ds,on}(I_{on}-\Delta I_{on})=R_{ds,on}I_{on,min}$，电流基本保持在 $I_{on}-\Delta I_{on}$。栅极电流 i_g完成对输入电容 C_{iss}的充电。这一阶段 FET 工作区域由图 5.17a 的区域 3 运行至区域 4。该阶段持续时间为

$$t_{4ON}\cong R_{g,on}C_{iss@V_{on,min}}\log\left[\frac{V_{dr}-V_{sp,on}}{0.01V_{dr}}\right]=R_{g,on}C_{iss@V_{on,min}}\Lambda_{4ON} \tag{5.19}$$

5.7.2 关断

5.7.2.1 t_{1OFF}阶段 $R_{ds,on}(I_{on}+\Delta I_{on})<v_{ds}<v_{gs}-V_{th}$

漏 - 源极电压由 $V_{on}=V_{on,max}=R_{ds,on}(I_{on}+\Delta I_{on})=R_{ds,on}I_{on,max}$增加至 $v_{gs}-V_{th}$，同时栅 - 源极电压以指数形式由栅极驱动电压降至 $V_{sp,off}=V_{th}+(I_{on}+\Delta I_{on})/g_{FS}$。栅极电流 i_g为输入电容 C_{iss}的放电电流。这一阶段 FET 工作区域由图 5.17b 的区域 4 运行至区域 3。该阶段持续时间为

$$t_{1OFF}=R_{g,off}C_{iss@V_{on,max}}\log\left[\frac{V_{dr}}{V_{sp,off}}\right]=R_{g,off}C_{iss@V_{on,max}}\Lambda_{1OFF} \tag{5.20}$$

式中，$R_{g,off}$为关断时栅极总电阻，包括下拉驱动电阻，FET 的内部栅极电阻和

栅极限流电阻。

5.7.2.2 t_{2OFF}阶段$v_{gs}-V_{th}<v_{ds}<V_{off}$

FET 的漏-源极电压由 $v_{gs}-V_{th}$上升到 V_{off}，S-FET 的续流二极管的反向电压下降为零。由栅-漏极电容 C_{gd}流出的栅极电流 i_g大大减小从而使栅-源极电压 v_{gs}仅在 $V_{sp,off}$附近略微改变。FET 的工作区域由图 5.17b 的区域 3 下降至区域 2。该阶段持续时间为

$$t_{2OFF}\cong\frac{V_{off}}{V_{sp,off}}R_{g,off}C_{rss@V_{off}}=R_{g,off}C_{rss@V_{off}}\Lambda_{2OFF} \tag{5.21}$$

5.7.2.3 t_{3OFF}阶段：$V_{th}<v_{gs}<V_{sp,off}$

栅-源极电压以指数形式由 $V_{sp,off}$下降至门限值 V_{th}。漏-源极电流由（$I_{on}+\Delta I_{on}$）下降为 0，而二极管电流由 0 上升到（$I_{on}+\Delta I_{on}$）。漏-源极电压钳位在 $V_{off}+v_d$，栅极电流 i_g为输入电容 C_{iss}放电。FET 的工作区域由图 5.17b 区域 2 下降至区域 1。该阶段的持续时间为

$$t_{3OFF}=R_{g,off}C_{iss@V_{off}}\log\left[\frac{V_{sp,off}}{v_{th}}\right]=R_{g,off}C_{iss@V_{off}}\Lambda_{3OFF} \tag{5.22}$$

5.7.2.4 t_{4OFF}阶段：$0<v_{gs}<V_{th}$

FET 栅-源极电压以指数形式由 V_{th}下降为 0，FET 沟道电流 i_{DS}变为 0。流经二极管的电流大小为（$I_{on}+\Delta I_{on}$），电压 v_{ds}钳位在 $V_{off}+V_{F,S}$。栅极电流 i_g完成对输入电容 C_{iss}的放电。FET 的工作区域为图 5.17b 中区域 1，该阶段的持续时间为

$$t_{4OFF}=R_{g,off}C_{iss@V_{off}}\log\left[\frac{v_{th}}{0.01V_{dr}}\right]=R_{g,off}C_{iss@V_{off}}\Lambda_{4OFF} \tag{5.23}$$

利用方程式(5.16)~式(5.23)，可计算方程式（5.7）中所需的切换次数，同时将图 5.18 所示的电压、电流波形近似后可得简化后的 C-FET 开关损耗计算公式：

$$\begin{aligned}P_{sw}&=0.5(V_{off}+V_{L,S})f_s[I_{on,\,min}R_{g,\,on}(C_{iss@V_{off}}\Lambda_{2ON}+C_{rss@V_{off}}\Lambda_{3ON})\\&\quad+I_{on,\,max}R_{g,\,off}(C_{rss@V_{off}}\Lambda_{2OFF}+C_{iss@V_{off}}\Lambda_{3OFF})]\\&\quad+f_sV_{dr}^2C_{iss@V_{on,min}}+f_sV_{dr}^2C_{iss@V_{on,\,max}}+2f_sV_{dr}V_{off}C_{rss@V_{off}}+f_s(V_{off}+V_{L,\,S})C_{oss@V_{on}}\\&=f_sK_s(\underline{t_c},\underline{p},f_s,T_a)\end{aligned} \tag{5.24}$$

通过式（5.24）可以得到 C-FET 在整个开关周期内（开通和关断）的总体损耗，包括外围驱动电路引起的输入电容 C_{iss}的充放电损耗和外围功率回路引起的输出电容 C_{oss}的充放电损耗（通常损耗出现于变换器主回路中输入或输出的滤波电容上）。由式（5.24）可见 FET 损耗主要取决于其 3 个电容的大小，为了实现准确的功耗分析，首先要对式（5.24）中使用的电容值进行分析，需将方

程式（5.16）和式（5.17）（高 V_{ds}→低 C_{iss}）与方程式（5.19）（低 V_{ds}→高 C_{iss}）中的 C_{iss}的值区分开来，同时也需区分在方程式（5.20）（高 V_{ds}→低 C_{iss}）和方程式（5.22）、式（5.23）（低 V_{ds}→高 C_{iss}）中使用的 C_{iss}值。为简化输入、输出电容 C_{iss}、C_{oss}充放电过程损耗的计算，可采用极端情况下 $C_{iss}@V_{on,min}$，$C_{iss}@V_{on,max}$和 $C_{oss}@V_{on}$的值分别对方程式（5.24）的第 2、3 和 5 项进行简化。然而有的制造商按漏 - 源极电压等级（例如，器件击穿电压的一半，电压偏小）来提供电容值，有的则不提供数据。因而使用方程式（5.24）时需从说明书提供的曲线中获取极间电容值。需注意，对于不同类型的器件，低电压情况下电极间的电容远大于高电压情况下的值（反向和输出电容值甚至在 5 倍以上）。一些学者[10]提出了电容计算的基本准则，即根据数值表提供的数据，以一定比例进行缩放进而得到其余数据。但是这些近似计算的公式仍旧难以应用于高效功率变换器的损耗估算之中。

5.7.3 热分析

正确进行导通损耗计算时需要考虑的一个重要因素就是结温 T_j的热电阻 $R_{ds,on}$，同时硅器件的结温也直接影响到功率变换器的可靠性[18]。在光伏产品中，温升是其一个主要关注点，特别是在采用 DMPPT 技术时，因为相比于采用 FMPPT 技术的单变换器其组成部分更复杂。结温 T_j的值可采用迭代方法由方程式（5.25）~式（5.27）计算得到

$$\underline{p}=\underline{p}(T_j) \tag{5.25}$$

$$P_d=P_d(\underline{t_c},\underline{p},f_s,T_a)=K_c(\underline{t_c},\underline{p},T_a)+f_sK_s(\underline{t_c},\underline{p},T_a) \tag{5.26}$$

$$T_j=T_a+P_dR_{\theta ja} \tag{5.27}$$

其中 $R_{\theta ja}$为节点到环境之间的热电阻，大小取决于封装的类型。方程式（5.25）~式（5.27）表明导通损耗和开关损耗之间存在相互影响，这是由于两者均会影响到结温，而温度对器件的物理参数会有影响。方程式（5.26）的两项可由方程式（5.12）和式（5.24）得到。方程式（5.25）表明 FET 参数取决于温度，具体表达式如式（5.28）中所示：

$$p_x=p_{x@25℃}[1+\pi_x(T_j-T_a)] \tag{5.28}$$

式中，$p_{x@25℃}$是参数 p_x在 25℃的值；π_x是 p_x的导热系数。由方程式（5.25）~式（5.27）可以看出，热模型的主要参数为沟道导通电阻 $R_{ds,on}$，栅 - 源极阈值电压 V_{th}和跨导 g_{FS}。

三个参数中的 $p_{x@25℃}$和 π_x可通过查找说明书得到。通常情况下，$p_{x@25℃}$可由主数据表中查找得到，而 π_x需从图表中查找。图 5.19 即为典型情况，提供了沟道电阻随结温 T_j变化的曲线。

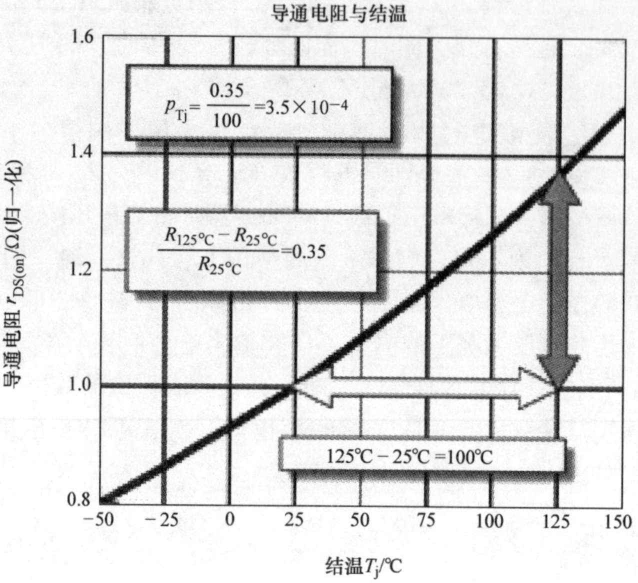

图 5.19　结温对沟道电阻的影响

沟道电阻的计算公式如式（5.29）所示，其中热系数ρ_{T_j}可直接由图 5.19 的曲线得到。

$$R_{ds}=R_{ds@25℃}\left[1+\rho_{T_j}(T_j-T_a)\right] \tag{5.29}$$

栅－源极阈值电压V_{th}的计算公式如式（5.30）所示，式中热系数v_{T_j}可由图 5.20 所示的曲线得到，该曲线通常体现了温度与V_{th}之间关系。当温度差值大于

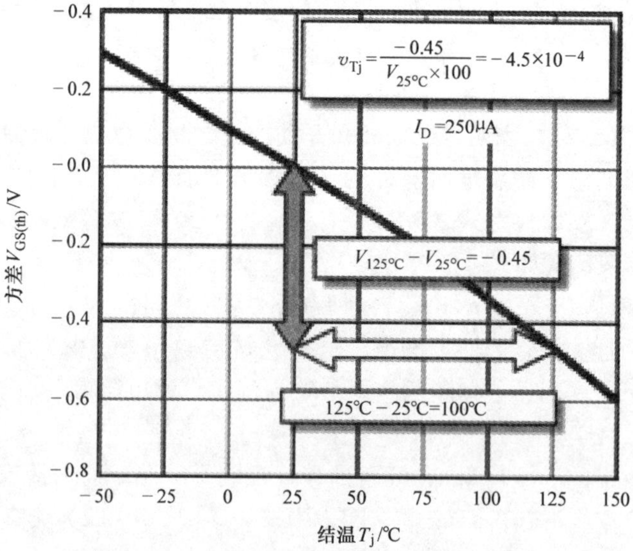

图 5.20　结温相关阈值电压的方差

100℃时需采用 $V_{th@25℃}$ 到与其相差 100℃内的曲线进行热系数 v_{T_j} 的计算。

$$V_{th} = V_{th@25℃}[1 + v_{T_j}(T_j - T_a)] \tag{5.30}$$

最后，跨导 g_{FS} 的计算公式如式（5.31）所示，其中热系数 γ_{Tj} 可由图 5.21 得到。

$$g_{FS} = g_{FS@25℃}[1 + \gamma_{T_j}(T_j - T_a)] \tag{5.31}$$

这些曲线通常将饱和区内漏－源极电流 I_{DS}，作为内栅－源极电压 V_{gs} 的函数。该曲线可以由通过 25℃和 125℃两温度点的切线进行近似。电流、电压随温度的变化率的比值即为跨导值。如图 5.21 所示，根据这些值能够算出热膨胀系数 γ_{T_j}。如果将 g_{FS} 曲线看作不同温度下 I_{DS} 的函数，那么将简化 γ_{T_j} 的计算。

方程式（5.25）～式（5.27）可以用来分析 FET 损耗以及整个运行周期内的能量转化效率。在器件的开关频率和热阻给定的情况下，对于各辐照度，能够以迭代的方式对方程式（5.25）～式（5.27）进行求解，初始值可以设定为温度的预估值：

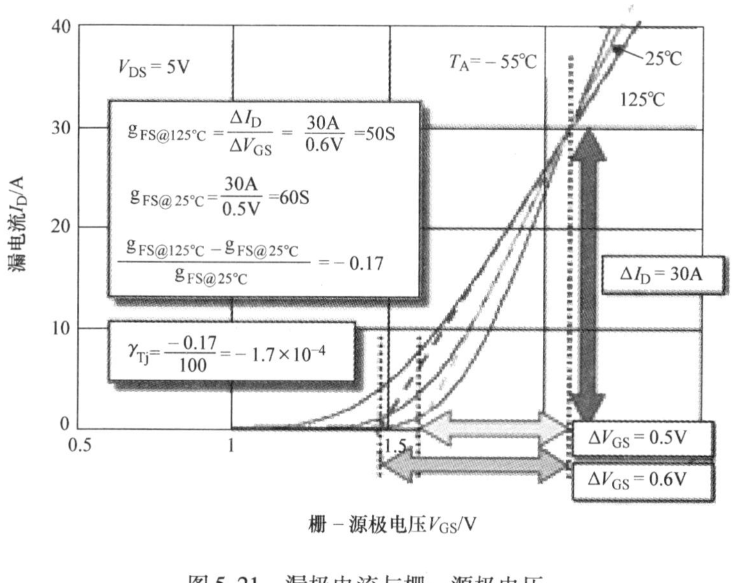

图 5.21　漏极电流与栅－源极电压

（1）当 $|T_k - T_{k-1}| > TOL$

（2）$k = k + 1$

（3）计算 $T_j = T_{k-1}$ 时的参数［见式（5.25）］

（4）计算总传导和开关损耗［见式（5.26）］

（5）计算温度 T_k 的新值［见式（5.27）］

（6）结束

其中 TOL 为迭代精度（最大为 1°C），迭代结束后可得到温度及损耗值。如果温度超过最大限定值 T_{max}，或是损耗超过效率所要求的范围则需进行以下 3 种操作。首先便是更换器件。器件选择需以损耗分析为基础：如果两个 FET 中一个的导通和开关损耗明显不平衡，说明其中一种情况是导致损耗过大的原因，根据是何种情况可选择一个沟道阻抗或是电容（如较小的栅极电荷量 Q_g）较小的 FET。需注意，通常认为导通和开关损耗均衡情况下设备损耗最小，但事实上只有在某些情况下两者平衡才会使总损耗最小。在大多数情况下，损耗主要取决于工作电压、电流、开关频率以及转换器的拓扑结构，综合考虑上述因素才能使总体损耗降到最小。但是目前还未有公式能够直接描述各类损耗的大小，所以尽管初始时能够以均衡导通和开关损耗为标准进行器件的预选，但是也不能严格以其为约束条件进行器件选型，因为这样会导致总体损耗增加或是将一些虽然损耗不平衡但是总体损耗较小的器件排除在外。选择器件最实用的方法是以所需电压、电流以及封装为标准，选取一系列适用的 FET，然后以说明书提供的参数以及方程式（5.25）~式（5.27）为依据计算一个周期内的 C－FET 和 S－FET 的总体损耗和结温。从对 FET 组合效果的直接对比中可以获得最佳解决方案。事实上，在高效电源设计当中，还未有恰当的方法进行特定开关频率或者特定封装（热电阻）的选择。这种情况下可采用方程式（5.25）~式（5.27）中的模型，以温度和损耗的允许范围为约束，计算出最大开关频率或是最大的热电阻值，在变量允许的范围内可通过求解方程式（5.25）~式（5.27）直接得到。如果问题是过热，则需给出最大结温 T_{jmax} 和开关频率 f_s。由方程式（5.25）可得参数 $p(T_{jmax})$ 的值，方程式（5.26）可得损耗值 $P_d(T_{jmax}, f_s)$，根据方程式（5.27）可得最大热阻 $R_{\theta ja,max}$，如式（5.32）所示：

$$R_{\theta ja,\ max} = \frac{T_{jmax} - T_a}{P_d(T_{jmax}, f_s)} \tag{5.32}$$

必须通过散热器才能降低式（5.32）中所示的热电阻值。将最大结温 T_{jmax} 和器件的热阻代入方程式（5.25）、式（5.27）能够得到参数 $\underline{p}(T_{jmax})$ 和 $P_d(T_{jmax}, R_{\theta ja})$ 的值，根据方程式（5.26）可以计算得到所允许的最大开关频率，如式（5.33）所示。

$$f_{smax} = \frac{P_d(T_{jmax}, R_{\theta ja}) - K_c(\underline{t_c}, \underline{p}, T_a)}{K_s(\underline{t_c}, \underline{p}, T_a)} \tag{5.33}$$

类似的计算可以以器件允许的最大功耗 P_{dmax} 为约束条件，以防由于功耗过大而没有可行的解决方案。

当进行热分析，并以此为依据进行器件选型以及操作规程设定时必须记住的是：应用于 DMPPT 的 DC/DC 变换器设计需要进行成本、可靠性和能源效率三者的权衡。

5.7.4 示例

5.3 节的示例中描述了 boost 和 buckboost 变换器用于带两块 220W 光伏电池板的 DC/DC DMPPT 场景。我们从该示例发现，在 buckboost 拓扑结构中给 FET 施加约 90V 的最大电压时，boost 拓扑结构下对应为 80V 电压。电流有效值可根据方程式（5.34）、式（5.35）以及开通状态下流经 FET 的电感电流平均值计算得到。方程式（5.34）和式（5.35）的具体表达式如下：

$$I_{\mathrm{rms,\ C}} = \sqrt{\frac{1}{T_{\mathrm{s}}}\int_0^{T_{\mathrm{s}}} i_{\mathrm{C}}^2(t)\,\mathrm{d}t} = I_{\mathrm{on}}\sqrt{D} \tag{5.34}$$

$$I_{\mathrm{rms,\ S}} = \sqrt{\frac{1}{T_{\mathrm{s}}}\int_0^{T_{\mathrm{s}}} i_{\mathrm{S}}^2(t)\,\mathrm{d}t} = I_{\mathrm{on}}\sqrt{1-D} \tag{5.35}$$

其中

$$I_{\mathrm{on}} = \begin{cases} I_{\mathrm{MPP}} & \text{升压} \\ \dfrac{I_{\mathrm{MPP}}}{D} & \text{降压/升压} \end{cases} \tag{5.36}$$

boost 和 buckboost 拓扑结构下，C－FET 和 S－FET 的最大额定电流可由式（5.34）和式（5.35）计算得到。在 STC（光伏组件的标准测试条件包括：辐照度为 1000W/m^2；频谱为 1.5A；组件温度为 25℃）条件下光伏电池板参数为 I_{MPP} = 7.63A 和 V_{MPP} = 29.5V。如果两板规格一致，且辐照度相同，这两个变换器串联的输出电压为 40V。对于 boost 和 buckboost 拓扑，STC 条件下的｛D，I_{rms}，C，I_{rms}，S｝分别为｛0.38，4.7，6.0｝和｛0.62，9.7，7.6｝。

STC 环境下，如果要求最低效率为 96%，那么整个变换器的损耗约为 9W。为了进行 FET 的初步选择，首先假设 9W 损耗的 50% 是由 FET 带来的，而且这一损耗由 C－FET 和 S－FET 的导通、开关损耗平摊，那么允许每个 FET 有 1.12W 的导通损耗。

表 5.3　MOSFETs 的导通损耗

	V_{DS}/V	100V 部件	R_{os} @10V /mΩ	I_{o}@ 100℃ /A	Q_{g}@ 10V /nC	R_{thJC} /(℃/W)	C－FET 升压 P_{c} @STC /W	S－FET 升压 P_{c} @STC /W	C－FET 降压升压 P_{c}@ STC/W	S－FET 降压升压 P_{c}@ STC/W
1	100	IRLR3110Z	14	45	34.0	1.05	0.31	0.51	1.31	0.81
2	100	IRFR3710Z	18	39.00	69.0	1.05	0.40	0.65	1.69	1.04
3	100	IRFR540Z	29	25.00	39.0	1.64	0.63	1.03	2.68	1.64
4	100	IRFR3410	39	22	37.0	1.40	0.86	1.41	3.66	2.24

（续）

	V_{DS}/V	100V 部件	R_{os} @10V /mΩ	I_o@ 100℃ /A	Q_g@ 10V /nC	R_{thJC} /(℃/W)	C-FET 升压 P_c @STC /W	S-FET 升压 P_c @STC /W	C-FET 降压升压 P_c@ STC/W	S-FET 降压升压 P_c@ STC/W
5	100	IRFR3411	44	23	48.0	1.20	0.97	1.59	4.13	2.53
6	100	IRLR3410	105	9.5	22.7	2.40	2.32	3.79	9.86	6.04
7	100	IRFR3910	115	9.5	29.3	2.40	2.54	4.15	10.80	6.62
8	100	IRLR120N	185	6.9	13.3	3.20	4.09	6.68	17.37	10.65
9	100	IRFR120Z	190	6.1	6.9	4.28	4.20	6.86	17.84	10.93
10	100	IRFR120N	210	5.8	16.7	3.20	4.65	7.58	19.72	12.09
11	150	IRFR4615	42	24.0	26	1.05	0.93	1.52	3.94	2.42
12	150	IRFR24N15D	95	17.0	30	1.10	2.10	3.43	8.92	5.47
13	150	IRFR18N15D	125	13.0	28	1.40	2.77	4.51	11.74	7.19
14	150	IRFR13N15D	180	9.8	19	1.75	3.98	6.50	16.90	10.36

假如采用 D-PAK 封装来加快散热，表 5.3 为商用 D-PAK（图 5.9 和图 5.10 中的 N 沟道，100V 和 150V FET）的主要参数，其电流额定值同时满足应用要求以及 STC 环境下允许的导通损耗要求。

该结果表明，只有额定电流较高的器件才能够满足导通损耗的要求。但是一些略微超出导通损耗限制的器件也不能被排除在预选之外，因为其开关损耗可能比预测值低。在进行 FET 选择时，需进行包括热建模在内的全局损耗分析。因此表中 FET 1～5 和 FET 11 能够通过初步选择。然后需在 STC 环境下继续分析 FET 的开关损耗。栅极驱动的选择不在本例的研究范围内。简要来说，栅极驱动的选择同样需综合考虑成本、效率和可靠性。大电流驱动具有较小功耗，下拉电阻能够减少开关时间和开关损耗，但是其成本较高。假设栅极驱动电阻均为 $R_{gdron}=R_{gdroff}=3\Omega$，驱动电压为 $V_{dr}=10V$。表 5.4 列出了从制造商说明书中得到的所选 FET 的参数值。

选取表 5.4 中最小的电容值，对照说明书中的电容曲线，选择最靠上的一条，从中获取 V_{off}值。对于 boost 和 buckboost 电路，在 STC 环境下工作时中的电压 V_{off}值各不相同，分别为 40V 和 69.5V；最小电容值可以根据每个变换器在额定电压下的 V_{off}取值进行略微改进，当电压为零时对应电容最大。这种情况下，通过电压 V_{on}可以对电容值进行进一步细化，电压 V_{on}为器件在开通状态的正向电压，其大小取决于电流 I_{on}和通道电阻。但是这两方面的改进对损耗预测精度的提高十分有限。事实上，5.5 节描述的近似模型对于开关损耗仅是估算，而非准确计算，其目的是进行高效电源的设计可行性研究并比较各种拓扑结构下电压电流应力与损耗的关系。

内部栅极电阻对于许多 FET 通常是不适用的，也正因为这个参数是虚拟而非实际，本示例中可以选取 $R_{gint}=3\Omega$。根据方程式（5.12）和式（5.24）可计算得到 C－FET 和 S－FET 的总功耗，如式（5.37）所示。

$$
\begin{aligned}
P_{C-FET} &= K_c^{C-FET} + K_s^{C-FET} f_s \\
P_{S-FET} &= K_c^{S-FET}
\end{aligned}
\tag{5.37}
$$

表 5.5 包含了预先选定的 FET 的系数 K_c^{C-FET}、K_s^{C-FET} 和 K_c^{S-FET} 值，其可以根据方程式（5.12）、式（5.17）、式（5.18）、式（5.21）、式（5.22）、式（5.24）、式（5.34）、式（5.35）和式（5.36）计算得到。

表 5.4　用于开关损耗计算的 FET 参数

部件	C_{iss}@ 0V/pF	C_{iss}@ V_{off}/pF	C_{oss}@ 0V/pF	C_{oss}@ V_{off}/pF	C_{rss}@ 0V/pF	C_{rss}@ V_{off}/pF	g_{FS}	V_{thmin}/V	V_{thmax}/V
IRLR3110Z	4500	4000	1500	200	600	90	52	1	2.5
IRFR3710Z	3200	2800	1000	200	600	120	39	2	4
IRFR540Z	1900	1600	700	200	350	150	28	2	4
IRFR3410	2100	1700	1300	120	650	50	33	2	4
IRFR3411	2600	1900	1750	250	750	25	21	2	4
IRFR4615	2000	1800	1100	100	300	30	35	3	5

表　5.5

部件	升压			降压/升压		
	C－FET K_s	C－FET K_c	S－FET K_c	C－FET K_s	C－FET K_c	S－FET K_c
IRLR3110Z	8.540E－06	0.310	0.505	2.052E－05	1.315	0.806
IRFR3710Z	7.405E－06	0.398	0.650	1.798E－05	1.690	1.036
IRFR540Z	8.541E－06	0.630	1.029	2.129E－05	2.676	1.640
IRFR3410	3.324E－06	0.863	1.408	7.860E－06	3.662	2.244
IRFR3411	2.196E－06	0.973	1.588	4.842E－06	4.132	2.532
IRFR4615	2.000E－06	0.929	1.516	4.476E－06	3.944	2.417

图 5.22 显示了当预选的 6 个 FET 作为 C－FET 分别工作在 boost 和 buckboost 结构下时总损耗与开关频率之间的关系。

曲线显示采用 buckboost 拓扑的损耗要远大于另一种，因此需对其开关频率进行更严格的限制。曲线还表明大电流 FET 同样不合适，这是由于电容越大（特别是 C_{rss}）开关损耗越大。基于此可以做进一步的 FET 选择。从安全角度考

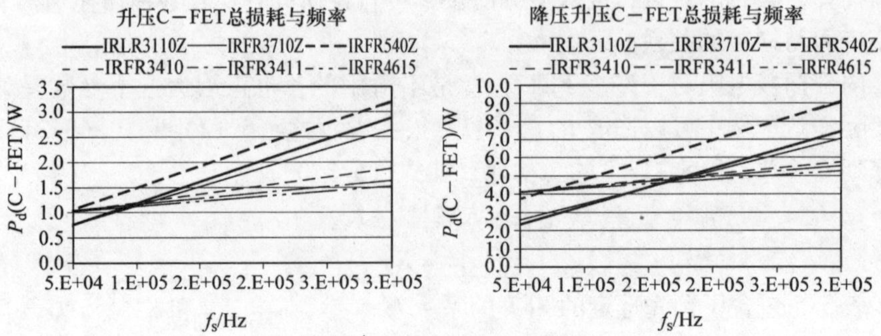

图 5.22　C－FET 损耗与开关频率

虑，由于在失配环境下的电压应力更高，高达约 90V，在 buckboost 拓扑中可以选择 150V IRFR4615 FET。150V FET IRFR4615 或 100V FET IRFR3410 和 IRFR3411 当中的一个可以在 boost 拓扑中用于 C－FET，其在失配条件下最大电压应力能够限定在 80V。如果使用 100V FET 则需要严格控制最大电压，以确保其能够安全运行。假设将 150V IRFR4615 FET 用作 buckboost 拓扑中的 C－FET（$P_c + P_{sw} = 4.4$W，在 STC）和 S－FET（$P_c = 2.4$W，在 STC），将 IRFR3411 和 IRLR3110Z 分别用于 boost 拓扑中的 C－FET（$P_c + P_{sw} = 1.2$W，在 STC）和 S－FET（$P_c = 0.5$W，在 STC），以保证损耗达到最小。两个变换器的开关频率均为 100kHz。在完成其余功率器件的选型后则可完成变换器设计。如需同时满足较高的额定电流和电感值时，将给电感器的选择带来很大困难。事实上，在 STC 环境下，如果限定最大电感电流纹波为峰峰值的 40%，并根据表 5.3 和式（5.36）确定占空比，则两个变换器的电感值大小均为 37μH。此时 boost 电路中电感器电流的峰值为 9A，buckboost 电路中为 15A。很少有电感器在感值接近 37μH 的同时饱和电流能够比以上峰值更高。综合考虑尺寸、成本和损耗，可采用定制的电感器。电感器的设计超出了本书的讨论范围，但有其他许多教材对其进行了深入分析[16]。基本问题在于如果过于关注降低损耗，则在尺寸和成本方面难以达到平衡。在 STC 环境下，按照之前选择的 FET 计算得到损耗小于设定值，对于 buckboost 电路损耗裕量为 2.2W（9W－6.8W＝2.2W），对于 boost 电路损耗裕量为 6.1W（9W－2.9W＝6.1W）。假设除了电感器以外均能留出 1W 的损耗裕量，那么 buckboost 电路和 boost 电路中电感器的损耗预算值可以提高到 1.2W 和 5.1W。由于电感器尺寸与允许的损耗大致成反比，所以 buckboost 电路中的电感器约为 boost 电路中电感器的 4 倍。对于 buckboost 电路一个可选的解决方案就是采用两个 FET 并联用作 C－FET 和 S－FET。如果采用这种方式，在 STC 环境下两个 C－FET 总体损耗为 $P_c + P_{sw} = 2.5$W，两个 S－FET 的总体损耗为 1.2W，因此其损耗裕量变为 9W - 3.7W = 5.3W，其中 4.3W 可以预留给电感器，这样可以减小电感器的尺寸。Buckboost 电路中需要在综合考虑成本、尺寸和效率 3 方面因素的基础上才能选择采用将 FET 的数量增加一倍的方案来减少损耗。一旦采用 4 个 FET，由于四开关桥式 buckboost 拓扑结构下电压应力更小，这有可能进一步减少损耗，在 DMPPT 的应用中，常采用该方案。尽管可能会降低潜在的损耗，但是当占空比为 50% 时，会导致无输出功率，进而可能降低能源利用率。接下来将把采用单、双 FET 两种解决方案后的 buckboost 电路与 boost 电路做对比。根据文献［16］中说明的几何常数 K_g，很容易设计出分别适合上述 3 种情况的电感器，同时采用铁氧体磁心能够进一步优化 100kHz 条件下的电感器设计。电感器的设计需满足在上述任何拓扑中，STC 环境下的额定损耗以及铁心损耗要小于导通损耗（约为 1/10）。

表 5.6 列举了所允许的最大绕组电阻，而这些电阻包含了铁心损耗的等效电阻，同时可以用来估算电抗器日常工作中的损耗。采用 P - 材料磁心的电感器，其测试结果将如表 5.6 所示。

表 5.6　电感器设计参数

损耗预算	升压	降压升压	
		单 FET	双 FET
P_L（STC）	5.1W	1.2W	4.3W
I_{rmsL}（STC）	7.7A	12.4A	12.4A
R_W	86mΩ	8mΩ	28mΩ
Core	EE22	EE40	EE30
A_c/cm^2	0.410	1.27	1.09
W_a/cm^2	0.196	1.1	0.476
MLT/cm	0.0804	1.40	0.519
L_m/cm	3.99	8.5	6.6
Vol. $/cm^3$	1.62	9.78	6.29
Turns	33	17	20
AWG#	32	32	32
Nlitz	10	29	7

在上述条件下，对 5.3 节中所提到的阴天时 FET 总体损耗进行分析。boost 和 buckboost 电路中电流 I_{on} 在一天中的变化如图 5.7c 和 5.8c 所示。由方程式（5.34）~式（5.37）可以计算出一天内 C - FET 和 S - FET 的电流有效值，如图 5.23 所示。

图 5.24 为一天内 3 种拓扑结构下损耗随时间的变化曲线。从图中可以明显

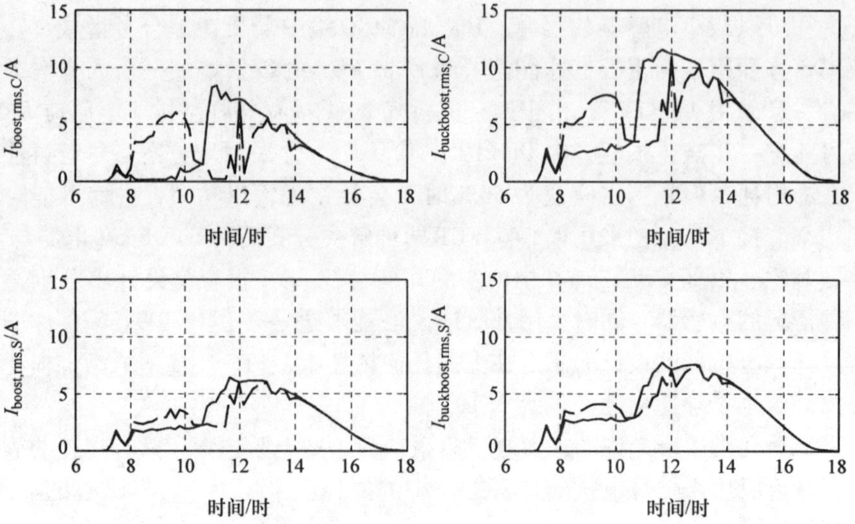

图 5.23 应用于 boost 和 buckboost 拓扑中 C－FET 和 S－FET 的电流
（实线＝东侧光伏电池板，虚线＝西侧光伏电池板）

看出双 FET buckboost 拓扑能够更好地限制 C－FET 和 S－FET 的总体损耗。但由于损耗减少了，我们会采用较小尺寸的电感器，从而导致在辐照度特别高的情况下（例如目前分析的情况）电感器引起的损耗要大于 FET 降低的损耗。

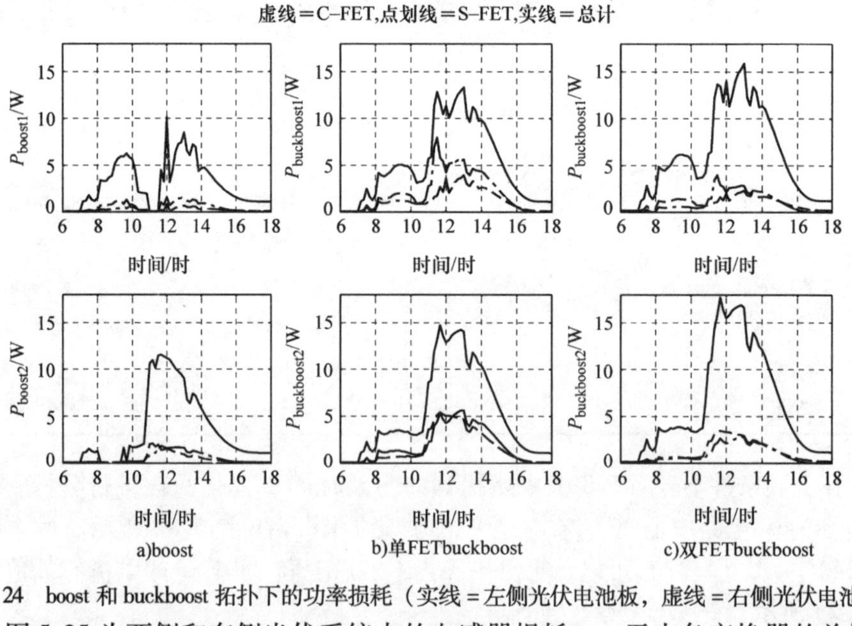

图 5.24 boost 和 buckboost 拓扑下的功率损耗（实线＝左侧光伏电池板，虚线＝右侧光伏电池板）

图 5.25 为西侧和东侧光伏系统中的电感器损耗。一天内各变换器的总体损

耗如表 5.7 所示。研究表明，由于不恰当的变换比，boost 拓扑结构仅在一个相当短的时间内未进行功率输出，而由于损耗较大，buckboost 拓扑的优点并未完全体现出来。

相比于 boost 拓扑，采用单 FET buckboost 拓扑后输出能量能够提高 3.7% 以上。

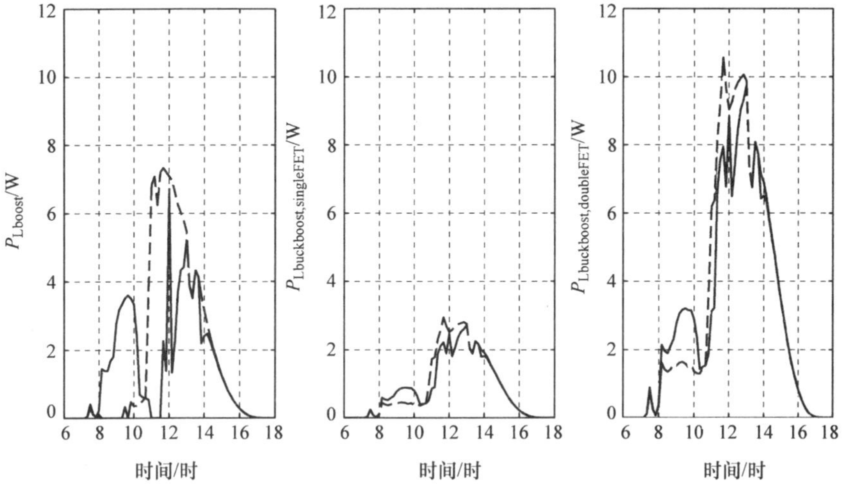

a)boost　　b)单FET buckboost　　c)双FET buckboost

图 5.25　boost 和 buckboost 拓扑下电抗器功率损耗
（实线 = 东侧光伏电池板，虚线 = 西侧光伏电池板）

由于双 FET buckboost 拓扑下的电抗器损耗较大，相比于 boost 拓扑能量输出仅提高了 2.5%。增加遮挡面积之后两光伏电池板的特性曲线如图 5.26 所示，

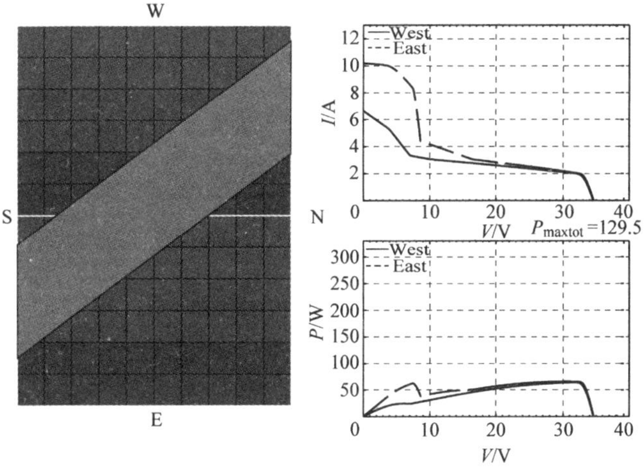

图 5.26　遮挡面积增大到两倍后的光伏电池板特性曲线（相比于图 5.5）

其余相关曲线如图 5.27 ~ 图 5.32 所示。各变换器一天内的总体损耗如表 5.8 所示。

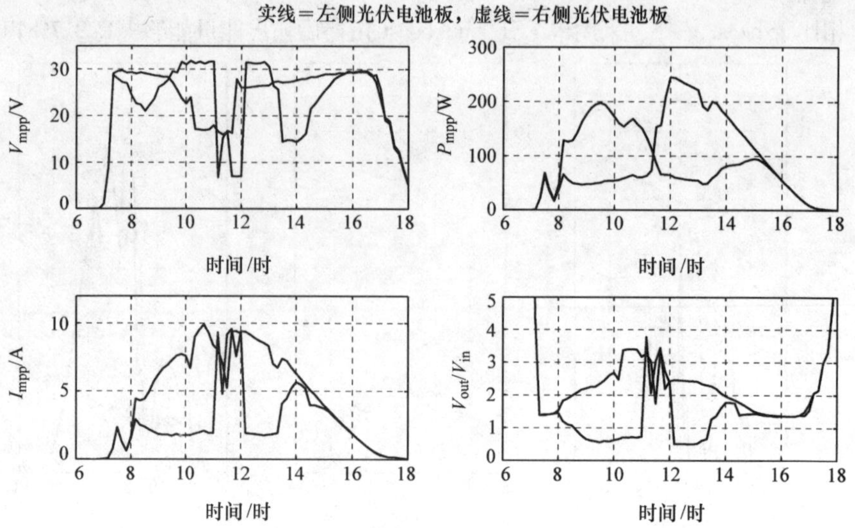

图 5.27　MPP 电压、电流、功率以及输入输出电压比值
（实线 = 东侧光伏电池板，虚线 = 西侧光伏电池板）

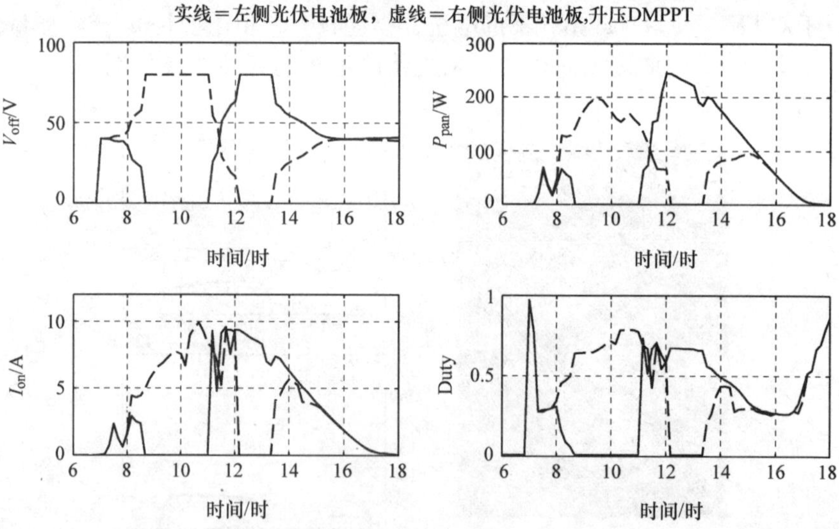

图 5.28　电压、电流、光伏电池板输出功率以及 boost 拓扑下变化器的占空比
（实线 = 东侧光伏电池板，虚线 = 西侧光伏电池板）

表 5.7　略有遮挡情况下的转换效率和输出能量

光伏电池板	升压				降压升压单 FET $u_{buckboost}/u_{boost}=1.037$				降压升压双 FET $u_{buckboost}/u_{boost}=1.025$			
	u_{pan} /(W·h)	u_d /(W·h)	u_{out} /(W·h)	u_{out}/u_{pan} (%)	u_{pan} /(W·h)	u_d /(W·h)	u_{out} /(W·h)	u_{out}/u_{pan} (%)	u_{pan} /(W·h)	u_d /(W·h)	u_{out} /(W·h)	u_{out}/u_{max} (%)
左侧	803	37	767	95.4	846	62	785	92.8	846	71	775	91.6
右侧	1038	42	995	95.9	1107	64	1043	94.2	1107	75	1032	93.2
总计	1841	79	1762	95.7	1953	126	1828	93.6	1953	146	1807	92.5

表 5.8　厚遮挡情况下的转换效率和输出能量

光伏电池板	升压				降压升压单 FET $u_{buckboost}/u_{boost}=1.100$				降压升压双 FET $u_{buckboost}/u_{boost}=1.033$			
	u_{pan} /(W·h)	u_d /(W·h)	u_{out} /(W·h)	u_{out}/u_{pan} (%)	u_{pan} /(W·h)	u_d /(W·h)	u_{out} /(W·h)	u_{out}/u_{pan} (%)	u_{pain} /(W·h)	u_d /(W·h)	u_{out} /(W·h)	u_{out}/u_{pan} (%)
左侧	852	42	810	95.1	925	64	862	93.1	925	74	852	92.0
右侧	875	37	838	95.8	1012	62	950	95.0	1012	72	940	92.9
总计	1727	79	1648	95.4	1937	126	1812	93.5	1937	146	1702	92.5

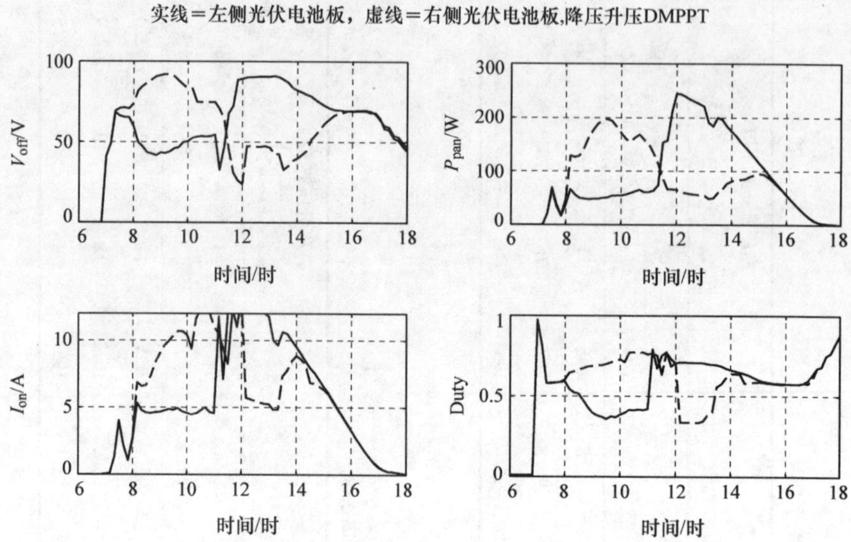

图 5.29　电压、电流、光伏电池板输出功率以及 buckbosst 拓扑下变化器的占空比
（实线 = 东侧光伏电池板，虚线 = 西侧光伏电池板）

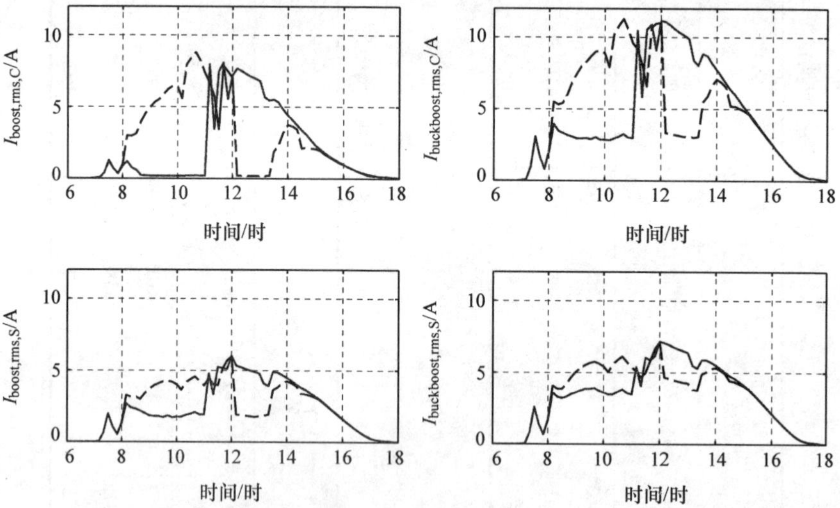

图 5.30　boost 和 buckboost 拓扑下 C – FET、S – FET 的有电流有效值
（实线 = 东侧光伏电池板，虚线 = 西侧光伏电池板）

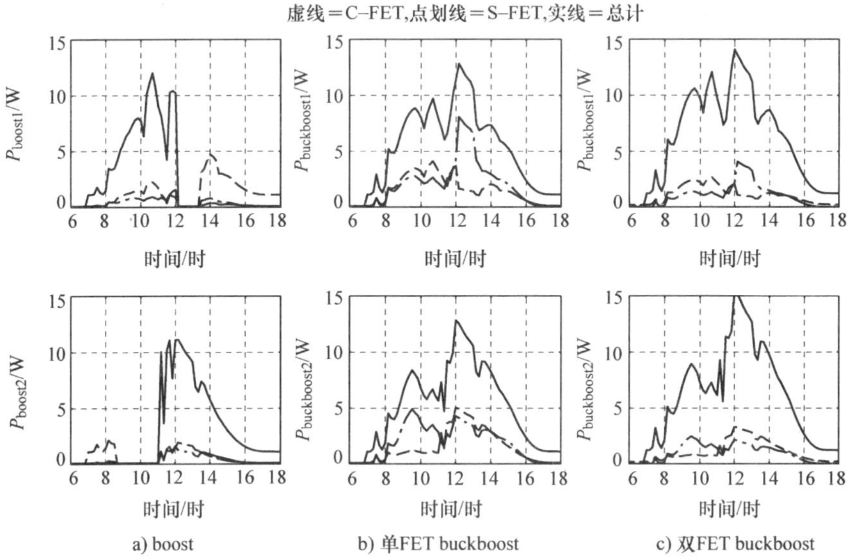

图5.31 boost和buckboost拓扑下的功率损耗

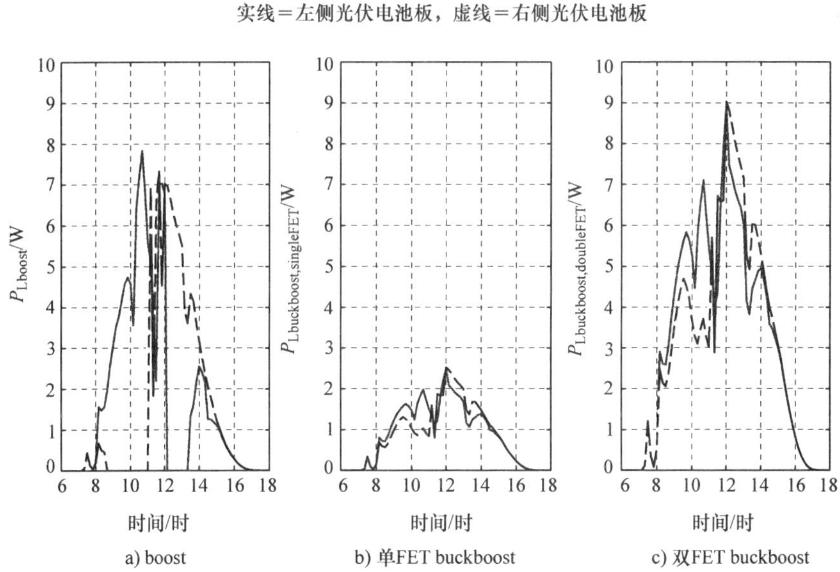

图5.32 boost和buckboost拓扑下电抗器损耗

结果表明，在条件更苛刻的情况下，尽管buckboost拓扑的损耗更高但是其优点同样明显。此时，单FET buckboost拓扑相比于boost拓扑，在输出能量方面超出后者10%。由于电抗器损耗较高，双FET buckboost拓扑相比于boost拓扑仅有3.3%的能量输出提升。尽管buckboost变换器效率较boost变换器要低，但却提供更大的能量输出。通过对上述例子的分析，在进行 DMPPT buckboost 变换器设计时，若考虑到电抗器的成本和尺寸，那么可以采用双 FET buckboost 拓扑而非单 FET buckboost 拓扑。

图 5.33 ~ 图 5.38 显示了 3 种拓扑下的转换效率和输出能量的比较结果。

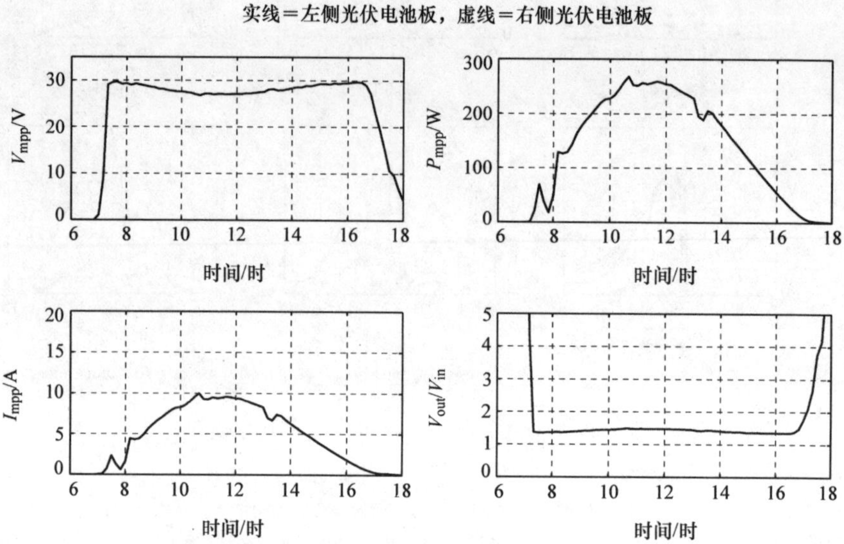

图 5.33　MPP 电压、电流、功率以及输入输出电压比

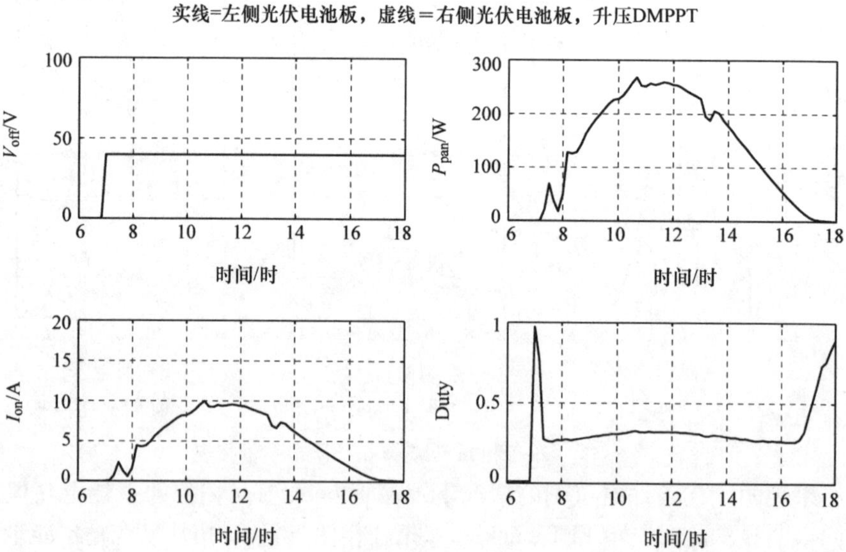

图 5.34　电压电流值、光伏电池板输出功率以及采用 boost 拓扑时变换器占空比

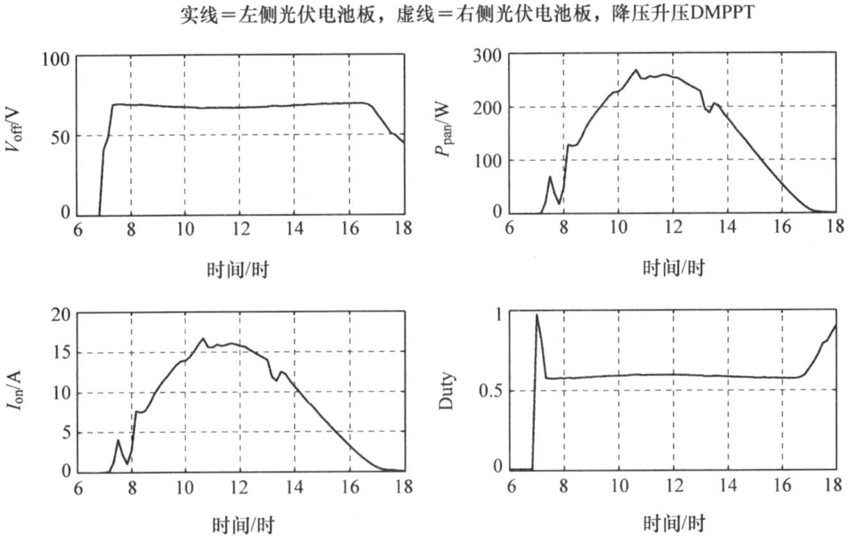

图 5.35　电压电流值、光伏电池板输出功率以及采用 buckboost 拓扑时变换器占空比

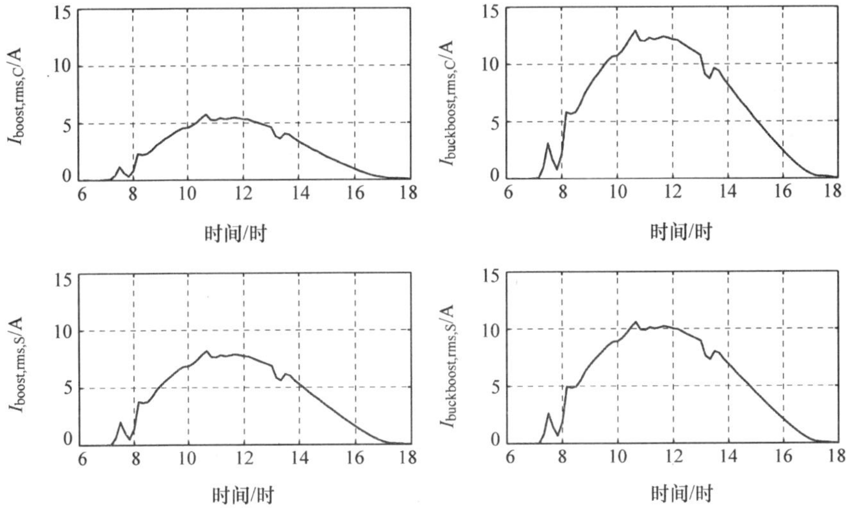

图 5.36　boost 和 buckboost 中流过 C－FET 和 S－FET 的电流有效值

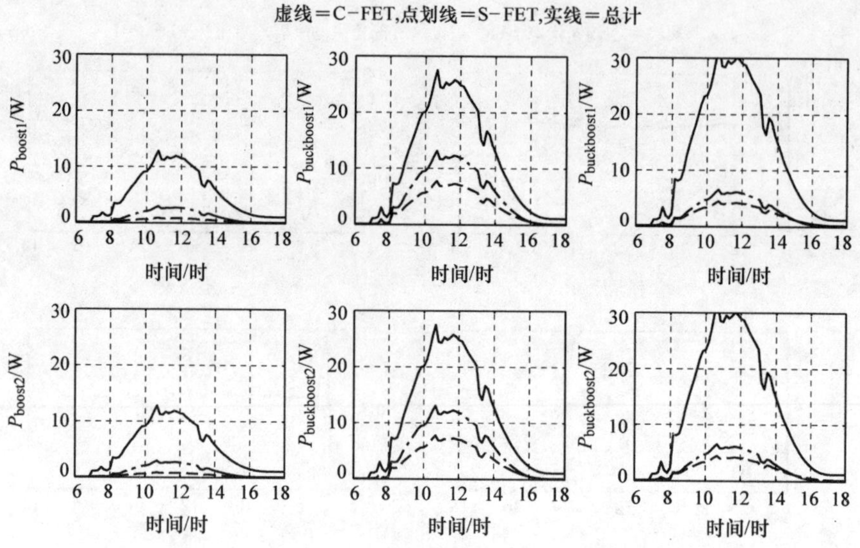

a)boost　b)单FET buckboost　c)双FET buckboost

图 5.37　boost 和 buckboost 拓扑下功率损耗

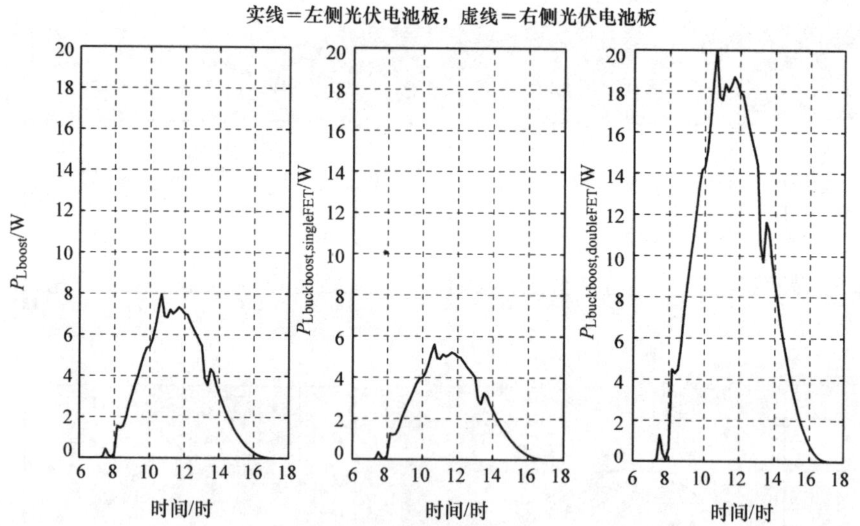

a)boost　b)单FET buckboost　c)双FET buckboost

图 5.38　boost 和 buckboost 拓扑下电抗器功率损耗

表 5.9 中为各变换器一天内的总损耗。标准光照条件下，单 FET buckboost 和双 FET buckboost 拓扑的 DMPPT 变换器效率衰减分别为 4% 和 10%。

表 5.9　无遮挡情况下的转换效率以及能量输出

光伏电池板	升压				降压升压单 FET $u_{buckboost}/u_{boost}=0.954$				降压升压双 FET $u_{buckboost}/u_{boost}=0.941$			
	u_{pan} /(W·h)	u_d /(W·h)	u_{out} /(W·h)	u_{out}/u_{pan} (%)	u_{pan} /(W·h)	u_d /(W·h)	u_{out} /(W·h)	u_{out}/u_{pan} (%)	u_{pan} /(W·h)	u_d /(W·h)	u_{out} /(W·h)	u_{out}/u_{max} (%)
左侧	1577	62	1515	96.1	1577	130	1446	91.7	1577	151	1425	90.4
右侧	1577	67	1515	96.1	1577	130	1446	91.7	1577	151	1425	90.4
总计	3154	124	3030	96.1	3154	260	2892	91.7	3154	302	2850	90.4

在这些条件下，DMPPT 变换器应该工作在直通模式。这种模式仅允许存在于 boost 拓扑结构中（C – FET 常闭，S – FET 常开），该模式下只有电抗器和 S – FET 的导通损耗。在 buckboost 拓扑下，需同时控制 C – FET 和 S – FET 导通才能使光伏电池板有输出，但是 C – FET 常开会通过电抗器将光伏电池板短路。

本节中的示例表明，在外部环境极不匹配的情况下（排除由于近似损耗模型带来的一些不确定的约束条件）可采用 DMPPT 变换器。当光伏电池板附近建筑物、烟囱（或建筑物其他部分）、树木的阴影投在板件上时则会导致上述情况发生。阴影较淡时，采用 boost 拓扑的 DMPPT 成本更低、更可靠。一般来说，需要在详细分析输出能量的基础上，对实际成本和效益进行比较，之后才能选择采用分散式 MPPT 或集中式 MPPT。在进行输出能量分析时必须考虑的因素有：设备所处环境的辐照度和温度、系统匹配程度、MPPT 的约束条件以及功率器件损耗，其中 MPPT 的约束条件取决于光伏组件、电力电子结构以及变换器拓扑。

参 考 文 献

1. M. Taherbaneh, A.H. Rezaie, H. Ghafoorifard, M. Mirsamadi, and M.B. Menhaj. A trade-off between the efficiency, ripple and volume of a DC-DC converter. *Journal of Power Electronics, KIPE*, 11(5):621–631, 2011.
2. M. Rodriguez, A. Rodriguez, P.F. Miaja, D.G. Lamar, and S. Zuniga. An insight into the switching process of power MOSFETs: An improved analytical losses model. *IEEE Transactions on Power Electronics*, 25(6):1626–1640, 2010.
3. F. Jizhen, Z. Zhiliang, L. Yan-Fei, and P.C. Sen. MOSFET switching loss model and optimal design of a current source driver considering the current diversion problem. *IEEE Transactions on Power Electronics*, 27(2):998–1012, 2012.
4. Z. Zhiliang, F. Jizhen, L. Yan-Fei, and P.C. Sen. Switching loss analysis considering parasitic loop inductance with current source drivers for buck converters. *IEEE Transactions on Power Electronics*, 26(7):1815–1819, 2011.
5. I.K. Budihardjo, P.O. Lauritzen, and H.A. Mantooth. Performance requirements for power MOSFET models. *IEEE Transactions on Power Electronics*, 12(1):36–45, 1997.
6. Y. Xiong, S. Sun, H. Jia, P. Shea, and Z.J. Shen. Physical insights on power MOSFET switching losses. *IEEE Transactions on Power Electronics*, 24(2):525–531, 2009.
7. G. Verneau, L. Aubard, J.C. Crebier, C. Schaeffer, and J.L. Schanen. Empirical power MOSFET modeling: Practical characterization and simulation implantation. In *Proceedings of the 37th IAS Annual Meeting Industry Applications Conference*, 2002, vol. 4, pp. 2425–2432.
8. L. Aubard, G. Verneau, J.C. Crebier, C. Schaeffer, and Y. Avenas. Powe MOSFET switching waveforms: An empirical model based on a physical analy sis of charge locations. In *Proceedings of the IEEE 33rd Annual Power Electronic Specialists Conference*, 2002, vol. 3, pp. 1305–1310.
9. HSPICE Reference Manual: MOSFET Models, Version D-2010.12, Decembe 2010, Synopsis Inc., USA.
10. S. Maniktala. *Switching power supplies from A to Z*. Newness-Elsevier, Burlingtor 2006.

11. J. Klein. *Synchronous buck MOSFET loss calculations*. AN6005. Fairchild Semiconductor, July 2003.
12. J. Brown. Modeling the switching performance of a MOSFET in the high side of a non-isolated buck converter. *IEEE Transactions on Power Electronics*, 21(1):3–10, 2006.
13. T. Eichhorn. Comparing the calculated vs measured efficiency loss in synchronous buck converters. *EE Times*, October 2006.
14. D. Graovac, M. Pürschel, and An. Kiep. *MOSFET power losses: Calculation using the data sheet parameters*. AN V 1.1. Infineon, July 2006.
15. Vishay. Si7806DN N-channel MOSFET datasheet.
16. R.W. Erickson and D. Maksimovic. *Fundamentals of power electronics*. Kluwer Academic/Plenum Publishers, New York, 2001.
17. G. Di Capua and N. Femia. The effects of shadows on power and reliability of PV panels. Presented at Proceedings of 2012 PCIM, Nurnberg, May 2012.
18. *Military handbook, reliability prediction of electronic equipment*. MIL-HDBK-217F. U.S. Department of Defense.
19. G. DiCapua, N. Femia, A Novel Approach to Transformers Design Based on Acceptability Boundary Curves of Magnetic Cores, *Proceedings of IEEE 12th Workshop on Control and Modeling for Power Electronics (COMPEL)*, pp.1–8, Boulder, Colorado, June 2010.
20. G. DiCapua and N. Femia. Modeling Switching Losses in MOSFETs Half-Bridges. *2012 International Conference on Synthesis, Modeling, Analysis and Simulation Methods and Applications to Circuit Design (SMACD)*, Seville, September 2012, pp.93–96.

Power Electronics and Control Techniques for Maximum Energy Harvesting in Photovoltaic Systems/by Nicola Femia, Giovanni Petrone, Giovanni Spagnuolo, Massimo Vitelli/ISBN: 978-1-4665-0690-9.

图书在版编目（CIP）数据

光伏发电最大功率点跟踪控制技术/（意）尼古拉·费米亚（Nicola Femia）等著；杨波等译. —北京：机械工业出版社，2016.7

（国际电气工程先进技术译丛）

书名原文：Power Electronics and Control Techniques for Maximum Energy Harvesting in Photovoltaic Systems

ISBN 978-7-111-54282-7

Ⅰ.①光…　Ⅱ.①尼…②杨…　Ⅲ.①太阳能发电　Ⅳ.①TM615

中国版本图书馆 CIP 数据核字（2016）第 161101 号

机械工业出版社（北京市百万庄大街 22 号　邮政编码 100037）
策划编辑：付承桂　责任编辑：朱　林
责任校对：刘志文　封面设计：马精明
责任印制：李　洋
三河市国英印务有限公司印刷
2016 年 10 月第 1 版第 1 次印刷
169mm×239mm · 16.75 印张 · 319 千字
0 001—3000 册
标准书号：ISBN 978-7-111-54282-7
定价：69.00 元

凡购本书，如有缺页、倒页、脱页，由本社发行部调换

电话服务	网络服务
服务咨询热线：010-88361066	机 工 官 网：www.cmpbook.com
读者购书热线：010-68326294	机 工 官 博：weibo.com/cmp1952
010-88379203	金 书 网：www.golden-book.com
封面无防伪标均为盗版	教育服务网：www.cmpedu.com